普通高等教育农业部"十二五"规划教材
全国高等农林院校"十二五"规划教材
"十二五"江苏省高等学校重点教材（编号：2013-2-015）

农药生物测定

NONGYAO SHENGWU CEDING

沈晋良　主编

中国农业出版社

内 容 简 介

本教材广泛参考了国内外有关农药生物测定的基本概念、原理、统计学理论、试验设计原则、标准化测定技术等方面的文献资料。全面论述了杀虫剂、杀菌剂、除草剂、植物生长调节剂、杀螨剂、杀线虫剂、杀鼠剂、杀软体动物剂、植物源农药、微生物农药及抗病、虫、除草剂转基因作物等的室内生物测定技术；概述了杀虫剂、杀菌剂、除草剂、植物生长调节剂等各类主要农药田间药效试验的设计与原则。本教材内容丰富、翔实，涵盖面宽，不仅对农药室内毒力测定和田间药效试验有指导意义，而且在新农药的研发创制过程中也有应用价值。本教材作为植物保护、农药及相关专业本科生选修课和研究生必修课的教材，也可供农药研发创制、工艺生产、推广应用等部门的科技人员和农林院校师生参考。

主　编　沈晋良（南京农业大学）
副主编　胡美英（华南农业大学）
　　　　　刘西莉（中国农业大学）
　　　　　纪明山（沈阳农业大学）
编　者（按姓名笔画排序）
　　　　　丁　伟（西南大学）
　　　　　刘西莉（中国农业大学）
　　　　　刘慧平（山西农业大学）
　　　　　纪明山（沈阳农业大学）
　　　　　何月平（浙江省农业科学院）
　　　　　沈晋良（南京农业大学）
　　　　　沈慧敏（甘肃农业大学）
　　　　　张　帅（农业部全国农业技术推广中心）
　　　　　陈长军（南京农业大学）
　　　　　胡兆农（西北农林科技大学）
　　　　　胡美英（华南农业大学）
　　　　　贾变桃（山西农业大学）
　　　　　高聪芬（南京农业大学）
　　　　　慕　卫（山东农业大学）
审　稿　周明国　王金信

前 言

农药是我国现代农业生产实践中保证农作物高产、稳产的重要农业生产资料，是人类防控危害农、林、牧及公共卫生方面重要病、虫、草、鼠等有害生物暴发成灾的有效手段。生物测定技术伴随着医药和农药的发展而发展，且已经历了近百年的历史。农药生物测定贯穿于现代农药新品种从发现生物活性、结构优化到实现产业化及市场应用整个研发创制的全过程。因此生物测定已成为农药创新、开发及应用中不可缺少和低估的重要组成部分。

我国农药行业正在从仿制为主向创制转变的新阶段，农业高等院校毕业生也有许多从事农药研发、加工、营销及管理工作，不少院校开设了相应的课程。为此编写此教材，作为植物保护、农药及相关专业本科生选修课和研究生必修课的教材，也可供农药研发创制、工艺生产、推广应用等部门的科技人员和农林院校师生参考。

全教材共分8章。由南京农业大学、华南农业大学、中国农业大学、沈阳农业大学、甘肃农业大学、山西农业大学、西南大学、西北农林科技大学和农业部全国农业技术推广中心药械处的13位教师、专家共同编写。第一章农药生物测定的发展简史和主要研究内容（由沈晋良编写）；第二章农药生物测定的基本原理与室内生物测定试验设计的基本原则（由沈晋良、高聪芬、丁伟、张帅和何月平编写）；第三章杀虫剂室内生物测定方法（由胡美英和刘慧平编写）；第四章杀菌剂和抗病毒剂生物测定（由刘西莉、陈长军和贾变桃编写）；第五章除草剂室内生物测定（由纪明山编写）；第六章植物生长调节剂及其他化学农药室内生物测定（由沈慧敏编写）；第七章生物源农药和转基因抗虫棉室内生物测定（由胡兆农和高聪芬编写）；第八章农药田间药效试验（由沈晋良、胡美英、刘西莉、纪明山、沈慧敏和慕卫编写）。高聪芬在联系和稿件修改后的文字处理等方面做了大量的工作。全书最后由沈晋良统稿，周明国和王金信审定。

值此教材出版之际，我们向本书中所引用其著作和论文的中外作者们表示真挚的感谢。

由于编者的学识水平所限，本教材难免存在欠妥乃至错误之处，敬请读者批评指正。

编 者
2013年2月

目 录

前言

第一章 农药生物测定的发展简史和主要研究内容 1
 一、农药生物测定的发展简史 1
 二、农药生物测定的主要研究内容 3
 复习思考题 4

第二章 农药生物测定的基本原理与室内生物测定试验设计的基本原则 5
 第一节 农药生物测定的基本原理 5
  一、农药生物测定的基本概念 5
  二、农药生物测定的统计学基础 6
  三、农药毒力的表示方法 9
  四、机率值分析法 11
  五、毒力回归方程和 LD_{50} 的计算程序 14
  六、有效中量差异显著性测验 21
  七、农药混用联合作用的统计计算方法 25
 第二节 室内生物测定试验设计的基本原则 27
  一、确定正确的生物测定方法 28
  二、供试生物标准化 33
  三、配制等比系列药液浓度 37
  四、精确可靠的试验仪器设备 37
  五、严格控制试验条件 37
  六、足够的试验样本数、设对照和重复 37
  七、应用统计分析方法评估试验结果 38
 复习思考题 38

第三章 杀虫剂室内生物测定方法 39
 第一节 触杀毒力测定 39
  一、整体处理法 40
  二、局部处理法 46
 第二节 胃毒毒力测定 54
  一、无限取食法 54
  二、定量取食法 55
 第三节 内吸毒力测定 58

一、种子内吸法 ·· 59
　　二、根系内吸法 ·· 59
　　三、茎部内吸法 ·· 60
　　四、叶部内吸法 ·· 60
　第四节　熏蒸剂毒力测定 ·· 61
　　一、熏蒸杀虫作用鉴定 ·· 61
　　二、熏蒸剂的毒力测定 ·· 61
　第五节　昆虫生长调节剂毒力测定 ·· 62
　　一、几丁质合成抑制剂的毒力测定 ··· 62
　　二、抗保幼激素的毒力测定 ··· 63
　　三、性外激素的毒力测定 ··· 65
　第六节　其他杀虫剂毒力测定 ·· 68
　　一、杀卵剂的毒力测定 ·· 68
　　二、引诱剂的毒力测定 ·· 68
　　三、驱避剂的毒力测定 ·· 69
　　四、拒食剂的毒力测定 ·· 75
　复习思考题 ··· 76

第四章　杀菌剂和抗病毒剂生物测定 ·· 77
　第一节　杀菌剂生物测定概述 ·· 77
　　一、抗菌活性测定类型 ·· 77
　　二、抗菌活性测定原则 ·· 78
　　三、测试条件选择 ·· 78
　第二节　杀菌剂室内毒力测定 ·· 79
　　一、孢子萌发测定法 ··· 79
　　二、生长速率测定法 ··· 83
　　三、扩散法 ··· 87
　　四、附着法 ··· 89
　　五、气体毒力测定 ·· 90
　　六、稀释法 ··· 91
　　七、活体毒力测定法 ··· 92
　第三节　杀菌剂温室药效测定 ·· 94
　　一、杀菌剂温室药效测定的主要影响因素 ··· 94
　　二、杀菌剂温室药效测定的主要方法 ·· 97
　第四节　抗病毒剂生物测定 ·· 102
　　一、抗病毒剂生物测定的主要影响因素 ··· 102
　　二、抗病毒剂的常规生物测定方法 ·· 104
　　三、抗病毒剂生物活性的定量测定方法 ··· 105
　复习思考题 ··· 107

第五章　除草剂室内生物测定 108

第一节　除草剂室内生物测定概述 108
　一、除草剂生物测定的发展 108
　二、除草剂生物测定的前提条件 108
　三、除草剂活性的表示方法 109

第二节　植株测定法 110
　一、小杯法 110
　二、稗草胚轴法 111
　三、高粱幼苗法 111
　四、小麦去胚乳法 112
　五、小麦根长法 112
　六、燕麦幼苗法 113
　七、玉米根长法 113
　八、黄瓜幼苗形态法 113
　九、番茄水培法 114
　十、燕麦叶鞘点滴法 114
　十一、浮萍法 114
　十二、紫萍法 115
　十三、小球藻法 116
　十四、再生苗法 117
　十五、盆栽法 117

第三节　植物器官测定法 118
　一、萝卜子叶法 118
　二、烟草叶片法 119
　三、叶圆片漂浮法 119

第四节　植物愈伤组织测定法 119
　一、培养基制备 120
　二、外植体选择 121
　三、培养条件选择 121
　四、愈伤组织诱导与继代培养 122
　五、指标测定 122

第五节　除草剂混用的联合作用测定 123
　一、除草剂混用的联合作用类型 123
　二、除草剂混用的联合作用测定方法和评价标准 124

第六节　靶标酶活性测定法 128
　一、乙酰乳酸合成酶活性测定 128
　二、乙酰辅酶A羧化酶活性测定 130
　三、原卟啉原氧化酶活性测定 132

四、对羟基苯基丙酮酸双氧化酶活性测定 ······ 133
　　五、谷氨酰胺合成酶活性测定 ······ 135
　　六、5-烯醇丙酮酰-3-磷酸莽草酸合成酶活性测定 ······ 136
　　七、八氢番茄红素去饱和酶活性测定 ······ 137
　复习思考题 ······ 137

第六章　植物生长调节剂及其他化学农药室内生物测定 ······ 139

　第一节　植物生长调节剂室内生物测定 ······ 139
　　一、生长素的生物测定 ······ 140
　　二、赤霉素的生物测定 ······ 142
　　三、细胞分裂素的生物测定 ······ 144
　　四、脱落酸的生物测定 ······ 147
　　五、乙烯的生物测定 ······ 148
　　六、植物生长调节剂促进或抑制植株生长试验——茎叶喷雾法 ······ 149
　　七、其他植物生长调节剂的生物测定 ······ 150
　第二节　其他化学农药的室内生物测定 ······ 151
　　一、杀鼠剂的生物测定 ······ 151
　　二、杀线虫剂的生物测定 ······ 152
　　三、杀软体动物剂的生物测定 ······ 153
　　四、杀螨剂的生物测定 ······ 154
　复习思考题 ······ 156

第七章　生物源农药和转基因抗虫棉室内生物测定 ······ 157

　第一节　生物源农药和转基因作物概述 ······ 157
　　一、生物源农药的概念 ······ 157
　　二、世界转基因作物的种植应用 ······ 157
　　三、我国转基因作物的种植情况 ······ 158
　第二节　植物源农药与微生物源农药的生物测定 ······ 159
　　一、植物源农药的生物测定 ······ 159
　　二、微生物源农药的生物测定 ······ 162
　第三节　转基因抗虫棉的室内生物测定 ······ 170
　　一、大田转基因抗虫棉叶片对棉铃虫抗虫性测定 ······ 171
　　二、大田转基因抗虫棉叶片对棉铃虫抗虫性时空表达变化测定 ······ 172
　　三、室内转基因抗虫棉叶片对棉铃虫抗虫性测定 ······ 173
　复习思考题 ······ 173

第八章　农药田间药效试验 ······ 174

　第一节　农药田间药效试验的概念和内容 ······ 174
　　一、农药田间药效试验的概念 ······ 174

  二、农药田间药效试验的内容 ………………………………………………………… 174
第二节 杀虫剂、杀菌剂和除草剂田间药效试验设计 ………………………………… 175
  一、农药田间药效试验的影响因素 …………………………………………………… 175
  二、农药田间药效试验的规模 ………………………………………………………… 175
  三、田间试验设计 ……………………………………………………………………… 176
  四、田间药效试验设计的原则 ………………………………………………………… 176
  五、大区试验和大面积示范 …………………………………………………………… 187
第三节 其他农药田间药效试验设计 …………………………………………………… 187
  一、植物生长调节剂田间药效试验设计 ……………………………………………… 188
  二、杀线虫剂田间药效试验设计 ……………………………………………………… 193
  三、杀鼠剂田间药效试验设计 ………………………………………………………… 194
  四、杀软体动物剂田间药效试验设计 ………………………………………………… 197
复习思考题 …………………………………………………………………………………… 198

附表 ………………………………………………………………………………………… 199
 附表1 对数表 …………………………………………………………………………… 199
 附表2 反应率与机率值转换表 …………………………………………………………… 201
 附表3 权重系数表 …………………………………………………………………………… 203
 附表4 工作机率值表 ……………………………………………………………………… 204
 附表5 最小工作机率值和最大工作机率值差距表 ……………………………………… 214
 附表6 χ^2 分布表 ………………………………………………………………………… 216
 附表7 反对数表 ………………………………………………………………………… 217
 附表8 t^2 分布表 ………………………………………………………………………… 219

附录 名词术语的汉英对照 ………………………………………………………… 220

主要参考文献 ……………………………………………………………………………… 224

第一章
农药生物测定的发展简史和主要研究内容

一、农药生物测定的发展简史

生物测定是通过生物活体产生的反应来评估一种物质或一种过程的本质、组成或效力的一种方法。例如通过特定生物活体产生的特征反应来鉴定一种物质。然而这种类型属于定性测定，不涉及任何统计上的问题。虽然人类在古代文献中已有定性生物测定的记载，但现代生物测定技术的发展仅经历了100多年的历史。具有一定科学性的生物测定的历史最早开始于20世纪初法国学者Ehrlich（1900年）的研究，他报道了测定白喉抗毒素含量的标准方法，即白喉抗毒素标准品的研究。此后测定活体对药物标准品的反应，成为一种普遍的研究方法，不仅应用在药物上，而且还应用在其他学科上。在随后的50多年发表了许多有关药物标准品研究的文章，如Dale（1939）、Gautier（1945）、Hartley（1935，1945b）、Miles（1948）等。

（一）早期生物测定阶段——用个体生物反应直接测定供试化合物的效力

1920—1925年，陆续出现了采用动物来测定多种医药激素含量的技术，且所有这些试验都是用单个动物体进行直接的效力测定。利用供试动物对已知有效成分的标准药剂与待测药剂间的反应进行比较，以单个动物起同样程度反应的直接测定法，即通过比较两种药剂所需剂量的大小来估计其相对药效（相对药效=标准药剂所产生一定程度药效所用剂量/待测药剂产生同等程度药效所用剂量）。由于药物的效力最早是在动物个体上进行试验的，因此要求供试动物的每个个体均能够产生一定的反应（即同等程度反应），但这很难达到满意的效果。如一只猫对毛地黄素的反应或一只老鼠对胰岛素的反应都不是固定不变的，这是因为供试动物个体的不同、发育阶段的不同、生理及健康状况的差异等原因，使得动物个体对药物的忍耐力和反应都是变化的，这与它们体内的其他更易测定的特征反应一样，从而使每次采用上述方法的试验结果常会产生很明显的差异。

（二）统计学为基础的生物测定阶段——用生物群体反应测定供试化合物的毒力

生物测定在缺乏足够的统计学知识的时候，不是一项精确的测定技术。从20世纪30年代开始，生物测定技术进入一个新的阶段，即以生物群体为反应基础的生物测定方法和测定精确度。1937年欧文（Irwin J. O.）首先发表了系统生物测定方法的文章，主要描述了生测方法及其看法；1943年Bliss和Cattell也发表了这方面的研究。当时统计方法已在许多生物科技杂志中大量报道，但直到1948年才阐明了统计方法在生物测定中应用的理论及其相关解释。1947年和1952年Finney发表了生物测定中S形剂量-反应曲线的统计计算方法，即机率值分析法（probit analysis），系统解释了生物测定分析的统计学原理。Miles（1948）、Jerne和Wood（1949）对适用于大多数生物测定技术的假设进行了非常有价值的详细讨论，发表了许多有关生物测定方法的研究。1948年Emmens出版了《生物测定》一书。1950年Burn、Finney和Goodwin出版的《生物测定标准化》一书中关于统计方法一章的内容与 Emmens 书中的"生物测定标准化"相似。1960 年 Bauer 出版了《化学家统计学指南》一书。1964 年 Finney 出版了《生物测定统计方法》(第二版)。1971 年 Busvine 出版了《杀虫剂测定技术关键性评述》一书。1980 年联合国粮食与农业组织(FAO)出版了《害虫抗药性测定推荐方法》,J. L. Robertson、R. M. Russell、H. K. Preisler 和 N. E. Savin 出版了《农药对节肢动物的生物测定》[1995 年(第一版)和 2007 年(第二版)]等。至今农药生物测定技术一直以上述这些基本著述为依据,进行新农药的创制、作用机理和应用技术等研究。生物测定已成为研究作用药物、靶标生物和反应强度三者关系的一项专门技术。

近年来随着自动化技术的发展,特别是机器人的广泛应用,在新药剂创制研发中开始出现了高通量生化筛选(high throughput biochemical screening,HTBS)体系,该体系由组合化学、基因组学、生物信息学、自动化仪器及机器人等先进技术有机组合而成。它应用分子水平和细胞水平的试验方法(或筛选模型),以微板形式作为试验工具,采用自动化操作系统执行试验全过程,并用灵敏、快速的检测仪器采集试验数据,配备相应的数据库支持整个技术体系的正常运转(杜冠华,2002)。根据生物学特点可将用于药物筛选的高通量模型分为受体结合测定法(receptor binding assay)、酶活性测定法(enzyme assay)、细胞因子测定法(cell factor assay)、细胞毒性测定法(cytotoxicity assay)、代谢物质测定法(metabolite assay)、基因产物测定法(gene assay)等。该体系具有快速、高效等特点,至 1999 年随着高通量生化筛选技术的逐步完善,每天的筛选量可高达 10 万种化合物。在杀虫剂筛选中,由于长期连续饲养营养状况和龄期一致的大量供试昆虫较为困难,因此高通量筛选模型在杀虫剂筛选中有较快发展。

目前用于杀虫剂的高通量筛选模型主要有活体筛选和离体筛选两大类。

活体筛选以虫体较小、对药剂敏感且容易饲养和操作的昆虫(如鳞翅目低龄幼虫、家蝇幼虫或卵、蚊子幼虫孑孓、水蚤、线虫等),将一定量的药液和人工饲料分别加入滴定板的孔中,混匀,每一孔内再接入单头试虫或卵,用透明盖封好,放置在适宜的温度、湿度及光照控制条件下 1~7d 后检查生物活性。

离体筛选主要有以下 3 种方法:①受体结合试验法:用放射性同位素标记法筛选对昆虫神经受体(如乙酰胆碱受体)有活性的化合物。②靶标酶活性测定法:用测定酶活性法筛选对昆虫重要靶标酶(如乙酰胆碱酯酶、$Na^+ - K^+ - ATP$ 酶等)有活性的化合物。③溴化噻唑蓝四氮唑(methylthiazotetrazolium,MTT)细胞生物测定法:活细胞中的琥珀酸脱氢酶可使溴化噻唑蓝四氮唑分解产生紫色结晶状颗粒积于细胞内和细胞周围,其量与细胞数和细胞活力均成正比,而死细胞无此反应。用一定浓度的药剂处理指数生长期的细胞后一段时间,加入溴化噻唑蓝四氮唑,再测定混合液的吸光度,由此推出细胞的活力,筛选有生物活性的化合物。

高通量离体筛选也存在其缺点,首先要明确化合物的作用机理,才能设计相应的受体或靶标酶试验方法;其次只能筛选特定杀虫机理的化合物,由于缺少一整套的供试生物进行筛选,对其他作用机理的活性化合物必然会造成漏筛;同时,离体模型条件下的筛选结果与生物活体作用之间的关系如何统一和评估尚待研究解决。

我国龚坤元、张宗炳、张泽溥、尚稚珍、陈年春等都很重视农药生物测定,他们曾发表过不少有关专著和文章,其中重要的有致死中量(LD_{50})等的简易图解法(龚坤元,1964)、杀虫剂的毒力测定(张宗炳,1957)、昆虫毒理学(张宗炳,1964)、杀虫药剂的毒力测定（张宗炳，1988）、杀虫剂的生物测定（周厚安，1967）、生物测定统计（张泽溥，1984）、农药生物测定（植物化学保护第十一章，尚稚珍，1983，1990）、农药生物测定技术（陈年春，1990）、农药试验技术与评价方法（黄国洋，2000）等，为我国农药生物测定技术的发展奠定了重要基础。近十多年来我国新农药的研发取得了明显的进展，我国农药行业正在从过去以仿制为主的阶段跨入创制的新阶段。农药生物测定技术对新农药的创制、作用机理及应用技术等方面的研究具有极其重要的作用。

建立标准化的农药生物测定实验室或 GLP（good laboratory practice，优良实验室规范）生物实验室既是我国新农药创制与评价中不可缺少的重要组成部分，也是农药生物测定的发展方向。

二、农药生物测定的主要研究内容

（一）筛选与准确评价具有活性的化合物，开发新农药

我国农药行业正处在从仿制向创制发展的阶段，因此掌握筛选与准确评价化合物的活性对新农药的研发创制具有极为重要的意义。创制新农药的活性筛选流程主要包括以下 6 个阶段。

1. 普筛 普筛（general screening）阶段采用单一高剂量处理标准化的病、虫、草等供试生物，可设 2～3 个重复或不设重复，评价新化合物的活性，即明确新化合物是否具有农药生物活性，以死亡率达到 90% 以上者进入第二阶段的初筛。

2. 初筛 进入初筛（primary screening）的化合物是普筛阶段表现出具活性的化合物。在初选阶段，设 3～5 个梯度剂量，采用生产上的常用药剂作对照比较，评价新化合物活性的高低。淘汰在普筛中虽有生物活性，但活性偏低的化合物；活性相当或高于生产上常用药剂水平的化合物才能进入复筛；同时还要观察对植物的药害、对昆虫生长抑制作用及拒食作用，以这些指标作为筛选的参考。

3. 复筛 进入复筛（secondary screening）的化合物应扩大试验靶标生物范围，进行对不同种类靶标生物的活性测定，明确对敏感靶标种群的 EC_{50}、LD_{50} 或 LC_{50}，以及对作物的安全性。若田间靶标生物种群已产生抗药性，应进一步明确对抗性靶标种群的 EC_{50}、LD_{50} 或 LC_{50}，初步评价其潜在的市场开发应用价值。测定其对不同类型口器（咀嚼式口器、刺吸式口器等）和不同发育阶段（如卵、不同龄期的幼虫或若虫、成虫）的活性，同时研究其对靶标生物的作用方式和生理效应，如杀虫剂包括触杀、胃毒、内吸、熏蒸、拒食、不育、驱避、引诱等作用，以进一步明确活性和作用方式。其活性优于常用药剂的化合物进入深入筛选。若化合物仅对 1 种靶标生物有效，就做定向筛选。

4. 深入筛选 深入筛选（advanced screening）在温室条件下进行，采用盆栽试验方式。进一步开展除草和杀菌作用方式（如芽前或芽后、保护或治疗等）、作用特性（吸收传导性、抗雨水冲刷性、持效、残效等）等研究，并用常规商品农药作对照，明确活性化合物的应用前景，为进一步的开发研究提供科学依据，其活性或防治效果优于常用药剂的化合物进入田间试验。

5. 田间药效试验 田间药效试验也称为田间筛选试验，即按照农业部农药检定所生物测定研究室发布的"农药田间药效试验准则"进行，以便在自然环境条件下鉴别其防治效果，从而制定正确的农药使用方法（包括用药时间、剂量及施药方法等），这是决定化合物

是否有实际应用和推广价值的关键步骤,并完成农药登记田间药效试验所需的资料。

6. 示范推广试验 经田间小区药效试验确证可以开发成商品的候选化合物即可进行示范推广试验,确定其市场范围及竞争力,为商品化应用做好准备。

(二) 商品化农药防治重要靶标生物的可行性评价

评价商品化农药防治重要靶标生物的可行性,其中一个重要的内容就是测定、比较商品化农药对生产上重要靶标生物的室内毒力。在此基础上进行田间药效试验和示范推广试验,为筛选能有效防治生产上靶标生物的理想药剂提供依据。我国自 2007 年 1 月 1 日起,全面禁止甲胺磷、甲基对硫磷、对硫磷、久效磷和磷胺 5 种高毒农药在农业上使用。自 2005 年开始进行高毒农药替代项目研究,对国内外杀虫剂品种按靶标害虫进行室内毒力和田间药效的系统筛选,至 2010 年农业部农业技术推广服务中心分 5 批公布了针对 25 种重要农业害虫筛选出阿维菌素、吡蚜酮等近 50 种杀虫剂品种和 160 多项配套使用技术,这是我国系统地从室内活性、田间药效、示范推广、抗性风险等全面评价杀虫剂的一项系统研究成果。这不仅保证了我国顺利地完成了 5 种高毒农药的替代任务,而且为有效地控制其靶标害虫的危害奠定了基础。

(三) 研究环境因子与农药生物活性的关系

生物防治的研究包括研究环境因子(如温度、光照、湿度等)与农药生物活性、残留及环境安全性的关系。

(四) 研究农药剂型与生物活性的关系

生物防治的研究包括研究农药的不同加工制剂、剂型、加工方法与生物活性及安全性之间的关系,为农药加工、应用及环境安全性提供科学依据。

(五) 农药混剂的研究

生物防治的研究包括筛选具有增效作用、扩大防治靶标生物的农药混剂配方及增效剂,以提高药效、减少用药量、扩大防治谱、降低用药成本及对环境的不良影响。

(六) 抗药性监测

生物防治的研究包括检测、监测病、虫、草等有害生物对农药的抗性,克服和延缓抗性的发展,延长使用寿命,降低农药新品种开发创制的风险。

(七) 农药对作物药害和非靶标生物影响的研究

生物防治的研究包括测定农药对作物的药害症状和影响程度、对非靶标有益生物的毒性及影响,从而降低其在生产应用中的风险。

(八) 农药活性物质的定量分析

可利用敏感生物(如蚊幼虫等敏感种群)来测定杀虫剂的有效含量及植物中杀虫剂的残留量等。

复习思考题

1. 农药生物测定的发展,大体上可以分成哪几个时期?
2. 新农药的创制过程主要包括哪些活性筛选流程?

第二章
农药生物测定的基本原理与室内生物测定试验设计的基本原则

第一节 农药生物测定的基本原理

一、农药生物测定的基本概念

(一) 生物测定的定义

生物测定的英文为 bioassay 是由 biology（生物学）的词头 bio-和 assay（测定）组合而成的，原义是指度量具有生物活性的物质对某种生物产生效应的一项测定技术。也有人从更广的范围来理解生物测定的含义，如 Finney（1952）认为生物测定是：对生物任何刺激产生的效应测定，包括来自物理、化学、生物、生理、心理等方面的刺激对生物活体产生的效应。因此广义的生物测定定义为：度量来自物理、化学、生理或心理的刺激对生物活体（living organism）或活体组织（tissue）产生效力的大小。生物测定已成为当今研究作用药物、靶标生物和反应强度三者之间关系的一项专门技术。

农药生物测定（bioassay of pesticide）的定义为：度量农药对动植物群体、个体、活体组织或细胞产生效应大小的生物测定技术，或测定具有生理活性的物质在某有机体中产生效力的一种技术。

通常采用不同药剂剂量或浓度进行处理，以对测定对象产生的效应强度来评价两种或两种以上药剂的相对效力。生物测定具有3个基本组成要素：刺激物、接受刺激的对象（或受试对象）和反应强度。典型的农药生物测定是用对生物有刺激的物质（如杀虫剂、杀菌剂、除草剂、植物生长调节剂、抗生素、维生素、激素等）处理接受刺激的对象［如生物活体（昆虫、螨类、病原菌、高等动植物等）、种子、组织、细胞、孢子等］，测定接受刺激的受试对象产生反应的大小即反应强度，如死亡、中毒、抑制发病或生长发育、生长畸形、阻止取食或交配、失去发芽能力等。刺激是以一定的剂量（或浓度）、或一定强度、或一定时间予以处理，一般要求在环境条件几乎完全能控制不变的情况下进行，然后观察并记录生物所产生的反应。

(二) 忍受力与累计死亡率

1. 忍受力 对药剂的某个剂量恰能起反应的生物个体数，它不包括低于这个剂量起反应的生物个体。例如用一只猫做试验，测定其对毛地黄素的忍受力，系将药液慢慢地注射进猫的静脉，注射到心脏刚停止跳动时所需的剂量就是对这只猫体的致死剂量，也是该猫对毛地黄素的忍受力。以生物中毒死亡为反应标准时，从受药到死亡需要一个过程，因此测出的忍受力剂量总是比实际反应所需的剂量要大，而且采用这种方法由于动物体的大小、健康程度和生理状态的不同，测得的结果误差比较大。而且直接测定一个蚜虫个体对某种杀虫剂的忍耐力是非常困难的。

2. 累计死亡率 累计死亡率是指对药剂的某个剂量恰能起反应的生物个体数与所有低于这个剂量能起反应的生物个体数的总和占供试生物个体总数的比例。用一种药剂的某个剂量处理一定数量的蚜虫，处理一定时间后得到的死亡率即为累计死亡率。通常室内测定和大田试验直接处理生物群体所得到的结果均为累计死亡率。

(三) 反应的变异性

供试生物对任何刺激所引起反应的变异性是所有生物测定都具有的一个特征。由于生物个体不同，对药剂的忍受力差异很大；同一生物的个体在不同的发育阶段、不同生理条件下的忍耐力有差异；不同性别对药剂的忍受力也不相同；试验期间不同的环境条件（如温度、湿度、光照等）及操作误差等也会影响生物个体对药剂的忍受力。因此在同样的连续试验中，任何重复试验要得到完全相同的结果是不可能的，即变异不能消除，但是变异是可控制的。为了减少试验的误差，试验方法和供试对象的标准化、试验设重复以及试验条件的严格控制均是十分必要的。

(四) 生物测定的类型

在生物学中刺激与生物反应的关系有数量型反应和量子型反应两种类型的表现方式。

1. 数量型反应 数量型反应（quantitative response）是指当刺激强度（如剂量、浓度、时间等）增大时，反应也相应地增大。

2. 量子型反应 量子型反应（quantal response）也称为全或无的反应（all-or-nothing），是指刺激强度（如剂量、浓度、时间等）必须达到一定的程度，才会引起反应。当刺激强度在这个程度以下时，不论其大小，都不引起反应。相反，当刺激强度在这个程度以上时，都会引起同样的反应。在这一类反应中，引起反应的最低剂量（或浓度、时间等）称为限阈（threshold）。在毒力测定中也称为忍受力。

一般来说，生物测定的类型属于量子型反应（即全或无的反应），而不属于数量型反应。这类反应的典型例子是死或活。杀虫剂对昆虫的关系（杀虫剂作为刺激物，昆虫作为反应体）也是这样，如杀虫剂处理剂量在一定限阈值之下，昆虫就活（没有反应）；而超过限阈值的剂量，都会引起昆虫死亡。虽然用有些杀虫药剂处理的昆虫也有引起麻痹、停止取食或生长速率减缓等情况，但经上述反应后有些可恢复而存活下来，有些由此进入到死亡，所以仍可将其归入死与活的反应，即全或无的反应。

二、农药生物测定的统计学基础

鉴于供试生物对药剂所引起的反应都具有变异性是所有生物测定的一个特征，生物测定必须以统计学为基础，统计学为生物测定试验提供简单、基本的原理；根据统计理论提出合理和正确的试验设计，同时用统计方法对试验结果进行正确的分析，以便得出可靠的结论。专门用于生物测定的统计方法不同于一般生物统计学，它是专门用于研究药剂对生物效力的统计方法。

(一) 在生物群体中忍受力的次数分布呈二项式展开

生物测定的目的在于计算出一种药剂相当于另一种标准药剂产生同等效力的比例关系，即用等效剂量计算出相对效力。效力的大小可用死亡率、生长发育抑制率、发病抑制率或其他反应现象的百分率来表示。

在一种昆虫的种群中，由于每一个个体对一种药剂的忍受力（tolerance）或抵抗性是不同的。因此生物测定通常采用一个群体作为受试对象，而不用单一个体作为受试对象。为了更好解释用群体所测定的结果，就必须知道该群体忍受力的分布频率。由于忍受力的分布频率是一个群体数量，所以必须用统计分析的方法。

假如在一个群体中，随机选取一个个体，用 λ_0 的剂量处理，那么它对于 λ_0 产生反应的

可能性为 P，而不产生反应的可能性为 $1-P$（或 Q）。假如用 2 个个体加以同样处理，而且这 2 个个体之间相互并无影响，那么 2 个个体同时产生反应的可能性为 P^2，而两个都不产生反应的可能性为 Q^2，一个产生反应而另一个不产生反应的可能性是 $2PQ$，这个忍受力的分布频率应为 $P^2+2PQ+Q^2$，即为 $(P+Q)^2$ 的展开式。在用一群体 n 个个体时，n 个、$n-1$ 个、$n-2$ 个、…、2 个、1 个、0 个对 λ_0 产生反应的可能性即为 $(P+Q)^n$ 的展开式的各项，其中 r 个产生反应的可能性为

$$\frac{n!}{(n-r)!\ r!}P^rQ^{n-r} \qquad (2-1)$$

这就是概率的二项分布（Fisher，1944；Mather，1943），即在生物群体中忍受力的次数分布成二项式展开。

（二）忍受力的次数分布与剂量对数值间呈正态分布

一个生物群体中忍受力的次数分布与剂量的关系可表示为

$$\mathrm{d}p = f(\lambda)\,\mathrm{d}\lambda \qquad (2-2)$$

式中，p 表示产生反应的生物个体数占接受药剂处理的全部群体的百分率；$f(\lambda)$ 表示以剂量为变数的忍受力分布函数；λ 表示剂量；$\mathrm{d}\lambda$ 为增加的剂量，即增加后的剂量（$\lambda+\mathrm{d}\lambda$）与剂量（$\lambda$）间的差；$\mathrm{d}p$ 表示当剂量增加 $\mathrm{d}\lambda$ 后，其增加的反应生物个体数所占的百分率，它等于增加的剂量 $\mathrm{d}\lambda$ 与分布函数 $f(\lambda)$ 的积，其忍受力恰好分布在剂量 λ 与 $\lambda+\mathrm{d}\lambda$ 之间。

如用剂量 λ_0 来处理这个群体，则恰对 λ_0 剂量和低于 λ_0 剂量的忍受力都会起反应的生物个体数所占的百分率为

$$p = \int_0^{\lambda_0} f(\lambda)\,\mathrm{d}\lambda \qquad (2-3)$$

当所用的剂量为 ∞ 时，足以使接受药剂处理的全部生物群体都产生反应则为

$$p = \int_0^{\infty} f(\lambda)\,\mathrm{d}\lambda = 1 \qquad (2-4)$$

生物群体中忍受力的分布次数与剂量的关系呈近乎正态分布，即稍偏离正态分布的曲线或稍偏向一边的二项分布曲线，其原因是忍受力大的个体稍偏多（图 2-1）。为了便于计算，可将剂量转换为剂量的对数值，上述忍受力的分布曲线则转变为正态分布曲线（图 2-2），许多作者（Clark，1933；Hemingsen，1933；Bliss，1935）已阐明了它的理论基础。

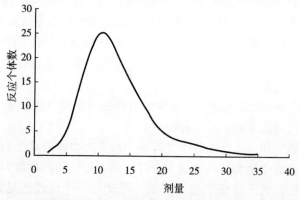

图 2-1　生物群体中忍受力的分布次数与剂量间的二项式分布曲线

(引自张泽溥，1984)

此外,Parker-Rhodes(1941,1942a,1942b)介绍的指数法等也能把这一稍偏离正态分布的曲线变为正态分布曲线。但人们一般惯用前一种方法。

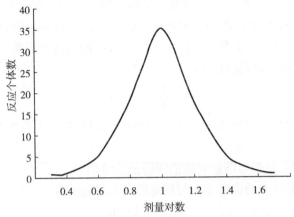

图 2-2　生物群体中忍受力的分布次数与剂量对数间的正态分布曲线
(引自张泽溥,1984)

(三) 致死中量和回归线的斜率是表示药剂对生物效力的代表性数值

1. 致死中量是表示药剂对生物效力的一个代表性数值　Trevan (1927) 提出了致死中量 (median lethal dose) 或有效中量 (median effective dose) 的概念。致死中量是指在一个生物种群中,引起群体的半数个体对药剂起反应(或死亡)的剂量。致死中量用 LD_{50} 表示,有效中量用 ED_{50} 表示,也可用致死中浓度 (LC_{50}) 或有效中浓度 (EC_{50}) 表示。

在一种生物种群中不同个体对一种药剂的忍受力是不同的,其忍受力与剂量或与剂量对数的关系成稍偏向一边的二项分布曲线或正态分布曲线。在测定一种药剂对生物的毒力或效力时,用整个分布曲线来说明是不方便的。应采用什么样的代表性数值来表示?早期,人们曾用过最高致死剂量及最低致死剂量表示,而最高致死剂量、最低致死剂量是忍受力分布曲线的极端值,极容易由于取样等的原因而引起改变,因而代表性不足。理论上讲,从忍受力与剂量对数关系的正态分布曲线可看出,在同一生物群体中的大多数个体在某一剂量范围内起反应,但少数个体则具有较大的忍受力,也有少数个体只具有较小的忍受力。如生物群体数为无限个时,则极个别的个体的忍受力可小到剂量近于零(如有疾病等)或大到剂量近于无限大(如有极高抗性等)。因此用最低忍受剂量或最低致死剂量(即在一个生物群体中有极少数个体起反应的剂量)和最高忍受剂量或最高致死剂量(即在一个生物群体中几乎全部个体起反应的剂量)来表示某药剂对生物效力的大小显然是很不可靠的。致死中量才是表示药剂对生物效力的一个代表性数值。

2. 回归线的斜率 (b) 是表示药剂对生物效力的另一个代表性数值　在统计学中,对一个群体的两个常用的代表值是集中趋势和离中趋势。

集中趋势即均数或中数。由于中数不受群体中极少数个体的忍受力极端值的影响,而均数却会受其影响,因此集中趋势的代表值为中数,而不是均数。在毒力测定中的致死中量就相当于统计学中的中数,也不受极端值的影响,因此第一个代表值是致死中量 (LD_{50}) 或有效中量 (ED_{50})。也就是说,愈接近使群体的半数起反应的剂量就愈能代表某药剂对生物效力的大小。用群体的半数对药剂起反应的剂量来表示药剂的效力是测定药剂效力的基础。

在一般正态分布曲线中,离中趋势的代表值是方差(σ^2),因为在毒力测定中人们已将忍受力分布曲线改为积累曲线(S形),再由S形曲线改为直线,因此说明离中趋势的代表值就可用这条直线的斜率(b)。由于$b=1/\sigma^2$,用毒力回归线的斜率(b)代替正态分布曲线的方差(σ^2)作为离中趋势的代表值,其实质是一样的。回归线的斜率(b)是表示药剂对生物效力的另一个代表性数值。

3. LD_{90}、LD_{95}和LD_{99}不能作为代表药剂对生物效力的代表性数值 近年来在有些室内毒力测定的文章中采用LD_{90}(LD_{95}或LD_{99})来表示药剂对生物的毒力或效力,甚至也有文章提出室内毒力测定应采用LD_{90}(甚至LD_{95}或LD_{99})表示,认为这样才能更接近实际所需的大田防治效果(即达到90%或95%以上效果)。从理论上讲,采用LD_{90}(LD_{95}或LD_{99})而不是采用LD_{50}或ED_{50}作为室内生物测定中药剂对生物毒力或效力大小的代表性值显然是很不适合的。首先,这违背了早已确立的室内生物测定的统计学基本原理,即"愈接近使群体的半数起反应的剂量就愈能代表某药剂对生物效力的大小,用群体的半数对药剂起反应的剂量来表示药剂的效力是测定药剂效力的基础。"其次,室内生物测定所得到的"毒力"与大田药效试验所得到的"药效"两者之间既有联系也有区别。从概念上讲,室内生物测定是在室内相对控制的条件下,采用特定的生物测定方法而得到的药剂对生物的毒力或效力,这个数值的大小主要由药剂和生物两者决定的。室内生物测定时,供试生物的种类、同一种生物的不同种群、不同发育阶段、不同的测定方法等都会影响药剂对生物毒力或效力的大小。如采用喷雾法或者浸叶法测定室内药剂对生物的毒力时,当每次喷雾处理的药液量从2mL增加至5mL(药液浓度不变)或者延长供试生物取食、接触处理浸叶的时间时,其毒力均会出现明显的增高。而大田药效试验是确定药剂在大田应用时的方法和药效,药效的大小是药剂、生物和环境条件三者综合作用的结果。除了药剂和生物两个因子外,大田药效的高低还受到环境条件的影响。因此,从室内生物测定得到的LD_{90}(或LD_{95})值与药剂大田试验要达到90%或95%防治效果时所用的剂量间也缺少可比性。

三、农药毒力的表示方法

农药大多数品种基本都是由于药剂对生物体具有直接的毒杀作用或致毒效应。表示农药毒性程度常以其毒力或药效作为评价的指标。毒力是指药剂本身对不同生物发生直接作用的性质和程度,一般是在相对严格控制条件下,用精密测试方法,及采取标准化饲养的试虫或菌种及杂草而给予各种药剂的一个量度,作为评价或比较的标准。毒力测定一般多在室内进行。

(一)供试生物对药剂的反应

药剂作用于供试生物后,供试生物会出现一定程度的反应。昆虫、病原微生物和植物(如杂草等)等对药剂反应的情况有所不同。

1. 供试昆虫对药剂的反应 受药剂种类、剂量、处理时间、处理条件等因素影响,供试昆虫在生物测定过程中可表现出不同的反应症状。有长期症状也有短期症状,具体有:①生长发育迟缓;②繁殖力降低;③不能正常蜕皮;④出现畸形;⑤击倒,昏倒;⑥中毒,体扭曲、抖动等;⑦麻痹,没有死,但也没有反应;⑧拒食,常常是由于局部麻痹造成的,也可能与气味、事物的颜色等有关;⑨死亡,心脏停止跳动。死亡常指个体,指群体则为死亡率;与对照比较,消除误差用校正死亡率。

2. 供试病原菌对药剂的反应　供试病原菌对药剂的反应，具体可表现为：①孢子不能萌发；②菌丝等营养体不能生长或延缓生长；③菌体畸形；④植物体的受害症状出现变化。

3. 供试植物（如杂草等）**对药剂的反应**　供试植物对药剂的反应，具体可表现为：①生长量发生改变；②植物体的形态和器官发生变化；③生理生化过程发生变化。

供试生物对药剂的反应，要有症状学的表达，更重要的是要有剂量学的表达。即当出现症状时，供试群体会出现什么情况，群体的反应程度如何等。

（二）反应率的表示方法

在衡量一种药剂对供试群体的毒力时，一般采用中毒率、抑制率、击倒率等表示。但应用最多的是死亡率，死亡率与生存率存在下述关系。

$$生存率 = 1 - 死亡率$$

在杀虫剂毒力测定中常以死亡率表示药剂的毒力大小。死亡率是指药剂处理后，在一个种群中被杀死个体数量占群体的百分数。但往往是在不用药剂处理的对照组中，也会出现自然死亡的情况，所以需要校正。校正后反应率称为校正反应率，对死亡率来说是校正死亡率。在进行毒力分析时，校正死亡率是最基本的数据。校正死亡率一般采用 Abbott（1925）校正公式式（2-5）或式（2-6）计算获得。

$$校正死亡率 = \frac{对照组生存率（\%）- 处理组生存率（\%）}{对照组生存率（\%）} \times 100\% \quad (2-5)$$

$$校正死亡率 = \frac{处理组死亡率（\%）- 对照组死亡率（\%）}{1 - 对照组死亡率} \times 100\% \quad (2-6)$$

死亡率从广义上应理解为虫口减退率。死亡率可以是正的，也可以是负的（如当对照组的虫口数量下降时）。

校正死亡率公式的适用范围是对照组的死亡率<20%。当对照组的死亡率>20%时，则表示该目标昆虫种群不宜供试验用，试验结果不可靠。

（三）毒力的表示方法

毒力通常是在室内测定中衡量药剂对有害生物致死或致毒作用大小的一个重要指标。

1. 杀虫剂毒力的表示方法　对杀虫剂的毒力而言，常用的表示方式有下述几种。

（1）致死中量　致死中量（median lethal dose）是指能使供试昆虫群体的 50% 死亡时所需的药剂剂量，常以 LD_{50} 表示。

（2）致死中浓度　致死中浓度（median lethal concentration）是指能使供试昆虫群体的 50% 死亡是所需的药剂浓度，以 LC_{50} 表示。

（3）致死中时和击倒中时　致死中时（median lethal time）和击倒中时（median knockdown time）分别是指能使供试昆虫群体的 50% 死亡和中毒击倒时所需的时间，分别以 LT_{50} 和 KT_{50} 表示。

2. 杀菌剂毒力的表示方法　对杀菌剂的毒力而言，常用的表示方式有下述两种。

（1）有效中量　有效中量（median effective dose）是指能使某病原菌供试群体半数产生某种药效反应所需的药剂用量，以 ED_{50} 表示。

（2）有效中浓度　有效中浓度（median effective concentration）是指能使某病原菌供试群体半数产生某种药效反应所需的药剂浓度，以 EC_{50} 表示。

3. 除草剂毒力的表示方法 除草剂的毒力常用抑制中浓度（median inhibition concentration）表示。抑制中浓度是指能使某杂草供试群体的生长发育（如发芽率、出苗率、幼苗高度、鲜物质量或干物质量等）或生理生化指标（如光合作用、呼吸作用、酶活性等）减少或抑制 50% 所需的药剂浓度，以 IC_{50} 表示。

四、机率值分析法

为了要测定致死中量（LD_{50}）或有效中量（ED_{50}）和回归线的斜率（b）这两个药剂对生物效力的代表值，通常采用的统计分析方法就是机率值分析法（probit analysis）。Bliss（1934b）最早提出机率值这一概念，在此之前虽然 Gaddum（1933）已经用过这一概念，但 Gaddum 的分布曲线横坐标的中点为 0，即正态等值偏差为 0，相当于反应率为 50%，也是正态分布曲线的最高点；0 点向右的偏差为正值，而向左的偏差为负值。为了要取消向左偏差的负值，Bliss 把正态等值偏差全部加上 5 作为反应率的机率值，从而机率值就全部变成了正值，且分布曲线中的中点从原先的 0 变成为 5。

机率值分析法是传统的农药生物测定统计分析的最重要基础方法。尽管人类已进入快速、方便的电子计算机及相关统计软件时代，但是只有充分理解了机率值分析的统计学原理，才能正确合理地设计试验方案与统计分析试验的结果，从而得到科学的、可靠的试验结论。

（一）累计死亡率的 S 形积累曲线

忍受力的次数分布仅表明在某一个剂量恰能起反应的生物个体数，它不包括低于这个剂量起反应的个体数。然而在生物测定中，用一个剂量处理一组生物群体时，实际上起反应的生物个体数包括了对这个剂量恰能起反应的生物个体数和低于这个处理剂量所有能起反应的生物个体数之和。从一个处理剂量中得到的个体反应数是忍受力分布的积累次数，从系列剂量（按一定比值、从低到高的一系列不同剂量）得出的系列反应数作成一条曲线是忍受力分布的积累曲线。如将各剂量的反应个体数占处理总数的百分比作成一条曲线就是忍受力的百分率的积累曲线。由于忍受力的百分率积累曲线是一条 S 形曲线，用 4~6 个剂量得出的反应率难以绘制出准确的剂量-反应率的 S 形积累曲线，而且由于该 S 形积累曲线中间较陡，当然更不可能准确地从曲线上求出致死中量（LD_{50}）。

（二）忍受力的次数分布与剂量对数值间呈正态分布

在一个群体中，忍受力的分布以正常的单位（剂量或浓度）来计算时呈近乎正态分布，即稍偏离正态分布的曲线或稍偏向一边的二项分布曲线。生物对药剂效应的增加不与剂量的增加量成正比，而与剂量增加的比例成正比。也就是说，剂量以几何级数增加时，效应则以算术级数增加。把剂量改为其对数时，也就是将横坐标由剂量的增加改为剂量增加的比例，从而使略有偏度的正态分布就变成正态分布，即其累积曲线也就变成对称的 S 形曲线。

在正态分布曲线上任一点在坐标上的高度（Z）与偏离平均值偏差（x）间的关系式为

$$Z=\frac{1}{\sqrt{2\pi\sigma^2}}e^{-\frac{1}{2\sigma^2}x^2} \qquad (2-7)$$

式中，Z 为坐标纵轴的高度；x 为偏离正态分布平均值的变量单位；e 为自然对数底数（约为 2.718 3）；π 为圆周率（约为 3.141 6）；σ 为总量的总体标准差。

标准差（σ）越小，正态分布曲线的分布宽度越窄，即忍受力的变化受到剂量增减的影响越大。

正是由于生物对药剂效应的增加与剂量增加的比例成正相关的规律，决定了人们在进行室内生物测定中，配制一种供试药剂的系列处理剂量（或浓度）时，应按一定的比例进行稀释（通常按稀释溶剂∶有效成分的比例为 2∶1、3∶1、4∶1、5∶1、6∶1、7∶1、8∶1、9∶1、10∶1 等），而不能用等差或随意的方式等进行稀释。稀释比例的大小取决于生物对药剂效应的高低，效应愈高，稀释比例愈大，但在同一次试验中稀释的比例应相同。

（三）剂量对数-死亡机率值线（也称毒力回归线）

从正态分布曲线垂直投射到底线上的点，称为正态等差（即正态等值偏差，normal equivalent deviation，NED），因为正态等差为 0 时相当于反应率为 50%，也就是正态分布曲线的最高点。以标准差 σ 为单位，在正态分布曲线底线的中点或平均值（即正态等值偏差为 0）加、减标准差（σ），可得到平均值 0 点向右的偏差为正值（如 1、2、3 及 4），而向左的偏差为负值（如 -1、-2、-3 及 -4）。从上述点分别作垂线向上与正态曲线相交，从而将正态分布曲线下的面积分成 10 份。在正态分布曲线下，正态等差点垂直线左侧的面积占整个正态曲线下所包含面积的百分率代表了相应的死亡率，即可把死亡率的累积曲线用正态等差来计算。计算正态等差的公式为

$$NED = \frac{x - \bar{x}}{\sigma} \tag{2-8}$$

式中，NED 为正态等差，x 为变数，$\bar{x}$ 为平均数，σ 为标准差。当 $x < \bar{x}$ 时，$NED < 0$，为了去除负数，设反应率的机率值为正态等差加 5，即机率值（范围为 1~9）全部变成正值，以 5 为中点，而该中点正是正态等值偏差的 0 点。

计算机率值（P）的公式为

$$P = 5 + NED = 5 + \frac{x - \bar{x}}{\sigma} \tag{2-9}$$

机率值实际上就是在一个正态分布曲线上，当中数或均数为 5，标准差（σ）为 1 时，在横坐标上相当于概率（P）的数值。机率值可按照以下公式计算。

$$P = \frac{1}{\sqrt{2\pi}} \int_{\infty}^{Y-5} e^{\frac{1}{2}\mu^2} d\mu \tag{2-10}$$

式中，P 为机率或相对频率，如昆虫的死亡率；Y 为机率值；μ 为正态分布曲线的中点，理论上它既是均数，也是中数，因为正态分布曲线中，均数与中数是相等的，因此 μ 也就是致死中量的对数。

既然反应率的机率值等于正态等值偏差加 5，在代入正态等值偏差的公式时也应减去已加进的 5 来计算，即

$$Z = \frac{1}{\sqrt{2\pi}} e^{-\frac{1}{2}(x-5)^2} \tag{2-11}$$

例如从机率值转换表中可查出在机率值为 6 时，相应的反应百分率为 84.13%，这两者的关系是根据上述式（2-11）计算出来的，即

$$Z = \frac{1}{\sqrt{2\pi}} e^{-\frac{1}{2}(6-5)^2}$$

$$= \frac{1}{\sqrt{2 \times 3.1416}} (2.71828)^{-\frac{1}{2}}$$

$$= \frac{1}{2.5066} \times \frac{1}{\sqrt{2.71828}}$$
$$= 0.24197$$

在正态分布曲线底线的中点（即正态等值偏差的0）上分别加、减一个标准差得$+\sigma$和$-\sigma$两个点，从此两点分别引垂线向上延伸到同正态曲线相交的交点高度均为0.24197，位于这两条垂线间、正态曲线以下所包含的面积占整个正态曲线所包含的面积的百分比为0.68268；而在中点上加一个标准差（$+\sigma$）所增加面积的百分比为0.68268/2（图2-3）。

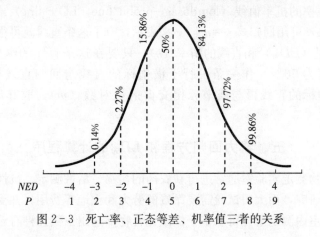

图2-3 死亡率、正态等差、机率值三者的关系

机率值为6时所代表的面积为：在正态分布曲线下底线的平均数（即正态等值偏差的0）加一个标准差的位置上（$+\sigma$），所引垂线左边的面积占整个正态分布曲线所包含面积的百分比，即为正态分布曲线以下所占面积的1/2（0.5）再加上在中点上加一个标准差（$+\sigma$）所增加面积的百分比（0.68268/2）等于84.13%，这也就是从机率值转换表中可查出在机率值为6时所对应的反应率，即

$$反应率 = 0.5 + \frac{0.68268}{2} = 0.8413 = 84.13\%$$

因为机率值单位从正态曲线演化而来，正如致死中量比最高致死量或最低致死量更为可靠的原理一样，机率值的权重也不都是一样的，在分布曲线两端的数值，其权重显然不如在中间的数值。每一机率值有其不同的权重，且权重又与个体数有关，因此在生物测定资料采用概率分析软件进行统计计算时，每一机率值应乘以一个权重系数（weight coefficient，权重系数=1/机率值方差）来予以校正，即乘上nw，其中n为个体数，w为权重系数；但是采用计算器进行计算时，如机率值未用权重系数进行校正，这会给计算结果带来误差。按照统计学理论，权重系数为

$$w = Z^2/(PQ) \tag{2-12}$$

式中，P为死亡率；Q为活虫率，即$Q=1-P$；Z为正态曲线上在P处的高度，也就是式（2-11）的值，即

$$Z = \frac{1}{\sqrt{2\pi}} e^{-\frac{1}{2}(y-5)^2} \tag{2-13}$$

Bliss（1935a）及Yates与Fisher（1948）曾按照上式制成了一个权重系数简表（附表3），因此每一个机率值可从表查出其权重系数。详细的表可参阅Fisher与Yates（1948）或

Finney (1952)。

将剂量改为对数值，同时将反应率（如杀虫药剂毒力测定中的死亡率）改为机率值，就是把剂量-死亡率积累 S 形曲线转变为剂量对数-死亡率机率值直线（也称毒力回归线）。实际上这条剂量对数-死亡率机率值直线并不成为完全的直线，在两极端的点并不完全符合直线，因为常态曲线的两端不与底线相遇，因此机率值中没有相等于 100% 或 0% 死亡率的数值，通常从机率值表中可查到的最高机率值为 8.719 0 时的死亡率为 99.99%，而最低机率值为 1.909 8 时的死亡率为 0.1%。

剂量对数-死亡率的机率值线（log dosage-probit line，LD-P line）或毒力回归线（toxicity regression line）可用回归式 $y=a+bx$ 来表示，有了这条直线就可很容易求出致死中量（LD_{50}）或有效中量（ED_{50}）和直线的斜率（b）。只要在这条直线的纵坐标上从机率值等于 5 处（即死亡率为 50%）作一条平行于横坐标的直线与回归直线相交，在其交点作另一条平行于纵坐标的直线再与横坐标相交得剂量对数（m），取其反对数即为致死中量或有效中量。

五、毒力回归方程和 LD_{50} 的计算程序

在养虫室或生物测定实验室通常进行新农药的初筛、活性测定、抗性监测、复配剂配方筛选、作用机理等研究，而大田试验需要昂贵的劳力和土地等费用，并受到许多环境因素的变异所支配。通过室内测定研究可从多个供试化合物筛选出少数几种有希望的品种，然后进行田间试验。

这里简要介绍在实验室测定农药的毒力回归方程和 LD_{50} 的计算方法。LD_{50} 和回归线的斜率（即斜率 b）代表了衡量农药室内毒力的正确指标，而且在估计病、虫、草等有害生物对农药的抗性时是特别有用的。下面以室内采用毛细管点滴法测定水稻二化螟幼虫对某一种杀虫剂的室内毒力为例，介绍毒力回归方程和 LD_{50} 及其 95% 置信限的计算程序。

（一）制备供试药液的等比系列浓度

由于技术级原药所含有效成分的变化，标准供试稀释药液通常可配制成特定有效成分（a.i.）含量的母液（stock solution），可按期望母液的体积计算所需杀虫剂的用量。

1. 母液的配制

（1）计算原药用量　例如，用 10mL 容量瓶，将含量为 99.6% 的技术级原药制备有效成分浓度为 $2\ 000\mu g/mL$ 的母液。

$$所需原药的量 = 所需药剂浓度 \times 所需药剂容积/原药含量$$
$$= 2\ 000\mu g/mL \times 10mL/99.6\% = 20\ 080.3\mu g = 20.08mg$$

（2）配制　在 1/10 000 的分析天平上准确称取 20.08mg 技术级原药于 10mL 容量瓶中，并加分析纯（analytical regent，AR）丙酮（应根据药剂的溶解度，选择适宜的溶剂）到 10mL 刻度，即为所需母液。

2. 等比系列浓度药液的配制　生物对药剂效应的增加与剂量增加的比例成正相关的规律决定了室内生物测定中配制供试药剂的系列处理浓度应按一定的比值进行稀释。用式（2-14）从母液配制稀释药液。

$$c_1 \times V_1 = c_2 \times V_2 \qquad (2-14)$$

式中，c_1 为稀释前药液浓度；c_2 为稀释后药液浓度；V_1 为稀释前药液容积；V_2 为稀释后

药液容积。

将母液按比例 2：1 稀释成供试验用的等比系列浓度，如 160μg/mL、80μg/mL、40μg/mL、20μg/mL、10μg/mL、5μg/mL（以有效成分计算，下同），首先从浓度为 2 000μg/mL 的母液配制浓度为 160μg/mL 的药液 10mL，得先计算出母液的用量，依式（2-14）计算得

$$V_1 = c_2 \times V_2 / c_1 = 160\mu g/mL \times 10mL / 2\,000\mu g/mL = 0.8mL$$

具体操作过程为：加 0.8mL 母液到 10mL 容量瓶中，并用溶剂（如丙酮等）加至刻度，即得到浓度为 160μg/mL 的稀释液。

再将上述浓度为 160μg/mL 的药液配制浓度为 80μg/mL 药液 10mL，依式（2-14），160μg/mL 药液的取用量为

$$V_1 = c_2 \times V_2 / c_1 = 80\mu g/mL \times 10mL / 160\mu g/mL = 5mL$$

具体操作过程为：取浓度为 160μg/mL 的药液 5mL 加到 10mL 容量瓶中，并用溶剂（如丙酮等）加至刻度，即得到浓度为 80μg/mL 的稀释液。

同样，再用上述方法依次稀释配制上述等比系列浓度中的其余 40μg/mL、20μg/mL、10μg/mL、5μg/mL 药液。

药液最好随配随用，或在 4℃ 冰箱中保存供试验用。

（二）预备试验

1. 预备试验供试药液浓度配制 一般新药剂室内活性测定时，通常都应先进行预备试验（preliminary test），找出死亡率为 10%～90% 的浓度范围，以便明确设计室内正式试验的浓度范围。一般预备试验设约 3 个浓度，每个浓度仅 1 次重复。通常浓度范围为 1～100μg/mL（如 1.0μg/mL、10.0μg/mL、80.0μg/mL）或 0.1～20μg/mL（如 0.1μg/mL、1.0μg/mL、10.0μg/mL）。依上文介绍的方法按设计浓度配制供试药液。

2. 预备试验测定步骤（点滴法） 水稻秧田或室内二化螟卵块孵化后用播于果酱玻璃瓶内的稻苗饲养（参照尚稚珍等介绍的稻苗饲养法）10d 后，以体重为 6～9mg/头的 4 龄幼虫为标准测试幼虫。供试 4 龄幼虫挑入具一小块半人工饲料的培养皿（直径为 5cm）中，每皿 5 头。用毛细管微量点滴器将 0.04μL 药液滴于幼虫胸部背面，每浓度处理 10 头，即重复 1 次；以丙酮为对照。幼虫饲养和处理条件：温度 27～29℃，光照周期 16h：8h（光期：暗期）。处理后 48h 检查死亡数（但杀虫单、氟虫腈处理后 72h 检查死亡数，阿维菌素、甲氨基阿维菌素处理后 96h 检查死亡数，虫酰肼、呋喃虫酰肼处理后 120h 检查死亡数，氟铃脲和氟啶脲处理后 144h 检查死亡数）。用下面公式计算死亡率和校正死亡率。

$$死亡率 = \frac{死虫数}{处理总虫数} \times 100\% \quad (2-15)$$

$$校正死亡率 = \frac{处理死亡率 - 对照死亡率}{1 - 对照死亡率} \times 100\% \quad (2-16)$$

（三）正式试验

根据预备试验的结果，在死亡率为 10%～90% 的范围内，至少设计 4～5 个等比系列浓度，用作正式试验（final test）的处理剂量。正式试验除处理 4～5 个浓度和每处理至少点滴 20 头 4 龄标准幼虫（即每皿 5 头，每处理重复 4 次）外，其余测定步骤同预备试验。

表 2-1 机率值回归线和 LD_{50} 的数学计算

(引自沈晋良和何月平,2010)

剂量	剂量对数 (x)	处理虫数 (n)	死虫数 (r)	死亡率 (%)	校正死亡率 (%)	经验机率值	期望机率值 (Y)	权重系数 (w)	权重 (nw)	工作机率值 (y)	nwx	nwy	nwx^2	$nwxy$	nwy^2
160	2.20	60	56	93.33	93.10	6.08	6.66	0.220	13.200	6.43	29.040	84.876	63.888 00	186.727 20	545.752 68
80	1.90	60	53	88.33	87.93	6.17	6.10	0.405	24.300	6.17	46.170	149.931	87.723 00	284.868 90	925.074 27
40	1.60	60	45	75.00	74.14	5.64	5.54	0.572	34.320	5.64	54.912	193.565	87.859 20	309.703 68	1 091.705 47
20	1.30	60	37	61.67	60.34	5.26	4.98	0.636	38.160	5.25	49.608	200.340	64.490 40	260.442 00	1 051.785 00
10	1.00	60	13	21.67	18.96	4.12	4.42	0.563	33.780	4.15	33.780	140.187	33.780 00	140.187 00	581.776 05
0		60	2	3.33											
							总和	2.396	143.760	27.64	213.510	768.899	337.740 60	1 181.928 78	4 196.093 47

$S_{nw}=143.760$ $S_{nwx}^2=337.740\ 60$ $df=k-2=5-2=3$

$S_{nwx}=213.510$ $S_{nwxy}=1\ 181.928\ 78$ $x^2=7.8$

$S_{nwy}=768.899$ $S_{nwy}^2=4\ 196.093\ 47$

注:剂量的单位为 mg/mL,为了避免剂量对数出现负值和 0,表中剂量为试验剂量 ×10。

(四) 机率值分析

虽然至今已开发了许多机率值分析（probit analysis）的计算机程序软件（如 SAS、EPA、POLO、DPS、BA 等统计分析系统软件），可方便、快捷地进行机率值分析法的统计计算，但我们仍然应该知道机率值分析的计算原理和步骤。下面按 Finney（1962）介绍的用机率值法统计计算毒力回归线、LD_{50}（或 LC_{50}）及 95% 置信限。其计算方法共 29 步。

第 1 步：在表 2-1 中第 1 栏填入处理剂量，浓度依次从高到低，最后对照，单位为 $\mu g/L$。

第 2 步：在表 2-1 中第 2 栏填入剂量对数（查附表 1 或用计算器算得）。剂量可乘以或除以 10、100 等，以便得到对数为小的正值。但在计算结束时应除以或乘以 10、100 等，以便转为最初的浓度。

第 3 步：在表 2-1 中第 3 栏填入每剂量处理虫总数。

第 4 步：在表 2-1 中第 4 栏填入每剂量死虫总数。

第 5 步：在表 2-1 中第 5 栏填入虫死亡率。

第 6 步：在表 2-1 中第 6 栏填入用 Abbott's 公式计算的校正死亡率。

第 7 步：在表 2-1 中第 7 栏填入附表 2 中校正死亡率相应的机率值。数值精确到小数点后 2 位。

第 8 步：可在正方格纸上标绘经验机率值（即第 7 栏的机率值）与剂量对数（第二栏的数值）；或在对数机率值纸上标绘剂量（第 1 栏的数值）和校正死亡率（第 6 栏的数值）。画出临时直线，读出临时直线上与剂量对数或剂量相对应的期望机率值填入第 8 栏。

第 9 步：在表 2-1 中第九栏填入查附表 3 中相应于期望机率值（Y）的权重系数（w）。

第 10 步：在表 2-1 中第十栏填入权重系数（w）和试虫数（n）的积，数值精确到小数点后第三位。

第 11 步：在第 11 栏中填入工作机率值（y）。根据期望机率值（Y），按下述方法确定工作机率值（y）。

如果 $2.0 \leqslant Y \leqslant 7.9$，查附表 4，在第 11 栏填入工作机率值。例如以表 2-1 中剂量为 160mg/mL 为例，其校正死亡率为 93.1%，期望机率值（Y）为 6.66，应查附表 4 的"$Y=6.0\sim6.9$，死亡率（Kill）50%~100%"。以纵坐标死亡率为 93 与横坐标期望机率值（Y）为 6.7 两行垂直相交处可查得工作机率值（y）为 6.43。

如果 $Y<2.0$ 或 $Y>7.9$，查最小工作机率和最大工作机率值表（附表 5）。

假设 $Y=1.90$，用以下公式计算。

$$y = 最小工作机率值 + (校正死亡率 \times \frac{1}{Z}) \qquad (2-17)$$

式中，最小工作机率值和 $\frac{1}{Z}$ 从附表 5 查得，表 2-1 中第 6 栏为校正死亡率。

因而，假设 $Y=1.90$，校正死亡率为 0.0010，则

$$y = 1.6038 + (0.0010 \times 306.1)$$
$$= 1.91$$

假设 $Y=8.0$，用以下公式计算。

$$y = 最大工作机率值 - (成活率 \times \frac{1}{Z}) \qquad (2-18)$$

式中,最大工作机率值和 $\frac{1}{Z}$ 从附表5查得,而成活率由下式计算。

$$成活率 = 100 - 校正死亡率 \qquad (2-19)$$

因而,假设 $Y=8.0$,校正死亡率为 99.87%,则成活率为 0.0013,可得
$$y = 8.3046 - (0.0013 \times 225.6)$$
$$= 8.01$$

如果 $n \leqslant 200$,最大工作机率和最小工作机率值精确到小数点后2位,如果 $n > 200$,则精确到小数点后3位。

第12步:在表 2-1 第 12~16 栏中填入每栏栏目指明数值之积,第12栏和13栏精确到小数点后4位,而第14~16栏精确到小数点后5位。

第13步:分别计算第 10~16 栏的总和。

第14步:nwx 的总和(S_{nwx})除以 nw 的总和(S_{nw})得 $\bar{x}$ 值,精确到小数点后4位。
$$\bar{x} = \frac{S_{nwx}}{S_{nw}} = \frac{213.510}{143.760} = 1.4852$$

第15步:nwy 的总和(S_{nwy})除以 nw 的总和(S_{nw})得 $\bar{y}$ 值,精确到小数点后4位。
$$\bar{y} = \frac{S_{nwy}}{S_{nw}} = \frac{768.899}{143.760} = 5.3485$$

第16步:用下式计算 S_{yy}。
$$S_{yy} = S_{nwy^2} - \frac{(S_{nwy})^2}{S_{nw}} \qquad (2-20)$$
$$= 4196.09347 - \frac{768.899^2}{143.760}$$
$$= 4196.09347 - 4112.44903$$
$$= 83.64444$$

第17步:用下式计算 S_{xy}。
$$S_{xy} = S_{nwxy} - \frac{(S_{nwx})(S_{nwy})}{S_{nw}} \qquad (2-21)$$
$$= 1181.92878 - \frac{213.510 \times 768.899}{143.760}$$
$$= 1181.92878 - 1141.95622 = 39.97256$$

第18步:用下式计算 S_{xx}。
$$S_{xx} = S_{nwx^2} - \frac{(S_{nwx})^2}{S_{nw}} \qquad (2-22)$$
$$= 337.7406 - \frac{213.510^2}{143.760}$$
$$= 337.7406 - 317.10156 = 20.63904$$

第19步:计算斜率(slope)或回归系数(b)。
$$b = \frac{S_{xy}}{S_{xx}} = \frac{39.97256}{20.63904} = 1.9367$$

第20步：用下式计算临时机率（或毒力）回归线，其中 $\bar{x}$ 和 $\bar{y}$ 分别来自第14步和第15步。

$$Y = \bar{y} + b(x - \bar{x}) \tag{2-23}$$
$$= 5.3485 + 1.9367(x - 1.4852)$$
$$= 5.3485 + 1.9367x - 2.8764$$
$$= 2.4721 + 1.9367x$$

选择3个剂量（最高剂量、中间剂量及最低剂量）的对数值代入机率回归线公式中的 x，可得到3个 y 值，并与期望机率值（Y）相比，如两者之差均小于0.2，则临时机率回归线是适合的。本文例子中，x 分别为2.20、1.60及1.00，则

$$y_1 = 2.4721 + 1.9367 \times 2.20 = 6.73$$
$$y_2 = 2.4721 + 1.9367 \times 1.60 = 5.57$$
$$y_3 = 2.4721 + 1.9367 \times 1.00 = 4.41$$

上述计算的3个 y 值与相应的期望机率值 Y 的差均未超过0.20，因此可认为该临时机率回归线是适合的。

如果计算的 y 值与期望机率值 Y 值之差超过0.2，则需要进行第二次循环计算。在此情况下，计算的 y 值作为改进的期望机率值 Y'，在对数机率值纸上作图或用计算器的直线回归方程程序计算得另一条临时机率回归线。在表中第8栏重新填入改进的期望机率值 Y'，在第9栏重新填入 Y' 的权重系数，在第10～16栏中分别重新计算。

第21步：计算单个观察值的变异（V_a），精确到小数点后7位。

$$V_a = \frac{1}{S_{nw}} = \frac{1}{143.760} = 0.0069560 \tag{2-24}$$

第22步：用 S_{xx} 的倒数计算斜率（b）的变异（V_b）。

$$V_b = \frac{1}{S_{xx}} = \frac{1}{20.63904} = 0.0484519 \tag{2-25}$$

第23步：用下式计算 χ^2。

$$\chi^2 = S_{yy} - \frac{S_{xy}^2}{S_{xx}} = 83.64444 - \frac{39.97256}{20.63904} \tag{2-26}$$
$$= 83.64444 - 77.41666 = 6.2778$$

第24步：在概率为0.05水平，比较计算 χ^2 值与附表6中查表所得 χ^2。当自由度（df）等于浓度或剂量数减2，从 χ^2 表查得自由度为3、概率为0.05时的 χ^2 为7.81，该值大于计算得 χ^2 值，因此临时机率回归线能满意代表试验的结果。

第25步：用 S_{xx} 倒数的平方根计算斜率（b）的标准误（S_{eb}）。

$$S_{eb} = \sqrt{\frac{1}{S_{xx}}} \tag{2-27}$$
$$= \sqrt{\frac{1}{20.63904}}$$
$$= \sqrt{0.0484519} = 0.2201178$$

第26步：用下式计算 LD_{50} 对应的剂量值的对数值（m）。

$$m = \bar{x} + \frac{(5 - \bar{y})}{b} \tag{2-28}$$

$$= 1.485\,2 + \frac{5 - 5.348\,5}{1.936\,7}$$
$$= 1.485\,2 - 0.179\,9$$
$$= 1.305\,3$$

第27步：由于 m 是 LD_{50} 对应剂量值的对数，所以 LD_{50} 对应的剂量值为 10^m（或查 m 的反对数得 20.197 6），又因为表中剂量为试验剂量的 10 倍，所以所得值除以 10 得到原始测定的剂量值，故有

$$LD_{50}\text{对应的剂量值} = \frac{20.197\,6}{10} = 2.019\,8\text{mg/mL} = 2.019\,8\mu\text{g}/\mu\text{L}$$

第28步：计算 LD_{50} 值。致死剂量随昆虫的大小（体重）而变，为了便于比较，致死剂量可用单位体重的药量（μg/g）表示；当采用标准一致的试虫（如相同龄期幼虫或相同体重范围）供测定时，也可用 μg/头表示。

如供试昆虫为二化螟 4 龄幼虫，标准体重范围为 7~9mg/头，平均体重为 8mg/头。点滴药液体积为 0.04μL/头，则 LD_{50} 值计算式为：

$$LD_{50} = \frac{\text{杀虫剂浓度} \times \text{点滴药液体积}}{\text{供试昆虫体重}} \tag{2-29}$$

$$= \frac{2.019\,8\mu\text{g}/\mu\text{L} \times 0.04\mu\text{L}/\text{头}}{8\text{mg}/\text{头}}$$

$$= 10.10\mu\text{g/g}$$

或
$$LD_{50} = \text{杀虫剂浓度} \times \text{点滴药液体积}/\text{头} \tag{2-30}$$

$$= 2.019\,8\mu\text{g}/\mu\text{L} \times 0.04\mu\text{L}/\text{头}$$

$$= 0.080\,792\mu\text{g}/\text{头}$$

$$= 80.792\text{ng}/\text{头}$$

第29步：用下式计算特定概率水平（如95%）的置信限（fiducial limit）。

$$g = \frac{t^2 V_b}{b^2} \tag{2-31}$$

如公式中 $t = 1.96$，自由度 >120，95% 概率为

$$g = \frac{1.96^2 \times 0.048\,451\,9}{1.936\,7^2} = \frac{0.186\,1}{3.750\,8} = 0.049\,6$$

如果 g 小于 t 与 m 标准误（s_{em}）之积，可用下式计算置信限。

$$\lg LD_{50} \pm t\,s_{em}$$

$\lg LD_{50}$ 已在第26步计算，从附表8查 t 值。从 m 变异（V_m）的平方根计算 m 的标准误。可用下式计算 V_m。

$$V_m = \frac{1}{b^2}\left[V_a + (m - \bar{x})^2 V_b\right] \tag{2-32}$$

$$= \frac{1}{1.936\,7^2}[0.006\,956\,0 + (1.305\,3 - 1.485\,2)^2$$
$$\times 0.048\,451\,9]$$

$$= 0.266\,609\,3 \times (0.006\,956\,0 + 0.001\,568\,1)$$

$$= 0.266\,609\,3 \times 0.008\,524\,1 = 0.002\,267\,4$$

$$s_{em} = \sqrt{V_m} = \sqrt{0.002\,267\,4} = 0.047\,617\,2$$

$$ts_{em}=1.96\times0.047\,617\,2=0.093\,329\,8$$

因为 g（0.049 6）小于 ts_{em}（0.093 329 8），可用下式计算置信限。

$$\text{置信限的对数}=\lg LD_{50}\pm ts_{em} \quad (2-33)$$
$$=1.305\,3\pm1.96\times0.047\,617\,2$$
$$=1.305\,3\pm0.093\,329\,7$$
$$\begin{cases}=1.305\,3+0.093\,3=1.398\,6\\=1.305\,3-0.093\,3=1.212\,0\end{cases}$$

将上述置信限的对数值转换为置信限值，并校正增加 10 倍剂量，得：置信上限=1.398 6 的反对数=25.038 0，校正后为 2.503 8μg/mL；置信下限=1.212 的反对数=16.293 6，校正后为 1.629 4μg/mL。

用下式将上面的值转为每头试虫的杀虫剂药量的置信限，或每克体重杀虫剂的药量的置信限。

每头试虫杀虫剂用药量的置信限＝药液浓度（μg/mL）的置信限

$$\times\text{点滴药液体积（μL/头）} \quad (2-34)$$

$$=1.629\,4\text{mg/mL}\times\frac{0.04}{1\,000}$$

$$\sim2.503\,8\text{mg/mL}\times\frac{0.04}{1\,000}$$

$$=0.000\,065\sim0.000\,100\text{mg/头}$$

$$=0.065\sim0.100\mu\text{g/头}$$

或每克体重杀虫剂用药量的置信限 $=\dfrac{\text{药液浓度（mg/mL）的置信限}\times\text{点滴药液体积（μL/头）}}{\text{供试二化螟体重}}$

$$(2-35)$$

$$=\frac{1.629\,4\text{mg/mL}\times\dfrac{0.04}{1\,000}}{0.008\text{g}}\sim\frac{2.503\,8\text{mg/mL}\times\dfrac{0.04}{1\,000}}{0.008\text{g}}$$

$$=0.008\,147\sim0.012\,519\text{mg/g}$$

$$=8.15\sim12.52\mu\text{g/g}$$

LD_{50} 95%置信限	斜率±标准误（s_{eb}）
10.01（8.15～12.52）μg/g	1.936 7±0.220 1
0.081（0.065～0.100）μg/头	1.936 7±0.220 1

如果 $g>ts_{em}$，用下式计算置信限。

$$m+\frac{g}{1-g}(m-\bar{x})\pm\frac{1}{b(1-g)}\sqrt{\frac{1-g}{S_{nv}}+\frac{(m-\bar{x})^2}{S_{xx}}} \quad (2-36)$$

六、有效中量差异显著性测验

在室内进行两种以上药剂效力的生物测定中，所得药剂的有效中量（或致死中量）都存在偏差，为了确定两种药剂的有效中量相差是否真实，必须进行两者间的差异显著性测验。

有效中量差异显著性测验有 t 值检验法和致死剂量比率法。

(一) t 值检验法

t 值测验法的计算公式为

$$t = \frac{|m_1 - m_2|}{\sqrt{s_{m_1}^2 + s_{m_2}^2}} \tag{2-37}$$

式中，m_1 和 m_2 为两种药剂有效中量的对数，$s_{m_1}^2$ 和 $s_{m_2}^2$ 为两种药剂有效中量的标准误的平方。

查 t 分布表，0.05 显著概率标准为 1.96，即 $t > 1.96$ 则表明其差异显著。

例如两药剂有效中量的对数及标准误差为

$$m_1 \pm s_{m_1} = 0.72 \pm 0.04$$
$$m_2 \pm s_{m_2} = 0.81 \pm 0.05$$

代入公式（2-37）得

$$t = \frac{|0.72 - 0.81|}{\sqrt{0.04^2 + 0.05^2}}$$
$$= 1.406$$

本例计算所得 $t = 1.406 < 1.96$，认为结果差异并不显著，表明两种药剂的效力间差异不显著。

(二) 致死剂量比率法

在进行药剂间室内活性或毒力比较、抗性监测、交互抗性等研究中，通常会对不同药剂间或同种药剂对一种害虫不同种群的毒力进行比较，以确定它们间的活性或毒力差异是否显著。在已发表的某些文献中可发现采用比较两个 LD_{50} 的 95% 置信限是否重叠来检验其毒力差异是否显著。即如果两个 LD_{50} 的 95% 置信限重叠，则就认为这两个 LD_{50} 之间没有显著差异；相反，则差异显著。但是，Wheeler 等（2006）证明这种检验方法缺少统计功效（statistical power），因此不被推荐用于毒力间的比较。基于 Monte Carlo 模型，一些学者提供了有价值的证据表明采用毒力比率测验远优于置信限重叠测验。

Robertson 等（2007）介绍了可以采用似然比或概率比（likelihood ratio）测试对不同毒力回归线进行平行性和相等性假设检验（hypotheses tests of parallelism and equality）。假设检验有 3 种可能结果，第一种为两毒力回归线平行、但不相等，第二种为两毒力回归线相等或相同，第三种为两毒力回归线既不平行、也不相等（图 2-4）。

从生物学意义上来说，一条机率或 logit 回归线的斜率可用来估计由每单位剂量或浓度变化所引起的生物活性的变化。Hardman、Kuperman 等学者所描述的药理学上的证据暗示一条机率或 logit 回归线的斜率也反映了所涉及解毒作用中酶的特性。因此两条（或多条）毒力回归线平行可能表明供试生物在解毒酶的水平上其特性相同，而数量不同。然而，上述解释尚缺少生物化学上的直接证据。生物测定与有关生物化学解毒机制的共同研究应能进一步提供有关上述解释的信息。从理论上说，一条机率或 logit 回归线的截距应与反应阈值相一致（即不用药处理所发生的反应）。自然反应是这种反应阈值的一个统计学的估计。在生物测定中这个值是由对照组的反应所提供的。至少在该种群中一致的生物在这个反应阈值上起反应。

当两条（或多条）毒力回归线相等或相同时（即其斜率和截距都相等），这可能表示在

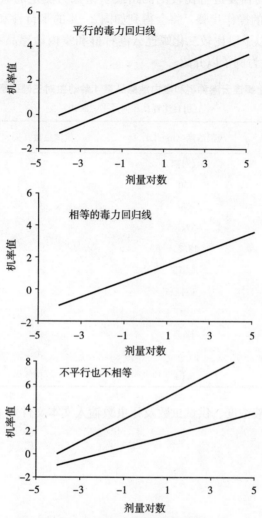

图 2-4　毒力回归线的平行性和相等性假设检验的 3 种可能结果
（引自 Robertson 等，2007）

生物中具有相同反应的解毒酶在特性和数量上是相同的（尽管在节肢动物中这样的解释还未在生物化学上得到证实），即表示其相应的毒力间完全没有显著差异。当两条（或多条）毒力回归线平行、但不相等时，其斜率没有明显差异（即相等），但截距明显不同（即不相等），即表示对照处理的自然反应阈值存在差异。而当假设检验结果为两条（或多条）毒力回归线既不平行、也不相等时，即其斜率和截距都不相等，这可能表示在这生物中解毒酶特性的不同或存在完全不同的酶。当假设检验结果为平行、但不相等或不平行、也不相等两种情况时，可以采用致死剂量比率（ratio of LDs）及其 95％置信区间来比较差异是否显著。

Robertson 等（2007）介绍了致死剂量比率及其 95％置信区间的计算公式和步骤。如果数值 1 在 LD_{50} 比率的 95％置信区间之内，表明两个或多个 LD_{50} 值之间差异不显著；相反如果 LD_{50} 比率的 95％置信区间数值远大于 1，则其差异显著。POLO 软件的最新版本 Polo-Plus 可以进行平行性和相等性假设检验以及致死剂量比率及其置信区间的计算。采用 Polo-

Plus 程序进行计算时,将需要进行比较的两组或多组毒力测定的数据输入到一个文本文件中,按照 PoloPlus 程序的操作步骤,将会得到如图 2-4 的平行性和相等性假设检验以及致死剂量比率输出结果。以下以比较二化螟连云港种群和室内敏感品系对三唑磷毒力(表 2-2)间的差异显著性测验为例予以介绍。

表 2-2 二化螟连云港种群和室内敏感品系 4 龄幼虫对三唑磷毒力(点滴法)

(引自沈晋良和何月平,2010)

供试虫源	药剂浓度(mg/L)	供试虫数(头)	死虫数(头)
连云港种群(LYG)	0(对照)	25	0
	150	25	23
	75	30	18
	37.5	26	6
	18.75	30	4
	9.375	21	2
敏感品系(S)	0(对照)	40	0
	20	40	39
	12.5	40	31
	7.8	40	25
	3.04	40	7

第 1 步:依次将药液浓度、供试虫数及死虫数输入文本文件如下:

RSB - triazophos
* LYG
0 25 0
150 25 23
75 30 18
37.5 26 6
18.75 30 4
9.375 21 2
* S
0 40 0
3.04 40 7
7.8 40 25
12.5 40 31
20 40 39

第 2 步:经过 PoloPlus 程序计算,发现相等性假设(HYPOTHESIS OF EQUALITY)测验不通过($P<0.05$);而平行性假设(HYPOTHESIS OF PARALLELISM)测验通过($P>0.05$)(图 2-5),即该两品系的毒力回归线呈平行关系。

第 3 步:计算,得致死中量比率为 8.838(6.424~12.159)(图 2-5),即 LD_{50} 比率的

95%置信区间远远大于1，表明二化螟连云港种群和敏感品系对三唑磷的毒力间差异显著。

```
------------------------------------------------------------
HYPOTHESIS OF EQUALITY (equal slopes, equal intercepts): REJECTED (P<0.05)
    (chi-square: 114.,  degrees of freedom: 2,  tail probability: 0.000)
------------------------------------------------------------
HYPOTHESIS OF PARALLELISM (equal slopes): NOT REJECTED (P>0.05)
    (chi-square: 1.94,  degrees of freedom: 1,  tail probability: 0.163)
------------------------------------------------------------

Lethal dose ratio (LD50)
          ratio      limits     0.95
 s        8.838      lower      6.424
                     upper     12.159
```

图 2-5　PoloPlus 程序计算平行性和相等性假设检验以及致死剂量比率的输出结果

七、农药混用联合作用的统计计算方法

化学农药的混合应用早已在病虫害防治中普遍采用。国内外之所以进行农药混用，主要是因为有些混剂可同时针对不同的防治对象，可以减少用药的次数和人工。如日本用于防治水稻病虫害的混剂主要属于杀虫剂与杀菌剂混用，1986—1988 年，其销售额分别占单用杀虫剂销售额的 64%～75% 和单用杀菌剂销售额的 76%～83%。有些农药混用是为了降低高毒农药的毒性，以便安全有效使用。一些生物农药与化学农药混用，如生物农药苏云金杆菌（Bt）与极少量的化学农药混用，与两者单用相比，可明显提高效果和减少化学农药的用量。还有些农药混用是因有害生物对某种药剂已产生抗性，通过混剂筛选来寻找对已产生抗性的有害生物具增效作用的农药混剂。也有的农药混用是以价格低的来取代价格高的农药以增加经济效益。从理论上来说，两种药剂混用后可能出现的情况不外乎 3 种，第一种是混用后的毒力明显大于两种单剂单用时的毒力，称为增效作用；第二种是混用后的毒力明显低于两种单剂单用时的毒力，称为拮抗作用；第三种是混用后的毒力与两种单剂单用时的毒力相似，称为相加作用。毫无疑义，通常农药的混用应以混用后出现第一种情况（即增效作用）最为理想。因此必须对混用的单剂进行室内毒力测定，通过规范的统计计算方法和标准来证实农药混用后的毒效确实是增效作用，而不是相加作用，也不是拮抗作用。

（一）农药混用单剂的选择和试验设计

一个理想的农药混剂在选择候选单剂时必须考虑以下几个条件。

1. 选择对靶标生物比较敏感或抗性水平比较低的药剂作为混剂的候选单剂　长期以来国内外学者对使用混剂的主要担心是怕靶标生物会产生多抗性。因此从混剂研制开始，就应特别注重考虑如何避免产生多抗性问题。从昆虫种群遗传学来说，只有当害虫对混剂中所有各单剂比较敏感或抗性水平甚低时，混剂使用后，害虫种群中多抗性基因频率才可能维持在很低的水平，即有利于延缓多抗性产生的风险。因此抗性水平高的药剂一般不宜作为混剂的候选单剂。

2. 选择与对靶标生物已产生抗性的药剂间无交互抗性的药剂作为混剂的候选单剂　在害虫化学防治和抗性治理中，药剂间有无交互抗性是决定这些药剂间能否交替使用和混用的重要依据。众所周知，多种害虫的重要抗性机理——抗击倒因子（Kdr）决定了滴滴涕

（DDT）与拟除虫菊酯间存在交互抗性（Sawieki，1982），丹麦抗性家蝇的抗性机理是抗击倒因子，因此对拟除虫菊酯类杀虫剂的所有品种都存在明显交互抗性。同样我国棉蚜对溴氰菊酯的抗性机理主要是抗击倒因子，因此棉蚜对所有菊酯类杀虫剂都存在明显的交互抗性；棉铃虫对氰戊菊酯的抗性机理主要是多功能氧化酶的水解作用，而抗击倒因子和表皮穿透是次要因子。交互抗性谱测定结果表明，棉铃虫对菊酯类杀虫剂的交互抗性范围和程度不同于棉蚜，室内用氰戊菊酯选育的抗性品系，对甲氰菊酯具有中等水平的交互抗性，对溴氰菊酯和氯氰菊酯为低水平抗性，但对氯氟氰菊酯（即功夫菊酯）、氯菊酯、有机磷杀虫剂（如辛硫磷、甲基对硫磷、甲胺磷、久效磷、毒死蜱等）及氨基甲酸酯类杀虫剂（如灭多威）等杀虫剂未发现明显的交互抗性。在进行长期抗性监测和抗性机理等基本规律研究的基础上研制出的"灭铃皇"（功夫菊酯+辛硫磷的混剂）、"独家星"（毒死蜱+甲基对硫磷+辛硫磷的混剂）在棉花害虫的防治上发挥了重要作用。上述例子充分证明选用与已产生抗性的药剂间无交互抗性的药剂作为混剂的候选单剂，是混剂研发中必须考虑的一个重要条件。

3. 尽可能选用低毒的药剂作为混剂的候选单剂，以降低混剂的毒性。

4. 对生态环境有潜在影响的药剂不宜作为混剂的候选单剂。

5. 混剂的配比和比例　设计农药混用配比试验时，按照我国农药登记的要求，至少应设 5 个配比；二元混配中两个单剂比例的大小通常取决于其毒力的大小，一般毒力高的单剂所占比例应小，而毒力低的单剂所占比例应大（详见表 2-3 的例子）。

（二）杀虫剂和杀菌剂混用联合作用的统计计算方法和评价标准

文献已报道的农药（如杀虫剂和杀菌剂）混用联合作用的统计计算方法有很多种，主要有三角坐标法（用等毒剂量概念评价）、Bliss 法［评价标准为混剂的增效效果=等体积混用的实测死亡率（M_e）－混剂的理论死亡率（M_t）］、Mansour 法［用协同毒力指数（ef）评价］、ПonoB 法（求出混剂理论毒力，根据增效指数评价）、Finney 法（1952）（在 Bliss 模型基础上提出了混剂理论毒力倒数值概念，以增效系数作为评价标准）、Sun Y. P. 和 E. R. Johnson 法（1960）［测定单、混剂的 LD-P 线和 LD_{50} 值，计算实测毒力指数和理论毒力指数，用共毒系数评价］等。

根据我国农药（如杀虫剂和杀菌剂）登记的要求，室内混剂配方筛选通常采用 Sun Y. P. 和 E. R. Johnson（1960）介绍的共毒系数（co-toxicity coefficient，CTC）法。

根据室内生物测定结果，按照 Finney（1952）机率值分析方法，求出混剂中两个单剂（分别为 A 和 B）、5 个配比混剂的毒力回归方程和 LD_{50}，计算相对毒力指数。设混剂为 M，组成混剂的单剂为 A、B，毒力指数为 TI 剂在混剂中的百分含量为 P，以 A 为标准药剂。单剂 A 的相对毒力指数（TI_A）和 B 的相对毒力指数（TI_B）计算公式为

$$TI_A = \frac{\text{单剂 A 的 } LD_{50}}{\text{单剂 A 的 } LD_{50}} \times 100 = 100 \qquad (2-38)$$

$$TI_B = \frac{\text{单剂 A 的 } LD_{50}}{\text{单剂 B 的 } LD_{50}} \times 100 \qquad (2-39)$$

按下列公式计算混剂（A+B）的实测毒力指数（ATI_M）、理论毒力指数（TTI_M）和共毒系数（CTC）。

$$ATI_M = \frac{\text{单剂 A 的 } LD_{50}}{\text{混剂 M 的 } LD_{50}} \times 100 \qquad (2-40)$$

$$TTI_M = TI_A \times P_A + TI_B \times P_B \qquad (2-41)$$

$$CTC = \frac{ATI_M}{TTI_M} \times 100 \qquad (2-42)$$

Sun Y. P. 和 E. R. Johnson（1960）最早提出了混剂的评价标准是：共毒系数 100 左右为相加作用，明显大于 100 为增效作用，明显小于 100 为拮抗作用。谭福杰等（1987）在进行了对 14 个杀虫剂混剂的研究后提出共毒系数大于 200 为有显著的增效作用，共毒系数在 150～200 有较弱的增效作用，共毒系数在 70～150 为相加作用，共毒系数小于 70 为拮抗作用。沈晋良等（2005）在研究杀螨剂的混剂时发现，当混剂中所选两个单剂间的毒力指数相差很大，而用共毒系数大小来判断具增效作用的最佳配比时，共毒系数最高的配比不一定其毒力最高，即不一定是最佳配比。这可能是因为当混剂中毒力很低的单剂组分在混剂中的比例增加时，其实测毒力指数下降的倍数小于理论毒力指数下降的倍数，结果共毒系数反而增加。在这种情况下，应以共毒系数和 LD_{50} 两个指标作为评价标准，即共毒系数大于 200，且 LD_{50} 最小（即实测毒力指数最大）的配方为最佳配方（表 2-3）。从表 2-3 中可以看出，混剂配比为 1∶19、1∶39、1∶79 的共毒系数（CTC）分别为 1 035.0、1 917.0、2 708.0，均具有显著的增效作用，且以后者的共毒系数最高，但从毒力来看，以配比为 1∶19 和 1∶39 的毒力最高，应为最佳配比。

表 2-3 两种杀螨剂对柑橘全爪螨［*Panonychus citri*（McGregor）］的毒力及共毒系数
（引自沈晋良，2005）

药剂	配比	LC_{50}（mg/L）	实测毒力指数	理论毒力指数	共毒系数（CTC）
A	—	8.9	100	—	—
B	—	2 788.6	0.32	—	—
A+B	1∶4	32.9	27.1	20.256	133.8
A+B	1∶9	107.1	8.3	10.288	80.7
A+B	1∶19	16.2	54.9	5.304	1 035.0
A+B	1∶39	16.5	53.9	2.812	1 917.0
A+B	1∶79	21.0	42.4	1.566	2 708.0

（三）除草剂混用联合作用的统计计算方法和评价标准

除草剂混用联合作用的统计计算方法和评价标准详见第五章。

第二节 室内生物测定试验设计的基本原则

农药室内生物测定的目的是评价某一种农药对某一种靶标生物的毒力或效力。在新农药的创制研发过程中，新合成的化合物或从天然源分离提取的化合物首先要用一整套具有代表性的供试靶标生物进行筛选，以初步明确其对哪些类别、种类的生物有活性；然后在室内采用生物测定的方法测定其对靶标生物的毒力或效力的程度，为进一步大田试验提供依据；通过大田药效试验，确定大田防治的用药剂量、施药方法及时间，以确保防治效果。农药生物测定也可用来比较几种药剂对某一靶标生物毒力或效力程度的差异，还可用于监测某一种生物对某一种药剂的抗性程度等。

为了正确评价某种农药对一种生物的毒力或效力，必须提高农药生物测定的精确性，即生物测定方法的标准化。标准化的农药生物测定试验设计的基本原则主要包括：确定正确的生物测定方法、供试生物标准化、配制等比系列药液浓度、精确可靠的试验设备、足够的试验样本数量、严格控制试验条件、设对照和重复及应用统计分析方法评估试验结果。

一、确定正确的生物测定方法

既然室内生物测定的目的是衡量某一种农药对某一种靶标生物的毒力或效力，因此首先必须设计正确、规范的生物测定方法。正确、规范的生物测定方法的设计首先取决于试验药剂的作用机理、作用方式、理化性质等特点，其次还要考虑靶标生物的生物学特性、试验目的、测试方法本身的易操作性等。

(一) 供试药剂的性状与特点

1. 药剂的作用方式 不同的药剂对供试生物具有不同的作用方式。以杀虫剂为例，其杀虫作用方式主要有胃毒作用、触杀作用、内吸作用、熏蒸作用、驱避作用、引诱作用、拒食作用、生长发育调节作用、杀卵作用等，有时甚至一种药剂有几种杀虫作用。通常在生物测定时，不同杀虫作用方式的药剂应采用不同的生物测定方法。只有这样其测定结果才能更好地反映其杀虫活性。下面仅以常见的胃毒作用、触杀作用、内吸作用、熏蒸作用及杀卵作用5种为例做介绍。

(1) 胃毒作用 胃毒作用（action of stomach poisoning）是杀虫剂经口进入消化道而引起昆虫中毒的作用方式。具有胃毒作用的药剂如敌百虫、苏云金芽孢杆菌（Bt生物农药）、昆虫生长调节剂（如除虫脲等）、氯虫苯甲酰胺（胃毒作用为主，有一定的触杀作用）、茚虫威（胃毒作用为主，有一定的触杀作用）等。测定具有胃毒作用的杀虫剂对靶标生物的活性应采用胃毒毒力测定（evaluation of stomach toxicity），它是通过试虫取食带药食料，由消化道中毒致死。通常采用叶片夹毒法（leaf sandwich method），该法可采用喷雾、喷粉、滴加、浸渍等方法将杀虫剂施于一定面积的叶片上，然后用糨糊将不涂药液的叶片与上面杀虫剂处理叶片的涂药面相粘贴，制成夹毒叶片。但应尽量避免药剂直接与昆虫体壁接触而产生触杀作用。无触杀作用的胃毒杀虫药剂，可将叶片夹毒法改为在叶片上点滴、涂布或喷雾一定量的药液后饲喂试虫，但不能用点滴法、喷雾法等直接用药液处理虫体。而对氯虫苯甲酰胺和茚虫威，为了同时测定其对稻二化螟的胃毒作和触杀作用，可用浸稻苗法或浸稻茎法，但同样不能直接用点滴法、喷雾法等直接处理虫体，因其不能反映胃毒作用的活性。用胃毒作用的药剂测定卫生害虫（如蝇类）时，可将药液加入糖液中饲喂昆虫，或用注射器将含糖药液注入试虫口腔。

(2) 触杀作用 触杀作用（action of contact poisoning）是指杀虫剂经昆虫体壁、附肢等进入体内而引起昆虫中毒的作用方式。具有触杀作用的药剂有大多数拟除虫菊酯类、有机磷酸酯类、氨基甲酸酯类、有机氯类杀虫剂等。测定具有触杀作用为主的杀虫剂对靶标生物的活性通常采用点滴法、喷雾法、药膜法、药粉法、浸虫法等，这些方法都是用药液直接处理虫体，让药剂通过表皮进入虫体而产生活性。触杀性药剂也可用浸叶法、稻苗浸渍法等通过与虫体接触测定其活性。

(3) 内吸作用 内吸作用（systemic action）是指杀虫剂从施药部位被吸进植物体内，经传导到达其特定的部位，再由刺吸式口器的昆虫、螨类等将含药的植物汁液吸入体内而引起其中毒的作用方式。具有内吸作用的药剂（如新烟碱类杀虫剂吡虫啉、啶虫脒、烯啶虫胺、噻虫嗪等）通常的靶标生物是刺吸式口器昆虫。测定具有内吸作用为主的杀虫剂对靶标生物（如稻飞虱）的活性通常采用稻苗浸渍法和稻苗浸渍法，而一般不采用点滴法、喷雾法、药膜法等触杀性药剂的测定方法，因其不能反映内吸作用的活性。其他内吸作用杀虫剂常用的测定方法还有植物根部吸收处理法、涂茎处理法等。

（4）熏蒸作用　熏蒸作用（action of fumigant poisoning）是指杀虫剂以气体状态经昆虫呼吸系统进入体内而引起昆虫中毒的作用方式。具有熏蒸作用的药剂有有机磷酸酯类的敌敌畏等。测定具有熏蒸作用为主的杀虫剂对靶标生物的活性通常采用密闭容器（如玻璃瓶、熏蒸柜等）的测定方法。密闭容器条件下与非密闭条件下测定的结果不完全一样，如土壤熏蒸处理一般用药量往往很高，这一方面与试验在非密闭条件下进行有关，另一方面与因挥发气体的渗透能力会影响土层不同深度的效果有关。

（5）杀卵作用　杀卵作用（ovicidal action）是指杀虫剂与虫卵接触后进入卵内影响或终止卵胚胎发育或使卵壳内未孵化幼虫中毒，最终导致卵不能孵化的作用方式。具有杀卵作用的药剂有氨基甲酸酯类的灭多威、硫双灭多威等。测定具有杀卵作用的杀虫剂对靶标生物卵的活性时，由于杀卵剂能阻止卵中胚胎的正常发育，因此检查结果时不仅要检查其卵不能孵化，而且要检查其卵壳必定是完整无孔的，这是区别杀卵作用药剂与触杀作用药剂（其卵壳具有小孔，这是初孵幼虫孵化时先咬破卵壳而留下的小孔）的主要特征。

2. 药剂的作用机理及药效的快慢

（1）杀虫剂的作用机理与药效的快慢　不同杀虫剂的作用机理不尽相同，作用机理除了影响昆虫的中毒症状外，还能明显影响杀虫作用的速率。因此在设计试验方法时，不同作用机理的药剂处理后检查观察结果的时间是不同的。如有机氯、有机磷酸酯、氨基甲酸酯、拟除虫菊酯等灭生性神经毒剂的杀虫作用快，一般室内生物测定时药剂处理后观察的时间为2d。昆虫生长调节剂和内吸性药剂处理后的时间较长，可为4～5d，有的昆虫生长调节剂在特定饲养条件下甚至可观察一个世代。杀虫作用极慢的药剂，如作用机理为阻止昆虫取食饥饿死亡的新颖吡啶甲亚胺杂环类杀虫剂吡蚜酮，采用稻苗浸渍法处理后的观察时间可为14d左右。

从农药创制研发的历史来看，无论是新合成化合物的活性筛选试验，还是随后的生物测定试验中，测试方法均必须与该化合物的作用机理和杀虫作用的快慢等特性相符合。如以杀虫剂为例，从20世纪40～70年代研究开发的有机氯、有机磷酸酯、氨基甲酸酯、拟除虫菊酯等类灭生性神经毒剂，由于其杀虫作用快，因此在活性筛选或生物测试验中，通常在药剂处理后2d就足以明确其活性或毒力。而随后于20世纪80年代初研发的非神经性毒剂昆虫生长调节剂几丁质合成抑制剂（如噻嗪酮等），由于其作用机理为影响昆虫表皮中几丁质的形成，只有在昆虫蜕皮时才引起致死作用，其杀虫作用较慢。因此日本农药公司在创制研发噻嗪酮的活性筛选中，将药剂处理后的时间延长至4～5d才发现了噻嗪酮的杀虫活性。如果采用上述神经毒剂处理后2d进行活性筛选，就必然会漏筛这个特殊作用机理的新杀虫剂。正因为如此，在设计噻嗪酮对稻飞虱的室内生物测定方法和检测、监测稻飞虱对其抗性的生物测定方法时，模拟稻飞虱在稻田危害水稻植株时的实际状况，采用稻苗浸渍法，并将药剂处理后的结果检查时间延长至5d，这也是该法从受药处理至结果检查所能保持的最长时间；而不采用已有报道适用于有机磷酸酯、氨基甲酸酯类杀虫剂的点滴法，因为点滴法在药剂处理后 2d 必须检查结果。另一个例子是我国台湾的招衡（Eddie Chio）博士在《源自大自然的"绿色"杀虫剂多杀霉素（spinosad）发现》的报告中提到，1984 年他正在 Eli Lilly 公司从事天然产物的开发研究，他在工作笔记本上记录如下："由于埃及伊蚊（*Aedes aegypti*）4 龄幼虫的头部过大不能通过特定的管子，因此使用了 3 龄幼虫。这种简单的变化避免了幼虫的受伤和明显地提高了测试的灵敏性。3 龄幼虫使测试活性的检测限从 5mg/L（4 龄幼虫）降低到 0.25mg/L，灵敏度提高了 20 倍。如果使用 4 龄幼虫，我们可能会遗漏筛选多杀霉素。"以上这两个例子都说明了即使在新合成化合物的筛选试验中，只有正确、规范设计标准化的生物测定方法（如试虫的龄期等）和注意药剂处理时间的长短，才可能筛选出有活性的新化合物。

在新化合物活性筛选后的生物测定试验中，测试方法也必须与该化合物的作用机理等特性相符合。如瑞士诺华公司 1988 年开发的新颖吡啶甲亚胺杂环类杀虫剂（pyridine azomethine insecticide）如吡蚜酮（pymetrozine），由于其具有独特的作用机理，即可能影响神经调节或神经与肌肉间的相互作用，以阻止刺吸式口器昆虫口针插入植物组织，而导致饥饿死亡。上述作用机理表明它与常规杀虫剂不同，通常它的杀虫致死作用较缓慢，在药剂处理后昆虫虽会很快停止取食，但不会立即死亡。但由于该药具有内吸作用，其持效期又很长，甚至可达 1 个月以上。最初的室内活性测定时，徐建陶等于 2004 年在室内生测筛选药剂试验中，采用常规的浸叶法（处理 48h 查结果）测定了多种杀虫剂对烟粉虱成虫的活性，其毒力次序为：阿维菌素（$LC_{50}=0.075$mg/L，48h，下同）＞甲维盐（2.32mg/L）＞啶虫脒（4.61mg/L）＞锐劲特（12.46mg/L）＞吡蚜酮（28.1mg/L，72h）＞吡蚜酮（157.0mg/L，48h）（表 2-4）。上述浸叶法测定结果表明，吡蚜酮对烟粉虱成虫的活性明显低于其他 4 种药剂；尽管用吡蚜酮处理 72h 的毒力比处理 48h 的毒力要高 5 倍以上，但由于浸叶法本身方法的限制，无法延长处理时间来测得吡蚜酮的实际毒力。

表 2-4 杀虫剂对烟粉虱（*Bemisia tabaci* Gennadius）成虫的生物活性测定

（引自徐建陶，2005）

药　剂	LC_{50}（mg/L，处理 48h 查结果）
阿维菌素	0.075（0.054～0.098）
甲维盐	2.320（1.618～3.787）
啶虫脒	4.611（3.923～5.502）
锐劲特	12.46（8.978～19.89）
吡蚜酮	157.0（102.6～293.8）（处理 48h 结果）
	28.10（23.21～34.16）（处理 72h 结果）

随后，室内采用常规生物测定方法稻苗浸渍法（处理 96h 查结果）测定了吡蚜酮对稻褐飞虱 3 龄若虫的毒力，结果表明 0.1%吡蚜酮乳油（EC）对浙江海盐、安徽和县、安徽潜山、江苏通州和福建福清 5 个田间褐飞虱种群的活性（其 LC_{50} 的范围为 7.94～12.22mg/L）明显高于 25%吡蚜酮可湿性粉剂（WP）对浙江海盐、安徽和县和安徽潜山 3 个田间褐飞虱种群的活性（其 LC_{50} 值的范围为 24.16～38.58mg/L），即采用不同的剂型会影响测定的结果。

表 2-5 吡蚜酮对褐飞虱 [*Nilaparvata lugens* (Stal)] 室内毒力测定

(3 龄若虫,稻苗浸渍法,2006)

(引自王彦华,2007)

种群	剂型	毒力回归式	LC_{50} (95%FL) mg/L (a.i.)
敏感种群 F120	25%WP	$y=3.369\,5+1.488\,8x$	12.45 (10.06~15.52)
江苏海盐	25%WP	$y=3.347\,2+1.195\,0x$	24.16 (18.91~31.44)
安徽和县	25%WP	$y=3.247\,1+1.141\,8x$	34.29 (26.39~46.22)
安徽潜山	25%WP	$y=2.123\,5+1.813\,3x$	38.58 (31.86~47.20)
安徽潜山	0.1%EC	$y=2.598\,1+2.669\,1x$	7.94 (6.84~9.23)
江苏通州	0.1%EC	$y=2.652\,9+2.539\,6x$	8.40 (7.09~9.83)
福建福清	0.1%EC	$y=2.631\,3+2.388\,2x$	9.81 (8.27~11.55)
浙江海盐	0.1%EC	$y=3.403\,1+1.571\,7x$	10.38 (8.24~13.10)
安徽和县	0.1%EC	$y=3.252\,6+1.607\,6x$	12.22 (9.79~15.51)

注:褐飞虱种群于 2006 年 9 月采自大田,当年 10 月测定。

为了进一步明确吡蚜酮对稻褐飞虱的室内活性,韦锦捷等(2008 年)又采用了经改进的杀虫剂抗性行动委员会(The Insecticide Resistance Action Committee,IRAC)介绍的生物测定方法稻苗浸渍法,测定了吡蚜酮对褐飞虱 3 龄若虫的毒力,结果表明修改后的生物测定方法是可行的,处理时间从 5d(LC_{50} 分别为 94.35mg/L 和 87.09mg/L)延长至 14~15d(LC_{50} 分别为 1.745mg/L 和 1.969 5mg/L),室内毒力分别提高 54 倍和 44(表 2-6)倍,首次测定证实吡蚜酮对褐飞虱 3 龄若虫具有很高的杀虫活性和在生产上具有良好的应用前景。

表 2-6 吡蚜酮对稻褐飞虱 [*Nilaparvata lugens* (Stal)] 室内活性的测定
——杀虫剂抗性行动委员会 (IRAC) No.5 生物测定方法的改进研究

(稻苗浸渍法)

(引自韦锦捷和沈晋良,2008)

塑料杯规格(高×直径,cm)	4×3.5~5.5				7.5×6~9	
每杯苗数	10 株				20 株	
每杯虫数	20 头		10 头		10 头	
药剂处理时间(d)	LC_{50} (mg/L)	相对毒力指数	LC_{50} (mg/L)	相对毒力指数	LC_{50} (mg/L)	相对毒力指数
5	54.96	1	94.35	1	87.09	1
10	23.72	2.3	26.19	3.6	29.93	2.9
14	—	—	1.745	54	2.666	32.6
15	—	—	—	—	1.969 5	44.1

注:供试褐飞虱种群:2008 年采自广西合浦抗吡虫啉种群(抗性倍数=270 倍)。

实际上,不仅在新化合物的活性筛选试验和杀虫剂的生物测定试验中要根据药剂的作用机理等特性采用正确、规范的生物测定方法,而且在抗药性监测的试验中同样如此。如监测稻褐飞虱对触杀作用为主的有机氯、有机磷酸酯、拟除虫菊酯类杀虫剂的抗性通常可采用点滴法（处理48h查结果），也可采用稻苗浸渍法、喷雾法或药膜法；但要监测对具内吸作用的吡虫啉类药剂的抗性，就不能用点滴法，而应采用稻苗浸渍法（处理96h查结果）；而如要检测对吡蚜酮的抗性，同样也不能用稻苗浸渍法，而应采用稻苗浸渍法（处理15d查结果）。

（2）杀菌剂的作用机理与药效的快慢　杀虫剂生物测定方法须根据药剂的作用机理等特性来设计，建立正确、规范的生物测定方法也适用于杀菌剂、除草剂等其他类农药的生物测定。

杀菌剂的生物测定方法有多种，但生物测定方法的设计与杀菌剂的作用方式和使用方式紧密有关。

①杀菌剂的作用方式：杀菌剂的作用方式主要包括杀菌作用、抑菌作用、抑制病菌孢子的形成、增强植物抗病性等，但主要的是以杀菌和抑制作用为主。室内的毒力测定一般为观察病菌是否生长或发展来判定药剂毒力的大小，通常不再区分是杀菌作用，还是抑菌作用。在生产上一般也是利用杀菌剂的抑菌作用。

②杀菌剂的使用方式：杀菌剂有多种使用方法，但从防治原理可分为化学保护、化学治疗及化学免疫。因此室内毒力测定和大田药效试验必须按防治原理来设计相应的测定或试验方法。

化学保护是指将药剂用于植物表面，使其免受病原菌的侵染。但是处理植物环境、消灭病菌侵染来源也可看作化学保护。所以化学保护防治措施不管是处理植物还是其环境，均应在病原菌侵入寄主植物之前，以达到保护植物不受病菌侵染的目的。

化学治疗与化学保护不同，它是在病原菌侵入寄主植物后才施用杀菌剂，通常是将药剂内吸到植物内部，以消灭病菌，使植物不发病。因此在设计室内生物测定和大田药效试验时，必须注意药剂对植物的渗透性，在植物体内的内吸传导性的影响，否则就可能得不到理想的结果。

化学免疫是指药剂施到植物体后，影响植物的代谢而增强植物的抗病能力。对这类药剂的生物测定和药效试验必须采用特定的测定方法。

杀菌剂室内生物测定，常常是在室内培养基的特定控制条件下进行，往往不能有效地判定药剂在植物表面的附着量、分布情况、持久性等物理性状，因此如果要研究环境因子、药剂的物理性状与药效的关系，一般均应用寄主（如植物等）的生物测定。

3. 药剂的理化性状　药剂的理化性状如溶解度、稳定性、原药的纯度及制剂等也是设计正确、规范的生物测定方法时需要注意的。

（1）溶解度　在用脂溶性强的原药进行室内生物测定时，选择合适的溶剂一般应考虑两方面的因素，第一是因为原药在不同溶剂中的溶解度是不同的，所以一般应选择溶解度高的溶剂用于室内生物测定，以保证供试药剂配制母液或最高浓度药液时原药能完全溶解；第二是有的溶剂对靶标生物可能有毒性，因此在生物测定时一般应选用对靶标无毒杀作用的溶剂，常用的溶剂如丙酮等。在用水溶性强的原药进行室内生物测定时，可用水溶性强的溶剂（如丙酮、乙醇、水等）进行配制稀释，如配制杀虫单、杀螟丹等原药母液进行水稻二化螟生物测定时，可用体积比为1∶1的丙酮与水混合液配制成一定浓度的母液。

（2）原药的稳定性、纯度及制剂　原药的稳定性、纯度及制剂也会影响生物测定的活性。其中见光分解的原药配制药液时要在避光条件进行并保存在 4℃ 黑暗的冰箱中,而遇水易分解的则应随配随用。生物测定所用的原药,一般以纯度高的为好,应避免其杂质给活性带来影响。当用制剂进行室内测定时,需增设其助剂(如表面活性剂、溶剂、增效剂等)的对照。

(二)试验目的

生物测定的主要研究内容包括新化合物的筛选、商品化农药用于防治重要靶标生物的评价、农药混剂配方及增效剂筛选、有害生物抗药性监测等,上述试验内容和目的也与设计正确、规范的生物测定方法有关。

1. 新化合物的筛选 新化合物的筛选必须有一整套具代表性的供试靶标生物,以免引起漏筛,甚至在试验设计中要有普筛(定性筛选)、初筛、复筛(结构与活性关系等)、深入筛选等多种筛选过程,才能筛选出室内有活性的新化合物。

2. 商品化农药用于防治重要靶标生物的评价 商品化农药用于防治重要靶标生物的评价也是生产上极为重要的研究内容,在试验设计时必须增设生产上常用的药剂作为对照药剂。

3. 农药混剂配方及增效剂筛选 长期以来,我国农药一直以仿制为主,因此农药混剂配方及增效剂筛选是新农药研发中一项不可缺少的重要研究工作,但是目前我国农药混剂配方太多、太乱,势必会直接影响混剂在防治有害生物中发挥应有的作用。因此在农药混剂配方试验设计中,首先必须将所研发混剂的防治对象作为供试昆虫,如果该混剂今后要在已产生抗性的地区使用,还应选择抗性地区该种害虫种群作为试虫;其次,混剂配比的设计原则通常是活性高的组分在混剂中所占的比例少,活性低的组分则相反;第三,混剂的两个单剂以及所有配比的测定试验必须用同一批试虫完成,因为非同一批试虫间可能由于敏感性差异的加大而影响混剂增效作用的正确评价。

4. 有害生物抗药性监测 要开展有害生物抗药性监测,首先必须建立敏感品系的毒力基线,即先设计正确、规范的生物测定方法,选育敏感品系,测定监测药剂对敏感品系的毒力回归线和 LD_{50} 或 LC_{50}(即敏感毒力基线),然后采集监测地区的大田种群进行抗性监测。如果采用发表文献中的毒力基线,则一定要同时采用测定其毒力基线的测定方法进行抗性监测。

(三)供试对象

设计试验方法有时还必须考虑不同的供试对象。当供试对象为昆虫时,通常测试的虫态应与危害的虫态一致。当抗药性监测时,抗性监测的虫龄应选用抗性能表达的虫龄,如在棉铃虫抗性监测时,由于 1 龄和 2 龄幼虫对药剂抗性表达没 3 龄幼虫明显,因此采用 3 龄幼虫作为抗性监测的试虫。当供试对象为螨类时,一般采用联合国粮食与农业组织(FAO)推荐的玻片浸渍法。进行大田试验时,应考虑大田虫口密度、危害部位、防治适期等来确定防治的试验方案。

二、供试生物标准化

供试生物对任何刺激所引起反应的变异性是所有生物测定都具有的一个特征。供试生物的标准化就是为了减少生物对药剂反应的变异性,即减少试验的误差。因此除了确定正确的生物测定方法外,供试生物的标准化是农药生物测定试验设计的另一个重要的基本原则。供试生物的标准化主要包括供试生物的代表性及常用的供试昆虫种类、供试生物对药剂的敏感性、供试生物的大规模饲养或培养等。

(一) 供试生物的代表性及常用的供试生物种类

在新农药创制的生物测定中，必须有一整套具代表性的供试靶标生物供新化合物的活性筛选试验，才能最大限度地发现有活性的化合物。当前在我国农药研发创制过程中，普遍存在的问题是新合成的化合物仅用某一类有害生物（或昆虫、或病原菌等），且仅用少数几种靶标生物进行筛选，这必然会大大增加有活性化合物漏筛的可能性。其主要原因是在我国普遍存在的现象是化学合成与生物筛选多数是分开的，不在同一单位进行；有些单位即使有化学合成与生物筛选两部分，但重视的往往是化学合成部分，生物筛选部分是从属的、次要的。这可从对近几年创新农药品种能否给予全面的、正确的评价和在生产上实际应用的情况得以充分说明。化学合成、生物筛选及安全性三部分工作必须紧密结合、环环紧扣、缺一不可。这是我国农药行业内目前和今后相当长的时期内所面临和进行的收购、兼并、联合、控股、上市等运作中迫切需要解决的原始创新体制的结构调整与重组，否则我国农药的总体创新技术水平难以与国际一流水平接轨。一整套具代表性的供试靶标生物除了包括昆虫、螨类、病原菌、杂草、线虫等不同类别的供试生物外，还应在经济上和分类学上有代表性。下面分别以昆虫螨类、病原菌、杂草、线虫为例列出在经济上和分类学上具有代表性的供试生物种类。

1. 昆虫及螨类

(1) 重要农业害虫

①咀嚼式口器害虫：咀嚼式口器害虫可选黏虫（*Mythimna separata*）、斜纹夜蛾（*Prodenia litura*）、甜菜夜蛾（*Spodoptera exigua*）、小菜蛾（*Plutella xylostella*）、棉铃虫（*Helicoverpa armigera*）、玉米螟（*Ostrinia nubilalis*）、二化螟（*Chilo suppressalis*）、稻纵卷叶螟（*Cnaphalocrocis medinalis*）、菜青虫（*Pieris rapae* L.）、茶尺蠖（*Ectropis oblique hypolina*）等。

②刺吸式口器害虫：刺吸式口器害虫可选苜蓿蚜（*Aphis medicagini*）、棉蚜（*Aphis gossypii*）、桃蚜（*Myzus persicae*）、稻褐飞虱（*Nilaparvata lugens*）等。

③螨类：螨类主要可选朱砂叶螨（*Tetranychus cinnabarnus*）、柑橘全爪螨（*Panonychus citri*）等。

(2) 卫生害虫 卫生害虫有家蝇（*Musca domestica*）、库蚊（*Culex pipiens*）、德国小蠊［*Blattelta germanica*（L.）］、美洲大蠊（*Periplanete americana*）等。

(3) 仓储害虫 仓储害虫可选米象（*Sitophilus oryzae*）、豆象（*Bruchus rufimanus*）、杂拟谷盗（*Tribolium confusum*）、烟草甲（*Lasioderma serricorne*）等。

2. 病原菌

(1) 真菌（fungus）

①子囊菌亚门：子囊菌亚门（Ascomycotina）可选油菜菌核病菌（*Sclerotinia sclerotirum*）、小麦白粉病菌（*Blumeria graminis*）、黄瓜白粉病菌（*Sphaerotheca fuliginea*）、小麦赤霉病菌（*Fusarium graminearum* Schw.）、苹果轮纹病菌（*Botryosphaeria berengeriana*）、小麦全蚀病菌（*Gaeumanomyces graminis*）、黄瓜灰霉病菌（*Botrytis cinerea*）等。

②担子菌亚门：担子菌亚门（Basidiomycotina）可选水稻纹枯病菌（*Rhizoctonia sola-*

ni)、小麦纹枯病菌（*Rhizoctonia cerealis*）等。

③半知菌亚门：半知菌亚门（Deuteromycotina）可选黄瓜炭疽病菌（*Colletotrichum lagenarium*）、辣椒炭疽病菌（*Colletotrichum nigrum*）、番茄早疫病菌（*Alternaria solani*）、玉米小斑病菌（*Bipolaris maydis*）、柑橘青霉病菌（*Penicillium italicum*）、柑橘蒂腐病菌（*Diaporthe medusae*）、烟草赤星病菌（*Alternaria alternata*）、棉花枯萎病菌（*Fusarium vasinfectum*）、香蕉叶斑病菌（*Helminthosporium torulosum*）、小麦根腐病菌（*Bipolaris sorokiniana*）、水稻稻瘟病菌（*Pyricularia oryzae*）、花生褐斑病菌（*Cercospora arachidicola*）、稻曲病菌（*Ustilaginoidea virens*）、棉花红腐病菌（*Fusarium moniliforme*）等。

(2) 卵菌　卵菌（oomycete）可选烟草黑胫病菌（*Phytophthora nicotianae*）、辣椒疫病菌（*Phytophthora capsici*）、黄瓜霜霉病菌（*Pseudoperonospora cubensis*）、马铃薯晚疫病菌（*Phytophthora infestans*）等。

(3) 细菌　细菌（bacterium）可选黄单胞杆菌（*Xanthomonas*）[如水稻白叶枯病菌（*Xanthomonas oryzae*)]、假单胞杆菌（*Pseudomonas*）[如番茄青枯病菌（*Pseudomonas solanacearum*)]、欧文氏杆菌（*Erwinia*）[如白菜软腐病菌（*Erwinia carotovora*)]等。

3. 病毒　病毒（virus）可选烟草花叶病毒（*Tobacco mosaic virus*，TMV）、黄瓜花叶病毒（*Cucumber mosaic virus*，CMV）、马铃薯病毒（*Potato virus Y*，PVY）等。

4. 线虫　线虫（wireworm）可选南方根结线虫（*Meloidogyne incognita*）、水稻干尖线虫（*Aphelenchoides besseyi*）、大豆胞囊线虫（*Heterodera glycine*）等。

5. 杂草　可供选择的杂草共16科（family）33种（species）。

(1) 禾本科　禾本科（Gramineae）杂草可选稗草（*Echinochloa crusgalli*）、野燕麦（*Avena fatua*）、茵草（*Beckmannia syzigachne*）、日本看麦娘（*Alopecurus jponicus*）、千金子（*Leptochloa chinensis*）、看麦娘（*Alopecurus aequalis*）、棒头草（*Polypogon fugax*）、马唐（*Digitaria sanguinalis*）、狗尾草（*Setaria viridis*）、早熟禾（*Poa annua*）、金狗尾（*Setaria glauca*）和牛筋草（*Eleusine indica*）；

(2) 莎草科　莎草科（Cyperaceae）杂草可选香附子（*Cyperus rotundus*）、*Galium aparine* 型莎草（*Cyperus difformis*）和碎米莎草（*Cyperus iria*）。

(3) 十字花科　十字花科（Cruciferae）杂草可选芥菜（*Brassica juncea*）和碎米荠（*Cardamine hirsuta* Linn）。

(4) 蓼科　蓼科（Polygonaceae）杂草可用酸模（*Rumex acetosa*）。

(5) 苋科　苋科（Amaranthaceae）杂草可选空心莲子草（*Alligator philoxeroides*）和反枝苋（*Amaranthus retroflexus*）。

(6) 菊科　菊科（Compositae）（杂草）可选鳢肠（*Eclipta prostrata*）和苍耳（*Xanthium sibiricum*）。

(7) 石竹科　石竹科（Caryophyllaceae）杂草可选卷耳（*Cerastium arvense*）和雀舌草（*Stellaria alsine*）。

(8) 豆科　豆科（Leguminosae）杂草可用决明（*Cassia obtusifolia*）。

(9) 毛茛科　毛茛科（Ranunculacaceae）杂草可用毛茛（*Ranunculus japonicus*）。

(10) 马齿苋科　马齿苋科（Portulacaceae）杂草可用马齿苋（*Portulaca oleracea*）。

(11) 茜草科　茜草科（Rubiaceae）杂草可用猪殃殃（*Galium aparine*）。
(12) 锦葵科　锦葵科（Malvaceae）杂草可用苘麻（*Abutilon theophrasti*）。
(13) 茄科　茄科（Solanaceae）杂草可用龙葵（*Solanum nigrum*）。
(14) 玄参科　玄参科（Scrophulariaceae）杂草可用婆婆纳（*Veronica didyma*）。
(15) 藜科　藜科（Chenopodiaceae）杂草可用小藜（*Chenopodium album*）。
(16) 大戟科　大戟科（Euphorbiaceae）杂草可用铁苋菜（*Acalypha australis*）。

6. 作物　可供选择的作物　共6科13种农作物。

(1) 禾本科　禾本科（Gramineae）作物可选高粱（*Sorghum vulgare*）、水稻（*Oryza sativa*）、玉米（*Zea mays*）、小麦（*Triticum aestivum*）。
(2) 十字花科　十字花科（Cruciferae）作物可选油菜（*Brassica campestris*）、萝卜（*Raphanus sativus*）和甘蓝（*Brassica oleracea*）。
(3) 葫芦科　葫芦科（Cucurbitaceae）作物可用黄瓜（*Cucumis sativus*）。
(4) 豆科　豆科（Leguminosae）作物可用大豆（*Glycine max*）。
(5) 锦葵科　锦葵科（Malvaceae）作物可用棉花（*Gossypium hirsutum*）。
(6) 茄科　茄科（Solanaceae）作物可选番茄（*Lycopersicon esculentum*）、辣椒（*Capsicum frutescens*）和茄子（*Solanum melongena*）。

（二）供试生物对药剂的敏感性

影响供试生物对药剂的敏感性的因素有很多。以昆虫为例，这些因素主要包括品系或种群、虫态、龄期或日龄、性别、饲养试虫的饲料、营养条件、饲养密度、试虫的生理状况的差异和试虫是在休眠期还是在生长期等。

1. 品系或种群　从生物对药剂反应的角度来说，品系（strain）是指这种反应的遗传背景相对比较一致的群体，即群体对药剂的敏感性相对一致，如敏感品系、抗性品系、抗性杂合子品系等。敏感品系是指对特定的一种或多种药剂较为敏感的群体，室内可通过单对F_1后代对特定药剂的反应来选育敏感品系，采用敏感品系可建立敏感毒力基线，应用于抗性监测。抗性品系是指对某一特定药剂具有很高水平抗性的群体。抗性杂合子品系是指用抗性亲本和敏感亲本杂交的F_1后代。敏感品系、抗性品系及抗性杂合子品系对该特定药剂的反应是不同的，但同一品系中个体间对药剂的敏感性差异较小。田间采集的群体统称为种群（population），同一种群中个体间对药剂的敏感性差异较大。因此在进行生物测定时，为了减少这种敏感性差异可能给试验结果带来误差，一般应采用同一批试虫和相对更多的处理虫数来完成某个特定试验任务。

2. 虫态、龄期、日龄及性别　除了不同的品系或种群会影响生物对药剂的敏感性外，同一种昆虫的不同虫态、龄期、日龄及性别都会影响生物对药剂的敏感性，因此要设计正确、规范的生物测定方法，就要减少试验误差，必须明确规定试虫的虫态、性别、龄期，甚至规定特定龄期的日龄或体重范围等。

3. 饲料、营养条件、饲养密度及试虫的生理状况　室内正确、规范的生物测定方法通常采用实验室饲养的试虫，而饲养昆虫所用的饲料、营养条件、饲养密度及试虫的生理状况都会影响试虫对药剂的敏感性。其中饲料包括人工饲料、半人工饲料、天然饲料（如不同的寄主植物）等，不同的饲料其营养条件可能不相同，这不仅会影响试虫的生理状况，而且会影响其对药剂的敏感性。试虫在室内饲养期间，饲养的密度会影响试虫的生理状况，这既会影响试虫连续正常的饲养,也会影响其对药剂的敏感性。在理想的生物测定方法中,应规范饲养试虫的饲料和饲养密度,在这样规范的饲养方法和营养条件下饲养,以确保获得生理状况一致的试虫。从大田采集个体较小的试虫(如蚜虫等)直接供测定时,应尽可能采集虫态或虫龄一致的试虫,还应适当增加每处理的试虫数,即加大每药剂处理的总虫数,从而降低由于田间采集试虫因生理状况等差异给试验带来的误差。

4. 休眠、滞育期或生长期试虫 在从大田采集试虫(如越冬代红铃虫幼虫等)直接供测定时,还会遇到的另一种情况是采集试虫中有部分可能是休眠期或滞育期试虫,这类试虫对药剂的反应很不敏感(即耐药性很强),会严重影响生物测定试验的正确性,甚至在很高处理浓度下试虫仍不死亡,从而使试验无法顺利完成。因此在田间采集试虫时,应特别注意避免采集休眠期或滞育期试虫。

三、配制等比系列药液浓度

供试生物对药剂效应的增加不与剂量的增加量成正比,而与剂量增加的比例成正比。也就是说,剂量以几何级数增加时,效应则以算术级数增加。生物对药剂效应的增加与剂量增加的比例呈正相关的规律,决定了人们在进行室内生物测定中配制一种供试药剂的系列处理剂量(或浓度)时,应按一定的比例进行稀释(即系列等比稀释),而不能用其他方式进行稀释(如等差稀释、随意稀释等)。稀释比例的大小取决于生物对药剂效应的高低,效应愈高,稀释比例愈大,但在同一次试验中稀释的比例应相同。

四、精确可靠的试验仪器设备

农药生物测定试验的仪器设备主要包括:电子天平(感量 0.1mg、感量 1g)、移液管或移液器(1mL、2mL、5mL、10mL、25mL)、容量瓶(10mL、25mL 等)、毛细管点滴器(容积通常为 $0.04\sim0.06\mu L$,精确度为 $0.01\mu L$)等。为了确保上述试验仪器设备的精确可靠,必须对其进行定期校正。

五、严格控制试验条件

生物测定试验的不同环境条件(如温度、湿度、光照等)会影响生物个体对药剂的敏感性。因此为了确定供试生物的反应与药剂剂量(或浓度)两者之间的关系和减少试验的误差,试验条件的严格控制是十分必要的。

上述试验条件的确定通常与供试生物生长发育的环境条件和药剂正常发挥活性时的条件相一致。在大田试验的情况下,由于试验结果是在特定的环境条件下得到的,尽管这些环境条件人们通常无法控制,但必须对试验期间的环境条件(如温度、湿度、光照、风雨、作物长势、土壤质地、肥力、害虫发育阶段及分布密度等)做记录。

六、足够的试验样本数、设对照和重复

为了要减少生物对药剂反应的变异性和试验的误差,足够的试验样本数、设对照和重复是十分必要的。其中每个处理浓度的试验样本数一般不宜低于 40 头,即每个药剂处理的总样本数不低于 200 头(如要减少样本数,必须提高供试生物的标准化程度)。试验必须设不用药处理的空白对照,以校正自然死亡率。在评价农药在生产上用于防治重要靶标生物的可

能性时，必须增设生产上常用的药剂作为对照药剂，消除偶然因素的影响。在用制剂进行生物测定时，还要增设相应助剂的对照，消除药剂以外其他组分的影响。生物测定试验中每个药液的处理重复一般不宜低于 4 次，以减少其他因素的影响。

七、应用统计分析方法评估试验结果

在错综复杂的试验数据中，为了正确判断和评价农药与供试生物之间的内在联系，以免轻率做出结论，必须应用统计分析的方法（如 Finney 机率值分析法等）评估试验结果。只有应用统计分析的方法进行试验结果评估，所得到测定结果的重现性才高（即重复性），测定结果与以往资料的可比性好，而且测定结果才能符合一般的规律性。

复 习 思 考 题

1. 试述设计从新合成的化合物中筛选出有望创新开发新农药的室内活性试验方案。
2. 在农药室内生物测定中，为什么应采用 LD_{50}、LC_{50} 或 ED_{50} 作为药剂对生物毒力或效力大小的代表性值，而不是采用 LD_{90}（LD_{95} 或 LD_{99}）来表示？
3. 试述农药室内生物测定试验设计的主要原则。

第三章
杀虫剂室内生物测定方法

杀虫剂生物测定（bioassay of insecticide）是度量杀虫剂对昆虫及螨类产生效应大小的农药生物测定方法。广义地说，杀虫剂生物测定就是利用生物（昆虫、螨类）对杀虫剂的反应来鉴别某一种农药或化合物的生物活性（即对昆虫、螨类的毒力或效力）的一种基本方法。本章主要介绍杀虫剂的毒力生物测定方法，田间药效试验方法将在第八章介绍。

杀虫剂毒力测定，一般是在相对严格控制的条件下，用精密的测试方法及采取标准化饲养的试虫而给予药剂的一个量度，作为评价或比较标准。毒力测定多在室内进行，所测结果一般不能直接应用于田间，只能提供防治上的参考。

杀虫剂毒力测定主要包括两方面的内容，一是初步毒力测定，二是精密毒力测定。

初步毒力测定相当于创新化合物生物活性筛选的第一阶段即普筛阶段，主要用于对大量化合物的杀虫活性筛选，确定供试化合物的生物活性，淘汰无杀虫活性的或低活性的化合物，选出活性高、认为有希望的化合物进入下一步精密毒力测定。初步毒力测定还可用于田间防治害虫有效药剂的筛选。

初步毒力测定一般每处理用虫20～50头，重复4次，以测定浓度和对应的死亡率或虫口减退率作为评价化合物活性大小或作用效果的标准。每次试验仍需要设空白对照、溶剂对照或标准药剂（即生产上常用药剂）对照，以确定药剂的真实毒力。如空白对照的自然死亡率超过20%，表明该试虫群体的生活力太弱，应该重做。

初步毒力测定只判断药剂是否有杀虫活性，不能确定化合物的毒力大小，也不能区分其毒杀作用方式。但是，当某种杀虫剂经过初筛试验后，其毒力接近标准药剂时，就有价值进一步做精密毒力测定，以确定其毒力大小和作用方式。

精密毒力测定指在特定条件下衡量某种杀虫剂对某种昆虫毒力程度的一种方法，可用来了解某一杀虫剂对某一害虫的毒力程度，也可用来比较几种杀虫剂对某一昆虫的毒力差异。它是研究昆虫毒理学的基本内容之一，也可为害虫进行田间药效试验提供依据。

由于杀虫剂对不同种类的害虫毒力程度各异，且杀虫剂的致毒作用方式也不相同，故测定方法也各不相同。杀虫剂的作用方式主要有触杀、胃毒、内吸、熏蒸、驱避、引诱、拒食、生长发育调节作用等。但一般来说，一种试验方法往往只局限于杀虫作用方式的一个方面。因此杀虫剂的毒力测定方法也是根据这些作用方式来设计的。

第一节 触杀毒力测定

药剂通过昆虫体壁进入虫体而使其中毒致死称为触杀作用。在触杀毒力的实际测定中应尽量避免药剂自气孔、口器等进入虫体内。触杀毒力测定（evaluation of contact toxicity）是使杀虫剂经体壁进入虫体，到达其作用部位而引起中毒致死反应，由此来衡量杀虫剂触杀毒力的生物测定。触杀毒力的大小通常以 LD_{50}、LC_{50} 或 KT_{50} 表示。测定方法可分为整体处理法和局部处理法两类。

一、整体处理法

整体处理法是采用喷雾、喷粉、浸渍及玻片浸渍等方法，使供试昆虫整个虫体近乎都接触药剂的毒力测定方法。该类方法比较接近田间的施药方法，但无法避免药剂自气孔、口器等部位进入虫体内。

(一) 喷雾和喷粉法

喷雾和喷粉法（spray and dusting method）是指利用喷雾或喷粉设备对供试靶标生物进行定量喷雾或喷粉处理，然后置于正常条件下饲养，观察其室内触杀活性的生物测定方法。其基本原理是将杀虫剂溶液、乳剂、悬浮液或药粉均匀地喷布到虫体表面，通过表皮进入昆虫体内而使其中毒，以测定其毒力。

1. 操作方法 具体操作时可将盛有目标昆虫的喷射盒、喷射笼或皿底垫有湿滤纸的培养皿，置于液体喷布器底部或喷粉罩底盘上，将定量的药液或药粉均匀地直接喷撒到目标昆虫体上，待药液稍干或虫体沾粉较稳定后，将喷过药的目标昆虫移入干净的容器内或培养皿内，用通气盖盖好，置于适合于目标昆虫生长的温度、湿度及通气良好的环境中恢复 1~2h 后，放入无药的新鲜饲料，于规定时间内（24h 或 48h）观察目标昆虫中毒及死亡情况。

这种方法具有简便易行、接近于田间实际情况的优点，是目前最常用的触杀毒力测定方法。

2. 喷雾喷粉器械 为了减少试验误差，应使昆虫个体间所获得的药量尽可能相同，除了昆虫本身的因素外，这就要求喷布均匀，雾点与粉粒大小一致。因此需要特殊的喷雾喷粉装置。较常用的有以下几种器械。

(1) 颇特喷雾塔 颇特（Potter）喷雾塔，主要由喷头（雾化器）、沉降筒、载物台及玻璃外罩组成（图 3-1）。其特点是定量、定时、定压和定距，是一种精确的喷雾装置。

①喷头：喷头用加压形成的快速气流来雾化液体，靠喷出快速气流，将药液带出，并同时加以分散雾化（图 3-2）。喷孔直径为 0.70mm，气压为 137.9kPa。它由两个同轴管形成，内管是药液管，外管是气流通过的管道。当压缩空气将气流快速从外管喷口喷出时，内管的药液随着被吸出，并同时在喷口处被气流所打碎，形成雾化液滴。这样的喷头，只要调节内管和外管间的距离以及气流喷出的速度，就可以喷出十分均匀细小的雾点。

②沉降筒：沉降筒又称为喷雾筒，由上下两部分连接而成，上部是一个逐渐收缩的圆筒，上口直径为 15.6cm，下口直径为 11.88cm，高为 33.75cm；下部是一个直径 11.88cm、高 33.75cm 的直筒（图 3-3）。药液喷入筒的上部时，发生涡动，进入下半部后开始均匀沉降在表面直径 9cm 的底盘上，沉积的药液量相当均匀。

③载物台：载物台又称为喷雾圆台，用来放置被喷雾的对象，如昆虫、植物叶片等，载物台可以上下调节。

④玻璃外罩：玻璃外罩用于防止外界温度的变化对筒内雾滴沉降发生不良影响。

颇特喷雾塔的应用范围较广，一般鳞翅目幼虫、飞翔昆虫（如家蝇，可装在小笼内或麻醉后放在培养皿内）、小型盆栽植物等均可喷雾。

(2) 气雾风道 气雾风道是 E.J.Gerber 设计，美国生物科学用品公司生产的喷雾装置，尤其适合对蚊子、家蝇、蜚蠊等卫生害虫进行测定，也适合农业害虫的生物测定（图 3-4）。

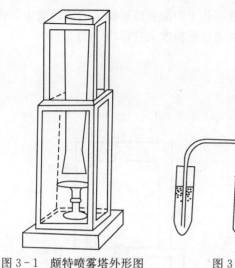
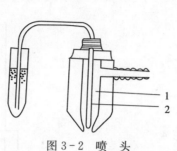
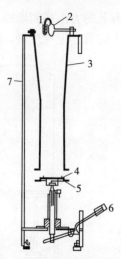

图 3-1　颇特喷雾塔外形图　　　　图 3-2　喷　头　　　　　图 3-3　颇特喷雾塔结构图

　　　　　　　　　　　　　1. 通气管　2. 药液管　　　　1. 盛药液皿　2. 雾化喷头　3. 喷雾筒
　　　　　　　　　　　　　　　　　　　　　　　　　　　　4. 放昆虫玻璃培养皿　5. 喷雾圆台
　　　　　　　　　　　　　　　　　　　　　　　　　　　　6. 调节圆台高低的扶手把　7. 支架

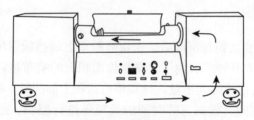

图 3-4　气雾风道

(引自 E. J. Gerberg, 1982)

　　它由 5 个主要部件组成：中空的钢质长方体（0.25m×0.46m×1.8m）底座、一对钢质空气柜（0.46m×0.46m×0.46m）、和空气柜相连接的直径 0.148m 的铝质圆筒状风道以及一个控制台。底座左端有一个调速鼓风机，右端封闭。鼓风机将空气吹到右边空气柜，经风道进入左边空气柜排出，而左边空气柜和实验室排风系统相连。喷头安在风道的右边，喷头的喷嘴可以任意更换，减少因更换杀虫剂时清洗喷头的麻烦。喷嘴直径为 0.045mm，装试虫的笼子放在风道左端。操作时喷雾压力可在 0～103kPa 范围内调节（常用 31kPa），风道风速可在 0～13.3m/s 范围内调节（常用 2.5m/s）。药液用一支 0.1mL 的刻度移液管加入。

　　气雾风道的特点是喷出的雾滴很细而均匀，并由空气气流带动去撞击目标（试虫），喷雾后 5s 便可将试虫取出，操作十分简便、快速。

　　(3) ZB-2A 型喷粉喷雾两用沉降塔　这种喷雾喷粉装置由西北农林科技大学试产，属于 campbell 转盘式喷雾喷粉装置。ZB-2A 型喷粉喷雾两用沉降塔的基本结构（图 3-5），备有喷粉喷雾两用喷头、3 个活动式塔筒。其特点是既可喷粉又可喷雾，可直接处理昆虫，也可处理盆栽植物。其缺点是远不如颇特喷雾塔精密。经测定，用于喷粉时边缘部分和中心部分单位面积沉积量的变异系数为 4.09%，喷雾时变异系数为 5.35%，喷水溶液时雾滴的数量中位直径为 22～24μm，压力 0.4～0.6MPa（4～6kgf/cm^2）（氧化镁板法）。

　　(4) 喷粉玻璃钟罩　喷粉玻璃罩用于室内喷粉。将直径 27～33cm 的玻璃钟罩放在一个中心有孔的方形或圆形短足的木台上,将定量药粉盛装于中部有球形膨大的玻璃管中,将吹粉球上的管连上橡皮管,从中心孔插入钟罩内,将定量药粉吹入钟罩内(图3-6)。

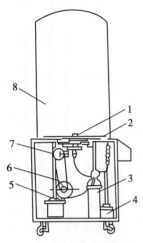

图3-5 ZB-2A型喷粉喷雾两用沉降塔
1. 喷头 2. 转盘 3. 储气筒 4. 电磁开关
5. 充气机 6. 电机 7. 减速器 8. 塔筒

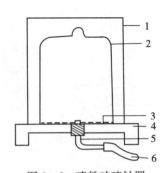

图3-6 喷粉玻璃钟罩
1. 绝缘箱 2. 玻璃钟罩 3. 被测物 4. 喷粉桌
5. 喷粉器 6. 吹风管

吹气后停1～2s,待粗大粉粒沉降后,速将喷粉桌上的挡板取出,待罩内药粉沉降一定时间(10～15min)后,取开钟罩。为了计量单位面积上的喷布量,可在喷粉的同时放入一定面积的硬纸片,在喷药前后称其重量,计算单位面积上的药量。喷粉量的多少可以通过调节吹入粉量、移动钟罩时间、粉剂沉降时间的长短等进行控制。但每次喷布药量不易控制一致。

(5) 真空喷粉器 真空喷粉器又称为抽气喷粉钟罩,具有喷粉均匀一致,能准确地控制喷粉量,可以避免喷粉玻璃钟罩的缺点(图3-7)。它采用一个大玻璃钟罩,放在一个铁制的底座上,在底座上先放一块橡皮板或海绵,以便真空抽气时钟罩边缘不漏气,底座中间凹入呈一小室状以放花盆或纱笼,小室通一管道,与抽气泵相连。玻璃钟罩外部罩一同样大小的铁纱笼或塑料罩,以防抽真空时钟罩万一破裂伤人。钟罩上端开孔,用橡皮塞塞住,这个橡皮塞上另有一个小孔,为放入气体的通路。在橡皮塞下面挂一小盘,盘中放入一定量粉剂,小盘离钟罩开口处约1.9cm。

图3-7 真空喷粉器

在喷粉时,先将要喷布的昆虫(纱笼)或植物放在钟罩中央。在钟罩橡皮塞下面的小盘中放入一定量的粉剂,将橡皮塞及橡皮塞中央的小孔紧闭,然后打开抽气机,达到一定真空后(根据压力表的数值调控),把橡皮塞中央的小孔打开,空气由此开口处冲入,借空气压力把药粉撒开,将小盘内的药粉喷成云雾状,使在钟罩内的昆虫或物体全部受到粉剂的喷布。

3. 测定实例

(1) 实例1 颇特喷雾法测定2.5%溴氰菊酯乳油对稻苞虫的毒力,具体测定方法如下。

①从田间采回并饲养1d后的稻苞虫幼虫中挑选大小一致的4龄幼虫,每10头为1组放

在直径 9cm 培养皿内。

②用蒸馏水将 2.5％溴氰菊酯乳油稀释成 20mg/L、10mg/L、5mg/L、2.5mg/L 及 1.25mg/L（有效成分）浓度，每种浓度 50mL。

③借助铅锤线将颇特喷头安放在沉降筒上方正中央，使喷孔正对载物台的中心位置。开动空气压缩机，待压力为 0.49MPa（5kg/cm^2）时，用清水试喷，并使沉降筒内水分饱和。

④在储液试管中加入 2mL 清水，将装有 10 头试虫的培养皿放在载物台的中央，升高载物台，使之距筒底 1.5cm。开启放气阀，将 2mL 清水喷完，沉降 30s 后取出培养皿，将试虫移入装有水稻叶片的另一直径 9cm 培养皿中饲养。

⑤依次从低浓度到高浓度定量喷 2mL 药液，每种浓度重复 4 次。注意，每喷一个浓度前先以该浓度药液试喷 1 次，借以洗涤喷头等。

⑥将处理后的试虫置 22～25℃室温下饲喂 24h 后检查死虫数，并计算死亡率和校正死亡率。测定结果见表 3-1。

表 3-1 喷雾法测定溴氰菊酯对稻苞虫 4 龄幼虫的毒力

（引自吴文君，1983）

浓度（mg/L）	浓度对数值	试虫数	死虫数	死亡率（％）	机率值
1.25	0.096 91	31	12	38.71	4.712 9
2.50	0.397 9	35	14	40.00	4.746 7
5.00	0.699 0	34	18	52.94	5.073 9
10.0	1.000 0	34	24	70.59	5.541 4
20.0	1.301 0	34	31	91.18	6.352 0
对照	—	30	0	0	—

测得结果经统计得：$y=4.356\ 7+1.282\ 4x$，$LC_{50}=3.174\ 2$ mg/L（有效成分）。

（2）实例 2　颇特喷雾塔测定 29 种杀虫剂对南宁稻纵卷叶螟 3 龄幼虫的毒力。在承担农业部高毒农药替代示范项目期间，采用颇特喷雾塔测定了抗生素类、苯基吡唑类、昆虫生长调节剂类、有机磷类、拟除虫菊酯类、噁二嗪类、沙蚕毒素类及有机氯类杀虫剂对稻纵卷叶螟 3 龄幼虫的毒力。上述各类供试原药以丙酮为溶剂（杀虫单、敌百虫、乙酰甲胺磷、氯胺磷原药以 1∶1 的丙酮水溶液为溶剂），用 10％（质量体积浓度，m/V）曲拉通 X-100 为乳化剂，加工成制剂供颇特喷雾法测定用。药剂试验浓度的设置原则是先进行预备试验，根据预备试验结果每种药剂按等比设置 5～6 个系列浓度，使正式试验的试虫死亡率为 10％～90％。

于 2006 年 4～5 月采集广西壮族自治区农业科学院水稻试验田稻纵卷叶螟迁入代成虫，将采集成虫转入养虫笼中，喂 10％蜂蜜水作为补充营养，用分蘖期水稻（TN1 或汕优 63）供产卵，每天更换产卵水稻。将产卵的水稻带回南京，置于温度 26～28℃、相对湿度 70％～90％、光周期 16h∶8h（光照期∶暗期）的养虫室内，待卵孵化时将幼虫转到无虫分蘖期稻株上饲养至 3 龄中期供测定。

将供试 3 龄中期幼虫放到底铺滤纸的 9cm 培养皿中，每皿 10 头，将其放在颇特喷雾塔载物台中央，稀释药液按浓度由低至高的顺序进行喷雾［喷液量 2mL、压力 9.8×10^{4}Pa

（1kgf/cm²）、沉降时间30s]，以自来水做空白对照，每次10头幼虫，每处理重复3次。在塑料饲养瓶（高为20cm，直径为5cm）中加2%的琼脂50mL，插5～6片分蘖期鲜嫩稻叶，处理后的幼虫立即接入饲养瓶中，每瓶10头，用保鲜膜封口后置于温度26～28℃、相对湿度70%～90%、光周期为16h∶8h（光照期∶暗期）的条件下饲养。根据药剂作用的快慢确定检查结果的时间，有机磷类、有机氯类、氨基甲酸酯类及拟除虫菊酯类杀虫剂处理后48h检查结果，其余杀虫剂处理后72h检查结果。以毛笔轻触虫体，幼虫不能协调运动为死亡标准，对照死亡率<10%为有效试验。采用美国环境保护局剂量-反应机率值分析软件（EPA Probit Analysis Program Used for Calculating LC/EC values, Version 1.5）计算毒力回归式、b标准误、LC_{50}及其95%置信限，以LC_{50}的95%置信限不重叠作为判断药剂间毒力差异显著的标准。

测定结果表明：8类29种杀虫剂对广西南宁稻纵卷叶螟3龄幼虫的毒力顺序为：甲维盐、阿维菌素、依维菌素＞氟虫腈、茚虫威≥呋喃虫酰肼、丁烯氟虫腈、氟啶脲、虫酰肼、氟铃脲＞喹硫磷、辛硫磷≥氟硅菊酯、毒死蜱、丙溴磷≥氟氯氰菊酯、哒嗪硫磷、高效氯氰菊酯、醚菊酯、乙酰甲胺磷、杀螟硫磷、甲胺磷、三唑磷、硫丹、二嗪磷、杀虫单、马拉硫磷≥氯胺磷、敌百虫；以LC_{50}的95%置信限不重叠作为判断不同杀虫剂间毒力差异显著的标准，毒力显著高于甲胺磷的有14种，显著高于毒死蜱的有12种（均不包括拟除虫菊酯类杀虫剂），但国内创新化合物氯胺磷的活性排在29种供试杀虫剂的倒数第二位（表3-2）。

表3-2 喷雾法测定测定29种杀虫剂对南宁稻纵卷叶螟3龄幼虫的毒力

（引自高忠文和沈晋良，2006）

杀虫剂	处理虫数	斜率（s_e）	LC_{50}（95%置信限）（mg/mL）
甲维盐（emamectin benzoate）	180	1.4（0.4）	0.000 2（0.000 1～0.000 3）
阿维菌素（abamectin）	180	1.8（0.5）	0.000 4（0.000 2～0.000 6）
依维菌素（ivermectin）	150	4.0（1.2）	0.000 7（0.000 4～0.000 9）
氟虫腈（fipronil）	180	1.9（0.3）	0.001 8（0.001 2～0.002 5）
茚虫威（indoxacarb）	180	2.5（0.5）	0.003 0（0.002 3～0.004 0）
呋喃虫酰肼（JS118）	180	2.0（0.4）	0.005 5（0.003 3～0.007 6）
丁烯氟虫腈（butylene-fipronil）	180	1.7（0.5）	0.005 8（0.0034～0.010 1）
氟啶脲（chlorfluazuron）	210	1.6（0.3）	0.006 8（0.003 5～0.010 7）
虫酰肼（tebufenozide）	180	1.9（0.3）	0.007 3（0.004 7～0.010 2）
氟铃脲（hexaflumuron）	180	0.8（0.2）	0.008 9（0.003 5～0.018 9）
喹硫磷（quinalphos）	180	1.9（0.4）	0.12（0.07～0.18）
辛硫磷（phoxim）	180	2.8（0.6）	0.18（0.12～0.23）
氟硅菊酯（silafluofen）	180	2.1（0.4）	0.27（0.19～0.38）
毒死蜱（chlorpyrifos）	180	3.2（0.7）	0.33（0.25～0.42）
丙溴磷（profenofos）	180	4.2（1.0）	0.37（0.26～0.46）
氟氯氰菊酯（cyfluthrin）	150	1.9（0.3）	0.45（0.33～0.64）
哒嗪硫磷（pyridaphenthion）	180	2.0（0.4）	0.65（0.43～0.94）
高效氯氰菊酯（beta-cypermethrin）	150	3.7（0.8）	0.70（0.53～0.86）

(续)

杀虫剂	处理虫数	斜率 (s_e)	LC_{50}（95%置信限）（mg/mL）
醚菊酯（etofenprox）	180	2.5 (0.5)	0.80 (0.49~1.09)
乙酰甲胺磷（acephate）	150	3.7 (1.2)	1.06 (0.55~1.44)
杀螟硫磷（fenitrothion）	150	2.6 (0.5)	1.26 (0.89~1.64)
甲胺磷（methamidophos）	190	1.8 (0.4)	1.33 (0.84~1.87)
三唑磷（triazophos）	150	2.1 (0.5)	1.38 (0.80~2.02)
硫丹（endosulfan）	150	1.7 (0.4)	1.71 (1.39~2.08)
二嗪磷（diazinon）	150	1.9 (0.4)	1.96 (1.34~2.85)
杀虫单（monosultap）	180	1.9 (0.4)	2.42 (1.40~3.45)
马拉硫磷（malathion）	150	3.5 (0.6)	4.08 (3.12~5.08)
氯胺磷（chloramine-phosphorus）	150		>17
敌百虫（trichlorphon）	210		>20

注：LC_{50}的95%置信限不重叠作为判断不同杀虫剂间毒力差异显著的标准。

（二）浸渍法

1. 浸渍法及其类型 浸渍法（immersion method）是将供试靶标生物分别在等比系列浓度的药液中浸渍一定时间后，在正常条件下饲养，观察其室内触杀活性的生物测定方法。它是药剂触杀作用测定中常用的方法之一，其简单快速，不需要特殊仪器设备，因此常用于有效化合物的筛选试验，被联合国粮食与农业组织（FAO）推荐为蚜虫抗药性的标准测定方法。

该方法的基本操作是将虫体直接浸入药液，主要测定杀虫剂穿透表皮引起昆虫中毒致死的触杀毒力。具体测试方法因试虫种类而定，主要有下述3种。

①将试虫（如黏虫、家蚕）直接浸入药液中，或将试虫放在铜纱笼中再浸液。

②将试虫（如蚜虫）放入附有铜网底的指形管（直径2.5cm，长3cm）中，然后浸入药液中。

③蚜虫、红蜘蛛以及介壳虫等，可以连同寄主植物一起浸入药液。红蜘蛛有吐丝成球现象，药液不易均匀沾湿体表而影响结果。可先将带有红蜘蛛的叶片置于高度在3~5cm的豆苗上，待叶片枯萎时，红蜘蛛自行迁移至豆叶片，然后进行浸液。浸液一定时间后取出晾干，或用吸水纸吸去多余药液，再移入干净器皿中（黏虫、家蚕等大型昆虫需放入新鲜饲料），置于合适的温度、湿度及通气良好的环境中，隔一定时间（5h、24h或48h）观察记载死亡情况，计算死亡率及校正死亡率，求出致死中浓度，单位为mg/L（以有效成分计）。

2. 浸渍时的注意事项

①配制药液的溶剂、方法和所用剂型要一致，否则会影响虫体表面黏着的药量及其穿透能力，从而影响触杀毒力。

②浸渍时间长短因虫而异，浸渍时间过长，会增加死亡率；时间过短，又可能使药液在昆虫体表上湿润黏着不充分。金龟甲、拟谷盗、锯谷盗、蚕蛾、果蝇等试虫浸2~3min为宜，黏虫幼虫、蚜虫等浸10s，红蜘蛛浸5s即可。

③药液不能重复使用，同一个浓度的药液不可逐个依次浸液处理，但可以同时浸入几个处理（重复）。

④浸液试虫体表上的多余药液应先除去，待体表药液晾干后，再移入干净器皿中，以免湿度过大。除较大试虫用镊子移取外，一般试虫宜用毛笔轻轻扫入干净器皿中。

3. 浸渍法的优缺点 浸渍法的优点是快速、简便，可同时对大批试虫做不同浓度的处理，适用于多种昆虫，如水生昆虫、黏虫、拟谷盗、家蝇、蚜虫、介壳虫等以及多种虫卵的触杀作用测定；还可用于红蜘蛛的毒力、不育和拒食作用测定。其缺点是不够精确，浸渍时往往不能避免少量药液从试虫的口器或气孔进入虫体，若处理附有试虫的植物，药剂也可以发生内吸作用，所以测得的结果不是单纯的触杀毒力，也不能精确求得每头试虫或每克虫体重所获药量。但作为药剂初筛中，防止有效药剂漏筛、作为杀虫作用方式的测定还是常要用到的。

4. 影响浸渍法测定结果的因素 采用此法测得的毒力大小与昆虫种类、性别、虫期、生理状态、营养条件以及浸药时间、条件等关系极大。如浸药前经饥饿的个体对药剂的反应较未经饥饿的个体更敏感，幼龄及老龄个体对药剂的忍受力往往比中龄的个体要低。浸渍时间、温度以及食物供应情况对药剂的毒力均有不同程度的影响。因此测试时，一定要尽量控制条件一致，使测试条件达到相对稳定。

（三）玻片浸渍法

玻片浸渍法（slide-dip immersion method）是指将供试靶标成螨分别在等比系列浓度的药液中浸渍一定时间后，在正常条件下饲养，观察其室内触杀活性的生物测定方法。它被联合国粮食与农业组织推荐为螨类抗药性的标准测定方法，适用于各种雌成螨的测定。其基本原理是将成螨粘于载玻片一端的双面胶上，直接浸入药液，测定杀虫剂穿透表皮引起昆虫中毒致死的触杀毒力。螨类饲养时必须鉴别螨种，纯化，使之成为单一种群，用同一寄主饲养，并且螨的龄期要一致。

方法是将双面胶带剪成 2cm 长，贴在载玻片的一端，然后用小镊子夹起黏胶上的纸片，选取健康的 3~5 日龄的雌成螨，用小毛笔挑起并将其背部贴在黏胶上（注意螨足、触须以及口器不要被黏着），每片粘 20~30 头（图 3-8）。然后放在干净的白瓷盘（或大培养皿）内，盘中放一湿棉花球保湿，盖上盒盖，置于 20~30℃ 条件下，经 4h 后，用双目解剖镜检查每个雌螨，如有死亡个体应挑出弃去，重新粘上健康的雌螨。然后将粘有雌螨的载玻片一端浸入待测的不同浓度的药液中，并轻轻摇动玻片，浸 5s 后取出，用吸水纸吸去多余的药液，然后放在白瓷盘（或大培养皿）内，置于 27℃、相对湿度为 85% 左右的条件下培养 24h 后，在双目解剖镜下检查死亡数及存活数。死亡标准：以小毛笔轻轻触动螨足或口器，无任何反应即为死亡。

图 3-8 粘有雌成螨的载玻片
1. 螨　2. 胶带

二、局部处理法

局部处理法是将药液或药粉均匀地施于虫体的合适部位，由于药剂不接触目标昆虫的口器，因此基本上可以避免胃毒作用的干扰，因此与整体处理法相比，能更精确测定药剂的触杀毒力作用。

(一) 点滴法

点滴法（topical application）是指选用易挥发的有机溶剂（如丙酮等）将原药或母药稀释成等比系列浓度，再用点滴器将一定量的药液点滴到供试靶标昆虫体壁的一定部位，然后在正常条件下饲养，使杀虫剂穿透表皮引起昆虫中毒死亡，以测定杀虫剂触杀活性的生物测定方法。此法是杀虫剂触杀毒力测定中最准确的方法，也是目前普遍采用的一种方法。联合国粮食与农业组织（FAO）于1980年将其推荐为鳞翅目幼虫抗药性标准测定方法。除了螨类等小型昆虫外，可应用于大多数目标昆虫的触杀毒力测定，如蚜虫、叶蝉、二化螟、玉米螟、菜青虫、黏虫等。其优点是：①每头虫体点滴一定量的药液，可以准确地计算出每头试虫或每克虫体重的用药量；②方法比较精确，试验误差小；③可以避免胃毒作用的干扰。其缺点是：点滴部位、点滴量大小、目标昆虫处理前的麻醉方式等可能会影响测定结果（可通过方法的标准化研究解决）；操作技术须培训练习，尤其点滴蚜虫时，点滴操作技术要熟练，否则对结果准确性影响较大。

1. 微量点滴器的种类　　点滴法是靠微量点滴器来完成的，常见微量点滴器有以下几种。

(1) 千分尺微量点滴器　　它是千分尺配以0.25mL的注射器装置而成的。这种点滴器操作不便，已逐渐被新类型点滴器所代替。

(2) 电动（手动）微量点滴器　　英国某公司生产的电动（手动）微量点滴器（图3-9），虽具有准确度高、容易操作、使用简便等优点，但其最小容积是$0.1\mu L$，只适用于点滴个体较大的目标昆虫，如黏虫、菜青虫等3龄幼虫，而不适宜用于点滴蚜虫、飞虱等体型更小试虫或二化螟（4龄）、棉铃虫（3龄）等低龄幼虫。

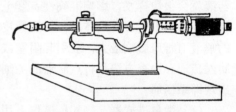

图3-9　微量点滴注射器

(3) 手动微量点滴器　　手动微量点滴器由中国科学院上海昆虫研究所研制生产，其精确度和操作方便性均达到较高水平，调节液量分为5挡，配有0.25mL的注射器，点滴容积的可调范围为$0.1\sim 3.5\mu L$。由于所配备的0.25mL注射器（医用）不是为该点滴器特制配套用的，各调节挡上所滴出的药量往往为近似值，因此在应用前必须对各注射器的点滴量进行标定，其方法一般采用同位素法和薄层扫描法。

(4) 毛细管微量点滴器　　上述3种点滴器适用于个体大的昆虫，为了适于点滴个体较小的昆虫（如蚜虫等），龚坤元等设计了毛细管微量点滴器（图3-10）。这种点滴器是由一段玻璃毛细管和一段玻璃管连接组成。毛细管的容积可因测定试虫的大小不同而定，可用同位素法或薄层扫描法标定。使用时，仅将毛细管的端部插入药液，由于虹吸现象而使药液充满毛细管，将管口对准并立即接触点滴部位，用嘴轻轻吹气，药液即滴落出来。但因毛细管微量点滴器端部的玻璃毛细管易断裂，目前这类点滴器已很少使用。

现在使用的该类点滴器经改进后为不锈钢毛细管微量点滴

图3-10　毛细管微量点滴器

器（图 3-11），是用一根很细的不锈钢毛细管，按要求截成不同长短的针头（为 4～8mm），并将针头磨光滑，另用一根长为 8～10cm、内径为 0.4cm 的玻璃管，一端装上有小孔的橡皮头，另一端装上一个很薄的橡皮塞固定于玻璃管内径，并将不锈钢毛细管插入薄橡皮塞中即成。毛细管的定容可采用 CS-920 高速薄层扫描仪标定，毛细管的容量可达 0.03～0.10μL。不锈钢毛细管微量点滴器已在国内广泛用于点滴蚜虫、飞虱等体型小的试虫或二化螟、棉铃虫等低龄幼虫，且操作方便和耐用。

图 3-11 不锈钢毛细管微量点滴器
1. 小孔洞 2. 橡皮头 3. 玻璃管
4. 薄橡皮塞 5. 不锈钢毛细管

操作方法：使用点滴器时，手指夹住玻璃管的中部，将毛细管轻轻插入盛有药液的小瓶中，使毛细管尖端刚刚接触到药面，药液因毛细管虹吸作用而上升，充满整个毛细管，小心地移开药液，移至试虫体表上，用拇指轻压橡皮头的小孔，将药液点滴在虫体的适当部位。但操作时应当注意勿使玻璃管直接接触并沾上药液，否则会加大点滴的药量而影响测定结果的正确性。然后将处理的试虫置于适宜温度和湿度条件下，定期检查效果。

操作时应注意的问题：①持点滴器点药时，要在毛细管的尖端刚要接触到虫体体壁时，就用食指按橡皮头的小孔，把药液排到虫体上，如毛细管尚未接触虫体就挤压药液，排出的药液就会很快挥发，影响准确性。②毛细管接触虫体的力量要轻，否则会损伤虫体，影响结果。③如毛细管接触虫体后再挤压橡皮头小孔，虫体体壁上的蜡质会阻塞毛细管。昆虫吐出的唾液对管口影响最大，会引起阻塞或使口径变小。如果出现毛细管阻塞时，可用很细的金属丝疏通。检查方法是将点滴器的毛细管插入药液中，用手指轻压橡皮头的小孔，如有气泡出现即系畅通。

(5) 微量进样器 气相色谱仪上用的微量进样器，最小容积 0.25μL，也可作为微量点滴器。但不适宜用于点滴蚜虫、飞虱等体型更小试虫或二化螟（4 龄）、棉铃虫（3 龄）等低龄幼虫；由于该器每吸 1 次药液仅点滴 1 头试虫，因此不适于处理大批量试虫。

2. 测定技术

(1) 对溶剂的要求 溶剂应选用具挥发性强和对药剂溶解度高的无毒物，常用丙酮，也可加入 0.1% 苏丹红作为液滴显色指示剂。

(2) 药液的配制 用溶剂将原药剂先配成高浓度的母液，配制时先根据所需浓度在 0.01% 的电子天平上精确称出所需药量（精确到 0.1mg）于容量瓶中，加溶剂定容后一定要确保原药已完全溶解，如不立即使用可置冰箱中（4℃ 以下）保存。根据试验要求，用洗净、烘干的青霉素安瓿按等比方式用溶剂由高向低依次稀释成系列浓度，供点滴测定用。上述稀释好的供试药液，最好随配随用。由于小瓶中药液量较少（一般为 2～4mL），使用和保存时会因溶剂挥发而改变药液的浓度，因此于冰箱中（4℃ 以下）保存时间不宜过长。

(3) 点滴的药量及部位 点滴的药量视虫体大小而定，一般蚜虫的点滴量为 0.02～0.05μL/头；黏虫、菜青虫、玉米螟、棉铃虫等的 3 龄幼虫的点滴量为 0.04～0.1μL/头，5 龄幼虫为 0.5～1.0μL/头。

点滴部位根据虫种而定，鳞翅目幼虫通常点滴在胸部背面，荔枝椿象、蝗虫、蜚蠊等成虫滴在胸部及腹部的腹面，蚜虫点滴在无翅成蚜的腹部背面。一般来说，点滴的部位愈靠近昆虫的中枢神经系统（头及腹部神经索），昆虫愈容易中毒，一般多选择胸部背面，并远离头部。对于活动性强的昆虫（如家蝇、叶蝉等），可先冷冻或用 CO_2 麻醉后再点滴处理，便于将药液点滴到合适的部位。处理时应先点滴对照（溶剂），然后从低浓度向高浓度依次处理。

（4）环境条件及饲喂　处理后的试虫首先应置于符合它生活习性的条件之下，同时应尽量使测得的毒力不受环境等因子的影响，确保仅为药剂对试虫单一因子作用的结果。因此必须严格控制温度、湿度、光照等环境因子，并及时饲喂试虫。

（5）试虫的保持时间及结果检查　处理后的试虫往往会很快表现出中毒的症状，但从接触药剂到死亡所经历的时间，同一种药剂对不同试虫或不同药剂对同一试虫的表现有很大差别。如对鳞翅目幼虫，沙蚕毒素类中的巴丹等药剂致死作用就较为迟缓；有机磷及除虫菊酯类杀虫剂对大多数昆虫致死所需时间则较短。对试虫的死活辨别：若为体小的昆虫（如蚜虫等），用毛笔尖轻轻拨动虫体，无任何反应定为死亡；对虫体较大的昆虫（如棉铃虫或黏虫的大龄幼虫），往往在昆虫垂死时还有微动表现，其死活辨别应根据触动时有无反应来确定。如触动时虫体有微动，但无取食能力，虫体比同试验组内的个体明显缩小，经饲养观察证明，这种个体经延长一段时间再检查也会死去。所以处理后保持的时间，大多数药剂为48h，少数为24h或72h。

（6）预备试验　测得一种药剂对某一试虫的 LD_{50}，至少要有5～6个浓度处理试虫，其死亡率要在10%～90%，这需用大量试虫。而该浓度范围在正式测定前必须进行预备试验加以确定。一般可将待测药剂设3个浓度，其梯度间差可适当加大，如按1mg/L、10mg/L及100mg/L（以有效成分计）配制药液，每种浓度处理试虫10～20头，重复1次，其他条件同正式测定。根据预备试验中药剂浓度与死亡率的相关现象再正式设计试验（根据预备试验的结果，在死亡率为10%～90%的范围内，设计5～6个等比系列浓度，用作正式试验的处理剂量）。

3. 测定实例

（1）实例1　点滴法测定氯氟氰菊酯对甜菜夜蛾3龄幼虫的毒力。

将97%氯氟氰菊酯原药用丙酮稀释成5～6个系列浓度，用毛细管点滴器（容积为 $0.043\mu L$）将药液点滴于甜菜夜蛾3龄幼虫（体重为5～7mg/头）胸部背面，每处理10头幼虫，重复3次，每个浓度30头，以丙酮作对照。48h检查结果（表3-3）。

表3-3　氯氟氰菊酯对甜菜夜蛾 [*Laphygma exigua* (Hubner)] 3龄幼虫毒力

（引自贾变桃，2006）

浓度 ($\mu g/\mu L$)	试虫数 （头）	死虫数 （头）	死亡率 （%）	校正死亡率 （%）	机率值	对数值
0.02	30	27	90	90	6.2816	-1.6990
0.01	30	15	50	50	5.000	-2.000
0.005	30	6	20	20	4.1584	-2.3010
0.0025	30	1	3.3	3.3	3.1616	-2.6021
对照	35	0	0	—		0

$$每头试虫受药量（\mu g/头）=药液浓度（\mu g/\mu L）\times 点滴容量（\mu L/头）$$

测得结果经统计得，毒力回归式为 $y=16.526+3.385\ 0x$，$LD_{50}=0.000\ 396\ 1\mu g/$头$=0.396\ 1ng/$头，95％置信限：$0.325\sim0.484ng/$头。

（2）实例2　31种杀虫剂对浙江瑞安二化螟4龄幼虫的毒力测定。2005年在承担农业部高毒农药替代示范项目期间，采用点滴法（FAO，二化螟幼虫的毒力测定方法，1980）测定了低毒有机磷类和新型杀虫剂（21种）及拟除虫菊酯类杀虫剂（7种对鱼高毒和3种对鱼低毒）对二化螟4龄幼虫的毒力。以体重为6～9mg的4龄幼虫为标准试虫。供试幼虫置于有人工饲料（配方参照FAO，并稍作修改）的塑料培养皿（直径5 cm）中，每皿5头。药剂用丙酮配制成5～6个等比系列浓度药液（因杀虫单和杀螟丹在丙酮溶解度较低，故用体积比1∶1的丙酮和水混合液稀释），用容积为$0.04\mu L$的不锈钢毛细管微量点滴器，逐头点滴药液于幼虫胸部背面，每种浓度点滴10头，重复3次，共30头，以点滴丙酮（或丙酮与水混合液）为空白对照。处理后的幼虫置于温度27～29℃、光照周期16h∶8h（光照时间∶黑暗时间）的环境中。根据药剂对昆虫的作用快慢来确定药剂处理后的检查结果时间，有机磷类药剂于处理后48h检查结果，氟虫腈于处理后72h检查结果，沙蚕毒素类药剂和阿维菌素于处理后96h检查结果，昆虫生长调节剂于处理后144h检查结果。以针触无自主性反应为死亡标准。测试资料用PoloPlus软件计算毒力回归数据，测得LD_{50}值（95％置信限）、斜率（标准误）及抗性倍数，见表3-4。

测定结果表明，8类31种杀虫剂对浙江瑞安二化螟四龄幼虫的毒力顺序为：甲维盐＞阿维菌素＞S-氰戊菊酯＞氟虫腈、虫酰肼、氟啶脲、呋喃虫酰肼、顺式氯氰菊酯⩾辛硫磷、高效氯氰菊酯、甲氰菊酯、溴氰菊酯、氟铃脲、喹硫磷＞二嗪磷、乙氰菊酯、醚菊酯、哒嗪硫磷、毒死蜱⩾马拉硫磷、氟硅菊酯、杀螟硫磷、三唑磷⩾甲胺磷、乙酰甲胺磷＞敌百虫＞硫丹、杀螟丹、杀虫单。以LC_{50}的95％置信限不重叠作为判断不同杀虫剂间毒力差异显著的标准；毒力显著高于甲胺磷的有15种，显著高于毒死蜱的有10种（均不包括拟除虫菊酯类杀虫剂）（表3-4）。

表3-4　点滴法测定31种杀虫剂对浙江瑞安二化螟
[*Chilo suppressalis* (Walker)] 4龄幼虫的毒力

（引自何月平和沈晋良，2005）

杀　虫　剂	斜率（标准误）	LD_{50}（95％置信限 $\mu g/$头）	处理虫数（头）	χ^2（df）	抗性倍数
甲维盐（emamectin benzoate）	2.20 (0.47)	0.000 13 (0.000 09～0.000 2)	180	3.00 (3)	—
阿维菌素（abamectin）	2.00 (0.24)	0.000 34 (0.000 3～0.000 5)	186	3.91 (5)	2.0
S-氰戊菊酯（S-fenvalerate）	2.88 (0.53)	0.002 4 (0.001 8～0.003 1)	120	1.80 (2)	—
氟虫腈（fipronil）	3.58 (0.55)	0.010 0 (0.008 2～0.012 2)	150	4.28 (2)	10.0
高效氟氯氰菊酯（beta-cyfluthrin）	2.76 (0.60)	0.014 (0.010 9～0.019 7)	120	1.05 (1)	—
虫酰肼（tebufenozide）	2.28 (0.40)	0.012 (0.008 2～0.015 8)	138	2.42 (3)	0.8
氟啶脲（chlorfluazuron）	1.39 (0.24)	0.015 (0.008 9～0.021 0)	188	6.98 (4)	—
呋喃虫酰肼（JS118）	2.29 (0.34)	0.016 (0.012～0.020)	180	5.46 (3)	—
顺式氯氰菊酯（alpha-cypermethrin）	1.58 (0.31)	0.022 (0.014～0.034)	120	4.64 (2)	—
λ-高效氯氟氰菊酯（lambda-cyhalothrin）	1.95 (0.40)	0.025 (0.018～0.038)	150	1.80 (2)	—

(续)

杀虫剂	斜率（标准误）	LD_{50}（95％置信限 μg/头）	处理虫数（头）	χ^2 (df)	抗性倍数
辛硫磷（phoxim）	3.09（0.69）	0.027（0.020～0.034）	120	1.58（2）	5.9
高效氯氰菊酯（beta-cypermethrin）	2.75（0.65）	0.031（0.024～0.047）	120	0.24（1）	—
甲氰菊酯（fenpropathrin）	1.76（0.33）	0.036（0.026～0.056）	144	2.73（3）	—
溴氰菊酯（deltamethrin）	1.69（0.27）	0.040（0.029～0.064）	198	6.10（4）	—
氟铃脲（hexaflumuron）	2.87（0.72）	0.047（0.038～0.062）	149	2.37（2）	—
喹硫磷（quinalphos）	3.06（0.50）	0.061（0.049～0.078）	156	1.48（3）	—
二嗪磷（diazinon）	1.77（0.32）	0.18（0.13～0.25）	144	2.86（3）	4.4
乙氰菊酯（cycloprothrin）	2.64（0.38）	0.18（0.14～0.22）	156	2.21（3）	—
醚菊酯（etofenprox）	1.78（0.32）	0.19（0.14～0.27）	144	1.48（3）	—
哒嗪硫磷（pyridaphenthion）	2.39（0.65）	0.20（0.14～0.26）	120	0.60（2）	—
毒死蜱（chlorpyrifos）	3.24（0.76）	0.23（0.19～0.29）	120	0.53（2）	27.4
马拉硫磷（malathion）	3.84（0.77）	0.33（0.27～0.42）	120	3.75（2）	—
氟硅菊酯（silafluofen）	4.66（0.88）	0.34（0.28～0.42）	96	0.58（1）	—
杀螟硫磷（fenitrothion）	2.79（0.50）	0.42（0.34～0.53）	180	2.38（3）	45.7
三唑磷（triazophos）	1.83（0.24）	0.46（0.34～0.62）	192	2.61（5）	74.2
甲胺磷（methamidophos）	2.18（0.40）	0.80（0.62～1.05）	205	3.83（4）	—
乙酰甲胺磷（acephate）	3.78（0.87）	0.92（0.70～1.14）	120	2.32（2）	2.2
敌百虫（trichlorphon）	3.56（1.06）	1.87（1.45～2.55）	120	5.63（2）	25.5
硫丹（endosulfan）	3.04（0.37）	8.08（6.48～10.29）	162	8.69（3）*	40.7
杀螟丹（cartap）	1.91（0.62）	13.60（9.89～32.82）	102	1.52（1）	—
杀虫单（monosultap）	2.7（0.62）	15.94（11.57～21.32）	120	1.040（2）	56.0

注：①χ^2（df）为卡平方（自由度），用于检验毒力回归数据是否符合机率值模型。②"＊"表明数据不符合机率值模型（$p < 0.05$）。③抗性倍数＝田间种群的 LD_{50} 值/敏感品系（Hwc-S）的 LD_{50} 值。二化螟敏感品系（Hwc-S）是2002年采自黑龙江五常地区并于室内在不接触任何药剂的前提下连续饲养多代的品系。

（二）药膜法

药膜法（residual film）是指通过试虫在药膜上爬行接触而中毒致死来测定触杀毒力的杀虫剂生物测定方法。其测定方法是采用浸渍、点滴、喷洒等法将杀虫剂按一定的用量施于物体表面形成一层均匀的药膜，然后接入一定数量的供试靶标昆虫，让其爬行接触一定时间（一般为 4～24h，但容器药膜法仅为 40～60min）后，再移至正常环境条件下，在规定时间内观察试虫的中毒死亡反应，计算击倒率或死亡率，一般用 KD_{50} 或 LD_{50}（击倒或杀死种群 50％个体时的浓度）表示，单位为 min 或 mg/L。

药膜法的优点是比较接近实际防治情况，方法简单，操作方便，应用范围广，几乎所有能爬行的昆虫都适用，是目前常用的一种方法。药膜法也有一定局限性，当昆虫的足部表皮是杀虫药剂穿透的主要部位时，采用药膜法测得的毒力就偏高，如家蝇，药膜法的毒力高于点滴法。对于某些目标昆虫，足部表皮不是杀虫剂穿透的主要部位或不能穿透的，采用此法测得的结果就偏低。另外，药膜法测得的结果不能用准确的剂量表示，即不能表示单位昆虫体重接受的药量，只能用单位面积的药量来表示，而单位面积的药量并不等于药剂进入虫体的剂量，因此昆虫的活动、习性对试验结果的影响较大。在不同物体表面的接触毒性及残留药效有很大差异，因此应尽量控制使条件一致。

1. 形成药膜的方法　形成药膜的方法很多，如喷雾法、喷粉法、涂抹法、浸渍法、蜡纸粉膜法、用挥发性溶剂处理表面法等。由于形成药膜的厚度和均匀性、试虫活动能力及习性对测定结果影响较大，有的方法测得的结果可重复性差，所以在形成药膜的方法上，对不同试虫都有一定的要求，如联合国粮食及农业组织对测定玉米象、杂拟谷盗等的毒力推荐采用浸滤纸片法，世界卫生组织（WHO）及联合国粮食及农业组织（FAO）推荐测定蚊子成虫毒力也采用该法。目前国内外常用的形成药膜方法，有浸滤纸片法和闪烁瓶内壁成膜法。测定药剂的残效性经常用喷雾法。

2. 测定技术

（1）滤纸药膜法　滤纸药膜法又称为浸滤纸片法，液体药剂采用此法较好。具体操作方法是将直径为 9cm 的滤纸悬空平放，用移液管吸取 0.8mL 丙酮药液，从滤纸边缘逐渐向内滴加，使丙酮药液均匀分布在滤纸上，用两张经过药剂同样处理过的滤纸，放入培养皿底及皿盖各一张，使药膜相对，随即放入定量的目标昆虫，任其爬行接触一定时间（30～60min）后，再将目标昆虫移出放入干净的器皿内，置于正常环境条件下，定时观察试虫的击倒中毒反应，计算击倒率。

爬行昆虫接触药膜时，其接触及获得药剂的剂量与它们的活动性有关，活动性越强，接触及获得到的药剂剂量就越多。有些昆虫活动迟钝，可在药膜中加入一些刺激剂，如 4-氯-2-甲苯甲酚，可增强它们的活动。

根据药剂的击倒快慢或杀死昆虫的速度来确定测试昆虫在药膜上的保持时间，如联合国粮食与农业组织规定，测定马拉硫磷对米象、玉米象、谷象及杂拟谷盗的 KD_{50} 时，保留时间为 6h，对赤拟谷盗和锯谷盗等则为 5h；林丹对各虫种的保留时间均为 24h。被处理的试虫应放在 25℃恒温室内。对照组的试虫也应置于用溶剂处理的滤纸片上，在同样的条件下进行。

每一滤纸片上放入的试虫数量应适中，太多则试虫易拥挤或重叠在一起，不利于接触药剂；太少也会影响结果的准确性。一般在放直径 9cm 滤纸的培养皿中，每组可放 40 头玉米象或其他仓库甲虫，每个浓度重复 3～4 次。

如选用玉米象等甲虫类储粮害虫成虫时，因成虫的寿命较长，不同日龄的虫体对药剂的敏感性不一，最好用同一天羽化的成虫。若以蚁螟（玉米螟、水稻二化螟、三化螟等）为试虫，则应采用刚孵化的幼虫。

检查处理后试虫（甲虫类）的击倒或死亡数时，一般将试虫置于单向灯光下（60～100W 灯泡），外加一个挡光罩，使光直照在虫体上，并随之提高了纸片上的温度，距虫体 15cm 高度时，温度可升至 40～50℃，此时活虫会爬离纸片，被击倒个体或死虫可明显辨认。

例如用浸滤纸片法测定杀螟松对玉米象的毒力（KD_{50}）。具体操作是：以小麦为饲料，去杂后在 65℃烘箱内灭菌 1h。将玉米象成虫接入饲料中产卵，3d 后将成虫从小麦饲料中除去，含卵小麦饲料置恒温 28℃、相对湿度 70%～80%、光照 12h/d、光照度 60lx 下饲养，待成虫羽化后 15d 左右供测。

用溶剂（丙酮∶石油醚∶缝纫机油＝1∶3∶1）将 95％杀螟硫磷原油稀释成系列浓度，并从低浓度至高浓度依次制备浸药滤纸片，每个浓度处理 4 片，对照纸片仅用溶剂处理。

将每张药纸片放置于直径 9cm 培养皿中铺平，另取一直径 7cm 磨口培养皿，接入 40 头玉米象后迅速扣在培养皿内的药纸片上，各处理接虫完毕后置入 25℃恒温室内日光灯下，5h 后检查被击倒的试虫数，在单向光照射下，以不能爬动为击倒试虫。测定结果见表 3-5。

表 3-5 杀螟硫磷对玉米象（*Ostrinia nubilalis* Hubner）击倒毒力

(引自山东农业大学，1990)

浓度 (mg/L)	浓度对数值	试虫数 (头)	死虫数 (头)	死亡率（击倒率） (％)	机率值
200	2.301 0	158	136	86.1	6.084 8
100	2.000 0	160	98	61.3	5.287 1
50	1.699 0	161	63	39.1	4.723 3
25	1.397 9	160	22	13.8	3.910 7
对照	0	160	0	0	—

测得结果经统计得，毒力回归式为 $y=0.647\ 4+2.354\ 1x$，$KD_{50}=70.602\ 0\text{mg/L}$（以有效成分计）。

(2) 容器药膜法　采用干燥的闪烁瓶、三角瓶或其他容器，放入一定量的丙酮药液 (0.3~0.5mL)，然后均匀地转动容器，使药液在容器中形成一层药膜，等药液干燥后（或丙酮挥发后），放入定量的目标昆虫，管口用通气性的盖封口。让昆虫任意爬行接触一定时间（40~60min）后，再将试虫移至正常环境条件下，于规定时间内观察试虫击倒中毒反应。如测定绿豆象、螟虫幼虫或鳞翅目的成虫时，可采用此法。测定时每一管内放入的虫数应根据虫体大小确定，体小的每管放 10~20 头，体大的鳞翅目成虫可放 1~2 头。试虫在管内保持的时间也应根据药剂和虫种而异。结果统计同浸滤纸片法。

(3) 喷雾成膜法　本方法需将药剂配成能用水稀释的制剂，然后用水稀释才能用于喷雾。喷雾成膜法是测定药剂残效性最常用的一种试验方法。如测定药剂的触杀毒力时，可直接将药液喷洒在物体（如木板、玻璃板或纸片）表面上，喷药后的表面不但可直接接虫，也可在一定条件下间隔一定时间再接虫。例如将喷洒药雾后的苹果叶片从树体上摘下，叶柄插在培养皿内的湿棉花上，用一根针刺住，在针尖上另放一个带有红蜘蛛（计数）的叶片，由于叶片干枯，红蜘蛛会沿针转到另一处理后的保湿叶片上，因这一叶柄下部插入水中，红蜘蛛不会爬开，间隔一定时间后检查叶片上存活的红蜘蛛数，计算死亡率。由于药液的浓度是系列浓度，只要叶片保留的时间不同，就可得出药剂在不同时间的残余毒力。毒力计算方法同浸滤纸片法。

(4) 蜡纸粉膜法　此法只适用于粉剂的测定。将蜡纸裁成一定面积的纸片，先在万分之一天平上称量，把药粉撒在蜡纸的正面中央，两手执纸边使药粉在中间来回移动数次，均匀地分布在一定范围内，倒去多余的药粉，再轻轻弹动背面 1~2 次，即成蜡纸粉膜，然后称量，计算单位面积药量。放入一定数量的目标昆虫于粉膜上，用直径为 9cm 的培养皿盖扣在药膜上，待试虫爬行接触一定时间后，取出移至正常环境中，定时观察试虫击倒中毒反应。

第二节 胃毒毒力测定

胃毒毒力测定（evaluation of stomach toxicity）是指通过试虫吞食带药食料，引起消化道中毒致死反应，以测定胃毒毒力的杀虫剂生物测定方法。杀虫剂对昆虫的胃毒毒力测定方法因靶标昆虫种类和杀虫剂的剂型而有所不同。其测定方法可采用喷雾、喷粉、滴加、浸渍等法将杀虫剂施于一定面积的叶片上，制成夹毒叶片或药液加入糖液中饲喂昆虫，或用注射器将含糖药液注入试虫口腔，利用不同昆虫的取食特性，靶标昆虫可以吞食含有药剂的固体食物或含药糖液，使昆虫在取食正常食物的同时将杀虫剂摄入消化道而发挥毒杀作用。但在操作时，应尽量避免触杀、熏蒸作用的干扰。根据目标昆虫取食量的差异又可分为无限取食法和定量取食法。

一、无限取食法

无限取食法是指在一定的饲喂时期内，试虫可以无限制地取食混有杀虫剂的饲料，而不用计算其实际吞食药量的用药方法。此法比较简单，但不能避免其他毒杀作用的影响，且药量不易掌握，有拒食效应时更难获得满意的结果。无限取食法包括饲料混药喂虫法、培养基混药法、土壤混药法等。

（一）饲料混药喂虫法

饲料混药喂虫法通常以拟谷甲、米象、锯谷盗和麦蛾类等仓库害虫为目标昆虫。在面粉或谷物中加入药剂，含药浓度以药剂相当于食物的比例来表示。其方法是将称好的药粉同谷物混合均匀，然后每个处理放入试虫 20～50 头。如用药液，应先将药剂溶于有机溶剂中（如丙酮），再将一定量的药液同食物混匀，待溶剂全部挥发后，接一定数量的试虫（同前），然后置于适合该试虫生长的条件下（26～30℃）培养 5d 或 7d 后，检查死虫数，计算胃毒毒力。

生物农药 Bt 毒素蛋白（如 Cry1Ac）对棉铃虫初孵幼虫毒力测定通常采用人工饲料感染法（即饲料混药喂虫法），称一定量的 21%MVP［由孟山都公司提供，含有杂交的原毒素（Genbank 号码为 106283），其基因的 N 端活性部分来自 HD-73 菌株的 Cry1Ac 活性的 N 端，非活性 C 端来自 Cry1Ab 的非活性端，该基因在荧光假单胞菌中表达，并包裹在杀死的细胞中］可湿性粉剂（WP）用无菌水按等比配制成 5～7 个系列浓度，以清水为对照，上述不同浓度的药液分别与棉铃虫人工饲料按 1:5 的比例混合，并用加热磁力搅拌器搅匀，冷却后将饲料切成小块（约 1cm×1cm×0.5cm），放入具盖小塑料养虫盒中，每盒接 1 头初孵幼虫，每浓度处理 10 头，重复 4 次。将已接试虫的养虫盒放置在温度 27～29℃、光照光周期 14h:10h（光照时间:黑暗时间）、相对湿度 70%～80% 的培养箱中，饲喂 5d 检查死虫数，用机率值分析统计软件计算胃毒毒力回归线和 LD_{50}。

（二）培养基混药法

培养基混药法以果蝇为目标昆虫，用培养基与不同浓度的药剂混合，然后接一定数量的试虫让其在培养基上取食。如凝胶混药法，先称取琼脂 2g 和白糖 6g，加水 100mL 煮制成琼脂液，再将杀虫剂配成所需浓度的悬浮液、水溶液或乳液。然后吸取 5mL 药液放入直径为 9cm 的培养皿内，再加入 5mL 热琼脂液（注意药液浓度已稀释一半），混合使其冷凝成凝胶。待冷却后，用吸虫管吸取经低温或氯仿麻醉的果蝇50头，放入垫有吸水纸的培养皿盖内，再将盛有含药琼脂凝胶的培养皿底朝上扣放于培养皿盖内，置22~24℃的恒温条件下培养。果蝇苏醒后，便飞到凝胶上取食，24h后观察死亡情况。应设不加药的凝胶培养基作为对照组。

垫吸水纸的目的是吸干玻璃表面上的水滴，避免中毒后的果蝇被水膜粘住或被水滴淹死，还可防止果蝇从皿盖与底间的缝隙逃走。琼脂培养基倒置是为了避免中毒击倒的果蝇粘着在琼脂凝胶上，促使其死亡，影响试验效果。

（三）土壤混药法

土壤混药法以金针虫、蛴螬、蝼蛄等地下害虫为目标昆虫。将定量的毒死蜱与已过筛的潮湿砂壤土混合均匀（筛孔大小如窗纱孔），土壤含水量以50%~80%为宜，药剂用量一般按 $22.5~30.0kg/hm^2$ 计算，混匀药土分装盛于直径17~20cm的花盆内，播种小麦、大麦、玉米或其他作物的种子，置于18~22℃条件下，每盆接5头目标昆虫，重复20次，并设无药处理作为对照，经两周后检查死亡情况或幼苗被害情况。

无限取食法还包括种子拌药或浸药处理法、糖浆混药饲虫法、毒饵法等，其基本原理与上述方法相似，可以根据试验目的和目标昆虫的不同进行选择。

二、定量取食法

定量取食法的基本原理是使供试靶标昆虫按预定杀虫剂的剂量取食，或在供试目标昆虫取食后能准确地算出其吞食剂量。测定方法有叶片夹毒法（leaf sandwich method）、液点饲喂法（feeding of measured drops）、口腔注射法（mouth injection）等，其中以叶片夹毒法最为常用。

（一）叶片夹毒法

叶片夹毒法只适用于植食性、取食量大的咀嚼式口器的昆虫，如鳞翅目幼虫、蝗虫、蜚蠊、蟋蟀等。其基本原理是用两张叶片，中间均匀地放入一定量的杀虫剂饲喂目标昆虫，药剂随叶片一起被昆虫吞食，然后按吞食叶片面积计算每头昆虫吞食药量，测定杀虫剂胃毒活性。此法虽然计算吞食叶片面积较费时间，但其优点是可以减少被测昆虫与杀虫剂的接触，避免发生触杀作用，操作方便，结果比较精确，仍然是目前比较理想的胃毒毒力测定方法。

1. 夹毒叶片的制备 将采回的植物叶片用水冲去表面附着物，待表面水分挥发后，用直径20mm打孔器在木板上将叶片裁成大小一致的圆片，按试验设计要求取足够数量的圆片用喷粉法或喷雾法均匀喷施一层药膜。另取一片未经喷药处理的圆片，涂上糨糊（自制新鲜糨糊，不宜用化学糨糊或胶水代替），小心地覆盖在药膜上，与有药叶片对合制成夹毒叶片。每个圆片上的受药量可用已知面积的硫酸纸片接受药量，用电子天平称量求出。所用药剂须自行在实验室内配制。如制备粉剂，多用滑石粉作载体，药剂用丙酮稀释后，与一定量的滑石粉混匀，待丙酮挥发后，将之压碎并通过200目筛后作喷粉用。如用喷雾法制备，须将药剂配制成能用水稀释的制剂，然后用水稀释。也可采用点滴法，将定量的丙酮药液滴加在叶片上，待丙酮挥发后，制成夹毒叶片即可。有时为了减少操作过程中叶片边缘药剂的损失，可先用整张叶片制备夹毒叶片，然后用打孔器或剪刀剪成要求的大小。

2. 饲喂方法 为保证试虫有较大的取食量，在饲喂前应饥饿3~5h，饥饿时间不得超过12h，在电子天平上逐头称量编号、记录后再进行饲喂。饲喂时将每一夹毒叶片放入一个培养皿内，接入1头试虫。为了使叶片不干缩，在培养皿上面盖上一片湿滤纸，起保湿作用。待试虫取食一段时间后，将夹毒叶片取出，根据取食的叶面积计算出取食药量。取食时间要根据药量和昆虫取食速度确定，一般为10min～1h，最长不超过2h。取食量应由小到大具有一定差别，在取食时可加以控制。

叶面积的计算有下述几种方法。

①方格纸法：将试虫吞食剩余的叶片放在方格纸上，计算所食方格纸的数量，算出方格的面积。

②叶面积测定仪法：采用叶面积测定仪直接测得吞食的叶面积。

③电脑扫描法：用数码相机摄下每个处理中试虫吞食后剩余的叶片，通过电脑计算出叶面积。

3. 结果检查 昆虫取食后应放在干净的容器内，放入新鲜植物叶片，在24～72h后检查死亡率。由于各昆虫取食量不同，因此必须单独做观察记录。

4. 致死中量的计算 根据取食面积、单位面积上的着药量及试虫体重，求出每头试虫的单位体重吞食药量（$\mu g/g$，以有效成分计），计算公式为

$$吞食药量（\mu g/g）= \frac{吞食面积（mm^2）\times 单位面积吞食药量（\mu g/mm^2）}{昆虫体重（g）} \quad (3-1)$$

按每头试虫单位体重所食药量的大小顺序排列，并注明生死反应，可以将目标昆虫分为3组：①生存组，因取食药量少，目标昆虫均无死亡；②死亡组，因取食药量较多全部死亡；③中间组，除去生存组和死亡组之外，包括从第一头死虫开始到最后一头活虫为止，中间组的试虫有生存的也有死亡的，致死中量在这个范围内求得。生存组和死亡组不参与致死中量的计算，所以虫数越少越好，而中间组的虫数越多越好。然后以下式求出致死中量（LD_{50}）。

$$LD_{50} = \frac{A+B}{2} \quad (3-2)$$

式中，A 表示中间组内生存个体的平均体重受药量，即中间组生存的目标昆虫各项单位体重药量总和除以总活虫数；B 表示中间组内死亡个体平均体重受药量（计算方法同生存目标昆虫）。

5. 测定实例 现以叶片夹毒法测定敌百虫对菜青虫胃毒毒力作为实例。

用98%敌百虫晶体和滑石粉加工成20%敌百虫粉剂。取甘蓝叶片，用打孔器在无叶脉处裁出直径17mm的圆片制成夹毒叶片，放于保湿的培养皿中备用。将圆片放在玻璃板上，同时放一已知面积和重量的纸片进行喷粉。将没有喷药的叶圆片上涂上一层糨糊，与带有药粉的圆片粘在一起，制成夹毒叶片。将放在玻板上的纸片用镊子轻轻移入培养皿中，在电子天平上称重，除去原来纸片的质量，即为药粉量。根据纸片面积和粉剂的有效含量可求出单位面积（mm^2）的受药量。

将一张夹毒叶片和饥饿3h，并称量后的菜青虫5龄初期幼虫置于同一培养皿内喂食，每次需用60～100头，依次编号并分别观察，使试虫在1h间取食完毕，并人为地加以控制取食叶面积的大小。将取食夹毒叶片后的试虫分别移入干净并放有新鲜甘蓝叶片的培养皿内，标记后置于24℃恒温箱内保持48h，检查各试虫的死活情况。测定结果见表3-6。

依表3-6可得

$$A=\frac{1.12+2.82+3.12+3.41+3.57+4.34+4.42+5.62}{8}=3.55$$

$$B=\frac{1.71+1.94+2.67+2.91+3.15+3.85+4.10+5.73}{8}=3.26$$

$$LD_{50}=\frac{A+B}{2}=\frac{3.55+3.26}{2}\approx3.405\ (\mu g/g)$$

表 3-6　敌百虫对五龄菜青虫（*Pieris rapae* Linnaeus）胃毒毒力

（引自山东农业大学，1971）

第一组（生存组）		第二组（生死组）		第三组（死亡组）	
单位体重药量（μg/g）	死或活	单位体重药量（μg/g）	死或活	单位体重药量（μg/g）	死或活
0.29	活	1.12	死	5.81	死
0.32	活	1.71	活	6.35	死
0.38	活	1.94	活	7.62	死
0.39	活	2.67	活	7.68	死
0.42	活	2.82	死	8.10	死
0.49	活	2.91	活	8.97	死
0.54	活	3.12	死	10.15	死
0.56	活	3.15	活	12.15	死
0.84	活	3.41	死	12.16	死
0.93	活	3.57	死	13.18	死
1.01	活	3.85	活	15.00	死
1.11	活	4.10	活	16.72	死
		4.34	死	18.01	死
		4.42	死		
		5.62	死		
		5.73	活		

（二）改进的叶片夹毒法

经典的夹毒叶片法主要缺点是操作麻烦，尤其是测定残存夹毒叶片的面积很费时，而且往往因控制不好湿度而使叶片干缩，更难以准确测量出面积。为此，对该法进行了改进，即将原来的不定量进食改为定量给食，并用点滴药量代替喷雾或喷粉。

具体操作方法为：将供试原药用丙酮溶解，按等比方式稀释成系列浓度，用小打孔器将叶片切成直径 5mm 小叶圆片，用毛细管微量点滴器或微量进样器将药剂定量滴在小叶圆片中央，溶剂挥发后，再用一涂有糨糊的圆片将点滴药面覆盖制成夹毒叶片。将点滴不同药剂浓度和剂量的夹毒叶片分别放入直径为 5cm 的保湿小培养皿中，随后放入 1 头已饥饿 3~4h 并称量的试虫，喂食 2h 后，将吃完夹毒叶片的试虫移入带有新鲜植物叶片的大培养皿内，放到 25℃条件下保持 48h，检查试虫死活情况。这种方法仅将把叶圆片取食完毕的试虫作有效试虫，因此每次测定时应适当增加试虫数量。致死中量的计算方法同上述叶片夹毒法。

改进的夹毒叶片法省去了控制试虫取食，还省去了测定取食面积的繁琐操作，因没有取食完一张完整的夹毒叶片的试虫将被淘汰,提高了精确度。但改进的方法中点滴药液的浓度需要做预试验才能确定,仍要逐头称量试虫的体重。

测定实例:几丁质合成抑制剂如除虫脲(diflubenzuron)、苏脲1号[1-(4-氯苯基)-3-(2-氯-苯甲酰基)脲]等取代苯酰苯基脲类杀虫剂具有明显的胃毒作用,但触杀作用极低。因此在进行室内毒力测定时,可将常用的夹毒叶片简化为简易带毒叶片。其制备方法是:将供试原药用丙酮溶解,按等比方式稀释成系列浓度,用容积为 1μL 的微量注射器或毛细管微量点滴器将药液滴加在预先剪好的一小片新鲜麦叶(约 1cm×1cm)上,待滴上的药液挥发干后,每头刚蜕皮进入 5 龄的黏虫幼虫(取食量大)喂食一小片,让其全部吃完(不用计算取食叶片的面积和药量),再喂新鲜麦叶饲养观察。每个浓度处理 60 头幼虫,在 25℃下分管饲养,每管放处理幼虫 1 头。逐日观察记载幼虫中毒死亡数、半幼虫-半蛹数、半蛹-半成虫数、畸形羽化成虫数及正常羽化成虫数(将蛹放在培养皿内,再放入养虫笼中羽化),用机率值分析统计软件计算胃毒毒力回归线和 LD_{50}。

(三)液滴饲喂法

舐吸式口器昆虫(如家蝇、果蝇等昆虫)的特点是喜欢取食糖液,不宜采用夹毒叶片法来测定杀虫剂毒力。可将一定量的杀虫剂加入到糖液中,用微量注射器形成一定大小的液滴(0.001~0.01mL),直接滴加于试虫的口器中进行饲喂。如不用微量注射器,将液滴放在玻璃片上,让家蝇等目标昆虫自行舐食,舐食前后都称量,以确定其取食量。

将取食液滴后的试虫置于清洁的培养皿中,置 27℃的条件下,于一定时间内观察中毒死亡情况,按照单位体重取食药量排列后,用中间组按以上叶片夹毒法计算致死中量。

这一方法的缺点是没有完全排除触杀作用的干扰,因为药液必须接触口器,而口器又是多种杀虫剂较敏感的接触部位,因而此法在实际中应用很少。

(四)口腔注射法

口腔注射法一般适于个体较大的咀嚼式口器昆虫,如家蚕、鳞翅目幼虫等。处理时,将药剂溶解后用微量注射器或毛细管微量点滴器定量注入试虫口器内。昆虫吞食药液后,置入放有新鲜饲料的容器内饲养观察,并按以上叶片夹毒法计算致死中量。这种方法由于从口腔注入药液时易刺破口腔内软组织,技术难以掌握,因此目前极少采用。

第三节 内吸毒力测定

内吸毒力测定(evaluation of systemic toxicity)是使药剂经根、茎、叶或种子吸收、传导后,通过供试昆虫吸取植物含毒汁液而产生中毒反应,以测定内吸毒力的杀虫剂生物测定方法。凡是可以通过植物的根、茎、叶、种子等部位吸入或渗入到植物内部组织,并随着植物体液传导到整个植株,不妨碍植物的生长发育,而又对害虫具有很高毒效的化学物质,即称为内吸杀虫剂。测定杀虫剂内吸毒力的原理是,使施药部位远离试虫的取食部位,让药剂通过植物的内吸传导作用,到达试虫取食部位,试虫在取食食料的同时将药剂摄入消化系统,使其中毒。就实质而言,内吸作用仍是一种胃毒作用。内吸毒力测定的目的是了解杀虫剂是否具有内吸作用、可通过哪些途径内吸、其内吸毒力及速率大小等,同时也为昆虫毒理学研究及杀虫剂使用提供理论依据。其测定方法有种子内吸法、根系内吸法、茎部内吸法、叶部内吸法等;还可用处理后的植物,取其叶片研磨成为水悬剂,加在水中,测定对水生昆虫的毒力。

一、种子内吸法

种子内吸法可采用浸种法与拌种法两种。

1. 浸种法 以一定浓度的药液（药液量为种子量的 2 倍）进行浸种，浸泡一定时间待种子充分吸收药液后取出，晾干后及时播种。待幼苗长出真叶后，接种一定数量的试虫（如蚜虫、红蜘蛛等刺吸式口器害虫），24h 或 48h 观察试虫的死亡情况，判断药剂的内吸作用大小。

2. 拌种法 将药剂拌附于种子上，药剂随着种子吸收水分进入种子内部，之后播种，待幼苗长出真叶后采叶饲喂试虫或直接将试虫接在真叶上测定试虫死亡率。

二、根系内吸法

根系内吸法是将药剂按规定浓度（或剂量）混于土壤中或分散于培养液中，使药剂经植物根部吸收并传导至茎叶等各部位。要用此方法，应保证植物根部能正常的生长，才能使结果符合实际情况。方法是把植株的主根切除插入盛有药液的小玻璃瓶中，侧根置于营养液中培养，并给予光照及正常温湿度条件。这样，主根能最大限度地吸收药量，又能使植株的一部分根系正常生长，数小时内就可以测出杀虫剂的内吸杀虫作用（图 3-12a）。

最简便的方法是将根系（包括直根和侧根）直接插入盛有药剂的营养液中，让其吸收，再给予光照及植物正常生长的其他条件，保证植株根系能正常生长，也可测出药剂的内吸作用。

采用根系内吸法常用的有两种处理方法，一种是植株根系同药液接触连续吸收；另一种是植株根系在药液中吸收一定时间后取出，移至无药的营养液或土壤中培养一定时间后进行毒力测定。

测定实例：用水培棉苗测定久效磷对棉蚜的内吸毒力。先用丙酮将久效磷原药配成 1%溶液，再用棉花营养液将其稀释成系列浓度，每个栽培杯内加入 200mL 含药营养液，每种浓度重复 6 次，并设无药营养液为对照。将带有棉蚜的棉苗根部插入含药营养液中，每杯两株，当棉苗上有 80 头左右无翅成蚜时进行测定（将苗上的若蚜及有翅蚜用毛笔清除掉）。将无翅成蚜置于 23～26℃温室内，光照 14h（黑暗 10h），经 48h，分别检查存活无翅成蚜数，计算虫口减退率及校正虫口减退率。测定结果见表 3-7。

表 3-7 久效磷对棉蚜（*Aphis gossypii* Glover）的内吸毒力测定结果

（引自山东农业大学，1990）

药剂浓度 （mg/L）	对数值	蚜虫数 （头）	蚜虫减少数 （头）	减退率 （%）	校正减退率 （%）	机率值
10	1.000 0	404	392	97.0	96.7	6.838 4
5	0.699 0	394	324	82.2	81.5	5.896 5
2.5	0.397 9	385	241	62.6	61.1	5.281 9
1.25	0.096 9	406	126	31.0	28.2	4.423 1
对照		382	15	3.9		—

测得结果经统计得，毒力回归式 $y=4.1779+2.6111x$，$LC_{50}=2.0647mg/L$。

三、茎部内吸法

用毛笔或毛刷将一定剂量的杀虫剂定量涂抹到茎部的一定部位，并限定长度与面积，经一定时间后，在叶片上直接接虫（如蚜虫、红蜘蛛等）或取下叶片饲喂试虫，以测定药剂的内吸杀虫效果。如涂抹棉苗，从茎基部向上涂抹长达约3.3cm，每次涂药量为0.01~0.04mL。

四、叶部内吸法

叶部内吸法主要用来测定内吸杀虫剂在植物体内横向传导作用。根据测定内吸毒力目的的不同，又分为部分叶片全面施药、叶片局部施药和叶柄施药3种方法，测定内吸药剂在植物体内向其他未施药的叶片或其他部分的内吸毒性（图3-12b）。

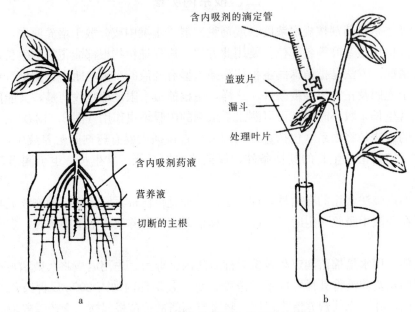

图3-12 根系和叶部吸收及传导的装置
a. 根部吸收 b. 叶部吸收

1. 部分叶片全面施药 将植株的部分叶片全部浸于一定浓度的药液中使其吸收药液或将药液喷洒在叶面，使药剂吸入施药叶片后再向其他部分传导和分布。将植株叶片置于密闭或保湿条件下，以减少施药叶面的蒸发，有利于药剂向其他部分输导，同时也可防止药剂挥发而发挥熏杀毒力。经一定时间后，采摘未施药部位的叶片饲喂昆虫，或在药剂处理后向未施药部位接虫以观察药效，也可计算出内吸毒力。

2. 叶面局部施药 将药液喷布或涂刷于叶片正面或反面，经一定时间将叶片取下，平铺于培养皿内或瓷盘内，用湿棉球将叶柄保湿，在未涂药的一面接上蚜虫或红蜘蛛，用蒙有尼龙纱的磨口玻璃管罩住，并设空白对照，经24h或48h检查死虫数，并可计算出内吸毒力。此法适于测定药剂的渗透作用。

3. 叶柄施药 在叶柄上涂抹一定剂量药剂，在叶片上接虫，或经吸收后摘取叶片，测定其对昆虫或螨的毒力。

以上介绍的方法是直接测定法。其优点是接近于实际情况，但有一定的局限性。如微量药剂内吸而不引起目标昆虫死亡时，就测不出内吸作用，即使有毒效，也不易测出准确的内吸量等。

此外还可采用间接测定法，其原理是将药剂处理后的植物，研磨成水悬液加在水中，再放入蚊子幼虫，由蚊子幼虫的死亡情况测定其内吸毒力。方法是将植物根系插入有药液的营养液中，待根系吸收药剂一定时间后，将植物上部叶片剪下一定数量（称量）加以研磨（20g叶用400mL水），计算加入水中的不同浓度药液，再加入蚊子幼虫（孑孓）或水蚤。培养一定时间后，观察试虫死亡情况，判断内吸作用大小。

第四节　熏蒸剂毒力测定

熏蒸毒力测定（evaluation of fumigation toxicity）是使药剂以气态从气门经呼吸系统进入虫体，并在其作用部位产生中毒致死反应，以测定熏蒸毒力的杀虫剂生物测定。熏蒸剂是杀虫剂的一个重要组成部分，尤其在仓储害虫、口岸检疫除害、土壤处理中有广泛的应用。而熏蒸剂的创制需要通过各种手段对其作用进行初步鉴定以及进一步的毒力测定。

一、熏蒸杀虫作用鉴定

熏蒸作用就是某些药剂在一般气温下即能挥发成有毒的气体，或是经过一定化学作用而产生有毒的气体，然后从害虫的气门经呼吸系统进入虫体内，使害虫中毒死亡。

1. 熏蒸剂的特点　熏蒸剂或气体杀虫剂与液体及固体杀虫剂不同，具体表现为下述几方面。

①气体容易扩散消失，一般能均匀分布于空间。

②熏蒸剂的毒杀作用多数与昆虫呼吸有关，如物理性的窒息和抑制呼吸酶的作用等，因此其毒杀作用与其穿透入气孔的能力有关，容易受到温度和湿度的影响。

③熏蒸剂的毒力测定与实际防治用途是有一定距离的。熏蒸毒力测定可以鉴别杀虫剂有无熏蒸杀虫作用，进而测定熏蒸剂的杀虫毒力。

2. 熏蒸剂的应用　熏蒸剂常用来防治一些用一般杀虫药剂所不能到达的害虫，如一些储粮害虫和卫生害虫。因此熏蒸毒力测定有自己独特的测定方法。其毒力测定一般可分为储粮害虫的熏蒸毒力测定和卫生害虫的熏蒸毒力测定。

3. 熏蒸剂熏杀毒力的影响因素　温度和湿度对熏蒸剂熏杀毒力均有影响，以温度影响较明显。

一般熏蒸剂的挥发性、化学活性与温度呈正相关，温度越高杀虫药剂对目标昆虫的熏蒸毒力越强。同时，温度越高，目标害虫的呼吸活动也越强，单位时间内药剂经气管进入昆虫体内的药量也越多。因此温度高会使药剂发挥较强的熏蒸毒力。但是，也有少数药剂表现负温度效应。通常以25℃为最适宜的温度。

湿度对杀虫剂熏蒸毒力的测定影响不显著，常以50%的相对湿度为宜。

二、熏蒸剂的毒力测定

熏蒸剂的标准毒力测定一般在温度25℃、相对湿度50%下进行，熏蒸时间不超过5h。在储粮害虫的熏蒸毒力测定中，最常用的试验昆虫是米象与杂拟谷盗成虫（羽化后2～3

周),也可用黄粉甲幼虫或麦蛾幼虫(3龄左右)。在卫生害虫的熏蒸毒力测定中使用最普遍的是家蝇成虫、库蚊成虫、德国蜚蠊成虫等。试虫应该在处理前24h由培养基中取出,分成组,每组30~50个。药剂设5个浓度,每个浓度及对照用4个重复。熏蒸后试虫放回干净盛器内,喂食1~3d后检查死亡率。熏蒸剂浓度取其对数值,校正死亡率转换成机率值,求出毒力回归方程式、LC_{50}及95%置信限。熏蒸毒力测定方法包括三角瓶熏蒸法、熏蒸盒法等。

(一)三角瓶熏蒸法

随机选取发育及生活力趋于一致的试虫。将供试昆虫接入300mL三角瓶中,并将面积为7~8cm^2的滤纸条固定在大头针顶端,大头针尖端插入瓶塞中央,根据预试结果设置各试虫的处理剂量梯度,由低到高依次用微量移液器向滤纸条上滴加熏蒸剂(对照组不加),迅速盖上瓶塞,每处理重复4次,每重复用试虫10头。将三角瓶置于养虫室(培养温度为24~26℃,相对湿度为70%~80%,每日光照期及暗期各12h)培养,储粮害虫24h(卫生害虫如家蝇等4h)后,揭盖散气将试虫转入干净培养皿中再观察24h后检查结果,各处理均检查死亡虫数,计算死亡率和校正死亡率,用机率值分析法求出毒力回归方程,对方程进行χ^2检验,并求出LC_{50}及其95%置信限。

(二)熏蒸盒法

在1.5L熏蒸盒内,沿对角线固定1根细铜丝,将叶片、滤纸条悬挂在细铜丝上,叶片要刚好接触到盒底。接入试虫,根据预试结果设置的剂量梯度,由低到高依次用微量移液器向滤纸条上滴加熏蒸剂(对照组不加),迅速盖上内沿涂有均匀凡士林的盒盖。每处理设3个重复,每重复用试虫10头,置于养虫室内培养(温度为24~26℃,相对湿度为70%~80%,每日光照期及暗期各12h),24h(卫生害虫如家蝇等4h)后,揭盖散气将试虫转入干净培养皿中再观察24h,检查死亡虫数,计算死亡率和校正死亡率,求出毒力回归方程、LC_{50}及其95%置信限。

熏蒸剂的药量计算用单位容积内的药剂有效成分用量来表示,如每升容积内所用药剂的毫克或毫升数(mg/L或mL/L)。

第五节 昆虫生长调节剂毒力测定

昆虫生长调节剂的生物测定(bioassay of insect growth regulators)是通过昆虫生长调节剂调节或扰乱昆虫正常生长发育,或减弱昆虫生活能力,最终使昆虫致死,以测定其毒力的生物测定。昆虫生长调节剂是通过调节或扰乱昆虫正常生长发育而使昆虫个体死亡或生活能力减弱的一类化合物,主要为昆虫保幼激素、抗保幼激素、蜕皮激素及其类似物(如几丁质合成抑制剂、昆虫激素类似物、抗昆虫激素物质、性外激素等)。

一、几丁质合成抑制剂的毒力测定

几丁质合成抑制剂或抗几丁质合成剂的生物测定(bioassay of chitin synthesis inhibitors, or bioassay of antichitin synthesis agents)是通过几丁质合成抑制剂或抗几丁质合成剂阻碍昆虫表皮几丁质形成,使昆虫致死以测定其毒力的生物测定。

几丁质是自然界含量仅次于纤维素的生物合成物质,它存在于节肢动物的外骨骼、真菌的细胞壁及线虫的卵壳中,是由 N-乙酰-β-D-葡萄糖胺经聚合作用而形成的一种多聚物。在昆虫中,它主要存在于表皮层中的上表皮以及消化道的围食膜基质中。上表皮中的几丁质作为外骨骼的支架材料,与硬化蛋白一起构成外骨骼,使外骨骼成为一种刚性结构,从而使昆虫能维持特定的形态,并防止外来物的侵染或物理损伤,是内部器官与外界环境之间的保护性屏障。此外,外骨骼及内陷形成的内骨骼可供肌肉着生,以组成虫体的运动机构。围食膜基质中的几丁质则在食物颗粒与肠道细胞之间构成一道保护屏障,避免细胞受到较硬的食物颗粒的损伤。由于几丁质组成的昆虫体壁的刚性结构,不能随昆虫的生长而生长,当昆虫长到一定大小时,其表皮层就限制它进一步生长,只有把旧的表皮脱去,然后再合成一个更大的表皮,昆虫才能继续生长,即所谓的蜕皮。这个过程受一系列具有时间限制的内分泌物和酶调控支配,其中几丁质酶(chitinase)将旧表皮中的几丁质分解掉,同时在几丁质合酶(chitin synthase)作用下合成新的几丁质并分泌到新表皮中。几丁质合成抑制剂可以通过抑制这些内分泌物的分泌和酶的活性来阻碍几丁质的生物合成,从而阻止昆虫幼虫和蛹蜕皮达到杀虫效果。这类化合物的活性测定主要有离体测定法和活体测定法。

(一)离体测定法

离体测定周期短,适合大量样品的室内筛选,其最大不足之处是脱离应用实际。通常采用同位素标记法测定 ^{14}C 标记的 N-乙酰葡萄糖胺(NAGA)掺入几丁质聚合物的量。以蛹皮和 ^{14}C 标记的 N-乙酰葡萄糖胺及样品一起保育后测定几丁质骨架上结合上去的 N-乙酰葡萄糖胺量,并和未加样品的对照比较。或者以从蛹上分离的离体翅在待测化合物和已知量的 ^{14}C 标记的 N-乙酰葡萄糖胺存在下培养,然后用几丁质酶水解离体翅,测定溶液中 ^{14}C 标记的 N-乙酰葡萄糖胺量并与不含待测化合物培养的溶液比较。

(二)活体测定法

活体测定通常采用胃毒作用测定方法中的简易叶片夹毒法。将供试样品配成不同浓度的药液,将叶片浸入药液 3~5s 后晾干用于饲喂 3 龄幼虫,24h 后换以新鲜叶片继续饲喂。几丁质合成抑制剂中的取代苯酰苯基脲类杀虫剂(如除虫脲、苏脲 1 号等)、噻二嗪类杀虫剂(如噻嗪酮)及三嗪胺类杀虫剂(如灭蝇胺)由于具有阻碍昆虫几丁质的生物合成,且这类化合物在昆虫体内分解缓慢,因此应在幼虫蜕皮后、化蛹后或者羽化后检查结果,用带毒叶片饲喂法处理 5 龄黏虫幼虫,药后应逐日观察记载幼虫中毒死亡数、半幼虫-半蛹数、半蛹-半成虫数、畸形羽化成虫数及正常羽化成虫数,即观察结果延续的时间很长。这类化合物对成虫无直接的毒杀作用,但对雌成虫所产卵的孵化有抑制作用。供试害虫通常选用取食量大(龄期较大)、生长快的鳞翅目害虫(如小菜蛾、黏虫、菜青虫、甜菜夜蛾幼虫以及卫生害虫家蝇的幼虫)等。

二、抗保幼激素的毒力测定

昆虫的内分泌腺体包括脑、与脑连接的咽侧体、心侧体以及与脑不连接的前胸腺。在外界和自身的刺激作用下,脑内神经分泌细胞分泌脑激素,脑激素活化前胸腺,使其分泌释放蜕皮激素;活化咽侧体,使其分泌释放保幼激素。在保幼激素的作用下,昆虫不断生长发育,保持幼虫性状;在蜕皮激素的作用下,若虫或幼虫发生蜕皮。这两种激素的协调作用使昆虫完成生长发育。当幼虫到最后一龄时,咽侧体停止分泌保幼激素而前胸腺照常分泌蜕皮激素,因而产生变态,发育成蛹(或成虫)。到了成虫期,雌虫又需要保幼激素以促进卵巢发育。

保幼激素类似物作为杀虫剂的基本作用原理,就是选择昆虫在正常情况下不分泌或极少分泌保幼激素的发育阶段(如幼虫末龄和蛹的时期)中使用过量的保幼激素或类似物,以便抑制昆虫的变态或蜕皮,影响昆虫的变态、生殖或滞育,甚至造成昆虫各阶段的死亡。而抗保幼激素化合物作为杀虫剂的基本作用原理是通过破坏分泌保幼激素的腺体,抑制保幼激素的产生或促使其丧失原有功能,使其发育失调或中毒死亡(如提前变态、雌性不育、降低或抑制性吸引交配率和卵孵率、引起或停止滞育等)。

抗保幼激素的生物测定(bioassay of antijuvenile hormone)是通过抗保幼激素化合物抑制保幼激素的产生,从而使其发育失调或中毒死亡以测定其毒力的生物测定。保幼激素类似物与抗保幼激素的杀虫作用原理虽不相同,但都会引起影响昆虫正常发育变态或中毒死亡。常用的测定方法有下述 3 种。

(一) 点滴法(局部施药法)

点滴法是国际上广泛采用的标准方法,具有快速、短时间内可测定大量样品、每一重复用的试虫较少(10~20头即可)、比较精确、只要求很少量的待测化合物、在相同的测定条件下不同的实验室可重复获得相同的结果等优点。

点滴法所用的溶剂很重要。理想的溶剂应具有完全溶解被测试化合物、对试虫无直接毒性、易挥发、迅速展布等优点,以丙酮最为适合。如果有些化合物难溶于丙酮,则可用极少量其他溶剂(如乙醇、乙醚等)先将化合物溶解,再以丙酮稀释。

在试虫选择方面,黄粉虫蛹是最广泛采用的标准试虫,也可以用大蜡螟、大菜粉蝶的蛹、美洲脊胸长蝽和长红猎蝽的若虫等,下面以黄粉虫蛹为例介绍其方法。

将黄粉虫的老熟幼虫筛出摊于瓷盘,随时将新化的蛹(乳白色)挑出,严格选择化蛹后期 6~8h 的蛹供试。将所测定的化合物用丙酮稀释成一定浓度,但初筛则以 $10\mu g/\mu L$(以有效成分计)为标准。用微量点滴器在蛹的腹部最末 3 节腹面准确点滴 $1\mu L$ 药液,每个重复点滴 10 头蛹,重复 3 次,并以点滴 $1\mu L$ 丙酮为对照。处理后的蛹放在小塑料盒内,在 25~27℃、60%~70% 相对湿度环境中保持 5~8d,直到成虫羽化。

具有保幼激素的活性、非正常发育的标志是:成虫保留着蛹腹部的蛹壳(gintrap)、尾突(urogomphi)的蛹壳,或半蛹-半成虫中间型。按下列保幼激素活性标准分级检查结果:

0 级:无保幼激素活性,完全正常的成虫;

1 级:成虫保留着蛹腹部的蛹壳或尾突;

2 级:成虫保留着蛹腹部的蛹壳和尾突;

3 级:成虫呈半蛹-半成虫过渡型;

4 级:蛹的特征完全保留。

若作保幼激素类似物活性初筛,则求出平均活性级别即可,其计算公式为

$$\text{平均活性级别} = \frac{1 \times 1 \text{级头数} + \cdots + 4 \times 4 \text{级头数}}{\text{测试蛹头数}} \quad (3-3)$$

如测定 10 头蛹,3 头的活性是 2 级,1 头是 3 级,6 头是 4 级,则平均活性级别为

$$\frac{2 \times 3 + 1 \times 3 + 4 \times 6}{10} = 3.3$$

如要求精确地比较几个化合物活性的大小,亦可将化合物稀释成 5~7 个浓度,检查结

果时只查是否属于非正常发育个体,求出每个浓度非正常个体的百分率,再转换为机率值求出 ED_{50} 来比较。

(二)注射法

注射法具有下述优点:①可测试一些不溶于一般有机溶剂的化合物;②试虫可获得准确的剂量;③排除了药剂对表皮穿透的影响等,所以也被许多人采用。但其中不足之处也是显而易见的:①可能伤害试虫;②操作者要有熟练的技能;③施药方式不符合作为杀虫剂使用的实际。

仍以黄粉虫蛹为例介绍这种方法。每天上午 8:00 收集一次黄粉虫蛹供试(这样收集的蛹就具有 0~24h 的蛹龄)。蛹可以用 CO_2 麻醉,亦可不麻醉,将待测药剂用橄榄油稀释到预定浓度,用 1 个 $10\mu L$ 带有 26 号针头的微量注射器插入第 4~5 节腹节的节间膜处注射 $1\mu L$ 药液,对照则只注射 $1\mu L$ 橄榄油。处理的试虫保持在 25~27℃、相对湿度 60%~70% 的条件下 6~8d,然后按点滴法中介绍的分级标准检查保幼激素的活性。

(三)蜡封法

蜡封法的基本原理是将待测化合物混入低熔点的石蜡中再封在蛹的人造伤口上,让待测化合物通过伤口进入蛹体内起作用。

先将待测化合物样品用少量丙酮溶解,然后再以橄榄油或花生油稀释至一定浓度,并按质量比 1:1 和低熔点石蜡(熔点 39℃)在 50℃条件下熔混。

再将化蛹后 24h 内的黄粉虫蛹冷冻 0.5h,然后用 27 号皮下注射针头(直径 0.416mm)在前胸背板后沿两侧各刺一针,以刺破表皮为限,并立即用小滴管滴上一滴熔化的石蜡混合物将伤口封住。此外,也可于中胸背板蜕裂线中点自后向前胸背板后沿切下约 $1mm^2$ 的表皮以造成伤口,并将伤口蜡封。将处理后的蛹先在室温下放 24h,再放入 30℃恒温箱中培养,6d 后检查结果。

上述 3 种测定保幼激素活性的方法都存在一个共同的不足之处,即没有排除幼虫或蛹体内源保幼激素干扰。因此有人发展了咽侧体手术法。该法以蜕皮后 30min 的烟草夜蛾 3 龄幼虫为试虫,在生理盐水中小心地将幼虫的咽侧体摘除。手术后的幼虫在烟草夜蛾人工饲料上饲养,而不同剂量的待测化合物就混在人工饲料中。待手术后的 3 龄虫蜕皮成 4 龄虫或 5 龄虫时按其特有的分级标准(主要是幼虫的颜色)进行分级,再比较保幼激素的活性。

三、性外激素的毒力测定

近几十年来,昆虫性外激素的研究越来越受到人们的重视,已有 1 000 多种昆虫性外激素被分离并鉴定了分子结构。昆虫性外激素可以作为昆虫的性诱剂,除用于对昆虫的种群动态进行监测外,还成功地用于大田农作物或森林害虫的防治实践。在昆虫性外激素的研究中,特别是在提取、分离和鉴定其有效成分或人工合成类似物的活性筛选等研究中都得依赖精密的性诱活性生物测定技术。性外激素的毒力测定(bioassay of sex pheromone)是通过以诱聚某一种昆虫中雌性或雄性个体的数量或测定其触角电位反应来测定性引诱效力的杀虫剂生物测定,它属于引诱剂生物测定中的一类。这里仅介绍最常用的风洞法(捕食器法)及触角电位法。

(一)风洞法

风洞法又称为捕食器法,一般需要诱捕器,诱捕器可以自制或购买。自制一般采用洗净的塑料饮料瓶或食用油壶，从瓶颈或壶颈下面方圆交界处剪开，取其上半部分倒插入油壶或瓶口的剪口上，形成一个漏斗器。将漏斗器固定在支杆上，再用一块薄木板做成挡板（板面比油壶或瓶漏斗口稍大），以细铁丝固定供试性引诱剂诱芯于漏斗内。诱芯距漏斗下口距离以及挡板距漏斗上口距离均为3cm（图3-13）。诱捕器一般一字排列，统计每日诱到的成虫数。测定过程中要设无性诱剂诱芯的对照。

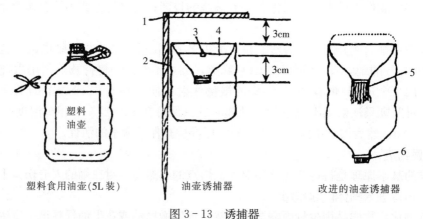

图 3-13 诱捕器
1. 薄木板挡板　2. 诱捕器支杆（可调节高度）　3. 棉铃虫性诱剂诱芯
4. 支撑诱芯的细铁丝　5. 防止蛾子逃出的塑料膜条　6. 出口

（二）触角电位仪法

触角电位（electroantennogram，EAG）是近20年来发展起来的一种新的实验技术。由于这种方法需要昂贵的仪器设备，影响测定结果的因素又较多且不易控制，因此其应用受到限制。

1. 触角电位的产生　触角的主要功能是嗅觉，依靠其毛状感受器接受性外激素的分子。毛状感受器的外壁由表皮构成，壁上有毛孔，并通过小孔与毛腔相通。毛腔中充满感受器液，感受器细胞（即嗅觉神经原）的树状突伸入毛腔悬浮于感受器液中。

如果将血淋巴间隙接地（0），感受器液与血淋巴相比是带正电（+）的，而感受器细胞内是带负电荷（-）的。当性外激素分子通过小孔扩散到感受器中，并在树状突的细胞膜上与受体相结合时，膜上的钠离子通道呈开放状态，钠离子通透性增强，膜去极化，感受器液的正电性将增强，从而改变了原来感受器液与血淋巴之间原有的电位，出现一个趋向负电性方向的电位差。当许多性外激素分子和许多感受器接触时，就会在数十毫秒内同时发生一个明显的电位差，这种电位差的变化的总和就是触角电位。

2. 主要仪器部件

（1）刺激装置　从气泵送进，经过硅胶、活性炭和分子筛净化的空气，再经过蒸馏水湿润后进入储样管。储样管是一个小玻璃管，管内装一小张折叠的滤纸，待测样品定量滴加在滤纸上。送气装置中有个开关，能脉冲式地送进一股气流，吹向触角。

（2）电极　记录触角电位时，用两个电极分别连接触角的远端和近端，远端（即触角尖端）称为记录电极，近端（触角基部）称为无关电极。记录电极和无关电极均为玻璃微电极（国内文献报道中，记录电极多为玻璃毛细管钨丝，内盛昆虫生理盐水；无关电极是钨丝电极，接地），其内径为0.3mm。拉制玻璃微电极需用特殊的拉管装置（即Putter），用这种装置拉出的尖嘴毛细管才符合要求。将这种尖嘴毛细管插入一个固定器中就成为玻璃微电极。

用一个抽气装置将电导液（100mL 蒸馏水中含 NaCl 0.900g、$CaCl_2$ 0.042g 和 $KHCO_3$ 0.020g）抽进玻璃毛细管，必须保证毛细管中无气泡，否则影响导电。

这样的两个电极再分别固定在左右两个能上下前后微调转动的固定台上。

（3）放大和记录装置　带照相装置的示波器（如 5113Dual Beam Storage Oscilloscope）作为放大和记录装置。

此外，还应有一台立体双筒解剖镜及固定昆虫的平台。将上述所有设备放在一个很稳定的平台上，用铜纱或金属板做成一个橱柜，将全套设备罩住。铜纱或金属板接地，防止外界电场干扰。测定室必须有良好的排风系统，以保证室内空气新鲜、清洁。

3. 测定触角电位　将记录电极和示波器的输入相连，无关电极接地。如用美洲蜚蠊等大型昆虫测定，可剪下触角测定，一般能保持反应数小时。将剪下的触角再剪去顶端 1~2 节，在立体双筒解剖镜下小心地调节左右两个固定台，将记录电极插入剪去尖端 1~2 节的触角远端，而将无关电极插入触角近端。如果试虫触角十分细小，亦可将玻璃微电极的尖嘴磨去少许，而将细小的触角插入电极，此时，如果先将触角顶端涂一点表面活性剂（如吐温 20 的 0.1％水溶液）则可以降低表面张力，易于将细而软的触角插入。如果试虫较小，则应做活体昆虫触角测定。测定时将昆虫固定在胶泥上，再用胶带贴住，将昆虫的触角顶端剪去 1 节，插入记录电极中（亦可将记录电极插入触角中），而无关电极则插入触角基部。

测定时，应先用溶解样品的溶剂定量滴加在滤纸上，让储样管对准触角，测出触角电位作为对照，然后再滴加样品。每测定一个样品后，应开动排风装置，更换测定室的空气 10min 左右。最后用照相机记录示波器上的波形。

结果以试虫对供试化合物的触角电位反应幅度值相对于其标准化合物触角电位反应幅度值的百分率来对数据进行处理，各提取物的触角电位反应相对值的计算公式为

$$触角电位反应相对值 = \frac{2a}{b_1 + b_2} \times 100\% \qquad (3-4)$$

式中，a 为成虫对供试化合物的触角电位反应幅度（mV）；b_1 为测试前成虫对标准化合物的触角反应幅度（mV）；b_2 为测试后成虫对标准化合物的触角反应幅度（mV）。

4. 测定触角电位时应注意的几个问题

（1）影响测定结果的因素　触角电位测定结果的重现性较差，常受下列诸因素的干扰：①储样管的内径和长度差异；②储样管口到触角的距离；③滴有样品的小滤纸片在储样管中的位置差异；④小滤纸片的大小及型号差异；⑤所有用来溶解样品的溶剂的差异；⑥滤纸上滴加样品的量的差异；⑦空气流的流量差异；⑧电极类型及电导液成分的差异；⑨测定时间（指白天还是晚上，具体什么时间）的差异；⑩室内的温度等的差异。为减少误差，获得准确的结果，必须尽量保持测试中基本条件一致。

（2）昆虫个体之间差异对测定结果的影响　昆虫个体之间对同一刺激物质引起的触角电位相差很大。因此对每一样品必须测定 10 个以上试虫（个体大小、羽化后日龄应一致）的触角电位，以其平均值来表示该样品的性诱活性。

（3）大田试验对性诱物质的证实　激起触角电位的物质，在田间不一定具有性诱效果，也不一定是性诱物质。因此在用触角电位法室内初筛后，还应经大田诱捕试验才能证实是否为真的性诱物质。

此外，性激素的毒力测定最简单而有效方法是用一个带橡皮头的滴管插入待测样品溶液中，将吸入的样品溶液排挤出，然后将滴管对准未交配过的雄虫，手捏橡皮头，使产生的空气流吹向雄虫。观察雄虫的反应，触角举起、双翅振动、伸出抱握器等可判断待测物有活性。

第六节　其他杀虫剂毒力测定

一、杀卵剂的毒力测定

1. 概念　杀卵毒力测定（evaluation of ovicidal effect）是通过药剂与虫卵接触来测定其对卵毒力（即影响胚胎正常发育）的杀虫剂生物测定。杀卵剂或杀虫剂的杀卵作用主要表现在，用药剂处理虫卵后，药剂可以阻止卵胚胎的正常发育，使之不能孵化。测定杀卵毒力的方法有浸渍法、叶碟法、琼脂胶法、喷雾法等。其中最常用的是浸渍法。

2. 浸渍法一般步骤　选取均匀饱满的试虫受精卵或卵块（产后24h），记录卵粒数后置于培养皿中。将供试药剂加水稀释成5～7个不同浓度，将带有卵粒（20～30粒）的叶片或者纸片浸入药液中，10s后取出，晾干后重新放回原来的器皿中，于25℃、相对湿度为85%的培养箱培养。另设清水或溶剂为对照组。待处理后的卵发育至将要孵化时，另加入叶片，供孵化的幼虫取食。检查并记录各处理卵块的未孵化数。在解剖镜或放大镜下观察，以卵壳未见孵化孔、且卵变色变形即胚胎已致死，表示卵未孵化，计算未孵化率。可以用未孵化率表示杀卵效果，求出毒力回归方程式及 LC_{50}。

3. 注意事项　幼虫孵化时需要咬破或取食卵壳才能从卵中爬出，因而药剂对初孵幼虫也会产生胃毒或触杀作用，这属于杀初孵幼虫，与阻止卵的发育无关，因此不属于杀卵作用。在评价杀虫剂杀卵作用毒力时，只能以处理卵的未孵化率进行杀卵毒力的统计计算，而不能将杀初孵幼虫的死亡率也算作杀卵作用。

二、引诱剂的毒力测定

引诱剂生物测定（bioassay of attractant）是通过以诱聚昆虫数量的变化来测定引诱剂引诱效力的杀虫剂生物测定。它与一般杀虫药剂不同，因为引诱剂引起的反应是一个不呈数量关系的反应，如有些化合物可能在低浓度时有引诱作用，而在高浓度时反而有驱避作用；有些引诱剂的作用机制还不太明确。因此对于这些引诱剂的引诱程度难以用数量关系来表示。到目前为止，对于引诱剂有效程度的表示与分析方法还没有统一的标准。在用不同的筛选方法与测定方法时，各有一套暂定的标准。

引诱剂基本可以分为3类：性引诱剂、食物引诱剂和产卵引诱剂。由于引诱的目标不同，因此测定的方法也随之不同，但基本原理是一致的。在实验室，对引诱剂引诱程度的测定一般采用嗅觉计。

（一）嗅觉计的基本原理

嗅觉计可以用来测定引诱剂，也可以用来测定驱避剂。它的基本原理就是让昆虫在两个可以选择的道路的分叉处，即有引诱剂气味的支路和没有气味的支路，观察昆虫进入哪一个支路。一般昆虫到了分叉处就被诱到有引诱剂气味的支路上。如果加入的引诱剂无效，那么昆虫进入两个分支的概率是相同的（要求在两个分支上的光和温度等外界环境条件都是同样控制的)。

最基本的嗅觉计就是一个 Y 形管。另外,还要求具备两个重要条件:①有引起昆虫起飞或活动的刺激因素,一般用光;②为了防止两个分支中的气味混合,带着气味的空气一定要流动,Y 形管中的空气必须由一端(放有引诱剂的一端)进入,由另一端排出,气流的方向与昆虫的运动方向相反。对于某些昆虫,也有一些特殊设计的嗅觉计,比如有些爬行昆虫不需要光刺激也能不断爬行;有些不需要气流的简单的嗅觉计。

(二) 嗅觉计所测结果的分析

用嗅觉计所测的结果只能做相对比较,即用一个已知的引诱剂作为标准,把测定的新化合物与它比较。这个比较一般是间接的,即标准引诱剂在嗅觉计中诱到的昆虫数,与测定的化合物在同样情况下诱到的昆虫数,这二者的比值乘上 100,就是引诱系数。例如对于日本金龟甲,标准性引诱剂为丁子香粉,引诱系数为

$$引诱系数 = \frac{测定化合物诱到的虫数}{丁子香粉诱到的虫数} \times 100 \qquad (3-5)$$

在没有标准引诱剂作比较时,可以直接求引诱百分率

$$引诱百分率 = \frac{在有化合物一边的虫数 - 在空气一边的虫数}{总试验虫数} \times 100\% \quad (3-6)$$

(三) 引诱剂的其他测定法

Dow(1959)设计了一个轮转引诱测定法。它的原理是用 4~6 个诱阱,其中有的放入引诱剂,有的不放,安装在一个圆盘上,让圆盘缓慢地旋转。观察试验昆虫进入到各个诱阱中的数目。这个设计可以在田间应用,但一般还是在实验室内在一定的温度和湿度条件下进行的。这个方法可以消除诱阱的地位、方向的影响。对于扰眼杆蝇,所用的圆盘直径为 10cm,每 5.5min 旋转 1 次。对于环喙库蚊(*Culex tarsalis*),圆盘的直径要更大一些。诱阱内仍用黏胶,每次试验用几百或几千个昆虫,其中总有一部分不起反应,数目多些,效果更明显些。

通过害虫的生理反应来测定性引诱剂的活性是目前常用方法之一,其缺点是缺少定量的标准。其中最简单的一类方法是把性引诱剂放近雄虫,观察雄虫的反应。例如对于舞毒蛾的测定是在滤纸上滴加性引诱剂,或用玻璃棒沾上性引诱剂,放到雄蛾触角附近(1~2cm),在 1min 后观察雄虫的反应,记录反应时间及反应强度。雄虫首先将触角抖动,然后振翅,足向两边分开,腹部末端弯曲。对于甜菜夜蛾也可用这样的方法。

早期对于家蚕性引诱剂的工作还曾应用反应中的神经电位差的变化为指标。测量切断的触角基部与其顶端之间的电位差,并将其放大,得到一个触角电位图,以此来说明引诱性的存在与否。一般,一个锋电位的突然发生以及其频率与振幅的大小可以说明诱引的存在与强度。这个方法的操作虽然比较困难,但是对于多数昆虫(即使对它们触角上的化学感觉细胞的情况尚无充分研究时),已经广泛应用。

三、驱避剂的毒力测定

驱避剂的毒力测定(evaluation of repelling effect)是通过驱避剂对昆虫、鼠栖息行为的干扰作用来测定其驱避能力的杀虫剂生物测定。在测定的原理上它与引诱剂相同,但在影响因素上引诱剂的测定一般只涉及化合物与昆虫二者的关系;而在多数驱避剂的测定中,由

于驱避剂的作用是保护人畜和植物,因此测定既涉及化合物对昆虫的驱避性,也涉及人畜或植物对昆虫的引诱性。在测定的时候就多了一个测定因素,即人畜或植物的引诱性。用不同的人畜或植物作为测试对象,结果的不同可能不是驱避作用的不同,而是引诱性的不同所引起的。因此对于驱避剂的毒力测定方法分为两种情况来介绍:不涉及人畜或植物的驱避剂的测定方法、使用人畜或植物的驱避剂的测定方法。

(一) 不涉及人畜或植物的驱避剂的测定方法

不涉及人畜或植物的驱避剂的测定主要针对蜚蠊、白蚁、家蝇以及危害植物的害虫等。不同的害虫采用不同的方法,最常用的是嗅觉计。而不用嗅觉计的方法都是比较粗放的,获得的结果也很难做定量分析。例如对于墨西哥豆瓢甲 (*Epilachna varivestis*),Woodbury (1943) 用的方法就是把一片豆叶喷上驱避剂 (到完全湿尽),然后将豆叶的柄通过软木塞的小孔插在一个小瓶内 (瓶内放水),放上1头2龄幼虫,根据叶片被取食的程度来说明驱避性。

对于蜚蠊,可以用斜卡法。所谓斜卡法,这就是用 20cm×30cm×20cm 的塑料箱饲养大批蜚蠊,一个箱内可养 2 000 多头昆虫,一直把它们放在光照下,使它们习惯于光照。将 7.5cm×12.5cm 的卡片浸入驱避剂的丙酮溶液中,在干燥后,药剂的积存量大约为 0.217 5mg/cm^2。在上午 9:00,把卡片斜立放在箱内,与箱壁成 25°角。一次用 5 张卡片,其中 4 张处理与 1 张对照。在 1h 后,计算在每张卡片上的蜚蠊数。

另外,有人设计了一个简单的蜚蠊驱避剂测定方法:用 0.6cm×10.2cm×15.2cm 的木板,浸以驱避剂。用一个直径 45.7cm 的大转盘,以 1r/min 的速度旋转。转盘放入一直径为 45.7cm、高为 25.4cm 的大塑料筒中。塑料筒内壁涂有石蜡,防止昆虫 (蜚蠊) 外逃。将木板安装在转盘上 (用钉子钉住),木板的一端离转盘外缘 2.5cm,这样蜚蠊可以自由地在转盘上活动。在一定时间内,观察停留在木板上的蜚蠊数,作为驱避性能的测量。

对于蜚蠊驱避剂的测定,还可以将药剂溶液 5mL (一般溶于丙酮中) 喷洒在一个 0.284L 的硬纸筒中,硬纸筒上有一个 2cm 直径的小孔,使蜚蠊能进出取食。将纸筒放在一个直径为 30.5cm、高为 14cm 大瓷盘上,盘内放 20~25 个德国蜚蠊。瓷盘外缘用白石蜡涂一条 5cm 宽的道,防止蜚蠊外逃。观察 1d、2d、3d 及 7d 内进入纸筒内的蜚蠊数。一般用另一种驱避剂作比较,常用的一种为 2-异丙基-1-甲基环丙烷羧酸。

对于网衣蛾、皮蠹,可采用 CSMA 法,在呢绒上一部分用驱避剂处理,观察这一部分被蛀情况。对于白蚁可以用小块木头在驱避剂溶液中浸 10min,然后把木头与白蚁同放在黑暗处,在一周内观察有无取食情况。如 Lewis 等 (1978) 测定几种驱避剂对白蚁的作用时,用了接触法及驱避法 5 种。

1. 沙面接触法 用药剂的丙酮溶液处理 10g 沙,配成一定浓度的毒沙。放置 24h,待丙酮完全挥发后,放上白蚁工蚁 10 头,测定毒力。

2. 土壤琼脂接触法 用药剂的丙酮溶液处理 100g 土壤,配成一定浓度毒土。取 2g 毒土放入 60mm 的培养皿内,培养皿底加 4.5% 琼脂一层,提供一定的湿度,放入白蚁工蚁 10 头,测定毒力。

3. 驱避测定方法 I 同上述土壤琼脂接触法制备琼脂覆盖的培养皿,并用该法处理土壤,但将处理土壤放在培养皿一半,另一半放不处理的土壤,放入白蚁工蚁 10 头,观察其分布在处理土壤那一半的虫量。

4. 驱避测定法Ⅱ 此法同驱避测定方法Ⅰ，但不用土壤，改用沙。

5. 选择测定法 将用药液浸渍处理及不处理的木块（2.5cm×2.5cm×6.0cm），埋于沙土中。

上述 5 个方法配合起来可以测定驱避剂只具有驱避作用或同时具有微弱接触毒力。

对于寄生蜂及肉食性瓢虫，把驱避剂的丙酮溶液涂在方糖上，待其挥发后，放入昆虫笼中，在 48h 后观察方糖块上的粪斑数目。或者在一个培养皿中，分为 4 个区，两对角的 2 个区中各放两片滤纸，一片浸水，一片浸驱避剂；将试验昆虫放入另外 2 个区内，观察昆虫向两方面的移动情况。对于蜜蜂，早期的田间测定法是将一株开花的果树一半喷上驱避剂，观察蜜蜂向果树的哪一边采蜜。在室内，也可以用嗅觉计进行测定。

(二) 使用人畜或植物的驱避剂的测定方法

使用人畜或植物的驱避剂的测定主要针对蚊子、吸血蝇、蜱等寄生昆虫。

1. 蚊子驱避剂的标准测定法及其改进

(1) 标准测定法 在人的手臂上涂上驱避剂，放入养蚊的笼中，观察蚊子飞到手臂上吸血与否及测定第一次吸血的时间（即确定保护有效期）。

常用的蚊子是埃及伊蚊（*Aedes aegypti*），它在实验室内比较容易饲养。也有人用四斑按蚊（*Anopheles quadrimaculatus*），但是饲养较困难，生活史的时间也较长。国内试验用尖音库蚊（*Culex pipiens*）或中华按蚊（*Anopheles sinensis*），后者可以采集田间卵块，饲养至成虫期应用。应该指出，不同种蚊子对驱避剂的反应不完全相同，田间的蚊子往往对驱避剂量反应不甚敏感。

驱避杀虫剂对刺叮骚扰性卫生害虫蚊的驱避效果测定采用《农药登记用卫生杀虫剂室内药效试验及评价 第 9 部分：驱避剂》（GB/T 13917.9—2009）。

① 供试材料与设备：

A. 供试蚊虫：采用实验室饲养的敏感品系标准试虫。白纹伊蚊（*Aedes albopictus*），羽化后 3～5d 未吸血的雌性成虫。

B. 供试设备：养蚊纱笼大小为长 400mm、宽 300mm、高 300mm。

② 试验方法：

A. 试验条件：温度为 25～27℃，相对湿度为 55%～75%。

B. 攻击力试验：养蚊纱笼内放入 300 只试虫，测试人员手背暴露 40mm×40mm 皮肤，其余部分严密遮蔽。将手伸入蚊笼中停留 2 min，密切观察，发现蚊虫停落，在其口器将刺入皮肤前抖动手臂将其驱离，记为 1 只试虫停落。前来停落的试虫多于 30 只的测试人员和试虫为攻击力合格。此人及此笼蚊虫可进行驱避试验。

C. 驱避试验：选择 4 名及以上攻击力合格的测试人员（男女各半，且试验前试验期间不应饮酒、茶或咖啡，不应使用含香精类的产品），在其双手手背各画出 50mm×50mm 的皮肤面积，其中一只手按 1.5mg/cm^2（膏状驱避杀虫剂）或 1.5μL/cm^2（液状驱避杀虫剂）的剂量均匀涂抹待测的驱避剂，暴露其中的 40mm×40mm 的皮肤，严密遮蔽其余部分，另一只手为空白对照。涂抹驱避剂 2h 后，将手伸入攻击力合格的养蚊纱笼中 2min，观察有无蚊虫前来停落吸血。之后每间隔 1h 测试一次，只要有一只蚊虫前来吸血即判作驱避剂失效。记录驱避剂的有效保护时间（h）。每次对照手先做对照测试，攻击力合格的试虫可继续试验，攻击力不合格则需更换合格的试虫进行试验。

③结果计算：将药剂对 4 名及以上受试者的有效保护时间相加，取其平均数（保留 1 位小数）作为该药剂的有效保护时间。

④药效试验评价：根据驱避剂对测试人员的有效保护时间（h）进行药效评价。

药效结果分为 A、B 两级，达不到 B 级标准者为不合格产品。

药效评价标准：A 级，有效保护时为≥5.0h；B 级，有效保护时为≥4.0h。

(2) 标准测定方法的改进　蚊子及吸血蝇的驱避剂的另一测定法，是用一个 7.3m×7.3m×2.7m（高）的大纱笼，分为 4 间，每间中可容 1 人。将一定数量的蚊子放入。每人身穿一个用药液处理过的衣服，在纱笼中活动 30s 后，停下来计算 1min 停在衣服及皮肤上的蚊虫数。然后又活动 30s，再停 1min 计算停在衣服及皮肤上的蚊虫数。这样一直重复 5 次。以后 4 个试验者换穿衣服，再重复试验，这是因为 4 个试验者的引诱性可能不同，但换放一批蚊虫。试验时每个纱笼小间中放 600 个蚊虫，1.5d 后才开始试验（即让其饥饿 36h），试验重复 8 次。对于厩蝇也可以用这方法，但用 500 头羽化 7d 的厩蝇，预先饥饿 24h，其他方法相同。

(3) 其他改进方法　除了以上方法之外，另外有 3 种改进的方法。

①用人手臂包浸药纱布测定：先用纱布浸渍驱避剂，再把纱布包在人手臂上，然后伸入养蚊纱笼中。一般处理剂量是 $36g/m^2$，用丙酮溶液（10%）。这个方法测出的保护有效期较直接涂在手臂上的方法为长。

②用豚鼠等其他动物测定：一般是将豚鼠腹面的毛剃去，涂上驱避剂，放入养蚊笼中。豚鼠必须牢固地绑缚在木板上，以免其惊动。有些试验可以将小铁纱笼（内放蚊子）直接放在豚鼠腹部，让蚊子隔铁纱吸血。可以观察蚊子离开铁纱的距离，以及第一次吸血时间。

③用动物膜测定：这与动物内疗剂的测定方法相同。用一个 45cm 高、63cm 直径的玻璃管放蚊子。另用一个 5cm 高、6.5cm 直径的玻璃筒，一端扎以一个动物膜（用牛盲肠的膜），其内可盛血。一般用牛血，加 1% 柠檬酸钠防止其凝结，在冰箱内可以存放 3d，用时取 20mL，加热至 40℃，倒入上述一端有动物膜的玻璃筒内。在测定驱避剂时，动物膜的外面（不接触血的一面）涂上一定量的驱避剂。把放蚊子的玻璃管与放血的玻璃筒连接起来，使蚊子能接触到动物膜。这个装置需放在一个恒温室中（28℃），这时血温大约下降到 36℃ 左右，观察蚊子是否飞到动物膜上吸血，试验最好也将相对湿度维持在 70%～80%，并且与对照同时进行。测定所用的蚊子应该在试验前一直饲以糖水，这样就减少了蚊子因饥饿的趋性行为的影响。

2. 吸血蝇类驱避剂的测定法　对于吸血蝇类（包括蚋、墨蚊等）驱避剂的测定法基本上与对蚊子驱避剂的测定法相同。但是在实验室内用的昆虫主要是厩蝇；家蝇有时被应用，因为它的驱避反应与吸血蝇类有些相似。

(1) 用厩蝇的测定方法

①以小鼠作为试验动物：以用小鼠为试验动物时，用喷雾器对小鼠全身喷洒 1% 驱避剂丙酮溶液。24h 后，放入纱笼中，让已经饥饿了 2～6h 的厩蝇去吸血（每次用 20 个厩蝇，用羽化后 2～6d 的雌蝇）。1h 后，计算吸血的蝇数。

②以家兔为试验动物：如果用家兔为试验动物，则不直接用驱避剂处理动物皮肤，改用 5% 驱避剂丙酮溶液处理 $30cm^2$ 的纱布，令其全部浸湿。在纱布干后，扎在一个 5cm 直径、12.5cm 高的玻璃管的一端。管内放入 15～25 个厩蝇，玻璃管的另一端用一块未处理的纱布

扎住。在测定时，把玻璃管蒙有药剂处理过的纱布的一端，放在剃了毛的家兔腹部，观察吸血的蝇数。如驱避剂十分有效，没有厩蝇吸血，可以隔一定时间再行测定。

③以牛作为试验动物：如果用牛作试验动物，则在牛身上选 15cm 直径的圆的一定部位 5～8 处，把毛剪短到 0.6cm。用喷雾器喷上驱避剂，把 8.9cm 直径，1.27cm 高的小纱笼固定在这些部位上，笼内放羽化后 3～6d 的厩蝇，厩蝇投放前预先饥饿 18h，每笼投放 20 个。20min 后观察吸血虫数。室内温度保持 25℃，相对湿度为 70%。另外也可以把驱避剂直接处理在玻璃片上，在养虫室温湿度及其他环境条件严密控制的情况下，观察蝇类接触或停息在这一玻璃片上的数目，并与未经处理的玻璃片上的虫数比较。

④采用动物膜的方法：用 10cm×10cm 的动物膜扎在 5cm 直径的有机玻璃管的一端。这个膜的内面用驱避剂处理（0.2mL 丙酮溶液）。用羽化后 6d 的厩蝇，预先饥饿 18h 后进行麻醉，然后放入另一玻璃管中，两端扎以纱布。试验时，用加柠檬酸的牛血倒在玻璃皿中，把扎有动物膜的玻璃管放在血中。维持血温在 37～38℃，则膜的温度约为 37℃。把厩蝇引入该玻璃管中，观察在 10min 内吸血的虫数。

(2) 用家蝇的测定方法　用黑糖浆作为家蝇食饵，在一张白纸上涂一层黑糖浆，将一张薄而多孔的纸，用驱避剂浸渍。纸晾干后，覆盖在黑糖浆上。用香茅醇（citronellol）为标准驱避剂。在一个大昆虫笼内，放入 2 000 头羽化 5d 的家蝇，观察家蝇在不同驱避剂处理的纸上的取食数。

还可以改用吸水纸，以驱避剂处理，然后在纸上打 3 个小孔，纸背涂蜡。测定时在纸的孔内加糖浆，观察吸附到纸上的虫数及取食数。该测定在小纱笼中进行，每次用 20～25 头家蝇；另设空白对照。

用家蝇测定驱避剂的结果一般是可靠的，它与用其他吸血蝇所得的结果基本上是一致的。

此外，对于多数吸血蝇类，由于在室内不易大量饲养，只能进行田间或半田间试验。主要的方法是在一头牛身上全部喷上驱避剂，然后与其他未处理的牛混在一起，观察吸血蝇在牛身上吸血虫数。另一个方法是在一头牛的一半体表喷上驱避剂，另一半作为对照。前者称为全牛法，后者称为半牛法。这些方法如设计得当，重复次数较多，可以得到可靠而有实用意义的驱避性指标。

3. 跳蚤驱避剂的测定法　跳蚤驱避剂的测定可采用蚊子驱避剂的测定方法，即笼内放 500～1 000 头犬蚤或猫蚤，在人手臂上涂上驱避剂后伸入养虫笼中，放 15～30min，观察吸血虫数及第一次吸血时间。一个更简单的方法是穿用驱避剂浸渍的袜子（大约 72g/m^2）站在大木桶中，桶内放几千头跳蚤。观察在 4min 内爬到腿上来吸血的虫数。用这两个方法得出的结果是基本一致的。

在不涉及用人畜测定的方法中，可用棉布条浸驱避剂药液，剂量约 45g/m^2，在一个大木桶中把该布条摆动几秒钟，然后提上来经 30s 后查看上面的跳蚤数。在这 30s 内离开布条的虫数越多，说明驱避剂的驱避性越强。

4. 蜱类驱避剂的测定法　蜱类驱避剂的实验室测定法是在一个木板（10cm 宽，15cm 长）上粘两条布条，下面的布条宽，不用驱避剂处理，上面的布条窄，用驱避剂浸渍。把木板在一个饲养孤星蜱（*Amblyomma americana*）的大土坑中缓缓摇动，接触到土坑内的野草，使蜱爬上木板，然后观察爬到处理布条上的虫数。还可用 11cm 直径的滤纸，把中心剪去，留下的面积约为 74.32cm²，将含 8%驱避剂的丙酮液 2mL 均匀涂在这个滤纸圈上，其剂量为 21.5mL/m²（以有效成分计）。1h 后把这个纸圈粘在一个玻璃板上，随后把原先剪去的滤纸放回到中心。上述玻璃板放在 25℃和强烈光照下，将 3~5 头孤星蜱放在纸中央，观察它们越过外围纸圈的次数（或尝试次数）。驱避性极强的化合物，可使测试的孤星蜱完全不接近外圈，而留在纸中央。

但多数关于蜱类驱避剂的测定法还是要用人畜的半田间测定法。如穿有驱避剂浸渍的套裤在一个饲养蜱的大箱中站立 4h 或半小时，检查爬到套裤上的蜱数。

5. 恙螨驱避剂的测定法 恙螨驱避剂测定的常用方法是在人身上用粉剂涂擦后，或将衣裤用粉剂处理后穿在人身上，观察在 2h 内恙螨爬到或停在人身上的虫数。也可套两个衣袖，其中一个用驱避剂处理，另一个作对照，观察及比较进入衣袖及停在臂上的虫数。

不用人体作为对恙螨进行驱避作用的测定法是停动时间测定法（stopping time method）。即用驱避剂浸渍（用量为 21.5mL/m²）一小块布片，把布片紧紧扎在一个玻璃片上，上面加一套圈，中间放 15 头恙螨，另用一块玻璃片把套圈盖上。假如恙螨在 15min 内不能爬行，即认为有驱避作用。该布片可放置一定时间或经水洗后再测定。这个方法的优点是操作比较方便，并可以测出最低的保护有效期。但是，有时恙螨的不动不一定是由于驱避作用。

（三）关于驱避剂测定法的一般讨论

1. 强度与持久性 驱避剂测定的结果分析常常是比较困难的，因为在驱避剂的测定中，实际上涉及了两个问题：强度与持久性。这两个因素之间是有关系的，但是它们并不是一件事，驱避性强而残效时间短是完全可能的。但是，到目前为止，人们所做的测定总是把这二者混为一谈，无法区分。所谓保护有效期既用于说明强度又用于说明持久性。

但是保护有效期不是一个很好的指标，它是一个极端值，和毒力测定中的最低杀死剂量一样。假如有一个蚊子的敏感性极低，那么所测得的保护有效期就可能大为缩短；显然这并不能说明一般情况。因此用保护有效期作为指标来比较的可靠性很值得怀疑。

2. 第一次吸血时间与有效保护期 有些研究者已经不再用第一个昆虫吸血的时期，而用第二或第三个昆虫的吸血时间。用一定时间内被吸血的次数也是一个方法，但是显然这个标准更易随环境改变，而且在实际应用中，第一次吸血时间是有实践意义的，应该考虑在内。于是有人提出了以下公式

$$T = 30n + \frac{30}{b+1} \qquad (3-7)$$

他的测定方法是每次伸入手臂 3min，如无蚊子吸血，再放入 3min，一直到 30min 为止。如有一次蚊子吸血达 3 次以上，或某 1 次吸血量达到了蚊子 3 次累计吸血量以上。那么以前的总次数为 n，而由吸血开始的一次到积累到有 3 次之间的次数为 b。这样依式（3-8）计算出的有效保护期（T）是更为可靠的指标，也适合于驱避剂的实际要求。

3. 驱避百分率 在用嗅觉计来测定驱避剂时，计算方法与计算引诱百分率一样。驱避百分率的计算公式为

$$驱避百分率 = 100\% - (\frac{T}{N} \times 100\%) \qquad (3-8)$$

式中，T 为处理组中各次重复中的昆虫总数；N 为对照组中各次重复中的全部虫数。

或者采用下式计算驱避百分率。

$$驱避百分率=\frac{无驱避剂一方的虫数-有驱避剂一方的虫数}{总虫数}\times 100\% \quad (3-9)$$

这样的驱避百分率只能说明相对的驱避程度,对于实际田间应用,较少有参考价值。在嗅觉计中测定有效的驱避剂,有时在田间可能完全无效。

四、拒食剂的毒力测定

拒食剂的拒食效力测定(evaluation of antifeeding effect)是通过拒食剂对昆虫取食行为的干扰作用来测定其驱避效力的杀虫剂的生物测定。

人们早就知道利用抑制昆虫取食的办法来控制害虫危害。早在1937年Volkonsly就指出印楝树含的化合物可以抑制沙漠蝗取食,但这方面研究一直进展缓慢。近10年来,在昆虫的取食行为和拒食机理的研究方面取得很大进展,促进了对昆虫拒食剂的开发利用研究。目前国内外广泛采用的测定拒食活性的方法主要有叶碟法及电信号法,还有体重法、排泄物法以及采用昆虫味觉器的方法等来进行昆虫拒食剂的活性筛选。现介绍叶碟法及电信号法。

(一)叶碟法

叶碟法常用于测定食量较大的食叶咀嚼式口器昆虫(如直翅目的若虫、成虫及鳞翅目幼虫等)的拒食活性。

1. 选择性拒食活性的测定 将供试样品溶于有机溶剂(如丙酮),稀释至预定浓度。将试虫喜食的植物叶片用清水冲净,用纱布拭干,用打孔器切下适当面积(视试虫食量而定)的叶圆片。将这些叶圆片在样品溶液中浸1~2s,取出放在吸水纸上晾干,即成处理叶碟。将叶圆片浸入溶剂(丙酮)中1~2s取出晾干,即成对照叶碟。亦可将整个叶片先浸入样品溶液,或用样品溶液喷雾,晾干后再用打孔器切下叶圆片。

如测定选择拒食活性,则将10张处理叶碟放入一个9cm直径的培养皿内,而在另一个培养皿内放10张对照叶碟。在培养皿中放进一头饥饿4~12h的试虫。要求试虫龄期一致、个体大小近似。不宜用即将蜕皮或刚蜕过皮的试虫,如用黏虫,最好用4龄或5龄蜕皮后第2天的幼虫。应防止叶碟干缩,可在培养皿上盖上纱布。

让试虫取食一定时间后(一般12~24h),将残存叶片取出,用方格纸法或面积测定仪测量对照和处理的取食面积,并计算拒食率,查其机率值,并计算剂量对数值。用反应机率值统计分析软件计算毒力回归方程和相关系数,根据回归方程求得拒食中浓度(AFC_{50})。

$$选择性拒食率=\frac{对照组取食面积-处理组取食面积}{对照组取食面积}\times 100\% \quad (3-10)$$

2. 非选择性拒食活性的测定 取直径为9cm的培养皿,培养皿底用湿滤纸保湿。在一个培养皿中放入处理叶碟4枚。另一个培养皿中放入4张对照叶碟。每皿均接入1头饥饿4h的供试幼虫,设10个重复。24h后将残存叶片取出,用方格纸测量叶碟的被取食面积,并按计算拒食率,查其机率值,并计算剂量对数值。用反应机率值统计分析软件计算毒力回归方程和相关系数,根据回归方程求得AFC_{50}。

$$非选择性拒食率=\frac{对照组取食面积-处理组取食面积}{对照组取食面积}\times 100\% \quad (3-11)$$

选择性拒食活性和非选择性拒食活性的测定方法各有优点。选择性拒食活性往往比非选择性拒食活性敏感,试虫对同一样品,选择性拒食测定方法测得的拒食率往往比非选择性拒食测得的拒食率高，因而常用于大量样品的筛选。非选择性测定则更加接近实际，其结果在实际应用中更具参考价值。

(二) 电信号法测定试虫取食及拒食活性

电信号法是近年测定样品拒食活性常用方法之一，最先由 McLean 和 Kinsey（1964）建立并首次用于豆蚜取食行为的研究，目前已广泛用于刺吸式口器昆虫取食行为的研究，亦是测定害虫拒食活性的常用方法之一。这里以马铃薯叶蝉（*Empoasca fabae*）的取食为例予以介绍。

取 1 条长 3cm、直径 15~25μm 的金丝，用银胶将金丝一端粘在叶蝉中胸背板上，将试虫放在苜蓿上半小时，以便试虫适应背上黏着的金丝。将试虫饥饿 30~40min，金丝的另一端与取食测定仪的一极接通，同时把测定仪的另一极与植株接通，最后将取食仪与记录仪相接，便可记录昆虫的取食行为，每次记录 2h。

根据记录的波形图，可以区别昆虫是否在取食，也能区分取食时是在分泌唾液还是在吸食植物汁液。最后根据处理植株和对照植株上记录到的取食时间长短计算拒食率，即可判断拒食活性。

$$拒食率 = \frac{对照植株上的取食时间 - 处理植株上的取食时间}{对照组取食时间} \times 100\% \quad (3-12)$$

复习思考题

1. 熏蒸毒力测定的主要应用范围是什么？有哪些注意事项？
2. 试比较几丁质合成抑制剂体外毒力测定方法与胃毒法。
3. 试述性外激素毒力测定方法的主要影响因素及注意事项。
4. 比较引诱剂与驱避剂毒力测定方法。
5. 试述拒食剂毒力测定注意事项。

第四章
杀菌剂和抗病毒剂生物测定

第一节 杀菌剂生物测定概述

杀菌剂生物测定（bioassay of fungicide）是将一种杀菌活性化合物作用于靶标生物（如真菌、细菌或其他病原微生物）、或施药于植物及非靶标生物后产生各种效应的测定技术。它包括了该化合物对靶标生物不同作用的活性，或施药于植物后对控制植物病害发生程度的防治效果，以及对非靶标生物的影响等。

抗菌力的测定结果通常仅反映了杀菌剂与病原菌两者之间作用的结果，而防治效果却反映了药剂、病原菌、寄主植物及环境条件等因素间综合作用的结果。这就解释了为什么抗菌力测定结果与大田防治效果在很多情况下并不一致。因此杀菌剂效果的总体评价应包括：室内抗菌力测定（毒力测定）、大田药效防治试验、对作物产量和品质的测定及对非靶标生物的影响的综合评价。

杀菌剂生物测定在新型杀菌活性化合物的创制（几乎涉及创新研发的全过程）、药剂的毒理学（如作用机理等）、剂型加工、毒性（如对哺乳动物、蜂、鸟、鱼、微生物等非靶标生物的毒性）、应用技术、病原生物的抗药性监测及治理等重要研究领域均有广泛的应用，并起着极其重要的作用。

一、抗菌活性测定类型

杀菌剂的抗菌活性测定有多种方法，但根据基本原理可以分为离体测定和活体测定两个基本类型。

（一）离体测定

离体（*in vitro*）测定以杀菌剂抗菌活性（即杀菌活性或抑菌活性）本质为中心内容，仅包括药剂、病原菌和基质（如培养基），不包括寄主或者寄主植物，根据病原菌接触药剂后的反应（如孢子萌发率降低，菌丝生长受到抑制等）评价药剂毒力大小。

（二）活体测定

活体（*in vivo*）测定包含药剂、病原菌和寄主，根据寄主植物发病的程度来衡量药剂的防治效果，如寄主组织或器官离体测定、温室盆钵测定、大田药效测定等。该方法不仅可测定药剂防治某种植物病害的效果，而且还可用于研究药剂的防治原理、使用技术、渗透和内吸性能、残效及其对非靶标生物的影响等。

（三）离体测定和活体测定的特点

离体测定操作简单，快速，测定结果重复性好，不受季节影响，但有时会出现测定结果与田间实际防治效果不一致的问题，即虽离体测定毒力相对容易，但实用价值小。

活体测定操作烦琐，周期长，受季节影响大，测定结果重复性差，但测定结果实用价值大。

二、抗菌活性测定原则

选用何种抗菌活性测定方法，首先应考虑到药剂的类型、理化性质以及毒理学等特性、病原菌的生物学特性以及测试条件（培养条件、培养基组成成分、寄主种类及生理特性、环境条件、酸碱度等）可能对药剂生物活性的影响。因此标准化的抗菌活性测定应选择受各种因子影响最小、能正确反映药剂抗菌生物活性的测定方法和相应的测试条件。

三、测试条件选择

（一）病原菌

一般是在培养基上能够培养、遗传特性或对药剂反应上相对一致的标准菌种。要了解某种新药剂对哪些类别的病原菌有活性，应该选用不同分类地位和生物学特性的病原菌作为供试菌种。许多研究证实，已广泛应用的多类或多种杀菌剂对病原菌具有明显的选择性，例如苯并咪唑类杀菌剂对子囊菌有特效，而对细菌、卵菌和链格孢菌则无抗菌活性；萎锈灵、灭锈胺对担子菌有特效；甲霜灵对卵菌有特效。因此要确定这些具有选择性杀菌剂的活性时，应选用相应的供试病原菌。此外有些供试菌生长、繁殖速度慢，难以培养，在这种情况下可采用另外一种对药剂同样敏感的病原菌进行模拟试验。

（二）供试病原菌生长发育阶段

许多植物病原菌以无性繁殖阶段危害作物。因此人们长期以分生孢子萌发率的高低作为衡量药剂抑菌作用或抗菌活性的指标，这种方法称为孢子萌发法。

近年来，病原菌菌体构成组分生物合成的抑制剂得到迅速发展，它们具有较强的选择性，大多数不抑制孢子萌发，而是抑制菌体生长发育的某个（些）过程。所以需要测定药剂对孢子萌发后的芽管或菌丝生长的抑制活性，这个阶段在药剂筛选中十分重要。研究药剂的作用时间点是在病原菌侵入植物体的哪个（些）阶段也十分重要，但是试验比较麻烦，而且需要一定技术。此外，从药剂与植物、病原菌的相互关系来看，有的药剂直接对病原菌起作用，有的通过寄主产生作用，有的两者兼备，测定药剂抗菌活性时也应考虑。

（三）培养基

培养基是人工培养病原菌的基本营养来源，其营养成分主要包括碳素（如葡萄糖或蔗糖等）、氮素（通常为有机氮如氨基酸或蛋白胨等）、矿物质［如 K、P、S、Mg 及微量元素等，一般加硫酸镁（含 S 和 Mg）和磷酸钾（含 K 和 P）］、其他生长物质（如维生素 B_1、维生素 B_2、生物素、烟酸、泛酸、吡哆醇、对氨基苯甲酸等，碳素或氮素中通常含有这些生长物质，因此一般不另加）及水。

培养基的选择因所测病原菌不同而不同；有时培养基的选择也因所测药剂毒理学的不同而不同，如测定病原真菌对甲氧基丙烯酸酯类杀菌剂（如嘧菌酯）的敏感性需用 AEA 培养基，并且需要在培养基中添加一定量的水杨肟酸（SHAM）以阻断菌体呼吸链的旁路氧化途径，而测定灰霉病原菌和油菜菌核病原菌对嘧霉胺的敏感性则需用 L-asp 培养基。

AEA 培养基（1 000mL）的组分为：酵母 5g、甘油 20mL、$MgSO_4$ 0.25g、$NaNO_3$ 6g、KCl 0.5g、KH_2PO_4 1.5g，加蒸馏水至 1 000mL。

L-asp 培养基（1 000mL）的组分为：K_2HPO_4 1g、$MgSO_4 \cdot 7H_2O$ 1g、KCl 0.5g、$FeSO_4 \cdot 7H_2O$ 0.01g、L-asp 2g、葡萄糖 22g、琼脂 20g，加蒸馏水至 1 000mL。

(四) 药剂处理方法

室内离体测定需将药剂纯品溶解并均匀分散在培养基中进行测定，但大部分杀菌剂不溶于水，而易溶于有机溶剂，所以通常把药剂先溶于与水相溶的有机溶剂中，配成母液，测定时再用水稀释或直接与培养基混合到目的浓度。由于大部分有机溶剂对病原菌也是有毒的，所以测定时应补充只加溶剂的处理作溶剂对照，且应尽量降低含药培养基中有机溶剂的含量，一般应控制在2%以内。

采用琼脂扩散法进行杀菌剂活性测定时，不是将药液均匀地混合在培养基内，而是将药液局部地接触培养基，通过药液在培养基中的扩散抑制已接种的病原菌，形成抑菌圈或抑菌带。这种测定是一个比较复杂的过程，测定结果不仅受药剂对病原菌的抗菌活性大小的影响，而且还与药剂在培养基中水平扩散的理化性质有关，就是说一种抗菌活性很高的杀菌剂如果在培养基中扩散性能差也可能产生较小的抑菌圈。

杀菌剂抗菌活性在寄主上的活体测定，包括室内利用寄主组织或器官、温室盆栽小苗及大田作物上的药效测定。药剂处理方法通常采用商品制剂加水稀释或原药溶解后与含有表面活性剂的水溶液稀释后喷雾、浸果、浇灌、漂浮等方法。

第二节 杀菌剂室内毒力测定

杀菌剂抗菌力测定是指供试病原菌在室内条件下直接接触药剂的毒力测定方法。其测定方法主要包括：孢子萌发测定法、生长速率测定法、活体毒力测定法、气体毒力测定法、附着法、稀释法、扩散法等。

一、孢子萌发测定法

孢子萌发测定法（spore germination method）是用载玻片或培养皿法进行抑制病原菌孢子萌发的生物测定方法。其中载玻片法是把药剂均匀地涂在载玻片上风干后，将孢子悬浮液滴在其上。培养皿法是在孢子悬浮液中等体积加入药液，混匀后倒入培养皿，定温培养后观察孢子萌发情况。孢子萌发测定法是应用历史最悠久、最广泛的杀菌剂毒力测定方法。自1807年Prevost开始应用以来，Oarleton（1893）、Schrmidt（1925）、Maccallan（1930）、Horsfall（1937）等人先后对该方法进行了修改和完善。1942年美国植物病理学会提出了杀菌剂孢子萌发测定的标准方法。

（一）孢子萌发测定法的基本原理

孢子萌发测定法是药剂与病原菌孢子接触后，根据抑制病原菌孢子萌发的多少来确定药剂毒力的杀菌剂生物测定方法。其原理是采取一定方式将待测药剂附着在载玻片、或含药的水琼脂平板及其他平面上，加入适当浓度的孢子悬浮液，使植物病原菌的孢子在适宜的温度、水分和氧气等条件下开始萌发（有的病原菌孢子萌发还需添加少量的营养物质），以抑制孢子萌发百分率作为指标评价药剂毒力。

1. 孢子萌发生物测定的前提条件 孢子萌发生物测定的进行，需满足下述条件。
①菌种应为单孢菌株，而且在一般培养基上能够产生大量孢子。
②供试菌株在培养基上培养时性状稳定。
③供试菌株孢子体较大，成熟度较一致，易萌发。

④供试菌株在分类地位上具有一定代表性，同时也是重要的植物病原真菌。

2. 孢子萌发测定法的优点　孢子萌发测定法具有以下优点。

①只要容易获得孢子，试验就能在短时间内进行。

②供试药剂需要量少。

③在较小的空间和较短的时间内即可进行大量的药剂筛选。

④试验结果便于定量分析。

3. 孢子萌发测定法的缺点　孢子萌发测定法具有下述缺点。

①虽然方法简单，但试验条件要求严格一致，条件稍有差异，结果就可能出现偏差。

②空白对照处理出现的孢子萌发率应达到95%以上，如对照发芽率低，结果则不够准确。

③不适用于测定抑制生物合成的选择性杀菌剂抗菌活性和那些不容易产生孢子的病原菌对药剂的敏感性。

（二）测定方法步骤

1. 试验器具的处理　一般使用载玻片、凹载玻片、小型培养皿、表面皿等。

采用小型培养皿的优点是本身有盖而可以保湿，挪动时液体不易溢出。小型培养皿的缺点是需要材料多；若培养皿底部不平，使药液层深度不同，因孢子萌发通常需氧较多，在较深处的往往由于吸收氧气少而造成局部萌发率低。解决这一问题的方法是将药剂混合于琼脂中，制成含药琼脂平板，将孢子涂在表面。培养皿测定的方法在用显微镜观察孢子萌发率时也较困难。

采用载玻片进行测定，供试材料少，液层薄，空白对照萌发率高，易于显微镜检查。其缺点是必须保湿。

由于孢子萌发时间短，一般来说，供试器具应除去器具污垢，可采用含有氧化剂的洗涤剂浸渍处理，然后再用清水彻底洗涤干净，再在乙醇溶液中浸渍数天或用丙酮冲洗晾干后使用。否则污垢及残留洗涤剂均会影响孢子萌发。

2. 药剂配制和处理设置　若药剂不溶于水，应首先溶于沸点低的有机溶剂或极性（易溶于水）有机溶剂中再用水稀释。用孢子悬浮液和药剂水溶液混合稀释到所需浓度，加入一定量于培养皿内，在适宜条件下培养，使孢子萌发。或将适量药液加到琼脂中到所需浓度，加入一定量于培养皿内制成平板，再涂孢子悬浮液培养使其萌发。或将用易挥发的有机溶剂溶解药剂的药液按一定量加入培养皿或载玻片上，待药剂挥发后在培养皿底部或载玻片表面形成一层均匀的药膜再加一定体积的孢子悬浮液进行培养。

孢子萌发测定法需要测定药剂梯度浓度下的抗菌活性，供试药剂的稀释浓度应按等比级数的比例进行梯度稀释（例如1∶1、1∶2、1∶4、1∶8、1∶16、1∶32等）。浓度的范围应适当宽一些，通过预备试验，尽量使孢子萌发抑制率控制在10%～90%。

3. 孢子悬浮液配制　选取适当的培养基，将已经培养好的菌株（平板、斜面或者三角瓶）加入灭菌水，用接种环或者玻璃棒在培养基表面轻轻摩擦，然后用双层纱布或者尼龙网滤除菌丝和培养基，再以4 000r/min离心5min，用无菌水反复悬浮洗涤3次，最后用血细胞计数板在显微镜下计数，加水稀释到所需孢子浓度即可。孢子悬浮液中孢子浓度5×10^4个/mL左右为宜，即在100倍下，每个视野内大约有35个孢子。如果孢子较大，在100倍视野下单个视野10个孢子左右。

4. 孢子萌发及其调查方法　孢子萌发测定法应有大量孢子供应试验，产生孢子的多少与菌种培养基成分、理化性质、培养条件、培养时间等因素有关。因此应采用在分类上、经济上有代表性的标准菌种，即要求菌种纯、并能在一般培养基上产生大量孢子，且孢子体形大、萌发快，易在显微镜下观察，菌种经长期培养不易发生变异。我国常用的重要植物病原菌有马铃薯晚疫病菌、水稻稻瘟病菌、小麦锈病菌、苹果炭疽病菌、柑橘炭疽病菌、小麦赤霉病菌等。

孢子萌发测定是根据供试孢子的萌发率来测定药剂毒力的，因此要求孢子萌发高度整齐、稳定。孢子获得的方法因病原菌种类而异，应分别采用最适宜的方法。孢子萌发率高低与孢子成熟度、悬浮液中孢子浓度、培养时的温度和湿度、培养时间、培养基等条件有关。只有在最适合孢子萌发的条件下试验，才能获得理想的结果。

(1) 温度和湿度 温度是影响孢子萌发的主要因素之一。不同真菌的孢子萌发最适温度不尽相同，通常在25℃左右。真菌孢子一般需要在湿度较高的条件下萌发。

(2) 光照和氧气 光照和氧气是影响孢子萌发的重要因素。大多数孢子萌发需要氧气，通常位于水滴表层孢子较水滴中的孢子萌发好。光照能促进或者抑制有些真菌孢子萌发，如光刺激水稻粒黑粉病菌厚垣孢子萌发，但会抑制小麦秆锈病菌夏孢子的萌发。

(3) 养分和其他促进萌发的物质 真菌孢子萌发对养分的要求差异大，有些真菌孢子萌发必须外界供给养分，有些本身储存有充足的养分。但必须注意的是，所加孢子萌发的促进物质不能与供试药剂发生化学反应，有些促进萌发的物质会影响孢子对药剂的敏感性。测定时，也可用水作为孢子萌发的特定培养基，不过一般情况下仅用水配制的孢子悬浮液萌发率偏低，而且有时出现在极稀的药剂处理中孢子萌发率反而高于空白对照的现象。虽然大多数情况下，孢子萌发不需要外加营养，但若将培养病原菌的培养基稀释5~10倍用于配制孢子悬浮液，可获得很高的孢子萌发率。

(4) 药剂 有的药剂本身可改变培养基的pH，此时应对药剂预处理（如进行中和），并设法使培养基中含有低浓度的缓冲液维持培养基pH的稳定，才能获得可靠的试验结果。

(5) 调查方法 一般经5~24h培养即可取出镜检。判定孢子萌发的标准：孢子萌发后的芽管大于孢子短径（即宽度）时即为萌发。

不施药对照的孢子萌发百分率直接影响结果。如果对照的孢子萌发率低于100%，应加以校正，但如果对照萌发率小于80%，试验需要重做。

$$校正萌芽率 = \frac{处理萌芽率}{对照萌芽率} \times 100\% \qquad (4-1)$$

$$校正萌芽抑制率 = \frac{对照萌芽率 - 处理萌芽率}{对照萌芽率} \times 100\% \qquad (4-2)$$

(6) 抑制中浓度的计算 孢子萌发试验常以测定抑制50%孢子萌发时的药剂浓度或剂量（EC_{50}或ED_{50}）来表示其毒力，即以药剂浓度的对数为横轴（X轴），以相应的抑制孢子萌发率机率值为纵轴（Y轴），用SAS（统计分析系统）或DPS（数据处理系统）标准统计软件进行药剂浓度的对数与抑制孢子萌发的机率值之间回归分析，计算抑制中浓度（EC_{50}）及95%置信限。分析试验结果，评价药剂活性。

(三) 试验举例

1. 采用培养皿孢子萌发测定法测定硫酸铜对柑橘炭疽病原菌的毒力

(1) 孢子悬浮液制备 柑橘炭疽病菌（*Colletotrichum gloeosporioides*）常常造成对柑橘的潜伏侵染。因此把柑橘病叶置于PDA（马铃薯、葡萄糖、琼脂）培养基上培养，很容易分离到该菌。取分生孢子在培养基表面划线，25℃下培养10d，即可以产生肉红色孢子苔，此时可用于测定。

取培养10d的柑橘炭疽病菌一支，以干净吸管注入蒸馏水10mL，用接种环轻轻搅动斜面上肉红色孢子苔，然后用尼龙纱布过滤，去除菌丝。在孢子悬浮液中加入适当蒸馏水，搅拌。取一滴搅拌均匀的孢子悬浮液于低倍镜下观察，以每视野30～40个孢子（100倍）为宜。配好的孢子悬浮液每100mL加入1mL橘子汁（或按0.5%的比例加入葡萄糖），以刺激萌发。

(2) 药剂母液配置和含药平板制备

① 试药剂配制：在分析天平上精确称取化学纯硫酸铜（$CuSO_4 \cdot 5H_2O$）结晶2.001 8g，溶于100mL蒸馏水中，配成含量为12 800$\mu g/mL$硫酸铜溶液（母液）。

② 药剂处理浓度设计：药剂浓度为0$\mu g/mL$、5$\mu g/mL$、10$\mu g/mL$、20$\mu g/mL$、40$\mu g/mL$、80$\mu g/mL$、160$\mu g/mL$和320$\mu g/mL$。

③ 含梯度浓度药剂平板的制备：取8个清洁透明的灭菌培养皿并编号。在小三角瓶中加硫酸铜母液750μL，然后加入30mL熔化的琼脂培养基，拌匀，使培养基含药浓度为320$\mu g/mL$。量取一半含药培养基，倒入1号培养皿，其含药浓度为320$\mu g/mL$；余下的另一半再加入15mL不含药琼脂培养基，使含药浓度为160$\mu g/mL$。取一半倒入2号培养皿，其含药浓度为160$\mu g/mL$；余下的一半再加入15mL不含药琼脂培养基，其含药浓度即为80$\mu g/mL$。以此类推。7号培养皿制成5$\mu g/mL$的含药培养基，弃去剩下的15mL含药培养基。8号培养皿加入不含药的琼脂培养基作对照。本项试验设4次重复，共32个培养皿。

④ 接种、培养和结果调查：分别取0.1mL孢子悬浮液均匀涂布于上述32个平板上标明号码的含药琼脂培养基上，在25℃温箱中倒置培养6～10h后，检查孢子萌发率（每皿随机检查200个孢子，以芽管长度超过孢子短径的作为萌发）。培养4h后开始跟踪检查空白对照孢子萌发情况。当空白对照的孢子萌发率达到90%以上时，开始检查其他处理孢子的萌发率。镜检时，必须将正在镜检以外的其他培养皿都置于4℃，并尽快完成试验结果调查。试验结果记入表4-1。

表4-1 采用培养皿孢子萌发测定法测定硫酸铜对柑橘炭疽病菌的毒力

	培养皿编号	1	2	3	4	5	6	7	8
	琼脂含药浓度（$\mu g/mL$）	0	5	10	20	40	80	160	320
重复Ⅰ	药剂浓度对数（X）								
	孢子萌芽率（%）								
	校正孢子萌发抑制率（%）								
重复Ⅱ	药剂浓度对数（X）								
	孢子萌芽率（%）								
	校正孢子萌发抑制率（%）								
重复Ⅲ	药剂浓度对数（X）								
	孢子萌芽率（%）								
	校正孢子萌发抑制率（%）								
重复Ⅳ	药剂浓度对数（X）								
	孢子萌芽率（%）								
	校正孢子萌发抑制率（%）								

⑤结果与分析：如果对照萌发率不足100%，则需要校正。以 X 轴表示浓度的对数，Y 轴表示孢子萌发抑制率的机率值作图，或用 SAS（统计分析系统）或 DPS（数据处理系统）标准统计软件进行药剂浓度的对数与抑制孢子萌发的机率值之间回归分析，计算毒力方程、抑制50%病原菌孢子萌发的抑制中浓度（EC_{50}）、95%置信限及相关系数（R）。

2. 其他方法 这里介绍用载玻片孢子萌发法测定福美双对禾谷镰刀菌分生孢子萌发的抗菌活性。

(1) 孢子悬浮液制备 在装有120mL 3%绿豆汤培养液的三角瓶中接入已经活化的禾谷镰孢菌（*Fusarium graminearum*），在25℃下于150 r/min 的摇床中培养7d，然后用纱布过滤，去除菌丝，以4 000～5 000r/min 离心5min。去除上清，用无菌水重新悬浮分生孢子，如此反复洗涤2～3次。最后使用含有10%浓度的正常的马铃薯蔗糖培养液配制孢子悬浮液，并用血细胞计数板计数，再稀释成 10^5 个/mL 的孢子悬浮液，备用。

(2) 药剂处理设置和含药载玻片制备

①供试药剂浓度处理设置：供试药剂浓度为 0μg/mL、1.56μg/mL、3.125μg/mL、6.25μg/mL、12.5μg/mL、25μg/mL、50μg/mL 和 100μg/mL。每处理4次重复（4个孢子悬浮液滴/载玻片），共8个载玻片。

②含梯度浓度药剂平板的制备：首先称取适量药剂，溶解于沸点低易挥发的丙酮中，制成10 000μg/mL 的母液。然后用丙酮稀释到处理各浓度。取清洁玻片8片，分别浸渍于上述各浓度的丙酮溶液中，立即取出放在吸水纸上，待表面晾干后编号。

③接种、培养和调查：在上述处理的载玻片上分3处各滴一滴（0.05mL）禾谷镰孢菌孢子悬浮液。

另取8套直径9cm 的培养皿，编好号码，每皿底盛5mL 左右自来水，放2根玻璃棒（或1个玻璃圈），然后将上述载玻片小心平放于玻璃棒（或玻璃圈）上，加培养皿盖。于25℃控温箱内培养10～12 h 后取出载玻片，在低倍显微镜下计算孢子萌发情况，将结果填入表4-2，数据处理方法同上述培养皿孢子萌发测定法。求出 EC_{50}。

表4-2 采用载玻片法测定福美双对禾谷镰刀菌分生孢子萌发的抗菌活性

载玻片编号	1	2	3	4	5	6	7	8
琼脂含药浓度（μg/mL）								
药剂浓度对数（X）								
重复Ⅰ每100个孢子萌发孢子数								
重复Ⅱ每100个孢子萌发孢子数								
重复Ⅲ每100个孢子萌发孢子数								
重复Ⅳ每100个孢子萌发孢子数								
孢子萌发率（%）								
校正孢子萌发抑制率（%）								
等值偏差								

二、生长速率测定法

菌体生长速率测定法（mycelium growth rate method）又称为平皿法（Petri plate

method），是利用病原菌菌体在含有不同浓度药剂的培养基上生长速率的快慢来确定药剂毒力大小的杀菌剂毒力测定方法。该法适用于不产孢子或产生孢子缓慢，而菌丝生长迅速、整齐、平伏于培养基上呈放射状生长的病原菌；也适用于对孢子萌发没有明显抑制作用的选择性杀菌剂。菌的生长速率可用两种方法表示，第一种方法是菌落生长达到某个给定值所需的时间（h 或 d），第二种方法是在一定时间内菌落直径的大小（cm）。

（一）生长速率测定法的基本原理

在植物病害的防治中，许多现代选择性杀菌剂通常既对孢子萌发没有抑制作用，也不能将病原菌直接杀死，而是抑制菌体的正常扩展。用于测定这类杀菌剂抑制菌体正常扩展的抗菌活性方法称为生长速率测定法。其中最常见的方法是采用琼脂平板培养法或干重测定法。所谓琼脂平板培养法，就是将药剂以某种形式添加到培养基中，观察对菌体生长速率的影响。干重测定法，即将药剂加入到液体培养基中，通过测定摇培菌体的干重评价药剂抗菌活性大小。

琼脂平板培养法是在熔化的培养基中加入一定浓度的杀菌剂，制成含梯度浓度药剂的培养基平面，再在平面上接种病原菌，以病原菌生长速率为指标评价药剂的毒力。病原菌生长速率通常采用在一定时间内病原菌生长的菌落直径大小（即扣除接入病原菌菌碟直径）表示，也可用菌落达到一定直径所需时间表示。水溶性药剂可以很容易地将药剂添加到琼脂培养基中。对于非水溶性的药剂，为了使药剂能够均匀分散到培养基中，经常先将供试药剂溶解在丙酮、甲醇等低沸点且溶于水的溶剂中，然后将药剂的丙酮溶液混合到 40~50℃培养基中使其充分分散，与此同时让溶剂挥发。对于耐高温的药剂可在培养基灭菌前添加。在测定中，一定要同时设置不加药剂和只加药剂配置时的溶剂和助剂的空白对照，用于在计算毒力时溶剂和助剂对结果的影响。该方法尤其适合在琼脂培养基上能够沿水平方向有一定生长速度且菌落接近于圆形的病原真菌或者在液体培养基中能够迅速繁殖的病原细菌。

该测定方法的优点：操作相对简单；适用于杀菌剂的大多数剂型（如乳油、水剂和可湿性粉剂等）；重复性好，结果可靠。

其缺点：需要无菌操作；供试病原菌应具有易培养，菌丝生长快速、整齐，且能形成圆形菌落特性。

该方法还可以用于测定药剂对菌体生长的最低抑制浓度（minimum inhibitive concentration，MIC）和抑制百分率。

最低抑制浓度为可完全抑制病原菌生长的最低药剂浓度。在配制梯度浓度药剂的培养基上面，接种供试菌丝块或涂抹孢子或细菌悬浮液等，然后置于在适宜条件下培养，根据病原菌生长状况，求出药剂对菌生长的最低抑制浓度或最高容许浓度（maximum accepted concentration，MAC）。

抑制百分率为药剂对菌体生长的抑制百分率。在培养有真菌的琼脂平板上，在近菌落边缘或在菌落近边缘 1/3 处，用灭菌的打孔器打成菌丝块（一般直径 5mm），接种到含有一定浓度药剂的琼脂培养基平板上，注意有气生菌丝的一面朝上，然后在一定条件下培养，测量菌丝扩展直径，与不添加药剂处理比较，求出抑制百分率。

（二）生长抑制率测定方法

药剂对菌体生长抑制率的测定方法可分为以下 3 步。

1. 含梯度浓度药剂平板的制备　在无菌条件下,将待测药剂母液稀释成等比系列质量浓度药液。准确量取设计量的药液加入已经冷却到50℃左右的培养基中,混匀后倒入灭菌的培养皿内,冷却后即为含药培养基平板。药液和培养基的体积比应该小于1:10,否则两者混合后将影响培养基的凝固。

2. 菌碟制备、接种和调查

（1）菌碟制备　首先将从菌种保存箱中供试菌株活化（转接到无药平板上2~3次,恢复到较好的生长势）后,接种到培养基上,培养3d左右,于圆形菌落外周的1/3处用打孔器打制直径为5mm的菌碟。

（2）接种　用接种针将菌碟接种到含药培养基的中央,使气生菌丝面向上,每皿接种1个菌碟。

（3）检查　当空白对照（不用药处理）的菌落接近长满平板时,开始检查结果。采用十字交叉法测量每个菌落的两次直径（精确到mm）,用其平均值代表每皿的菌落大小。

3. 结果与分析　将数据代入生长抑制率公式,求出不同药剂处理的抑制率,然后将其转换成机率值,将药剂浓度转换成对数值,用SAS（统计分析系统）或DPS（数据处理系统）标准统计软件进行药剂浓度的对数与生长抑制率机率值之间的回归分析,计算抑制菌落生长50%的抑制中浓度（EC_{50}）、95%置信限及相关系数（R）。

$$生长抑制率 = \left(1 - \frac{处理菌落直径 - 菌碟直径}{对照菌落直径 - 菌碟直径}\right) \times 100\% \quad (4-3)$$

（三）试验举例

这里介绍多菌灵对小麦赤霉病菌（*Fusarium graminearum*）菌丝生长的毒力测定。

1. 菌碟制备　以小麦赤霉病菌作测试菌种。取灭菌培养皿一套,分别加入已熔化了的马铃薯琼脂培养基10mL制成平板。取已经活化的小麦赤霉病原菌菌种1支,在培养皿中央分别接入赤霉病原菌,置于25℃恒温箱内倒置培养84h后,用内径为5mm打孔器沿菌落外周1/3处打孔一周,制成菌碟。

2. 含梯度浓度药剂平板的制备

（1）药剂浓度处理设置　处理药剂浓度为0μg/mL、0.125μg/mL、0.25μg/mL、0.5μg/mL、1μg/mL及2μg/mL。每处理4次重复。

（2）制备药剂母液　用分析天平称取0.01g多菌灵（α-苯并咪唑氨基甲酸酯）原药（有效含量≥95%）,先加入到1mL 0.1mol/L盐酸水溶液中,再加9mL灭菌水,摇匀,制成1 000μg/mL的母液。

（3）制备对照平板　用量筒分别量取60mL培养基均匀倒入4个灭菌的培养皿中,制成对照平板。

（4）制备药剂浓度梯度　在灭菌的三角瓶中用移液器先加入240μL母液,再用量筒（记为量筒①,专门量取无药培养基）量取120mL培养基加入到三角瓶中,摇匀。用已灭菌筒量量出60mL均匀加入到另外4个无菌培养皿中,制成2μg/mL的含药平板,并标注。用量筒①量取60mL无药培养基加入三角瓶中,再用另一个干净的量筒量出60mL含药培养基置三角瓶中,摇匀,用已灭菌量筒量出60mL并均匀倒入4个培养皿中,制成1μg/mL的含药平板,并标注。重复上述过程,依次制成0.5μg/mL、0.25μg/mL、0.125μg/mL的含药培养基平板。

3. 接菌、培养和结果调查 用接种针分别在含药培养基平板中央接入菌碟（长有气生菌丝的一面朝上），每皿1个菌碟，在25℃的恒温箱内倒置培养72h（因该病原菌培养72h后，空白对照菌落接近90mm的平板直径）后，采用十字交叉法测量并记载每皿的菌落直径，计算每皿菌落增长直径。记载时，以直尺量取菌丝直径（mm），分别记入表4-3。

表4-3 多菌灵对小麦赤霉病菌菌丝生长毒力测定

培养皿编号		1	2	3	4	5	6
培养基含药浓度（μg/mL）		0	0.125	0.25	0.5	1	2
重复Ⅰ	药剂浓度对数（X）						
	菌落增长的直径（mm）						
	菌落直径抑制率（%）						
	菌落直径生长抑制率机率值						
重复Ⅱ	药剂浓度对数（X）						
	菌落增加的直径（mm）						
	菌落直径抑制率（%）						
	菌落直径生长抑制率机率值						
重复Ⅲ	药剂浓度对数（X）						
	菌落增加的直径（mm）						
	菌落直径抑制率（%）						
	菌落直径生长抑制率机率值						
重复Ⅳ	药剂浓度对数（X）						
	菌落增加的直径（mm）						
	菌落直径抑制率（%）						
	菌落直径生长抑制率机率值						

注：菌落增加的直径为测量值扣除刚接入时的菌碟直径5mm后的数据。

$$菌落直径生长抑制率 = \frac{空白对照菌落增长直径 - 含药培养基上菌落增长直径}{空白对照菌落增长直径} \times 100\%$$

4. 结果与分析 将数据代入生长抑制率公式，求出不同药剂处理的抑制率，然后将其转换成机率值，将药剂浓度转换成对数值，用SAS（统计分析系统）或DPS（数据处理系统）标准统计软件进行药剂浓度的对数与生长抑制率机率值之间的回归分析，计算抑制菌落生长50%的抑制中浓度（EC_{50}）、95%置信限及相关系数（R）。

（四）其他抗菌活性测定法

1. 液体培养试验法 此法即在已经添加杀菌剂的液体培养基中接种病原菌，培养，测定菌体数量，最后与不加药剂处理相比较求出生长抑制率。该法需要初始接种量一致，菌量测定的方法有如下3种。

（1）比浊法和比色法 此法多用于细菌菌量测定，常用仪器为浊度计。原理共有两种：①测量在改变受光部分与小杯间的距离时的光强度变化（愈混浊，散射愈大，变化也愈大）。②在光源通向小杯光轴的一定方向上测定散射光。比色计的测定值是浊度与吸光度之和，若选择对培养基消光影响小透光度大的波长,则结果接近浊度。无论是浊度计还是比色计,光源波长愈短,散射愈大,测得的浊度愈准确。此外,还可以通过测定菌体在培养基中某种分泌物的吸光度来推测菌量,选择的光源波长应是该分泌物的吸收带。

(2) 直接测定菌量法　此法即将培养的菌悬液通过离心或过滤,收集菌体,测其鲜菌体质量或干燥后的质量。

(3) 间接测定菌量法　定量测定菌体中的某种成分也可表示其菌量,如用凯氏定氮法测定鲜菌体含氮量。

2. 其他测定方法　部分药剂抑制菌体生长和发育的某一阶段,可以通过适当试验测定药剂菌体生长和发育特定阶段的毒力。如苯并咪唑类杀菌剂多菌灵和甲基托布津对病原真菌的孢子萌发抑制作用弱,但是能够强烈抑制其孢子萌发后芽管的隔膜形成。因此观察药剂处理后孢子能否形成隔膜,此法称为芽管隔膜法,具有快速、准确、实用的特点。部分药剂抑制菌体附着孢形成或抑制分生孢子形成等阶段,也可用作评价药剂抗菌活性的指标。

三、扩　散　法

扩散法最早运用在医学药物的创制中,1937 年开始应用于农用杀菌剂的筛选和生物测定。1940 年 Abraham 率先使用管碟法测定了青霉素的效价,引起了人们的关注,此法广泛用于抗菌素的生物测定,在国际上被认为是抗菌素效价测定的标准方法。1944 年 Sherwood 发明了滤纸片法,该法精确度高,需药量少,可操作性强,目前广泛用于杀菌剂的生物测定。

扩散法可分为水平扩散法和垂直扩散法,前者已广泛应用,而后者因抑菌带界限常不明显而使用较少。

水平扩散法首先在培养基上接入供试病原菌,将药剂加入到培养基的表面,适温培养一定时间后,由于药剂在含菌培养基平面上水平扩散,形成大小不同的抑菌圈,根据抑菌圈的大小来比较药剂的毒力。该法通常又称为抑菌圈测定法(detection of inhibition zone)。根据药剂施加方法的不同可分为管碟法、滤纸片法、孔碟法、滴下法和琼脂柱法。

(一) 扩散法的基本原理

在预先接种病原真菌或者细菌的培养基上添加供试药剂,使病原菌与药剂接触,在适宜条件下培养一定时间后,测定供试药剂产生的抑菌圈(抑菌带)大小,利用抑菌圈大小与药剂浓度在某一范围内呈正相关的原理来检测评价杀菌剂的毒力。

(二) 抑菌圈测定方法

1. 培养基及培养条件　培养基组分和 pH 会影响抑菌圈大小、边缘清晰度及剂量反应曲线的斜率(b)。培养基 pH 有时使测定结果完全相反。通常低浓度的琼脂培养基获得较高的测定灵敏度,宜控制在 1.5% 左右。供试药剂的理化性质和供试菌株生长发育特征与抑菌圈大小密切相关。含药培养基置于低温一段时间后,即可使供试菌暂时停止生长;细菌、酵母菌和一些植物病原真菌都可以作为供试菌,在室温下培养 10~16h 即可测量,此时无需无菌操作。但是不同的植物病原真菌形成抑菌圈的时间各不相同,有的需要 2~3d 方能观察出明显的抑菌圈,此时必须无菌操作,以减少污染。

2. 供试药剂的配制　在测定中,供试药剂必须能完全溶解,以便可均匀扩散于培养基中。但是,由于不同的药剂具有不同的理化性质,易溶于水的杀菌剂可直接配制成所需的水溶液，而难溶于水的杀菌剂和抗生素选用酒精、丙酮或其他适当溶剂配制成母液，然后再用水稀释到所需的系列等比浓度。

杀菌剂的毒力、扩散能力和药剂浓度与抑菌圈的大小密切相关，由于管碟法中使用杀菌剂溶液，只有操作熟练、细心，结果才可靠。

3. 测试设备的标准化 试验操作的每个细节，都会影响最终结果。因此在操作中必须严格控制试验条件，减少系统误差。所有玻璃器皿和不锈钢小圆筒均应该标准化。钢质圆筒不能太重，否则会陷入培养基；圆筒内径误差小于等于0.1mm，外径和高度也应该一致；培养皿规格一致，尤其内径一致。

4. 测试步骤

（1）管碟法 将20mL琼脂培养基倒入水平放置的培养皿（直径9cm）中，凝固后作底层，然后均匀倒入少量于熔化后降至50~60℃时接种供试菌的马铃薯蔗糖琼脂培养基作菌层。在含菌培养基平面上放置用不锈钢或玻璃制成的小圆筒4个（一般外径为8mm，内径为6mm，高为10mm），分别用移液管将已知浓度的标准药液和不同浓度的待测药液加入小圆筒内，在适温下培养形成抑菌圈，十字交叉测定两个直径的平均值。根据抑菌圈直径与药剂浓度对数呈正相关的原理，根据标准药剂的标准曲线来计算测试药剂的毒力。

（2）滤纸片法 制作带菌培养基平面的过程同管碟法。把定量滤纸用打孔器打成直径为6~8mm的圆形纸片，经灭菌后用微量移液管均匀滴加一定量的药液，晾干后置于含菌培养基平面上，在适温下培养一定时间后，测定抑菌圈的平均直径。根据抑菌圈直径与药剂浓度对数呈正相关的原理，根据标准药剂的标准曲线来计算测试药剂的毒力。

（3）孔碟法 用打孔器在凝固后的培养基平面上打孔，或在培养皿内放不锈钢杯，倒入含菌培养基液，待凝固后取出不锈钢杯而成孔，将药液滴于小孔内。利用药剂的扩散而形成不同直径的抑菌圈来测定药剂的毒力。

（4）滴下法 采用注射器、毛细管等器具将药液直接滴加在含菌培养基平面上，培养一定时间后，根据抑菌圈直径大小来测定药剂的毒力。

（5）琼脂柱法 将一定浓度的药液与一定量熔化后的培养基混合，放于培养皿内凝固后，用打孔器打成一定大小的琼脂柱，放于含菌培养基平面上。培养一定时间后，根据抑菌圈直径大小来测定药剂的毒力。

5. 注意事项

①所用器具应严格灭菌或无菌操作。

②所用培养皿底面要平，每次测定时培养基用量应相同，以免影响抑菌圈的大小。

③为使药剂充分扩散，可把加药的培养皿在4℃冰箱中放置4~6h，以形成边缘更清晰的抑菌圈。

④含阳离子的无机化合物不宜用滤纸片法测定，因滤纸片带有阴离子会与药剂产生反应而影响测试结果。

（三）试验举例

这里介绍管碟法测定多菌灵对小麦赤霉病菌（*Fusarium graminearum*）的毒力，试验主要步骤如下。

1. 圆筒和培养基的规格 不锈钢圆筒外径为7.9~8.1mm，内径为5.9~6.1mm，高为9.9~10.1mm。培养皿为内径90mm、高20mm的硬质玻璃

2. 小麦赤霉病菌分生孢子悬浮液的制备 具体制备方法参考下文中的附着法的试验举例。

3. 不同浓度药剂的配制 称取适量的多菌灵原药溶于 0.1mol/L 盐酸制成 2mL 浓度为 10 000μg/mL 的母液。9.998mL 灭菌水中加入 2μL 母液，摇匀，制成 2μg/mL 的供试药剂。取 5mL 浓度为 2μg/mL 的上述药液，加到 5mL 灭菌水中，摇匀，制成 1μg/mL 的供试药剂。同理，通过倍量稀释法获得 0.125μg/mL、0.25μg/mL、0.5μg/mL、1.0μg/mL 和 2.0μg/mL 的供试药液，设无菌水为药剂空白对照。

4. 带菌平板的制备 取已灭菌的培养皿 18 个，分别用量筒取 15mL 的 2% 水琼脂加入每个培养皿中，待完全凝固后，用移液器吸取 0.1mL 孢子悬浮液均匀涂布于每个培养皿，并标注。

5. 药剂的添加 用镊子小心将不锈钢圆筒平放于每个已接种的培养皿中央，每皿 1 个圆筒，每圆筒分别加入 50μL 浓度为 0μg/mL、0.125μg/mL、0.25μg/mL、0.5μg/mL、1.0μg/mL、2.0μg/mL 的多菌灵供试药剂，轻轻盖上盖子。每处理重复 3 次。

6. 培养、结果调查和数据处理 将已经加药的培养皿置于 25℃培养 3d 后，检查抑菌圈的大小。数据处理同生长测率测定法。

四、附 着 法

（一）附着法的基本原理

将供试真菌孢子、菌丝片段、细菌等病原菌菌体附着在供试材料（如无菌种子、水果表皮等），然后使其接触药剂，在适宜条件下培养一定时间后观察所接种病原菌的生长状况。这种评价药剂效力的方法称为附着法（adsorption technique）。常用的方法主要有滤纸片附着法和种子附着法两种。

（二）附着法的测定方法

1. 滤纸片附着法 用适当的方法将真菌孢子悬浮液、细菌或菌丝片段附着在灭菌的滤纸片上，并使其接触系列浓度的药剂，在适宜温度、水分和养分条件下培养一定时间后，观察菌体生长情况。此方法可用于水溶性药剂的测定。

具体测定方法：将定性滤纸片裁成小圆片（直径 6 mm）放入培养皿内进行干热灭菌（130℃，1h），再放入 70%～80% 的酒精中 20～30min，取出待酒精充分挥发后小圆片供备用。尽可能在无菌条件下于小圆片上用毛细管滴加 1～2 滴孢子悬浮液，再将其在药液中浸泡数分钟，用消毒镊子夹取并振落多余药液，放入培养皿中培养基平面上。在适温下培养 2～3d，观察有无菌丝生长，比较各处理间的毒力大小。

2. 种子附着法 将病原菌孢子附着在灭菌的种子表面，再把带菌种子放在系列浓度药液中浸泡一定时间后取出，放在凝固后的培养基平面上，培养一定时间后观察病原菌生长情况。

具体测定方法：选出饱满的种子，除去种皮，放入干燥三角瓶内（占容量的一半以下）在 120℃下蒸气灭菌 5～10min。将病原菌孢子悬浮液 20mL 加入灭菌种子中，充分振摇混合，除去多余的水分，在定温（27℃）下培养 1～4d，然后在无菌条件下进行干燥（15℃以下）。在恒温条件下（15～20℃）将带菌种子放入一定浓度的药液中搅拌后捞出，放在清洁的滤纸上除去水分。再用灭菌镊子夹取处理后的种子置于培养皿内水琼脂培养基平面上，并将种子的一半埋在培养基中，每皿放 5 粒。在定温下（25～27℃）培养 7d，观察记载产生菌丝的种子数和菌丝发育情况，用氯化汞作标准药剂以比较供试药剂的抗菌力。

（三）试验举例

这里介绍采用滤纸片附着法测定多菌灵对小麦赤霉病菌（*Fusarium graminearum*）分生孢子的毒力，试验主要步骤如下。

1. 孢子悬浮液制备 在 4 瓶分别装有 100mL 2%绿豆汤培养液的三角瓶中接入已经活化的小麦赤霉病菌菌碟 10 个（直径 5mm），在 25℃、150r/min 的摇床培养 7d，在无菌操作条件下用灭菌纱布滤去菌丝。将滤去菌丝的培养液以 5 000r/min 离心 5min，弃去上清，沉淀用无菌水悬浮，再离心并用无菌水悬浮。在显微镜下镜检孢子悬浮液的孢子浓度，用无菌水稀释到 10^5 cfu/mL，然后加入一滴吐温 80 摇匀备用。

2. 带菌滤纸片的制备 把定性滤纸片打成直径为 5mm 的圆片，放入培养皿进行干热灭菌后，浸于 70%～80%酒精中 25min，取出待酒精充分挥发后备用。在每个滤纸片上加入 40μL 孢子悬浮液，在无菌条件下阴干备用。

3. 梯度浓度含药平板制备 用量筒量取 90mL 熔化了的马铃薯蔗糖琼脂培养基（PSA）倒入已加入 18μL 浓度为 10 000μL/mL 多菌灵母液的三角瓶中，摇匀后量取 45mL 分别倒入 3 个培养皿（15mL/皿）中，形成含药 2μL/mL 的平皿，并标记。然后在剩下的 45mL 培养基中加入 45mL 新鲜的马铃薯蔗糖琼脂培养基，摇匀，再量取 45mL，均匀倒入 3 个培养皿中，形成含药 1μL/mL 的平皿。重复上述过程，可形成 0.5μL/mL、0.25μL/mL 和 0.125μL/mL 的平皿。弃去最后剩下的 45mL 培养基。用量筒量取 45mL 新鲜马铃薯蔗糖琼脂培养基，不加药，均匀倒入 3 个平板，制成不加药的空白对照平板。

4. 接菌、培养和调查 在每个已凝固的平板中央接入一个带菌滤纸片，置于 25℃下倒置培养 3～4d，观察菌丝生长情况，记录数据。数据处理同菌落直径法。

将真菌纸碟和药剂换成细菌和杀细菌剂，则可以测定杀菌剂的毒力。

五、气体毒力测定

（一）气体毒力测定的基本原理

在人们创制的杀菌剂中，有部分杀菌剂利用其低蒸气压的特点或者经过分解后才能对病原菌具有生物活性的气体。一般把挥发性物质对靶标病原菌的抗菌力称为气体毒力。

气体毒力测定的基本原理为：在无菌条件下，在灭菌的固体培养基上接种供试病原菌，将培养皿倒置，在盖内加上待测药剂，在适宜条件下培养一定时间后调查病原菌的生长和发育状况，评价药剂气体毒力。

（二）气体毒力测定的操作方法

①在无菌操作条件下，制备小培养皿平板，然后接种供试病原菌。
②将已接菌的小培养皿放入玻璃圆筒中，周围用熔化了 2%琼脂培养基固定小培养皿。
③在玻璃圆筒盖上放置另一个小培养皿，加入供试药剂。
④在玻璃圆筒盖里加入已经熔化了的 2%培养基，将玻璃圆筒插入盖里，并罩住含药小培养皿，待凝固后，再加入适当培养基封住玻璃圆筒和筒盖之间，防止漏气（图 4-1）。
⑤小心将上述小培养皿移入培养箱培养，待培养一定时间后，调查病原菌的菌丝生长情况，计算药剂气体毒力。

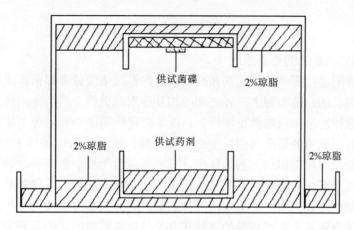

图 4-1 气体毒力测定装置
（引自陈年春，1990）

六、稀 释 法

（一）稀释法的基本原理

在含有梯度浓度药剂的培养基中接入病原真菌或者细菌，在适宜条件下培养一段时间后，观察病原菌的生长情况，将具有使病原菌生长、发育完全停止时的药剂最低抑制浓度作为评价毒力的指标，这种测定方法称为稀释法，也称为最低抑制浓度（minimum inhibitory concentration）测定法。该方法也用于抗生素的效价测定。根据培养基的形态，可将稀释法分为液体培养基稀释法和固体培养基稀释法。

（二）稀释法的操作方法

1. 液体培养基稀释法 液体培养基的稀释多采用试管系列稀释法，将定量液体培养基分别加入经过消毒的试管中，在第一试管内加入定量药液，充分混合后，从第一试管中吸取与药液相同量的混合液加入第二试管内，经混合后再从第二试管内吸取相同量的混合液加入第三试管内，按此法继续稀释装管，直到最后一个试管不加混合液作为对照。但应从倒数第二个试管内取出同样量的混合液弃去。然后在各试管内加入定量的孢子悬浮液，在定温下培养一定时间后，找出抑制病原菌生长的最低药剂浓度，以此来比较药剂的毒力。

2. 固体培养基稀释法 将一系列不同浓度的药液与定量的熔化培养基混合，分别倒入灭菌培养皿内，凝固后形成一系列浓度的培养基平面。再用移植环蘸取病原菌孢子悬浮液，分别在各培养基平面上进行划线接种，一定时间后观察病原菌生长情况，找出抑制病原菌生长的最低药剂浓度。也可将一系列不同浓度的药液与定量的熔化培养基和定量病原菌孢子悬浮液混合，倒入灭菌培养皿内，凝固后定温培养一定时间，观察病原菌生长情况，找出抑制病原菌生长的最低药剂浓度。

需要注意的是：利用固体培养基测定药剂最低抑制浓度往往受药剂在培养基中的扩散能力的影响。这时需要采用液体摇培的方法重新测定供试药剂的最低抑制浓度，比较这两种方法之间的差异，才能对所测试的药剂获得一个比较可靠的结果。在试验中所使用的含药培养基的量、接种菌量等保持一致，避免造成系统误差。

七、活体毒力测定法

(一) 活体毒力测定法的基本原理

离体生物活性测定仅能够评价药剂和病原菌间的直接杀菌或者抑菌作用，而活体毒力测定则能够反映药剂、病原菌和寄主三者之间的相互作用，更符合药剂使用的大田环境。研究表明，许多现代选择性杀菌剂防治植物病害，既不能将病原菌杀死，也不能抑制其正常扩展或者阻断菌体生长、繁殖的某个（些）生命活动过程，药剂在离体条件下对菌体没有作用，只有在寄主上才能发挥对靶标病原菌的作用，这类药剂称为植物激活剂，如三环唑等。另一方面，部分植物病原菌，如小麦白粉病菌和锈菌等至今尚未能在人工培养基上生长，因此只能从寄主上采集接种体，利用活体测定法评价药剂、病原菌和寄主间的互作。

杀菌剂的活体测定是杀菌剂研发的重要环节。筛选杀菌剂的目的是开发出能够防治植物病害的药剂，评价药剂防治病害效果的好坏，需要结合室内离体活性测定和活体毒力测定。

杀菌剂的活体毒力测定有盆钵试验、离体组织（器官）试验和大田试验。试验内容包括保护作用、治疗作用、耐雨水冲刷能力、持效性、施药方法、用药次数、植物药害等。试验可采用人工接种和自然发病两种方式，但为了使试验能获得稳定、可靠的结果，往往采用人工接种，接种方法应该根据病原菌的发生特点确定，如土壤接种、喷雾接种、注射接种、剪叶接种等方法。总之，必须保证各个处理的接种菌量相同，至少 3 次重复。

基本原理：在供试植株、组织和器官上采用人工接种病原菌或者利用自然界的病原菌感染目标植株，再施用供试药剂，或者接种（或者感染）前进行施药，间隔一段时间后调查防效，评价药剂毒力、保护作用（根据接种前施药防效评价）、治疗作用（根据接种后施药防效评价）、耐雨水冲刷能力、持效性、施药方法、用量次数及植物药害（即安全性）等性能。

(二) 活体毒力测定法的供试植物

活体毒力测定法的供试植物需要满足易栽培、生长快、高度感病的特点。植物感病性是决定活体测定成败的关键因素之一，且与植物品种、生长发育状况、环境因子（温度、湿度等）和损伤程度等有关。通常，植株在不同生长发育阶段感病性不同，因此测定中接种与选择植株发育时期密切相关，如黄瓜成株期对霜霉病的感病性超过幼苗。植株生长状况对病原菌的侵染能力影响大，因此测定中需要植株生长状况尽可能一致，同时满足其在发病田间对植株生长发育状况的要求。

(三) 活体毒力测定法的供试菌种

活体毒力测定是采用接种发病的方法进行毒力测定，因此需要植物病原菌容易培养、易产孢、易发病、病斑发展迅速，如小麦赤霉病菌和稻瘟病菌。但目标病原菌不能在人工培养基上生长时，病菌孢子需要从田间或者培养植株上采集，受到季节的限制，如黄瓜霜霉病菌和小麦白粉病菌等，尤其是前者需要新鲜孢子接种才能成功。

供试菌株的致病力是影响测定结果的重要因素。病原菌的致病力是在一定条件下对某一特定寄主所表现的特征，同种病原菌中存在着致病力各异的菌系和小种。菌株的致病力与它的生理、生化状况等生物学因子有关。接种时注意下列影响因子：

1. 菌株的培养条件 培养基影响菌株的致病力；长期连续培养降低菌株的致病力或者导致菌株的退化，因此使用时必须活化，甚至需要接种到寄主上进行致病力的复壮。

2. 菌株隶属的菌系和生理小种 菌株的致病性与来源地和寄主密切相关。

3. 接种菌量 成功接种所需菌量因病原菌的不同而不同,因此接种菌量需要根据具体情况确定。通常规定孢子悬浮液在低倍显微镜下 20~30 个孢子/视野,适宜的接种菌量,能够保证寄主发病,并且表现典型的症状。

4. 环境因子 它不仅影响着供试植株的生长和发育状况,而且也决定接种的成败,其中最重要的是温度、湿度、光照、供试植株生长发育状况等。

(四) 活体毒力测定法的接种和施药

1. 接种 接种是否成功决定测定成败。接种方法应根据病害的传播方式和侵染途径确定,尽量选择发病率高、接近自然发病条件的接种方法。靠雨水和气流传播的病害宜选用喷雾法、喷粉法和涂抹法,其中喷雾法常用于真菌病害的接种,即将病原菌的孢子制成孢子悬浮液均匀喷洒在植株表面。气孔侵入的病原菌,接种在叶片背面;而从伤口侵入的病原菌则需要先用石英砂等在植株表面造成创伤;叶片蜡质层较厚的植物,需要用黏着剂(如吐温20)增加孢子悬浮液的附着量;锈菌和白粉病菌接种采用滑石粉混合稀释的孢子粉喷洒在植物叶片上;种传病害可以选用拌种法或者浸法接种;土传病害接种可采用播种前或者拌种时将菌悬液或者孢子悬浮液拌在土壤中进行。

2. 施药 施药要求均匀一致,做到不漏不重。

(五) 活体毒力测定法的调查

活体毒力测定利用植株发病程度来评价药剂对病原菌的毒力和效果,因此该测定实际上是植株发病轻重的调查。由于病原菌种类繁多,导致病害症状和危害程度千差万别,因此调查方法各不相同。设计或者选择调查方法的原则:方法简单,可操作性强;方法具体、准确,减少主观影响;需要兼顾病害危害和病症的多种多样,符合病害的发生特点。

常采用病情指数表示植株发病严重度,它用简单的数值表示发病轻重进行分级,采用下面的公式计算病情指数和防治效果。

$$病情指数 = \frac{\sum(病级株数或叶片数 \times 代表极值)}{株数或叶片数总和 \times 最高代表级数} \times 100 \quad (4-4)$$

$$防治效果 = \left(1 - \frac{处理组平均病情指数}{对照组平均病情指数}\right) \times 100\% \quad (4-5)$$

(六) 试验举例

这里介绍利用盆钵植物测定几种杀菌剂对小麦白粉病菌 (*Erysiphe graminis*) 的预防和治疗效果。

1. 治疗效果测定试验主要步骤

(1) 植株准备 取直径 15cm 左右的盆钵数盆,每钵播种小麦(苏麦 3 号)饱满健壮的种子 20 粒,待长出第一真叶后即可备用。

(2) 人工接种 取布满白粉菌孢子堆的小麦病叶数片,然后用毛笔轻轻在病叶片上来回刷动使孢子散落在待测麦苗叶片上。然后将已经接种的麦苗放入保湿罩内保湿 24h,温度保持 18℃左右。1d 后揭去保湿罩,即可进行喷药试验。

(3) 施药 将待测药剂按所需浓度配好,用小型喷雾器均匀喷洒于叶片上,并使其自然风干,进行正常的农事管理。供试药剂如下:

①20% 三唑酮乳油 750g/hm^2,兑水 450kg/hm^2 喷雾。

②80% 多菌灵微粉剂 600g/hm^2,兑水 450kg/hm^2 喷雾。

③30%醚菌酯悬浮剂 750mL/hm², 兑水 450kg/hm² 喷雾。
④清水对照。

（4）观察记载　药剂处理后，逐日观察接菌叶片和新生叶的发病情况。于药后 7d 和 14d 分别调查各处理的发病率及病情指数。若病斑大小相近时，可计算病斑数，比较各药剂的防治效果。

小麦白粉病分级记载标准为：
0级：无病；
1级：病斑面积占整片叶面积 5% 以下；
3级：病斑面积占整片叶面积 6%～15%；
5级：病斑面积占整片叶面积 16%～25%；
7级：病斑面积占整片叶面积 26%～50%；
9级：病斑面积占整片叶面积 50% 以上。

2. 预防效果测定试验的主要步骤　主要步骤与治疗效果测定试验的主要步骤基本相同，不同的是先喷药，1d 后接种，比较各种药剂在这两种处理方法中的防治效果有何差别。

第三节　杀菌剂温室药效测定

杀菌剂的生物活性测定一般经过 3 个阶段：室内毒力测定、温室药效测定和田间药效试验。温室药效测定是在室内毒力测定的基础上进行的，是在人为可控条件下进行的杀菌剂实际药效的测定，试验涉及药剂、病原菌和寄主植物三者间的相互作用，因此其试验结果与室内毒力测定不一定完全相符。温室药效测定是连接室内测定和田间试验之间的纽带，其结果可以进一步验证或完善室内毒力测定的结论，并可作为田间试验的参考。

温室药效测定的优点是不受季节和地点限制，在具有供试寄主植物和设备条件良好的情况下即可以进行。与田间试验相比，温室药效测定可以减少许多环境因子的影响，增强了试验结果的重复性和可靠性，尤其是对防病毒药剂的测定工作，可以防止外来传病媒介的干扰。目前，发达国家在进行大批量的杀菌剂活性筛选时，通常直接采用温室盆栽测定的方法，这样不但可以提高效率，还能检测到一些离体条件下无活性或活性不强，但喷施到植株上却可表现出高活性的一类诱导植物产生抗病性或抑制病原菌致病过程的杀菌剂，弥补了室内毒力测定的缺陷。因此温室药效测定是杀菌剂毒力测定中非常重要的一环。但温室测定毕竟与大田试验有一定的差异，所以不能代替田间药效试验。

影响温室药效测定的因素很多，包括供试植物、病原菌、接种方法及环境条件等，设计标准化的温室药效试验必须考虑尽可能减少上述各因素对试验的影响。

一、杀菌剂温室药效测定的主要影响因素

（一）供试植物

供试植物要求在人工环境条件下容易栽培、生长迅速，可保证全年定时大量供应，不受季节限制。同时具有高感病性，对杀菌剂不过度敏感，最好为生产上主要栽培品种。由于植株的感病性会随着生长情况而波动，因此在保证植株健康、生长状况一致的同时，应特别注意其易感病期，即病原菌的接种试验应该安排在最适发病时期进行。

在新型杀菌剂开发的生物活性测定中，不同国家和地区或不同农药公司都有各自选定的供试植物材料，并不会轻易变动。这样有利于前后测定资料的可比性。但是如果不同的新化合物对不同供试植物的敏感性存在明显差异时，用同一种供试植物所得结果的可靠性、可比性就会出现问题（如新化合的漏筛等），这必然成为新药剂创制中的突出问题。解决的办法就是增加供试植物的种类。

（二）病原菌

温室药效测定中通常采用人工接种病原菌后发病的方法进行杀菌剂的活性测定，所以要求供试病原菌容易培养，最好在离体条件下生长良好，易产生大量的孢子，同时致病力要强，尤其注意与供试植物的寄主专化性。供试病原菌的致病力是影响温室药效测定的重要因素，在选取病原菌时必须检测其致病力是否退化，如果发现致病力减弱或丧失，须经过植物接种及重新分离的方法使其恢复致病力后，才能进行测定，或更换致病力更强的菌株。病原菌的培养条件、菌株或生理小种、接种的菌量等因素均可影响病原菌的致病力。同时，在新化合物最初的活性筛选试验中，须关注病原菌对供试杀菌剂的敏感性，尽量采用未接触过药剂的野生敏感菌株进行接种试验，以避免因采用抗药性菌株接种而导致试验结果活性偏低或无活性而造成新活性化合物的漏筛。当田间已出现明显抗性时，最好选用或增用大田的抗药性菌株接种试验，以便筛选出能在抗性地区推广应用的新药剂。

（三）接种方法

病原菌的接种工作是温室药效测定成功与否的关键。根据病害的传播方式和侵染途径的不同，接种方式也有所差异，接种方式的选择还应尽量接近自然发病情况，以保证药效测定的科学性和准确性。

1. 气流和雨水传播的病原菌的接种　可采用喷洒法、喷粉法和涂抹法接种气流和雨水传播的病原菌。其中，喷洒法是一种最常用的植物病害接种方法，具体方法是将病原菌孢子（或真菌菌丝体、细菌菌苔）制成悬浮液喷洒于植物表面。如果病菌主要是由气孔侵入，接种时注意于叶背面喷洒，如黄瓜霜霉病等。对由伤口侵入的病害，可以先将植物表面用石英砂或者其他方法使其受到损伤，并可在孢子悬浮液中可加入0.1%吐温80等展着剂。禾本科锈病和白粉病的接种，可直接将孢子粉喷撒于植物叶片上。当使用涂抹法进行锈病接种时，可先在叶片表面喷布一层水膜，然后再将孢子悬浮液涂抹于叶片表面，该方法的接种成功率高于喷洒法，但大量接种时费时费力。对于一些细菌病害也可以采用针刺、注射、剪叶等方法进行接种。针刺接种方法简单、有效，使用接种针蘸取少许细菌菌液直接穿刺植物叶片（或茎秆）即可，也可以用注射器进行注射接种，加大接菌量。接种后的植物进行短时间保湿能提高接种效果。

2. 种传病原菌的接种　可采用拌种和浸种的方法对种传病原菌进行接种。拌种即将种子和病原物混合后振荡，使病菌孢子（或其他病组织）附着在种子表面，如种子接种玉米丝黑穗病菌孢子。浸种是指将种子浸泡在病原真菌孢子或菌丝体的悬浮液里，使病原物附着在种子表面。接种细菌时还可以通过抽气的方式制造负压，使细菌渗入到种子内部。

3. 土传病原菌的接种　可采用拌菌土的方法接种土传病原菌，即在播种前或播种时将病原菌拌入土壤中。也可以将幼苗的根部稍加损伤，然后在孢子或菌丝体悬浮液中浸过后移植到土壤中。

(四) 环境条件因子

环境条件是影响温室药效测定的重要因素。病原菌能否成功接种，受到多个环境因子的影响，主要包括温度、湿度、光照等因素。接种时应尽量创造供试病原菌在自然情况下侵染寄主的最适环境条件。

通常，测定中应当尽可能控制温度条件与自然发病情况下相近，对于控温能力较差的温室，可以选择该病害发生的季节进行测定，减小控温的难度。对于一些对温度要求特别严格的病菌，接种应该在适合的人工气候箱内进行。湿度对于病原菌的成功入侵也非常重要，一般植物在接种后须保持一定时间的湿度条件，如在已接种植物上覆盖塑料薄膜自然保湿，也可以在温室安装加湿器等，以满足病原菌侵入寄主的要求。保湿时间的长短，因病害种类的不同而有所差异，一般保湿24h即可。接种完毕后需要将寄主植物恢复到正常的光照条件进行培养，以保证植物正常生长发育。一般病原菌接种时及孢子萌发过程中并不需要光照，但麦类锈病接种后如果对寄主植物不给予适当的光照则会降低发病率。

(五) 施药方式

在杀菌剂温室药效测定的过程中，杀菌剂的施用一般要求接近田间的使用，而且施药必须均匀一致，如喷布施药的杀菌剂应该采用较精密的喷雾器进行喷施，种子处理剂应选择性能优良的包衣机械，土壤熏蒸剂注意密封材料的选择等。

施药时间要根据药剂的特性及试验目的确定，如测定杀菌剂的保护作用，一般要求在接种前24h施药。如果测定杀菌剂的治疗作用，应先接种，等发病后再施药，或等病菌侵入但植株未表现明显症状前施药。

(六) 取样和调查

杀菌剂的温室药效测定，以寄主植物发病的程度来衡量杀菌剂的生物活性，因此药效的调查实际上是寄主植物发病情况的调查，根据病害发生的情况不同，其调查方法也有差异，一般温室病害调查的方法可以分为下述两类。

1. 调查发病率　这种方法是以一整株或一个叶片为单位，只要在调查部位出现病斑即为发病，计算调查总株数（总叶数）中发病百分率和防治效果。该法比较简单，特别适用于杀菌剂土壤或种子处理防治苗期病害的药效测定，其缺点是不能精确的表示发病程度。

$$发病率 = \frac{发病株（叶）数}{调查总株（总叶）数} \times 100\% \qquad (4-6)$$

2. 分级计数法　在温室盆栽测定中，大多病害均可采用分级计数法进行调查，以计算病情指数和防治效果，病情指数即可直接反映发病的严重程度。该方法可靠性强，能反映实际情况，不但适用于真菌病害，同样适用于线虫和病毒病害。分级调查的单位不限于叶片，也可以是整株为单位。

分级计数法的原理是按照植物发病的轻重分为多个级值，每级按轻重顺序用简单数值表示，然后用式（4-7）计算病情指数。级值数目的多少（即最高代表级值）可以根据病害的发生情况确定，通常分为5级或9级。

$$防治指数 = \frac{\sum（各级病株数或叶数 \times 相对级数值）}{调查总株数或叶数 \times 最高代表级值} \times 100 \qquad (4-7)$$

$$防治效果 = \frac{空白对照区病情指数 - 药剂处理区病情指数}{空白对照区病情指数} \times 100\% \qquad (4-8)$$

二、杀菌剂温室药效测定的主要方法

根据杀菌剂的使用方式,通常将其分为喷布用杀菌剂(叶面喷洒剂)、种子处理剂、土壤处理剂、果实保护剂、烟雾熏蒸剂等,针对不同杀菌剂的使用特点所采用的测定方法也有所差异。

(一)喷布用杀菌剂的温室药效测定

喷布施药是当前杀菌剂的主要施用方式之一,适用于杀菌剂对气流和雨水飞溅传播的病害的药效测定,如稻瘟病、水稻赤霉病、小麦锈病、玉米的大小斑病等。该类病害发生时均可导致植株地上部多处发病,病害循环周期短,发病迅速。喷布式施药可采用器械将药液均匀喷施、分布在植株体表面,从而全方位对植物进行保护,防止植株地上部病害的发生和发展。针对这类药剂的使用特点,温室药效测定的设计如下。

1. 寄主植物　选择感病、生长迅速、具有生产代表性的作物品种进行栽培,控制温室条件,使得供试作物生长健壮,接种时应挑选健康、长势一致的适龄植株进行测定。

2. 病原菌　活化(或采集)具有强致病力的病原菌,培养扩繁接种体,接种体尽量符合田间发病实际情况。病原菌的孢子是常用的接种材料,如番茄灰霉病菌、稻瘟病菌等均可在离体条件下产孢,比较容易获得大量接种体。但对于黄瓜霜霉等活体专性寄生的病原菌,在采集发病的叶片后,一般需将老龄孢子囊洗脱去除,再将叶片置于适宜的条件下培养,待病斑处重新生成孢子囊后将其洗脱,进行测定。

3. 接种和施药处理　依据杀菌剂的作用方式和作用机理进行施药处理的选择。杀菌剂若以保护作用为主,则先施用药剂,后接种病原菌。例如在进行保护性杀菌剂代森锰锌的药效测定中,通常于接种病原菌前24h在适龄的寄主植物的地上部均匀喷施药液,自然风干后在寄主植物上接种病原菌,保持最适发病条件。如果供试杀菌剂的作用机理为诱导寄主植物产生抗病性,则需根据药剂的特点设置提前施药的系列时间,需通过试验才能得出提前施药的时间,不能一概而论。若药剂的作用方式以治疗作用为主,则先接种病原菌,待寄主植物开始发病的时候进行施药处理。

4. 试验处理的设置　应该根据药剂活性,药剂处理设置5～7个等比系列质量浓度,以计算药剂的 EC_{50} 及其95%置信限。同时,每个处理的寄主植物必须保证足够的样本数量和重复数(一般设定每处理15～20株,4次重复)。

5. 调查和评价标准　主要以测定病情指数为主,部分测定仅需调查发病率。

6. 实例　下面以三环唑防治稻瘟病的温室药效测定为例介绍这类药剂温室测定的主要方法步骤。

(1)寄主植物和病原物　寄主植物为水稻感病品种(苏御糯),病原物为具有强致病力的野生敏感型水稻稻瘟病菌(*Magnaporthe grisea*)菌株。

(2)接菌体的培养　将强致病力菌株接种到产孢培养基(米糠培养基)上,28℃培养10d后,用灭菌的毛刷刷掉气生菌丝,黑光灯下继续培养3d,促使其产孢。用灭菌水洗脱孢子,制成浓度为 1×10^5 孢子/mL 的悬浮液,备用。

(3)病原菌接种　稻瘟病在水稻苗期的最佳发病期为3叶1心期,因此待水稻长至3叶1心的时候,挑选长势一致的水稻秧苗进行测定。接菌方式采用分生孢子悬浮液喷布接种法,使用喷雾器将病原孢子均匀喷布在水稻植株的表面。为了增加接菌的成功率,可以使用高压喷雾器,并且在孢子悬浮液内混入少量400~600目的金刚砂,这样可以在喷雾接种过程中破坏水稻叶面的角质层,提高接种成功率。接种后移至适宜的环境条件下(相对湿度95%以上,保持叶面有结露,温度25~26℃)黑暗培养24h,然后在25~26℃、12h光暗交替、相对湿度为85%~90%的条件下继续培养,7d后调查病害发生情况。每处理15株秧苗,4次重复。

(4) 施药处理 根据药剂活性,药剂处理设置5~7个等比系列浓度。三环唑是一种具有较强内吸性的保护性杀菌剂,主要抑制稻瘟病菌附着孢内黑色素合成。根据该药剂的特点,提前施药更能反映药剂的药效,因此施药时间设置在接菌前24h。采用喷雾器将设定浓度剂量的药剂均匀喷施在水稻植株地上部位,标准为叶面布满细小液滴,但液滴不会从叶片滑落,药剂喷施完毕后待药液自然风干。

(5) 调查和统计分析 稻瘟病在水稻苗期的表现是在叶片上形成不同程度的坏死斑,对于杀菌剂防治效果的判别,可参照中华人民共和国国家标准《农药田间药效试验准则(一)》(GB/T 17980.19—2000)中的评价方法进行调查统计,调查供试的所有植株,依据上面的式(4-7)计算出病情指数,对试验数据进行统计分析,评价杀菌剂的药效。

水稻苗叶瘟病害分为下述9级。

0级:整株无病;

1级:每株病斑2个以下;

3级:每株病斑3~5个;

5级:每株病斑6~8个;

7级:每株病斑9个以上;

9级:叶片布满病斑,萎蔫。

水稻叶瘟病害分为下述9级。

0级:整株无病;

1级:叶片病斑小于5个,长度小于1cm;

3级:叶片病斑6~10个,部分病斑长度大于1cm;

5级:叶片病斑11~25个,部分病斑连成片,占叶面积的10%~25%;

7级:叶片病斑26个以上,病斑连成片,占叶面积的26%~50%;

9级:病斑连成片,占叶面积50%以上或全叶枯死。

在测定过程中需检查药剂对作物是否有药害,记录药害的类型和危害程度。此外,也应记录对作物有益的影响(如刺激生长等)。

调查结果用上面分级计数法的相关公式计算病情指数和防治效果。

用DPS(数据处理系统)、SAS(统计分析系统)或SPSS(社会科学统计程序)等标准统计软件对药剂浓度对数值与防治效果机率值进行回归分析,计算药剂的EC_{50}及其95%置信限。

(6) 结果评价与报告编写 根据统计结果进行分析评价,写出正式试验报告。

(二)种子处理剂的温室药效测定

在种子阶段,种子上携带或寄藏的病原菌相对集中,通常处于休眠期或生长缓慢,用杀菌剂对种子进行处理,可以有效地控制病原物在田间或储藏期的进一步传播和蔓延,因此种子处理是病害防治中最经济、有效的措施之一。

种子处理剂的温室药效测定，适用于杀菌剂对种传和土传病害的药效测定，如小麦散黑穗病、棉花立枯病、玉米丝黑穗病等。种子处理剂施药的载体是种子，在测定过程中，除了考虑供试杀菌剂对靶标菌的抑制作用，还须特别注意杀菌剂对种子发芽和生长的影响。因此针对这类药剂的使用特点，在试验设计时必须注意供试杀菌剂的种类和处理剂量的控制。在寄主植物的选择、病原菌的选择和培养、供试土壤的准备等方面，本测定与土壤处理剂温室药效测定要求相近，参照相关章节准备即可。下面重点介绍接种和药剂处理方法。

1. 病原菌接种 若测定供试杀菌剂对种传病原菌的作用，可采用自然带菌的种子进行药剂处理，不过这样的种子很难获得，通常需采用人工的方法将供试种子用病原菌的孢子悬浮液浸种或拌种的方式制造带菌种子。

若供试病原菌为土传病害，一般采取提前土壤接菌或在播种的同时接菌两种方式。土壤提前接菌是主要的接菌方式，需要注意接种时间，接菌不宜过早或过晚，需根据病原菌的生长特点设定接菌时间，一般情况下在播种前 3~5d 接菌比较适合。播种的同时接种病原菌的方式比较适合黑粉菌属的测定，如玉米丝黑穗病的温室防治试验，在播种的同时在玉米种子表面直接覆盖上一层菌土接种，这种方式可提高接种成功率。

2. 施药处理 杀菌剂的种子处理通常有拌种、浸种（闷种）和包衣 3 种方式。

（1）拌种 拌种是指将药剂和种子混合搅拌后播种，可分干拌和湿拌。一般当供试杀菌剂为可湿性粉剂等固体剂型时可采用拌种方法。拌种处理操作简单，方便易行，但药剂易脱落淋失，靶标施药效能较低。

（2）浸种 浸种是指用药液浸泡种子的方法，其目的是促进种子发芽和消灭病原物。用于浸种处理的杀菌剂最好在处理剂量下能够完全溶解于水。难溶于水的杀菌剂加工成乳油或可湿性粉剂，用水稀释成悬浮液进行浸种时，会因放置时药剂颗粒的沉淀而处理不均匀。浸种处理一般为现浸现用，处理的种子不能进行储运。生产中水稻、棉花播种前常需要经过浸种处理，一般浸种时间要严格控制，药剂浓度低时浸种时间可略长，浓度高时浸种时间要缩短，时间过短则没有效果，时间太长容易引起药害。浸过的种子要注意冲洗和晾晒，对于部分药剂允许浸后直接播种的，得遵循使用说明进行。

（3）种子包衣 种子包衣是指在种子表面包裹上一层药膜做成的种衣，既可以对种子表面带菌进行消毒处理，又对种子周围和土壤中有害生物具有驱避作用，药剂还可以从种表内吸至种子内部，再传导至地上，分布到作物幼苗未施药部位，继续起到防病治虫作用。这种施药方法需使用种子包衣的专用剂型，即种衣剂。种衣剂是由农药原药（杀虫剂、杀菌剂等）、肥料、生长调节剂、成膜剂及配套助剂经特定工艺加工制成的，可直接或经稀释后包覆于种子表面，形成具有一定强度和通透性的保护层膜的农药制剂。种衣剂可以在种表形成一层包膜，药效缓慢释放，持效期可达 50~60d。对种子进行包衣处理，除了使用专业的机械包衣机外，还可以进行手工包衣，只需要容量充足的密封塑料袋或有大内腔的容器即可，把药剂和适量的水调制成药液后，加入种子，然后迅速剧烈振荡，使得药剂能均匀分布在种子表面，包衣完毕后，待种子表面药剂晾干后即可播种。

3. 播种和调查 将杀菌剂处理后的供试作物种子播种到接菌处理的土壤内，最少 4 次重复，每个处理播种 200 粒种子。放置在适合作物生长的环境中培养，正常水肥管理，观察出苗和幼苗的生长情况。对防治效果的测定指标主要为出苗率和发病率（对部分病害可调查病情指数），可参照中华人民共和国国家标准《农药田间药效试验准则（一）》（GB/T 17980—2000），同时需要关注株高、根长、鲜物质量、干物质量等反映幼苗质量性状的指标，以测定药剂对寄主植物的安全性。

（三）土壤处理用杀菌剂的温室药效测定

土传病害是当前农业生产中的一类重要病害，如玉米丝黑穗病、小麦纹枯病、棉花枯萎病、瓜果腐霉、辣椒疫霉等，引起这类病害的病原菌主要存活在土壤中，生产中通常会采用熏蒸、灌根、沟施等办法施用药剂，尽可能使药剂和病原菌直接接触，以达到杀菌防病的作用。根据土壤处理用杀菌剂的使用特点，其温室药效测定设计如下。

1. 寄主植物和病原物 杀菌剂温室药效测定选择的病原菌必须具有强致病力，并选择感病寄主植物，供试种子应饱满、无病，建议播种之前经过表面消毒，防止种子携带病菌对测定的干扰。

2. 病原菌培养和供试土壤处理 土壤处理杀菌剂温室药效测定的接菌一般采用菌土来进行，即将病原菌活化后接种在经过灭菌处理的玉米砂培养基（或者是适合病原菌生长的植物组织，要求该组织容易粉碎以利于土壤接种）中培养10~14d，取出后尽量在无菌的条件下晾干，将其与灭菌的农田土壤按照一定的比例混合后制成菌土。对于一些难以离体培养的病原菌（如玉米丝黑穗病菌），可以直接将病组织（冬孢子）与消毒后的细砂混合均匀直接制成菌土。将菌土和经过160℃、6h灭菌的田间自然土壤按照一定的比例混合均匀后，就可以作为已接菌的土壤进行试验。

3. 施药处理 根据药剂的性质采用下面相应的方法进行施药处理。

（1）喷淋或浇灌法 将药剂用清水稀释成一定浓度，用喷雾器喷淋于土壤表层，或直接灌溉到土壤中，使药液渗入土壤深层，杀死土中病菌。常用消毒剂有多菌灵、土菌消等。

（2）毒土混入法 先将药剂配成毒土，然后施用。毒土的配制方法是将杀菌剂（乳油、可湿性粉剂）与具有一定湿度的细土按比例混匀制成。毒土的施用方法有沟施、穴施和撒施。

（3）熏蒸法 利用土壤注射器或土壤消毒机将熏蒸剂注入土壤中，于土壤表面盖上薄膜等覆盖物，在密闭或半密闭的设施中扩散，杀死病菌。土壤熏蒸后，待药剂充分散发后才能播种，这段等待的时期称为候种期，一般为15~30d，否则容易使后茬作物产生药害。常用的土壤熏蒸消毒剂有棉隆、氯化苦等，其广谱、高效，对土壤中的病、虫、草等有害生物和有益微生物均有效。

4. 播种和调查 将混合好的带菌土装于直径合适的花盆中，待杀菌剂处理土壤后，根据药剂的特性，立即或过一定时间后播种或移栽供试作物种子或苗木，放置在适合作物生长的环境中培养，正常水肥管理，观察7~14d种子的发芽和幼苗生长情况，根据不同病害的发生特点，14~28d对其病情指数进行调查（对部分病害可调查发病率），同时需要关注株高、根长、鲜物质量、干物质量等反映幼苗质量性状的指标，以考察药剂对寄主植物的安全性。

（四）果实防腐剂温室药效测定

果实储藏保鲜是农业生产的延续，收获后的果实常会在储运期因病虫害的侵染而损失惨重。据报道，有10%~19%的甘薯等粮食作物被储藏期病害所吞没；柑橘等水果的腐烂率达到 10%~30%，严重的达到 50%~60%。储藏期发生普遍和危害较重的病害有青霉病、绿霉病、蒂腐病、黑腐病、炭疽病、酸腐病、褐腐病等。

生产上用于防治储藏期病害的化学药剂主要包括咪鲜胺、抑霉唑、百可得（双胍辛烷苯基磺酸盐）以及苯并咪唑类的多菌灵、甲基托布津、苯菌灵、噻菌灵等。施用方法一般采用药剂喷洒、浸渍和密闭熏蒸几种方式。因此对果实防腐剂的药效测定也通过这几种方式进行，具体选用的方法由杀菌剂的特性和防治对象的特点来决定。

药剂喷洒（或浸渍）的方法简单，易操作，适用于大多数杀菌剂的施用。对于易挥发的杀菌剂和臭氧等气态杀菌剂，应该选择密闭熏蒸的方式来进行，选用这种方法需要注意时间和剂量的控制。

下面以杀菌剂防治柑橘青霉病和绿霉病的温室药效测定为例介绍这类药剂温室药效测定的方法要点。

首先挑选完好无伤口、大小相近、成熟度一致的柑橘果实作为供试材料，用砂纸或其他细小的硬物小心将果实表皮轻微擦伤，注意各个果实的伤口数量保持相近。然后将果实放在药液中浸渍约 2min 或在其表面均匀地喷上药液，每处理用果 30 个，4 次重复。晾干后，将提前在马铃薯葡萄糖琼脂（PDA）培养基上培养的或从发病果实上采集的柑橘青霉病菌（*Penicillium italicum*）、绿霉病菌（*Penicillium digitatum*）的孢子附于脱脂棉球上，轻轻接触果皮进行接种，也可以采用喷布孢子悬浮液的方式进行接种。然后将接种的果实放入相对密闭的器皿中，注意保持湿度在 90% 以上，在 25℃ 下保持 5d 后调查结果。根据发病的果实数、发病程度来判定药效。如果测定具有熏蒸作用药剂的效果，则可取适量药剂使其吸附于滤纸上，在密闭的器皿中将滤纸放到果实的上面及下面即可。

（五）内吸性杀菌剂的温室药效测定

内吸性杀菌剂是指能通过植物叶、茎、根部吸收进入植物体，在植物体内输导至发病部位的杀菌剂，且药剂本身或其代谢物可抑制已侵染的病原菌的生长发育，保护植物免受病原菌重复侵染。大多内吸性杀菌剂兼有保护和治疗作用，可直接喷施、拌种或土壤处理（灌浇、沟施等）。有些杀菌剂虽然能够渗透到植物表层，但不能在植物体内进行长距离输导，则称为渗透作用或内渗作用，以有别于内吸作用。

内吸性是这类药剂的主要特点，按药剂的运行方向又可分为向顶性内吸输导作用（acropetal translocation）和向基性内吸输导作用（basipetal translocation）。针对药剂的作用特点可以设计对应的试验方案进行防效测定。其测定方法主要有根系内吸法、叶部内吸法、茎部内吸法和种子内吸法，这些方法的共有特征是靶标菌不直接接触药剂，药剂通过寄主植物运输传导后才能到达靶标菌部位，起到防病效果。

下面以甲氧基丙烯酸酯类杀菌剂丁香菌酯对小麦白粉病的温室药效测定为例介绍这类药剂温室测定的方法要点。

丁香菌酯是甲氧基丙烯酸酯类杀菌剂，它具有优异的向顶传导活性，因此可采用根部施药，测定地上部分对靶标菌防治效果的方法进行杀菌剂药效测定（根部内吸法）。具体操作为：将小麦感病品种播种于温室内，正常水肥管理，待长至 2~3 叶期，选择健康无病虫害、长势一致的麦苗作为测定用苗。将幼苗挖出，小心清洗根系，减少根部损伤，然后把小麦根部浸泡在含有 $25\mu g/mL$、$50\mu g/mL$、$100\mu g/mL$……共 5~7 个等比系列质量浓度的丁香菌酯的培养液中，每处理 15 株苗，4 次重复。并将新鲜采集的小麦白粉菌均匀抖落到小麦叶片上，人工接种白粉病菌。将接种后的麦苗置于18℃、相对湿度85%～95%、12h光暗交替的培养室中培养。待对照80%叶片发病面积超过50%时，调查所有处理病害发生情况，计算病情指数，评价供试杀菌剂的效果。

对于叶部内吸法、茎部内吸法和种子内吸法，其主要的差异是施药部位不同。叶部内吸法主要测定药剂在植物体内的横向传导能力或向基性输导作用。茎部内吸法常用于测定杀菌剂对果树病害的防治效果。种子内吸法用于测定杀菌剂吸收传导至种子胚乳和胚部后，随种子发芽和幼苗生长传导至植物地上部继续发挥抑菌作用。实际操作中，需根据测定目的和药剂性质来选用适当的施药方式。

第四节 抗病毒剂生物测定

病毒病是农业生产上的一种重要病害，近年来我国农作物病毒病的发生与危害有明显加重的趋势（如多种水稻病毒病和蔬菜病毒病等），严重影响农作物的产量和品质。迄今，生产中还没有一类能够有效治疗病毒病发生和危害的商品化药剂，因此抗病毒药剂的研制和筛选尤为迫切。

病毒通常只能在适当的寄主细胞里进行自身的复制，病毒离开寄主后很快就会钝化失活。由于病毒的专化寄生性，决定了对抗病毒药剂的效力测定需要在有寄主组织参与的条件下进行。抗病毒剂生物测定（bioassay of antivirus agent）是用药剂处理已接种病毒或已感染病毒的植物，通常根据发病植株的病斑数、病斑大小、病症程度、出现病斑需要的时间，或用分子生物学的方法测定寄主组织中病毒的含量来判断抗病毒剂活性的生物测定。按施药方式的不同，目前抗病毒剂的生物测定方法主要包括浸渍法、组织培养法、涂茎法、撒布法和土壤处理5种。现以烟草花叶病毒（Tobacco mosaic virus，TMV）为主，介绍抗病毒杀菌剂的生物测定。

一、抗病毒剂生物测定的主要影响因素

抗病毒剂生物测定的主要影响因素为供试植物和病毒接种，此外环境条件对病毒病显症也有影响，如许多病毒病症状在高温下有隐症显现。

（一）供试植物

为了确保抗病毒剂生物测定的成功，选择具有较强感病性的供试接种寄主植物是第一关键。从广义上讲，在以下条件下培养的温室植物抵抗力较差，感病性较强，有利于接种病毒：营养成分及水分供应恰当，植物生长正常，不过分强壮；中等或稍低的光照度；温度18～30℃，根据病毒和寄主的具体情况进行调整；下午接种。

叶龄显著影响寄主的感病性。在一般情况下，太幼嫩和太老的叶片相对于完全展开的较幼嫩的叶片而言不易感病。但也有特例，如在8～10叶期的心叶烟，接种烟草花叶病毒（TMV）后，容易在中下部的叶片而不是较幼嫩的叶片上产生更多的局部枯斑；与此相反，番茄丛矮病毒（Tomato bushy stunt virus，TBSV）在最老的叶片上可能不产生病斑，而在最幼嫩的叶片上产生病斑最多。

在培养寄主植物时，肥水管理等措施也要充分注意，以避免外部病毒的感染，尤其应注意蚜虫等传病媒介的传毒危害。同时要求供试植物在人工环境条件下容易栽培，以保证全年

能定时、大量供试。

(二) 病毒接种

病毒的接种工作是抗病毒药剂生物测定试验成功与否的另一个关键。根据病毒的传播方式和侵染途径的不同，接种方式也有所差异，机械摩擦接种和昆虫传染接种是两种最为常用的方法。

1. 机械摩擦接种 病毒可通过植物表面的机械损伤侵入，引起植物的发病。因此病毒接种一般是将病株汁液在叶面摩擦，故又称为汁液传染或汁液摩擦传染。但这种传染只限于大部分导致花叶型症状的病毒，因为这些病毒在寄主细胞中的浓度较高，同时在寄主体外的存活力也较长。

具体操作步骤如下：切取少量植物病症严重的新鲜组织（如感染烟草花叶病毒的烟草病叶），放入研钵内，加入适量 1/15mol/L 磷酸盐缓冲液，加入石英砂，充分研磨。可先将组织用液氮冷冻，这样更容易磨碎。用纱布过滤除去病叶残留组织，留下病毒组织液，将棉球在制备的病组织汁液中浸蘸一下，用镊子夹住棉球在接种植物的叶面沿其支脉方向轻轻擦1～2次，注意不可用力摩擦表面，以免产生大的伤口。为了提高接种效率，最好在病毒汁液中加入少量 400～600 目的金刚砂，再进行接种。或者直接在待接毒的植物组织表面均匀散布金刚砂后接种。对同一试材进行大量接种时，用毛笔刷往往比棉球更方便。接种完毕后应立即用水冲刷接种的叶片以提高接种的成功率，同时将接种的植株放在防虫的温室或纱笼中，在 20～25℃条件下培养，7～14d 内随时注意观察其发病情况。

接种病毒时，为防止其他病毒混入，接种用的器具，应预先进行消毒，试验人员也注意清洗消毒工作。

2. 昆虫传染接种 昆虫传染是自然条件下植物病毒传染的一种主要方式，它以昆虫为媒介，将病毒从病株传染蔓延至健株。蚜虫是植物病毒最主要的虫媒。

具体传毒步骤如下：首先进行供试蚜虫的准备。除了人工饲养的蚜虫外，接种前也可到田间无病的十字花科蔬菜上，用毛笔轻轻采集正在爬行的蚜虫（因静止在植物叶片上的蚜虫，往往其口针固定在植物组织中，这时如用毛笔采集，易伤其口针），经过饲养证实蚜虫不带毒后方能应用。为保证接种效果，接种前必须使蚜虫饥饿一定时间，饿蚜方法如下：取培养皿一个，将皿口用玻璃纸封好，并用橡皮筋缚紧，在玻璃纸中间开一个小口，用柔软毛笔取蚜虫从小口放入培养皿（取蚜虫时可将带蚜虫的叶片，轻轻敲打或稍加热烘一下，使蚜虫自己掉下，必须避免蚜虫的口器受伤），每皿放入 50 头左右，然后用玻璃纸重新将小口封闭，将培养皿放在温暖处，使蚜虫饥饿 2～4h。将经过饥饿的蚜虫重新用笔取出，挑到有病毒的病叶上饲喂 10min。用毛笔触动蚜虫，使其自动拔出口器后，用毛笔将其移到无病接种植物上。每株接种蚜虫 10～15 头。将接种后的植株移至防虫的温室、纱笼或玻璃罩内培养，接种 24min 后，用药剂杀死蚜虫，继续培养植株至病毒病的症状出现。同样将饥饿后的蚜虫放在无病毒的植株上饲喂 10min，然后用毛笔移到另一株无病接种株上作为对照，其他方法同上。

接种部位、接种时间和接种浓度均是影响病毒接种成功的关键因素，不同类型病毒的具体要求并不完全一致，需要从试验中进一步摸索。选择合适的供试寄主，控制适宜的环境条件，保证接毒浓度，并注意接种工作的均匀性，才能保证接种质量，从而反映抗病毒药剂的真实效果。

二、抗病毒剂的常规生物测定方法

（一）浸渍法

浸渍法是指将已感染病毒的植物组织（如叶片）放于一定浓度抗病毒剂药液表面，一定时间后测定叶片中病毒的含量来比较药剂效力的方法。例如从温室中培育的寄主植物上摘取健全的叶片，在叶面上用毛刷或棉球摩擦接种病毒叶片汁液或纯化的病毒稀释液。接种后待叶片干燥后，避开叶脉，用打孔器从叶肉部分裁出直径 12mm 的圆形叶片。注意应以叶脉为中线的两侧对称位置上打孔，一半叶子上裁出的叶碟为对照组，另一半叶子上裁出的叶碟为处理组。

取 10mL 含有一定药剂的水溶液或培养液 [KH_2PO_4 0.071g、$CaCl_2$ 0.116g、$MgSO_4 \cdot 7H_2O$ 0.437g 和 $(NH_4)_2SO_4$ 0.278g，溶于 1L 水中]，放入直径为 9cm 的培养皿中，再将上述准备的圆形叶片 10～12 片悬浮于液面上。注意不能让浮于液面上的叶片沉入药液中。或者在培养皿中铺上用药液所湿润的滤纸，在滤纸上面摆放叶片。然后把培养皿放于 25℃ 的培养箱中，在荧光灯照射下培养。培养期间最好不更换药液。

供试病毒为烟草花叶病毒（TMV），供试烟草为 *Nicotiana tabacum* 时，叶碟浸渍培养 5～6d 后，从各处理组和对照组取出 10 枚叶片，水洗后测定叶片中的病毒含量，用各处理组和对照组之比值来表示其抗病毒的效力，并比较不同处理组间的效力差异。

如果用叶片较小的植物进行测定，可用整叶来替代，从中脉分二等份，一半为对照，另一半为处理组。另外，也可根据测定目的的不同，采用先进行药剂处理后再接种病毒的方法。试验中除了设计空白对照以外，最好还设计已知抗病毒剂的阳性对照。

（二）组织培养法

组织培养法是指将已感染病毒的幼嫩植物组织（如茎或根），在混有药剂的培养基中培养一定时间后，通过测定病毒含量来比较药剂效力的方法。例如可选用柔嫩植物的茎或植物的根进行相关测定试验。选用茎时，可在准备好的烟草上接种病毒，感染后的植物上部节间使用 1.5% 的 H_2O_2 进行 1min 表面消毒，然后切取 2～3mm 长的茎段进行测定试验。另外，在直径为 2～3cm 的试管内加入混有定量药剂的 White 培养基，加上棉塞进行灭菌。将上述消毒处理的茎段放置在此培养基上，在 21℃ 下培养，7～10d 后茎段上出现白色愈伤组织。20～25d 后取出茎段称量。将茎段冷冻，测定其中病毒含量。White 培养基的组成成分如下：$Ca(NO_3)_2 \cdot 4H_2O$ 287mg/L、KNO_3 80mg/L、$NaH_2PO_4 \cdot H_2O$ 19.1mg/L、KCl 65mg/L、$MgSO_4 \cdot 7H_2O$ 738mg/L、$Na_2SO_4 \cdot 10H_2O$ 453mg/L、$MnSO_4 \cdot 4H_2O$ 6.6mg/L、H_3BO_3 1.5mg/L、$ZnSO_4 \cdot 7H_2O$ 2.7mg/L、KI 0.75mg/L、甘氨酸 3.0mg/L、烟酸 0.5mg/L、维生素 B_6 0.1mg/L、维生素 B_1 0.1mg/L、柠檬酸 2.0mg/L、L-蔗糖 20g/L，pH 5.7。

使用根作试材时，在灭菌的培养皿内加入灭菌的 2%～3% 琼脂培养基，将番茄种子用 0.1% 次氯酸钠进行表面消毒后，摆放在培养皿内，使其发芽。当根伸长到 2～3cm 时，取出，移至含有 25mL White 培养液的 100mL 三角瓶中培养。然后将培养根移入掺有少量石英砂的病毒悬浮液中，稍加振荡进行接种病毒，再移入无毒的培养液中继续培养，当产生侧根后取其一部分测定病毒含量。根据试验目的，在适当时候将药剂加入培养液中，由对照组和药剂处理组病毒的含量不同来判定药剂效果。

（三）涂茎法

涂茎法是指在已感染病毒的植物幼茎部，涂上一定量的药剂，根据产生病斑数量和大小来比较药剂效力的方法。例如将四季豆在温室内培育到初生叶完全展开，次生叶开始出现时，在子叶下部的胚轴上选 3 个点作为接种点，点间相隔 5mm，在各点上接种 0.5mL 南方菜豆花叶病毒（*Southern bean mosaic virus*，SBMV），并在各接种点的液滴处添加约 1mg 的金刚砂，用尖端直径 2mm 圆形的细玻璃棒轻轻摩擦 5~6 次。在胚轴反面也同样接种 3 个点。接种后用水洗去金刚砂和过剩的接种物。已接种的试材，4~5d 后就可以出现暗褐色塌陷的病斑。供试药剂可用羊毛脂配成 1% 的糊状物，保存在 50℃ 下，当胚轴正反面接种和水洗后的部位干燥后，立即以直径 5~7mm 的棉球粘取药剂膏，并在接种部分涂抹上一层药膏。这种方法，每个接种部位可附着的药量约 17μg。以只涂羊毛脂（不含药剂）的处理为对照，用对照组产生的病斑数和大小来比较药剂处理组的效果。

（四）其他常规方法

1. 撒布法 撒布法是指将药剂撒布在盆栽植物上测定药剂效力的方法。如在盆栽植物上喷撒供试的药剂，根据试验目的，在适当的时候接种病毒，观测病症程度、出现病症所需要的时间长短或测定植物体内病毒含量，以判断药效。

2. 土壤施用法 土壤施用法是指将药剂施入土壤后测定药剂效力的方法。如将植物种植在花盆内，将药剂溶于水或用溶媒将药剂溶解后灌于土壤中。根据试验目的要求，在适当的时候接种病毒。采用与撒布法相同的方法来判断药剂的效力。

三、抗病毒剂生物活性的定量测定方法

病毒检测几乎是所有病毒学研究的基础。在本节所介绍的抗病毒剂生物测定方法中，应通过适当的测定方法，定量测定出接毒寄主植物中病毒的存在情况，从而确认抗病毒药剂的效力。

在寄主植物中病毒含量的定量测定方法中，过去很长一段时期内通常采用生物定量法测得。最常用的方法是局部病斑计算法，而血清学检测方法酶联免疫吸附法（ELISA）以及分子生物学检测法近年来也得到迅速发展。

（一）局部病斑计数法

局部病斑计数法（local lesion method）是依据局部植物组织产生病斑数与接种的病毒浓度成正比关系来测定病毒含量的方法。Helmes（1929）认为，烟草花叶病毒（TMV）接种到心叶烟（*Nicotiana glutinosa*）叶片上产生的局部坏死斑（local lesion）可用于相对侵染性的测定，同时发现在一定的接种浓度范围内，病斑数与接种病毒的浓度呈正比，因此这个方法非常适用于病毒含量的定量测定，且操作简单，只要有能产生清晰局部坏死斑或局部环斑的寄主即适用，选择面宽。常用的病毒和局部病斑性寄主植物组合包括：烟草花叶病毒和珊西烟（*Nicotiana tabacum* cv. Xanthi NN）或心叶烟（*Nicotiana glutinosa*），烟草坏死病毒（*Tobacco necrosis virus*，TNV）和菜豆类寄主植物，烟草蚀纹病毒（*Tobacco etch virus*，TEV）和秘鲁酸菜，黄瓜花叶病毒（*Cucumber mosaic virus*，CMV）和豇豆，芜菁花叶病毒（*Turnip mosaic virus*，TuMV）和烟草，马铃薯 Y 病毒（*Potato virus Y*，PVY）和佛罗里达酸浆等。

进行病毒定量测定时，首先要培养一致的无病毒植物。注意苗龄，使用烟草接种病毒

时,一般3~4叶期比较适合;当用菜豆、豇豆接种病毒时,待初生叶全部展开、复叶开始伸长时用来测定较适宜。须注意测定植物的肥水管理,以培养出营养状况较好的植株。如果营养状况差或叶片粗糙则对病毒的敏感性将会偏低。

培育良好一致的植株,在接种前1d除去多余的叶片,使各叶片对病毒的感受性均匀一致,摩擦接种3~4d或稍长时间后即出现病斑,当病斑出现到容易计数时进行统计。如果时间太长病斑融合在一起,则难以计数。

测定药剂处理叶片的病毒量时,每个处理组要用20~30枚叶片,接种量以一半叶片或一对生叶产生15~40个病斑为宜。因此稀释接种液时须掌握用量,最好先进行预备试验来确定。由于试验时具体情况和目的不同,稀释量常有很大的差别。通常处理组的设置方法包括半叶法和对叶法,其中烟草可用半叶法,菜豆豇豆用对叶法。半叶法即以叶片主脉为界线,由于两半叶对病毒的敏感性相似,所以其中一半可接种药剂处理的汁液,另一半叶接种无处理(对照)的汁液,然后计算处理组病斑数与对照组病斑数的比率,即计算病毒增殖抑制率,比较各处理间的抗病毒效力。对叶法即以对生叶的一叶作为药剂处理,相对应的另一叶接种无处理的汁液。和半叶法一样,比较各处理间的抗病毒效力。

(二) 酶联免疫吸附法

血清学方法是检测植物病毒最为常用和有效的手段之一。植物病毒是由蛋白质和核酸组成的核蛋白,是一种很好的抗原,特异性的抗体与相应的抗原结合,使抗原失去活力,这种结合的过程叫做免疫反应,也叫做血清反应。由于不同病毒产生的抗血清都有各自的特性,因此可以用已知病毒的抗血清来鉴定病毒种类。以酶联免疫吸附法(enzyme-linked immunosorbent assay, ELISA)为基础的检测方法灵敏度较高,可检测纳克(ng)水平的病毒,并且可以缩短检测时间,适用于大规模样品的检测,使常规病毒诊断变得非常容易。目前,应用最多的是双抗体夹心酶联免疫吸附法(DAS-ELISA)和A蛋白双抗夹心酶联免疫吸附法(PAS-ELISA)等。上述方法专业性强,应用广泛,在国内外已形成商业化生产。即预先用标记抗体包被酶联板,配以酶标抗体、浓缩洗涤液等,制成成套反应盒,使用方便,便于推广。

这种方法的缺点是,检测每种病毒都需要制备相应的酶标记特异抗体,标记过程比较复杂,如果购买,价格比较昂贵,而且有时还存在非特异性颜色反应的干扰。对于蚜虫传播的病毒,如果病毒繁殖量少,就无法用酶联免疫吸附法方法检测。

(三) 分子生物学检测法

分子生物学检测法通过对植物体内病毒核酸的检测来进行定性和定量的分析,比血清学方法的灵敏度更高,可检测到皮克(pg)水平甚至飞克(fg)水平。检测病毒的范围更广,对各种病毒、类病毒都可以检测,适用于大批量的样本检测。目前应用最多的是核酸杂交技术(technique of nucleic acid hybridization)、双链RNA(double-stranded RNA, dsRNA)电泳技术和反转录聚合酶链式反应(reverse transcription-polymerase chain reaction, RT-PCR)、实时荧光RT-PCR等。其中RT-PCR技术的基本原理是以所需检测的病毒RNA为模板,反转录合成cDNA,从而使极微量的病毒核酸扩增上万倍,以便于分析检测。也可利用烟草花叶病毒(TMV)特异性的探针和引物组合,通过实时荧光定量RT-PCR测定抗病毒药剂处理和未用药剂处理(对照)中烟草花叶病毒的RNA含量,计算病毒RNA浓度的抑制率来确定抗病毒杀菌剂的活性。上述技术不需要制备抗体,而且检测所需的病毒量少,具有灵敏、快速、特异性强等优点。但是需要昂贵的仪器设备和专业化的技术支持，因此目前还未脱离实验室而实现在田间的应用。

复习思考题

1. 简述温室盆栽试验在药效评价中的意义。
2. 简述影响温室效力测定的主要因素。
3. 根据杀菌剂的使用方式，通常将杀菌剂分为哪几种？
4. 简述喷布施药、种子处理和土壤处理几种温室效力测定的特点和主要试验环节。
5. 抗病毒剂的常规生物测定方法主要有哪几种？各种方法的适用范围是什么？
6. 番茄黄化曲叶病毒可通过传毒介体烟粉虱传播病害，但不能经机械摩擦或种子传播，请根据该病害的特点设计抗病毒剂对黄化曲叶病毒的温室生物测定试验方案。

第五章
除草剂室内生物测定

第一节 除草剂室内生物测定概述

一、除草剂生物测定的发展

在 Went F. W. (1928) 利用燕麦胚芽鞘弯曲法测定植物生长调节剂活性的基础上，1935 年 Crafts 在除草剂的研究中首次完成了指示植物的试验，他利用高粱作指示植物，测定了无机除草剂亚砷酸钠和氯酸钠的生物活性、持效期和淋溶性。1958 年，Gast 应用芥菜与燕麦、Van der Zweep 应用黑麦测定了土壤中西玛津的含量，这种测定早于化学分析的测定。20 世纪 50～60 年代，我国学者关颖谦等人创立了小麦去胚乳法和高粱法，并得到了广泛应用。

20 世纪 60 年代以来，随着除草剂品种和应用的迅速发展，除草剂生物测定也得到快速发展，先后出现了一系列灵敏、有效的生物测定方法。除草剂生物测定贯穿于现代除草剂新品种研发创制的全过程，即贯穿于从发现除草活性到实现产业化、并在生产上广泛应用的整个过程，是除草剂创新化合物研究工作中的一项不可低估、不可缺少的重要组成部分。除草剂生物测定同时还被广泛应用于以下研究领域：确定除草剂的杀草谱、最佳用药剂量和用药时期、对作物安全性、复配除草剂联合作用效果、环境条件对除草剂活性影响；测定除草剂在土壤中的残留动态、吸附、淋溶、持效期、光解、挥发速度和微生物降解；研究除草剂在生物体内吸收、转运、作用部位、降解和代谢；鉴定杂草对除草剂的抗药性与抗性治理等。

除草剂生物测定（bioassay of herbicide）是度量除草剂对杂草生物效应大小和对作物安全性的测定方法。即通过采用几个不同剂量的除草剂对供试杂草或相对应的作物产生效应强度的比较方法，以评价药剂的相对除草效力或对作物的安全性。除草效力测定是指利用供试杂草的植株、器官、组织或靶标酶等对除草剂的反应来测定除草剂生物活性的方法。

广义的除草剂生物测定包括实验室、温室和大田 3 个层次的试验。狭义的除草剂生物测定仅指实验室试验和温室试验。大田试验称为田间药效评价。本章仅讲述狭义的除草剂生物测定方法。

二、除草剂生物测定的前提条件

为了要保证除草剂生物测定结果的准确性，生物测定方法必须标准化。标准化的除草剂生物测定方法必须具备以下 3 个条件。

1. 供试指示植物的标准化　指示植物对供试除草剂的反应具有相对高的敏感性，且在一定剂量范围内其剂量与反应间具有显著的相关性。

尽管大多数非选择性的除草剂对多种植物具有效应，而且有时能采用一种植物来测定不同类型的除草剂品种，但是作为生物测定的指示植物首先必须对供试除草剂的反应具有相对高的敏感性,如果指示植物对供试药剂反应的敏感性不高,这样的生物测定结果难以对供试化合物的活性作出正确评价。

在一定剂量范围内,其处理剂量与指示植物的反应间具有显著的相关性,即符合生物对药剂效应的增加与剂量增加的比例呈正相关的基本规律。

要选择适宜的指示植物,还必须掌握不同类型除草剂的杀草原理、作用特性。植物对不同除草剂反应部位与症状的差异,如光合作用抑制剂及色素抑制剂(脲类、三氮苯类等除草剂)的主要反应是降低植物体内干物质的积累,而生长抑制剂主要抑制根系与芽的伸长。此外植物的不同品种、子粒大小、不同生育期、不同部位对除草剂的反应都存在差异,这些都是必须注意的。

指示植物对供试除草剂的反应能产生可测量的性状指标。适宜的指示植物必须对除草剂反应灵敏,并能产生反应明显、易于计数或测量的性状指标,如种子发芽率、根长、芽长、株高、根和芽鲜物质量或干物质量、叶绿素含量、电导率、酶活性以及生理与形态变化等指标。其中长度和质量是最常用的指标。

2. 试验方法的标准化 供试指示植物须经严格挑选,必须在遗传上同质,正常健康生长,对药剂的反应均匀一致。

试验药剂采用高纯度的原药,应避免其所含杂质对试验结果的影响。对照药剂采用已登记注册且生产上常用的原药。对照药剂的化学结构类型或作用方式应与试验药剂相同或相近。水溶性药剂直接用水溶解、稀释。其他药剂选用合适的溶剂(如丙酮、二甲基甲酰胺或二甲基亚砜等)溶解,用含0.1%吐温80的水溶液稀释。根据药剂活性浓度范围,设5~7个等比系列质量浓度。

生物测定应有严格控制的环境条件。稳定、一致的环境条件对保证生物测定的精确性是十分关键的。其中最重要的条件是温度、水分和光照。温度可显著影响除草剂的活性,如禾草灵对野燕麦的活性在24℃时比17℃时小,莠去津对大麦的毒性17℃时比10℃时高。因此试验时应针对除草剂品种及指示植物的种类,寻找最佳温度条件。水含量的多少及空气湿度,特别是土壤含水量会显著影响除草剂对植物的毒性,如土壤含水量分别为30%和60%时,西玛津对燕麦生长抑制的IC_{50}分别为$1.3\mu g/mL$和$0.4\mu g/mL$,其差异很大。光照是测定需光型除草剂活性的必备条件,尤其光照度和光照时间影响颇大。试验过程中应严格控制光照度和光照时间,应该在光照培养箱或人工气候室内进行。生物测定试验中采用的基质主要有土壤、砂、蛭石、水琼脂培养基等。其中土壤最为复杂,其质地、有机质含量、pH等因素都会对除草剂的活性造成影响,生物测定时最好采用人工配制的土壤,以确保试验结果的准确性。

3. 其他标准化要求 其他标准化要求包括精确可靠的试验设备、足够的试验样本数、设对照和重复、应用统计分析方法评估试验结果等(详见本书第二章)。

三、除草剂活性的表示方法

除草剂活性的表示方法有抑制中浓度(IC_{50}、EC_{50})、最高无影响剂量和相对毒力指数。

1. 抑制中浓度 抑制中浓度是指抑制50%测定指标时除草剂的浓度,需采用毒力回归方程的方法计算。

2. 最高无影响剂量 最高无影响剂量是指不影响作物生长发育的最高剂量,是除草剂对作物是否有影响的剂量分界线，常用 EC_{10} 表示。

3. 相对毒力指数 在同时测定几种除草剂的毒力时，或由于供试的药剂过多而不能同时测定时，在每批测定中使用相同的标准药剂，可用相对毒力指数来比较供试除草剂毒力的相对大小。

除草剂 A 的相对毒力指数＝标准除草剂的 IC_{50}／除草剂 A 的 IC_{50}

4. 生长抑制率和抑制指数 当测定结果是通过目测而取得时，首先应确定评价的等级标准，现在常用的等级范围如下：

0级：与对照相同；
1级：生长抑制率＜25％；
3级：≥25％生长抑制率＜50％；
5级：≥50％生长抑制率＜75％；
7级：≥75％生长抑制率＜95％；
9级：生长抑制率≥95％。

抑制指数＝ $\sum$ [（株数×代表级值）/（总株数×9）] ×100％

第二节 植株测定法

植株测定法是通过植物地上部分的生长量、形态特征、生理指标变化的大小来测定除草剂毒力的测定方法。生物体的生长量或伸长度在一定范围内与药剂剂量呈现相关性，因此可用于除草剂的定量测定，并具有较高的灵敏度。一般是在温室、人工气候室或培养箱内培养供试植物，根据药剂特性选择播前、播后苗前或苗后施药。在植株测定中，评价的指标可以是出苗率、株高、地上部分鲜物质量或干物质量、地下部分鲜物质量或干物质量，也可以根据植物受害的症状分级。对于已知作用机制的除草剂，可以测定药剂处理后植物的生理指标，如叶绿素含量、电导率、CO_2 释放量等。在新型除草剂创制过程中，植株生物测定是必不可少的环节。

一、小 杯 法

小杯法（small glass method）是利用药剂浓度与植物幼苗生长的抑制程度呈正相关的原理来测定除草剂活性和安全性的生物测定方法。此法通常在小烧杯内进行，故称小杯法。

其方法通常以 50mL 或 100mL 的小烧杯为容器，杯底放入一层直径约为 0.5cm 的玻璃珠或短玻璃棒，再铺一张圆滤纸片。待测化合物用丙酮或二甲苯等有机溶剂溶解，并配制成 5～7 个等比系列质量浓度。用移液枪或移液管吸取 1mL 药液置于杯内滤纸上，待有机溶剂挥发至干。选取 10 粒大小一致、刚发芽的杂草或敏感作物种子，排放在小杯内滤纸片上。选用水生植物（如水稻、稗草等）种子为供试植物时在小杯中加入 2mL 蒸馏水，而选用小麦、油菜、马唐等种子为试材时加 3mL 蒸馏水。并设空白（蒸馏水）对照及溶剂的对照，每处理重复 4 次。将全部小杯移至 27～29℃恒温室中培养，白天给予日光灯照。培养期间每天加入一定量的蒸馏水以补充挥发掉的水分。待植物幼苗症状明显时，测量芽长、幼苗株高、根长或鲜物质量。计算抑制率，用 SAS（统计分析系统）或 DPS（数据处理系统）标准统计软件进行药剂浓度的对数与抑制率的机率值之间回归分析，计算抑制中浓度（IC_{50}）

及95%置信限。分析试验结果，评价药剂活性。

小杯法具有操作简便、测定周期短、应用范围较广（如可用于醚类、酰胺类、氨基甲酸酯类、有机磷类、氯代脂肪酸类、有机砷类、二硝基苯胺类、芳氧苯氧丙酸类等）的优点。小杯法可用于测定抑制植物幼苗生长的除草剂生物活性及选择性，可作为除草剂初筛的基本方法，测定结果与盆栽法相近。小杯法不适用于光合作用抑制剂的生物测定。

二、稗草胚轴法

稗草胚轴法（barnyard grass hypocotyl method）是利用药剂浓度与稗草中胚轴（即从种子到芽鞘节处的部分）生长的抑制程度呈正相关的原理来测定除草剂活性的生物测定方法。

具体方法是待测化合物用丙酮或二甲苯等有机溶剂溶解，并配制成5～7个等比系列质量浓度。在50mL烧杯中，加入5mL供试药液，放入10粒发芽整齐、大小一致的稗草种子，在种子周围撒些干净石英砂，以防幼苗浮起。以蒸馏水为对照，每处理重复4次。将全部处理置于28～30℃恒温箱中培养。4d后测定稗草中胚轴长度，计算中胚轴长度抑制率，用SAS或DPS标准统计软件进行药剂浓度的对数与胚轴长度抑制率的机率值之间回归分析，计算抑制中浓度（IC_{50}）及95%置信限。分析试验结果，评价药剂活性。

本法适于测定氯代乙酰胺类除草剂（如甲草胺、乙草胺、异丙甲草胺等）的生物测定，灵敏度可达0.01μg/mL（以有效成分计，下同）。

三、高粱幼苗法

高粱幼苗法（sorghum seedling method）是利用药剂浓度与高粱幼苗生长的抑制程度呈正相关的原理来测定除草剂活性的生物测定方法。

具体方法是先将高粱种子放在湿滤纸上，24℃温度下萌发15～20h，待长出胚芽1～2mm时备用。待测化合物用丙酮或二甲苯等有机溶剂溶解，并配制成5～7个等比系列质量浓度。用直径9cm的培养皿装满过筛干净晾干的河沙并刮平，每培养皿慢慢滴入30mL药液，正好使全皿河沙浸透。然后用具10个齿的齿板在培养皿的适当位置压孔，或用细玻璃棒均匀压10个孔。将10粒萌发的高粱种子幼根朝同一方向轻置于孔内，盖上培养皿盖并用胶带粘牢密封。以滴入30mL蒸馏水作空白对照，每处理重复4次。将全部处理的培养皿盖面向下，培养皿倾斜15°摆放于恒温培养箱中，便于根沿培养皿盖生长。27℃黑暗培养18h后，在培养皿盖上用记号笔标出根尖位置，36～42h后空白对照根长达到30～35mm时，即可从标记处测量各处理根的延伸长度，计算根长抑制率，用SAS或DPS标准统计软件进行药剂浓度的对数与高粱幼苗根长度抑制率机率值的回归分析，计算抑制中浓度（IC_{50}）及95%置信限。分析试验结果，评价药剂活性。

高粱幼苗法也可以测定除草剂对高粱幼芽或中胚轴的抑制活性。测定时，萌芽种子应排列在培养皿的较低部位，倾斜15°皿盖向上摆放，以便幼芽沿着培养皿盖生长。可随时测量幼芽或中胚轴的长度，不需拔出幼苗。

高粱幼苗法适合于大多数非光合作用抑制剂类除草剂的生物活性测定。它具有操作简便、测定周期短、测定范围广、重现性好（待测定化合物和指示植物在同样密闭的小环境中，减少了其他因子的干扰）、适用于易挥发、易淋溶化合物的测定等优点，还可改用燕麦、黄瓜等材料来扩大测试范围，因而被国内外许多实验室采用。

四、小麦去胚乳法

（一）概念

小麦去胚乳法（method of removing wheat endosperm）是利用去胚乳小麦幼苗对药剂敏感和苗高与除草剂浓度呈负相关的原理来测定药剂活性的生物测定方法。此法也可用于一些除草剂的移动性和持效期的测定。

（二）操作步骤

具体方法分选苗和施药两步。

1. 选苗　选择均匀饱满的小麦种子，浸种 2h 后，排列在铺有滤纸或纱布的搪瓷盘中，置于 20℃ 恒温箱中催芽 3～4d，待芽长达 2～3cm 时，选生长一致的幼苗，轻轻取出，避免伤根，摘除胚乳，在清水中漂洗后备用。本方法以株高为测定指标，原始的芽长很重要。因此选苗必须严格，每株苗必须测量长度。

2. 施药　待测化合物用丙酮或二甲苯等有机溶剂溶解，并配制成 5～7 个等比系列质量浓度。以 50mL 烧杯作容器，每杯播种 10 粒去胚乳小麦幼苗，加入 3mL 待测除草剂药液和 6mL 稀释 10 倍的培养液，以加 3mL 蒸馏水者作对照，重复 4 次，保持 21～26℃，在光照下培养 7d。注意每天应该称量每个烧杯，补足损失的水分。

（三）调查和统计分析

测量株高，计算株高抑制百分率，用 SAS 或 DPS 标准统计软件进行药剂浓度的对数与小麦株高抑制率机率值的回归分析，计算抑制中浓度（IC_{50}）及 95% 置信限。大量试验证明，株高（即根基到最长叶尖的长度）对除草剂浓度变化的反应最灵敏。分析试验结果，评价药剂活性。

（四）培养液配方

去胚乳小麦幼苗培养液配方为：$(NH_4)_2SO_4$ 3.2g、$NH_4H_2PO_4$ 2.25g、$MgSO_4$ 1.2g、KCl 1.2g、$CaSO_4$ 0.8g、微量元素 0.01g、蒸馏水补足至 1L。

其中微量元素配方为：$FeSO_4$ 10g、$MnSO_4$ 9g、$CuSO_4$ 3g、H_3BO_3 7g。

（五）适用范围

小麦去胚乳法适用于测定光合作用抑制剂，与其他光合作用抑制剂测定方法相比，具有操作简便、测定周期短、专一性好等优点。如果将去胚乳小麦种植在含有系列浓度除草剂的土壤中，可测定土中除草剂的含量、淋溶性、持效期等。

五、小麦根长法

小麦根长法（method of wheat root elongation）是利用小麦根长与药剂浓度呈负相关的原理来测定除草剂活性的生物测定方法。

其方法是在直径为 9cm 的培养皿内铺满一层直径为 0.5cm 的小玻璃球，分别移入 10mL 等比系列质量浓度的待测药液，放入 10 粒催芽露白的小麦种子，以蒸馏水为对照，各处理重复 4 次。全部处理在 20～25℃ 培养箱中培养 5～7d 后取出，测量根长，计算根长抑制百分率，用 SAS 或 DPS 标准统计软件进行药剂浓度的对数与小麦根长抑制率机率值的回归分析，计算抑制中浓度（IC_{50}）及 95% 置信限。分析试验结果，评价药剂活性。

本法可用来比较防除单子叶杂草的除草剂间的活力,如氟乐灵、仲丁灵、二甲戊灵、绿麦隆等。

六、燕麦幼苗法

燕麦幼苗法(oat seedling method)是利用在一定范围内药剂浓度与燕麦幼苗生长(如地上部分的鲜物质量及干物质量,或第2片叶和第3片叶的鲜物质量及干物质量)的抑制程度呈正相关的原理来测定除草剂活性的生物测定方法。

其方法是将土样烘干,过40目筛后,与供试药剂充分混合。取200g(以干物质量计)土壤装入直径6cm左右的玻璃管内,播入已催芽露白的燕麦种子10粒,土壤水分保持在最大田间持水量的60%左右。以不用药处理为空白对照,各处理重复4次。全部处理放在自然光下培养2周后,测量植株地上部分的鲜物质量及干物质量,或第2片叶和第3片叶的鲜物质量及干物质量,计算其生长的抑制百分率,用SAS或DPS标准统计软件进行药剂浓度的对数与燕麦幼苗生长抑制率机率值的回归分析,计算抑制中浓度(IC_{50})及95%置信限。分析试验结果,评价药剂活性。

本方法适用于测定均三氮苯类除草剂(如莠去津、西草净)以及取代脲类除草剂的活性、淋溶性及持效期等。前者灵敏度可达0.05~0.1μg/mL,后者可达0.1~0.3μg/mL。

七、玉米根长法

玉米根长法(method of corn root elongation)是利用在一定范围内药剂浓度与玉米幼苗根长的抑制程度呈正相关的原理来测定除草剂活性的生物测定方法。

选择敏感的常规玉米栽培品种,将均匀一致的玉米种子在24~26℃条件下浸泡12h,在27~29℃条件下催芽至露白,胚根长度达到0.8cm时备用。根据药剂活性,设5~7个等比系列质量浓度。选10粒发芽一致的玉米种子摆放于100mL烧杯底部,加入3cm石英砂将种子充分覆盖。用定量系列浓度的药液将种子充分浸泡,用保鲜膜封口置于培养箱内,在温度24~26℃、相对湿度80%~90%的黑暗条件下培养。每处理不少于4次重复,并设不含药剂的处理作空白对照。培养5d后用直尺测量各处理的根长,并记录试材中毒症状。根据调查数据,计算各处理的根长或芽长的生长抑制率,单位为百分率(%)。用DPS、SAS标准统计软件进行药剂浓度的对数与抑制率机率值的回归分析,计算抑制中浓度(IC_{50})及95%置信限。分析试验结果,评价药剂活性。

本方法适用于磺酰脲类、咪唑啉酮类、酰胺类、二硝基苯胺类等除草剂的生物活性和残留活性测定。

八、黄瓜幼苗形态法

黄瓜幼苗形态法(method of cucumber seedling form)是利用在一定范围内药剂浓度与黄瓜幼苗生长受抑制程度呈相关的原理,根据幼苗受抑后的形态来测定除草剂活性的生物测定方法。

本方法是测定激素类除草剂及植物生长调节剂活性的常用方法,具有反应灵敏、测定范围大(0.1~1 000μg/mL)、操作简便等优点。

其方法是将供试药剂用丙酮等有机溶剂稀释成等比系列质量浓度,用直径11cm的滤纸在其中浸至饱和，取出挥发掉有机溶剂后，放入已垫有 2 张同样大小的空白滤纸、直径为 12cm 的培养皿中。选择饱满一致的黄瓜种子，在 5% 漂白粉溶液中消毒 30min，取出，用蒸馏水冲洗干净，晾干，每个培养皿放入 20 粒，加入 12mL 蒸馏水，注意此时培养皿中供试药剂的实际浓度为原来浓度的 1/10。设溶剂对照和蒸馏水空白对照。每处理重复 4 次。全部处理盖好培养皿盖，置 25℃ 恒温箱中黑暗培养 6d 后，取出黄瓜幼苗，描述、绘制或拍照记录各浓度下黄瓜幼苗的形态。

例如将 2,4-D 的一系列浓度下黄瓜幼苗形态画成"标准图谱"（就像化学分析中的标准曲线一样），然后用测定样品的黄瓜幼苗形态去和标准图谱对比，就可确定 2,4-D 类除草剂的含量或比较待测样品的除草活性大小。本方法是测定苯氧羧酸类除草剂的经典生物测定方法。测定 2,4-D 的极限浓度可达 $0.005\mu g/mL$（以有效成分计，下同）。

九、番茄水培法

番茄水培法（tomato aquaculture method）是利用在一定范围内药剂浓度与番茄幼苗生长的抑制程度呈正相关的原理来测定除草剂活性的生物测定方法。

其方法是采用育苗盘培养番茄苗，长到 2 片真叶后备用。将供试除草剂配制成等比系列质量浓度的药液，每浓度取 10mL 加入 30mL 玻璃试管中。选择生长健壮、高度一致的番茄苗，剪掉主根及子叶后插入试管，每试管插 4 株，以蒸馏水作对照，每处理重复 4 次。全部处理放在置于 25℃ 光照培养箱中培养，每天补加蒸发掉的水分。2 周左右后，取出测量番茄苗鲜物质量，计算其生长抑制百分率，用 SAS 或 DPS 标准统计软件进行药剂浓度的对数与番茄幼苗生长抑制率机率值的回归分析，计算抑制中浓度（IC_{50}）及 95% 置信限。分析试验结果，评价药剂活性。

本方法适用于脲类及均三氮苯类光合作用抑制剂的生物测定。绿麦隆和利谷隆的敏感度可达 $0.025\mu g/mL$。

十、燕麦叶鞘点滴法

燕麦叶鞘滴注法（oat leaf sheath topical application）也称为叶鞘滴注法，是利用在一定范围内药剂浓度与燕麦幼苗生长的抑制程度呈正相关的原理来检测除草剂活性的生物测定方法。

本方法是在筛选防治野燕麦的除草剂混剂时建立的，具有快速、简便的特点。其方法是当正常生长的燕麦长至 1 叶 1 心时，在第一片叶张开的叶鞘里滴加 $10\mu L$ 供试的一定浓度的药液。以蒸馏水作对照，每处理重复 4 次。24~28h 后，从根基向上切下 2cm 长的一段，插入清水琼脂培养基上。在控制条件下再经 24h，此时对照叶片伸长 11~13cm，取出精确测量每一剂量处理的叶片延伸长度，计算其生长抑制百分率，用 SAS 或 DPS 标准统计软件进行药剂浓度的对数与番茄幼苗生长抑制率机率值的回归分析，计算抑制中浓度（IC_{50}）及 95% 置信限。分析试验结果，评价除草剂活性。

十一、浮 萍 法

浮萍法（duckweed method）是将浮萍置培养皿中预培养，再放入盛水的培养皿中，以配好的等比系列浓度药液分别喷在浮萍体上或加入培养皿中，根据浮萍受害程度或叶绿素含量变化确定除草剂活性的生物测定方法。其原理是利用灭草隆等光合作用抑制剂在较低剂量下具有拮抗百草枯的作用，即可减轻百草枯对浮萍的药害程度，根据药害减轻的程度可测定光合作用抑制剂的含量。本方法可快速测定抑制光合作用除草剂活性，适用于取代脲类、均三氮苯类、脲嘧啶类等除草剂的活性测定。

其具体方法是取100g过筛土放入培养皿中，加入10mL不同浓度的光合作用抑制剂（如灭草隆）药液，加蒸馏水90mL，搅拌30s至稀泥状，静置，待上层有清水层时，取5～10丛浮萍，轻轻放在水面，注意勿使其沉于水中。以蒸馏水作不含灭草隆的空白对照。置20℃光照培养箱中培养24h后，采用颇特（Potter）喷雾塔喷施百草枯于浮萍叶面，有效成分浓度为100μg/mL，注意不要引起萍体沉没。以喷蒸馏水作不含百草枯的对照。每处理重复4次。全部处理再在日光灯下培养16～24h后，百草枯处理组浮萍叶片的中心部位逐渐失去光泽，并扩展到整个叶片，叶绿素受到破坏，叶片变为棕色或白色，此为典型百草枯药害症状。经百草枯处理生长在不含灭草隆皿中的浮萍药害严重，而生长在含有灭草隆皿中的浮萍药害较轻。对每个萍体药害进行分级，其标准是：

0级：无药害（与不含百草枯的对照相同）；
1级：萍体失去光泽率<50%；
2级：萍体失去光泽率≥50%且<100%；
3级：萍体失去光泽率达100%，但仍带有黄绿色；
4级：萍体全部失去光泽，部分失绿；
5级：萍体全部变白。

$$抑制指数=\frac{\sum（株数\times代表级数）}{总株数\times 5}\times 100\% \qquad (5-1)$$

计算其抑制指数（%）式（5-1），用SAS或DPS标准统计软件进行药剂浓度的对数与浮萍生长抑制指数（%）机率值的回归分析，计算抑制中浓度（IC_{50}）及95%置信限。分析试验结果，评价除草剂活性。

浮萍法可测定土壤中光合作用抑制剂如灭草隆等的浓度，灵敏度可达0.1μg/mL。

十二、紫 萍 法

紫萍法（giant duckweed method）是利用紫萍体内叶绿素含量与某些除草剂在一定范围内的浓度呈负相关的原理来测定药剂活性的生物测定方法。

其方法是用10% Hoagland营养液将待测除草剂配制成系列质量浓度，每烧杯加入100mL药液，并在液表面接入10株大小一致不带芽体的紫萍，以蒸馏水作对照，每处理重复4次。全部处理在自然光照下20℃左右培养7d。用80%乙醇在冰箱中浸提萍体中的叶绿素，用分光光度计在420nm下测定光密度，根据标准曲线计算出叶绿素抑制率，用SAS或DPS标准统计软件进行药剂浓度的对数与叶绿素抑制率机率值的回归分析，计算抑制中浓度（IC_{50}）及95%置信限。分析试验结果，评价除草剂活性。

Hoagland营养液配方为每升水中含有：KNO_3 0.51g、$Ca(NO_3)_2$ 0.82g、$MgSO_4$ 0.49g、KH_2PO_4 0.136g、0.5% FeEDTA溶液1mL、微量元素溶液1mL。

其中微量元素溶液配方为每升水中含有：H_3BO_3 2.86g、$MnCl_2 \cdot H_2O$ 1.81g、$ZnSO_4 \cdot 7H_2O$ 0.222g、$CuSO_4 \cdot 5H_2O$ 0.079g、$Na_2MoO_4 \cdot 2H_2O$ 0.390g、$Co(NO_3)_2 \cdot 6H_2O$ 0.049g。

紫萍对季铵盐类除草剂百草枯、敌草快等具有高度敏感性，据此可测定水中该类除草剂的含量，百草枯的灵敏度高达 0.000 75μg/mL，敌草快的灵敏度达 0.000 5μg/mL。本方法也可用于取代脲类、三氮苯类等抑制光合作用的除草剂的生物测定。

十三、小球藻法

小球藻法（chlorella method）利用小球藻体内叶绿素含量与某些除草剂在一定范围内的浓度呈负相关的原理来测定药剂活性的生物测定方法。

小球藻对抑制光合作用和呼吸作用的除草剂特别灵敏，很适合用于均三氮苯类、取代脲类等除草剂的生物测定，灵敏度在 10μg/mL 以下。其特点是操作简便，测定周期短，比较精确。

其方法是：用适当的溶剂将供试除草剂配制成系列质量浓度的药液，在 50mL 的三角瓶中按顺序加入培养液 8mL、长势旺盛的小球藻液（透光率为 40%~50%）10mL 及供试药液 2mL。以蒸馏水作对照，每处理重复 4 次。全部处理在摇匀后，瓶口盖 2 层纱布，将三角瓶移至 25~27℃恒温箱中，用 2 000~3 000lx 荧光灯连续光照 24h。从每个三角瓶中取出小球藻液 10mL，以 4 000r/min 离心 10min，弃去上清液。加入 10mL 甲醇，在 0~5℃下黑暗中放置 24h，以提取叶绿素。浸提液用分光光度计在 665nm 处测透光率，根据标准曲线计算出叶绿素抑制率，用 SAS 或 DPS 标准统计软件进行药剂浓度的对数与叶绿素抑制率机率值的回归分析，计算抑制中浓度（IC_{50}）及 95% 置信限。分析试验结果，评价除草剂活性。

小球藻培养方法：从自然淡水采集、分离、纯化小球藻，于斜面培养基上继代保存。生物测定试验前用液体培养基扩繁。常用培养基为 BG-11 培养基，其配方见表 5-1 和表 5-2。配制后调 pH 为 7.5。可将琼脂直接加入液体培养基制作固态培养基，或制作双倍离子强度液体培养基和双倍浓度琼脂溶液，灭菌后将两者混合。

表 5-1 BG-11 培养基配方

序号	储液名称	储液浓度（g/L）	培养基中的浓度（mL/L）
1	$NaNO_3$	150	10
2	$KHPO_4 \cdot 3H_2O$	40	1
3	$MgSO_4 \cdot 7H_2O$	75	1
4	$CaCl_2 \cdot 2H_2O$	36	1
5	柠檬酸 柠檬酸铁铵	6 6	1
6	EDTA	1	1
7	Na_2CO_3	20	1
8	微量元素溶液	见表 5-2	1

表 5-2 BG-11 培养基微量元素溶液配方

序号	试剂名称	浓度（g/L）
1	H_3BO_3	2.8600
2	$MnCl_2 \cdot 4H_2O$	1.8100
3	$ZnSO_4 \cdot 7H_2O$	0.2220
4	$Na_2MoO_4 \cdot 5H_2O$	0.3900
5	$CuSO_4 \cdot 5H_2O$	0.0790
6	$Co(NO_3)_2 \cdot 6H_2O$	0.0494

十四、再生苗法

再生苗法（regenerated seedling method）用来测定内吸传导性且作用缓慢的除草剂，如草甘膦、精喹禾灵、烯禾啶等。本法既可测定药剂的传导性能，又能测定药剂对地下部分再生能力的抑制作用。

可用盆栽法种植香附子，当长成苗后，叶面喷洒一定浓度的草甘膦药液。1 周后离土表 1cm 剪除香附子苗，再培养 30d 后，测再生苗的鲜物质量。

也可用玉米做试材来测定对其有伤害的除草剂活性。将玉米种子播种在统一型号盆钵中，当幼苗 3 叶期喷施草甘膦，24h 后从第一片玉米叶基部剪去顶部，1 周后测定再生苗的鲜物质量，比较不同处理间的再生力。

十五、盆 栽 法

盆栽法（pot planting method）既适用于土壤处理又适用于茎叶处理除草剂活性测定，是除草剂生物测定应用最为广泛的方法之一。由于盆栽法比较接近田间实际情况，因此其试验结果可为登记田间药效试验和科学用药提供重要依据。

（一）靶标植物选择

试验靶标要选择易于培养、生育期一致、发芽率在 80% 以上的代表性敏感杂草。常用的禾本科杂草有：稗草（*Echinochloa crusgalli*）、马唐（*Digitaria sanguinalis*）、狗尾草（*Setaria viridis*）、牛筋草（*Eleusine indica*）、看麦娘（*Alopecurus aequalis*）、野燕麦（*Avena fatua*）等；阔叶杂草有：苘麻（*Abutilon theophrasti*）、反枝苋（*Amaranthus retroflexus*）、马齿苋（*Portulaca oleracea*）、藜（*Chenopodium album*）、鸭跖草（*Commelina communis*）、苍耳（*Xanthium strumarium*）、牛繁缕（*Stellaria aquatica*）等；莎草科杂草有：碎米莎草（*Cyperus iria*）、异型莎草（*Cyperus difformis*）、香附子（*Cyperus rotundus*）等。

（二）测定操作

1. 杂草盆播 将有机质含量≤3%、pH 中性、通透性良好、过筛的风干砂壤土定量装至盆钵的 4/5 处。采用盆钵底部渗水灌溉方式，使土壤完全湿润。在土壤表面均匀撒播供试杂草种子，再根据不同杂草种子的大小覆土 0.5~2cm。

2. 土壤喷雾处理测定除草剂活性试验 在播种 24h 后进行土壤喷雾处理，施药后移入温室常规培养，以盆钵底部渗水灌溉方式补水，采用温湿度数字记录仪记录试验期间温室内温度和湿度动态数据。处理后定期目测观察记载杂草出苗情况及出苗后的生长状态。处理后14d或21d，目测法和绝对值（数测）调查法调查记录除草活性，同时描述矮化、畸形、白化等受害症状。

3. 茎叶喷雾处理测定除草剂活性试验 播种覆土后直接移入温室常规培养，旱田杂草以盆钵底部渗水灌溉方式补水，水田杂草以盆钵顶部灌溉方式补水至饱和状态，杂草出苗后间苗定株，杂草密度控制在 $120\sim150$ 株$/m^2$，根据除草剂作用特点在适宜叶龄期茎叶喷雾处理。供测定除草剂要是水溶性的可直接用水溶解或稀释，要是不溶于水则选用丙酮、二甲基甲酰胺或二甲基亚砜等有机溶剂溶解，再用 0.1% 吐温 80 水溶液稀释。根据药剂活性设 $5\sim7$ 个梯度剂量。茎叶喷雾处理后待杂草表面药液自然风干后，移入温室常规培养，记录温度和湿度动态数据。处理后定期观察记载供试杂草的生长状态。处理后 14d 或 21d，目测法和绝对值（数测）法调查记录除草活性，存活杂草株数，同时描述受害症状。主要症状有：颜色变化（黄化、白化等）、形态变化（新叶畸形、扭曲等）、生长变化（脱水、枯萎、矮化、簇生等）等。

（三）调查与统计分析

根据调查数据，按公式（5-2）计算各处理的鲜物质量防治效果或株防治效果，单位为百分率（%），计算结果保留小数点后两位。

$$E = \frac{C-T}{T} \times 100\% \qquad (5-2)$$

式中，E 为鲜物质量防治效果（或株防治效果）；C 为对照杂草地上部分鲜物质量（或杂草株数）；T 为处理杂草地上部分鲜物质量（或杂草株数）。

用 DPS（数据处理系统）、SAS（统计分析系统）或 SPSS（社会科学统计程序）标准统计软件对药剂剂量的对数值与防治效果的机率值进行回归分析，计算 ED_{50} 及 95% 置信限。

分析试验结果，评价药剂的除草活性。

第三节 植物器官测定法

利用植物的某一器官，尤其是子叶和叶片对除草剂的反应来测定其活性、含量等，也是常用的除草剂生物测定方法。与采用整株作试材相比，植物器官测定法具有快速、灵敏的特点。常用的方法有萝卜子叶法、烟草叶片法和叶圆片漂浮法。

一、萝卜子叶法

萝卜子叶法（radish cotyledon method）是利用在一定范围内药剂浓度与萝卜子叶生长的抑制程度呈正相关的原理来测定除草剂活性的生物测定方法。

其方法是将洗净的萝卜种子播种在垫有 2 层滤纸的培养皿内，加入适量蒸馏水，加盖后置 27℃ 恒温箱恒温培养，约 30h 后从幼苗上切下子叶备用。在培养皿中垫 1 层滤纸，加入 $5\sim10mL$ 磷酸缓冲液配制成系列质量浓度的除草剂药液，选择大小一致的 10 片萝卜子叶放于培养皿内，以蒸馏水作对照，每处理重复 4 次。全部处理在加盖后置于 $24\sim26$℃ 的恒温室内培养,给予 2 000~3 000lx 荧光灯连续光照 3d 后,称量子叶鲜物质量,计算鲜物质量抑制率,用 SAS 或 DPS 标准统计软件进行药剂浓度的对数与叶绿素抑制率机率值的回归分析,计算抑制中浓度(IC_{50})及 95% 置信限。分析试验结果,评价除草剂活性。

也可参照小球藻法,测定叶绿素含量,根据标准曲线计算出叶绿素抑制率,最终计算抑制中浓度(IC_{50})。

本方法适用于测定触杀型除草剂如百草枯、氟磺胺草醚、灭草松、敌稗等的活性。

二、烟草叶片法

烟草叶片法(tobacco leaf method)是利用烟草叶片中的淀粉含量与某些除草剂的浓度呈负相关的原理来测定除草剂活性的生物测定方法。

其方法是选取 4~6 叶期烟草已展开的幼龄叶片,在其中脉一侧背面两条侧脉之间,用 2.5mL 注射器将除草剂药液注入叶肉细胞与薄壁细胞。将处理植株置于温室光照条件下培养 5h 后,切下处理叶片,立即用沸丙酮提取,用碘测定淀粉反应来评价除草剂的活性。

本方法可测定敌草隆、西玛津等光合作用抑制剂的活性。

三、叶圆片漂浮法

叶圆片漂浮法(floating round-leaf method)是测定光合作用抑制剂快速、灵敏、精确的方法。其原理是植物在进行光合作用时,叶片组织内产生较高浓度的氧气,使叶片容易漂浮,但当光合作用受抑制不能产生氧气时,叶片就会沉入水中。

试验可选取水培生长 6 周的黄瓜幼叶,或生长 3 周已充分展开的蚕豆幼叶,或展开 10d 的南瓜子叶叶片作为试材,其他植物敏感度低,不宜采用。用打孔器裁出直径 9mm 的叶圆片,注意切取的叶圆片应立即转入溶液中,不能在空气中时间太长。在 250mL 的三角瓶中,加入 50mL 用 0.01mol/L pH7.5 磷酸钾缓冲液配制成系列质量浓度的除草剂药液,并加入适量的碳酸氢钠,以提供光合作用需要的 CO_2,每只三角瓶中加入 20 片叶圆片。将三角瓶抽成 3 333Pa(25mmHg)真空,使全部叶片沉底。将三角瓶内的溶液连同叶片一起转入 1 只 100mL 的烧杯中,在黑暗下保持 5min,然后用 250W 荧光灯照射,并开动秒表计时,记录全部叶片漂浮所需要的时间,并计算阻碍指数(retardation index, RI)。阻碍指数越大,说明待测样品抑制光合作用越强,其生物活性越高。

$$阻碍指数 = \frac{处理组叶圆片漂浮所用的时间}{对照组叶圆片漂浮所用的时间} \times 100\% \qquad (5-3)$$

第四节 植物愈伤组织测定法

愈伤组织原指植物体受伤时产生于伤口周围的组织。现多指切取植物体的一部分,置于含有生长素和细胞分裂素的培养液中培养,诱导产生的无定形的组织团块。它由活的薄壁细胞组成,可起源于植物体任何器官内各种组织的活细胞。其形成过程是外植体中的活细胞经诱导,恢复其潜在的全能性,转变为分生细胞,继而其衍生的细胞分化为薄壁组织而形成愈伤组织。随着组织培养技术的日益成熟,已可以很容易地获得大量均匀一致的愈伤组织,且其培养环境容易控制,特别是植物细胞全能性的发现,使愈伤组织成为了良好的试验体系。

愈伤组织已被广泛用于植物快繁、植物改良、种质保存、有用化合物生产等方面，在除草剂生物测定技术领域也得到了应用，主要用于活性化合物筛选、抗药性测定等。

利用植物愈伤组织较整株进行生物测定具有作用直接的特点，测定结果能够反映除草剂的内在毒杀能力。除草剂处理生长的植物后，在其到达作用位点之前需要经过吸收、渗透或输导的漫长的过程，在此过程中，紫外线、微生物等外界环境条件有可能导致除草剂分解，植物本身亦可以分解或代谢一部分。由于愈伤组织是在黑暗无菌的条件下培养的，就避免了紫外线及微生物的影响。此外，愈伤组织没有形成层、角质层，也没有维管束、凯氏带、细胞壁等阻碍除草剂到达作用位点的障碍，药剂可以直接作用于细胞。试验证明，除了光合作用抑制剂之外的除草剂，应用愈伤组织与应用整株作试材，生物测定结果具有良好的相关性。

一、培养基制备

MS 培养基是应用最广泛的培养基，是由 Murashige 和 Skoog 于 1962 年在烟草愈伤组织培养基筛选过程中最先使用的。其主成分可分为 4 组（表 5-3），用时适度稀释，极为便利。

表 5-3　MS 培养基储存原液

种　类	成　分	浓度（mg/L）
大量无机盐（10 倍原液）	NH_4NO_3	16 500
	KNO_3	19 000
	$CaCl_2 \cdot 2H_2O$	4 400
	$MgSO_4 \cdot 7H_2O$	3 700
	KH_2PO_4	1 700
微量无机盐（100 倍原液）	H_3BO_3	620
	$MnSO_4 \cdot 4H_2O$	2 230
	$ZnSO_4 \cdot 7H_2O$	860
	KI	83
	$Na_2MoO_4 \cdot 2H_2O$	25
	$CuSO_4 \cdot 5H_2O$	2.5
	$CoCl_2$	2.5
铁化合物原液（100 倍原液）	$Na_2\text{-}EDTA \cdot 2H_2O$	3.73
	$FeSO_4 \cdot 7H_2O$	2.78
维生素和氨基酸（100 倍原液）	甘氨酸	200
	盐酸硫胺素	10
	盐酸吡哆醇	50
	烟酸	50
	蔗糖	30 000
	琼脂	7 000

配制 MS 培养基时，将储存原液按比例稀释，再加入肌醇 100mg/L、蔗糖 30mg/L。因植物种类不同适当加入吲哚乙酸 1～30mg/L、激动素 0.04～10mg/L。用蒸馏水定容后，用 0.1 mol/L 氢氧化钾或盐酸调节 pH 至 5.7。

二、外植体选择

植物愈伤组织培养的成败除与培养基的组分有关外，另一个重要因素就是外植体本身，即由活体植物上切取下来，用以进行离体培养的那部分组织或器官。为了使外植体适于在离体培养条件下生长，必须对外植体进行选择。迄今为止，经组织培养成功的植物所使用的外植体几乎包括了植物体的各个部位，如根、茎（鳞茎、茎段）、叶（子叶、叶片）、花瓣、花药、胚珠、幼胚、块茎、茎尖、维管组织、髓部等。从理论上讲，植物细胞都具有全能性，任何组织、器官都可作为外植体。但实际上，植物种类不同，同一植物不同器官，同一器官不同生理状态，对外界诱导反应的能力及分化再生能力是不同的。

草本植物比木本植物易于通过组织培养获得成功，双子叶植物比单子叶植物易于组织培养。茄科中的烟草、番茄和曼陀罗易于诱导愈伤组织，禾本科的水稻等诱导产生愈伤组织就较困难。从田间或温室中生长健壮的无病虫害的植株上选取发育正常的器官或组织作为外植体，离体培养易于成功。对于大多数植物来说，茎尖是较好的外植体，因为茎形态已基本建成，生长速度快，遗传性稳定。一般外植体大小以 0.5～1.0cm 为宜。离体培养的外植体最好在植物生长的最适时期取材，即在其生长开始的季节采样，若在生长末期或已经进入休眠期取样，则外植体会对诱导反应迟钝或无反应。一般认为，沿植物的主轴，越向上的部分所形成的器官其生长的时间越短，生理年龄也越老，越接近发育上的成熟，越易形成花器官；反之，越向基部，其生理年龄越小。幼嫩、年限短的组织具有较高的形态发生能力，组织培养越易成功。

种子是诱导愈伤组织很好的起始材料，因为可将整粒种子放在加有生长物质的培养基上使其直接产生愈伤组织；也可在无激素的培养基上发芽，可产生无菌的根、茎、叶用作外植体；还可直接从种子上剪下根原基及芽尖用作外植体。

三、培养条件选择

1. 温度 20～28℃即可满足大多数植物组织生长所需，其中 26～27℃最适合。

2. 光照 组织培养通常在散射光线下进行。有些植物组织在暗处生长较好，而另一些植物组织在光亮处生长较好，但由愈伤组织分化成器官时，则每日必须要有一定时间的光照才能形成芽和根。通常用 1 000～3 000lx 光照即可，有的需要 15 000lx 强光照射。

3. 渗透压 渗透压对植物组织的生长和分化很有关系。在培养基中添加食盐、蔗糖、甘露醇、乙二醇等物质可以调整渗透压。通常 0.1～0.2MPa（1～2atm）可促进植物组织生长，0.2MPa（2atm）以上时出现生长障碍，0.6MPa（6atm）时植物组织即无法生存。

4. 酸碱度 一般植物组织生长的最适宜 pH 为 5～6.5。在培养过程中 pH 可发生变化，加进磷酸氢盐或磷酸二氢盐，可起稳定作用。

5. 通气 悬浮培养中植物组织的旺盛生长必须有良好的通气条件。小量悬浮培养时经常转动或振荡，可起通气和搅拌作用。大量培养中可采用专门的通气和搅拌装置。

四、愈伤组织诱导与继代培养

（一）愈伤组织诱导

1. 外植体消毒 外植体的消毒一般采用次氯酸钠（市面销售的一般含 10%～14%有效氯），使用时按 1：10 稀释，消毒时间依材料而定，消毒后无菌水冲洗 4～5 次。也可以用 0.1%氯化汞消毒。

2. 培养基 愈伤组织的诱导采用的培养基的基本成分相似，但对于不同植物，同一植物不同物种都要对培养成分做相应改动，尤其是激素的成分和浓度是极为重要的因素。生长调节物质之中，特别是生长素，对于细胞分裂的诱导以及在其后的生长和增殖，都是必要的物质。细胞分裂素是否为必需的物质，常常因不同的供试材料而异。

3. 愈伤组织的形成 从单个细胞或外植体上脱分化形成典型的愈伤组织，大致经历 3 个时期：启动期、分裂期和形成期。

（1）启动期 启动期又称为诱导期，是愈伤组织形成的起点。外植体已分化的活细胞在外源激素的作用下，通过脱分化启动而进入分裂状态，并开始形成愈伤组织。这时在外观上虽然未见明显变化，但实际上细胞内一些大分子代谢动态已发生明显的改变，细胞正积极为下一步分裂进行准备。

（2）分裂期 此时外植体切口边缘开始膨大，外层细胞通过一分为二的方式进行分裂，从而形成一团具有分生组织状态细胞的过程。这时组织细胞代谢十分活跃，发生了一系列生理生化及形态的变化。

（3）形成期 形成期是指外植体的细胞经过诱导、分裂形成了具有无序结构的愈伤组织时期。这个时期特征是细胞大小不再发生变化，愈伤组织表层的分裂逐渐减慢和停止，接着内部组织细胞开始分裂，细胞数目进一步增加。

（二）继代培养

愈伤组织培养一段时间后必须转移到新鲜培养基上以保持培养物的继续正常生长，更换一次培养基称为一代继代培养。一般情况下，培养的愈伤组织需要每 4～6 周继代 1 次。第一次继代培养时用无菌刀片将新鲜愈伤小块切下，无菌地转入新鲜培养基上，被转移的愈伤小块不宜过小，否则生长会受抑制。一旦愈伤建立起来，多数愈伤组织需要每月继代 1 次。继代时一般情况下不需改变原培养基的成分，但很多物种需要将生长素含量降低些，尤其是使用 2,4-D 时。

五、指标测定

采用愈伤组织进行除草剂生物测定时，通常将其鲜物质量和干物质量作为测定指标。细胞悬浮培养情况下可测定浓缩细胞量，或用微电极测培养基的电导率，电导率的降低与细胞生长量的增加呈反比。测定时期一般选在对照组进入形成期以前，结果以相对于对照组的生长抑制率表示。药剂之间比较可以用抑制中浓度（IC_{50}）来表示。以下举两个测定实例。

1. 实例一 麦草畏对大豆愈伤组织生长阻碍实验 从大豆子叶上取直径 2mm 的叶圆片，用 10%的次氯酸钠溶液消毒。在 50mL 三角瓶中加入 20mL MS 培养基，灭菌凝固后，接种大豆子叶圆片，置组培室 30℃下光照培养。每隔 15d，把直径 4mm 的愈伤组织块移到新的培养基上继代培养。灭菌培养基冷却至 60℃后，用过滤灭菌器加入不同浓度麦草畏药液，培养基凝固后，接种直径 4mm 的愈伤组织块，置组培室 30℃下光照培养 15d 后，测量大豆愈伤组织鲜物质量，计算与对照相比的生长抑制率。

2. 实例二 抗苯磺隆烟草愈伤组织筛选实验 烟草种子用氯化汞消毒后植于 MS 培养基上，培养无菌苗。选取 3～5 叶期的烟草无菌苗叶片，植于 MS+1.5mg/L 2,4-D+0.5mg/L 6-BA（6-苄氨基嘌呤），诱导形成愈伤组织。选择生长旺盛、组织松脆、淡黄绿色的胚性愈伤组织转入上述培养基进行继代培养。培养条件为光照培养箱 25℃、光照 12 h/d，光照度 12 000lx。将愈伤组织切成 0.1g 的小块并转移到含有 0mg/L、2mg/L、3mg/L、5mg/L 苯磺隆的诱导培养基（MS+1.5mg/L 2,4-D+0.5mg/L 6-BA）上培养，每 40d 测定鲜物质量抑制率，选择生长旺盛、淡黄绿色的愈伤组织继代培养，记为 F_n（n=1、2、3……）。每继代 2 次，将经筛选的 0.1g 大小的愈伤组织块植入含梯度剂量的苯磺隆 MS 培养基上，30 d 后测定鲜物质量，得 IC_{50}，计算 F_n 抗性倍数。

$$F_n 抗性倍数 = \frac{F_n 的 IC_{50}}{对照的 IC_{50}} \tag{5-4}$$

第五节 除草剂混用的联合作用测定

将两种或两种以上的除草剂混配在一起应用的施药方式叫做除草剂的混用。除草剂的混用包括现混现用、桶混剂和混剂 3 种使用形式。现混现用习惯上简称为除草剂混用，是施药者在施药现场针对杂草的发生情况，根据一定的技术资料和施药经验，临时将两种或两种以上除草剂混合在一起并立即喷洒的施药方式。这种施药方式带有某些经验性，除草效果不够稳定，并且对施药者的专业技术水平有较高的要求。桶混剂是介于混剂和现混现用之间的一种施药方式，它是由农药生产厂家直接加工包装成容积较大的大桶，且在标签上注明两种或两种以上最佳除草剂混用配方，施药者在施药现场临时混合在一起喷洒的施药方式。一般来说，桶混制剂适用于国有农场、种植大户等大面积的杂草防治，与小包装相比可节省成本，且灵活机动，便于对症下药，可根据当时、当地的防除对象、气候条件、作物情况等调节混用比例，但对施药人员的专业技术水平要求也较高。除草剂混剂是指由两种或两种以上的有效成分、助剂等组分按一定配比，经过一系列工艺加工而成的农药制剂。它是经过配方筛选、混合剂型研究、加工、包装而成的一种商品农药，施药者可以按照商品的标签说明直接稀释使用。混剂使用方便、经济高效，所以对于有相对稳定开发应用市场的混用组合多以混剂的形式登记注册和使用。

除草剂的合理混用可以扩大杀草谱，提高除草效果；增强对作物的安全性，减少药害；延长除草持效期，减少用药次数，降低施药成本。此外，合理的混用还能起到控制杂草群落演替、延缓杂草抗药性发生与发展等作用。但是并非所有除草剂都能混用，要根据除草剂的性能、作物的敏感性以及环境条件等，通过配方筛选来得到适宜的混配配方组合。除草剂混用后通常会出现相加作用、增效作用、拮抗作用等不同类型的联合作用。判断联合作用时，通常利用植物鲜物质量、株高、茎数、死亡株数、枯叶面积、希尔反应的抑制能力等指标来测定。

一、除草剂混用的联合作用类型

两种或两种以上的除草剂混用，对杂草的防除效果可能会出现相加作用、增效作用及拮抗作用 3 种类型。

(一) 相加作用

相加作用是指两种或两种以上的除草剂混用后的药效表现为各单剂药效之和。一般化学结构类似、作用机制相同的除草剂之间混用时，通常药效表现为相加作用。生产中这类除草剂的混用主要考虑各品种之间的速效性、残留活性、杀草谱、选择性及价格方面的差异，将这些品种相混可以取长补短，增加效益。

(二) 增效作用

增效作用是指两种或几种除草剂混用后的药效显著大于各药剂单用效果之和。一般化学结构不同、作用机制不同的除草剂混用时，有可能表现为增效作用。生产中这类除草剂的相混，可以提高除草效果，降低除草剂用量，有利于延缓杂草抗药性的产生。

此外，某些农药助剂或增效剂单独使用时，虽然对植物或杂草不具生物活性，但当与除草剂混用时可明显增强其除草活性，此种效应称为助剂或增效剂的增效作用。

(三) 拮抗作用

拮抗作用是指两种或几种除草剂混用后的药效显著低于各单剂的单用效果之和。生产中这类除草剂相混后，对杂草的防除效果明显降低，有时还可能产生药害，因此应注意避免使用具拮抗作用的混剂。

此外，两种或几种除草剂混用后的药效等于混剂中效果最高的一种单剂的药效，这是混用中的一种特例，即混用中其他单剂似乎不表现出药效，也称为独立作用。

二、除草剂混用的联合作用测定方法和评价标准

除草剂混用的联合作用测定方法和评价标准由 Gowing (1960)、Limpel 等 (1962)、Tammes (1964)、Colby (1967)、Hewlett (1969)、Rummens (1975)、Morse (1978)、Drury (1980)、Nash (1981) 等人提出。根据我国农药除草剂登记的要求，室内混剂配方筛选通常采用 Gowing 法、Colby 法和等效线法。

进行试验设计时，根据药剂特性和混用目的选择相应的试验方法（如土壤喷雾法、茎叶喷雾法、土壤浇灌法等）；根据单剂杀草谱选择适宜的、有代表性的供试杂草靶标（如杀草谱相近型的除草剂混用，应选择 2 种以上的敏感杂草；杀草谱互补型的除草剂混用，应选择禾本科和阔叶杂草各 2 种以上）。采用其他生物测定方法时，选择相应的指示植物为试验靶标。

配制除草剂药液时，各单剂要分别配制母液。根据药剂溶解度选用合适的溶剂（水、丙酮、二甲基甲酰胺或二甲基亚砜等）溶解，并用含 0.1% 吐温 80 的水溶液稀释。根据混用目的和除草剂活性，设计 5 组以上的配比，各单剂及每组配比混剂均设 5~7 个系列质量浓度或剂量。每处理不少于 4 次重复，并设不含药剂的处理作空白对照。根据不同测定内容和方法，选择相应的调查方法。

(一) Gowing 法

1. 理论鲜重率与实测鲜重率 Gowing 法适用于对 2 种杀草谱互补型除草剂联合作用及最佳配比的初步评价。其做法是先分别测出单剂 A、B 及 A 与 B 的混剂对靶标杂草的鲜重率，再通过单剂 A 和 B 的实测鲜重率计算出混剂的理论鲜重率，将理鲜重率与混剂的实测鲜重率相比来评价联合作用类型。理论鲜重率计算公式见式 (5-5)。

$$E_0 = X + \frac{Y(100-X)}{100} \qquad (5-5)$$

式中，X 为除草剂 A 用量为 P 时的杂草鲜重率；Y 为除草剂 B 用量为 Q 时的杂草鲜重率；E_0 为除草剂 A 用量为 P 时的理论鲜重率＋除草剂 B 用量为 Q 时的理论鲜重率；E 为除草剂 A 与除草剂 B 按比例混合后的实测鲜重率。

2. 混剂的评价标准 $E-E_0 > 10\%$ 为拮抗作用；$E-E_0 < -10\%$ 为增效作用；$E-E_0$ 为 $-10\% \sim +10\%$ 为相加作用。

Gowing 法试验设计简单，适合初步评价除草剂的联合作用类型。

3. 举例 下面以除草剂 A 和除草剂 B 混合后对稗草的鲜重率（表 5-4）为例介绍 Gowing 法的应用。

表 5-4 除草剂 A 与 B 混用对稗草的鲜重率

供试药剂	剂量 (g/hm²)	鲜重率		
		实测鲜重率（E）	理论鲜重率（E_0）	$E-E_0$
A	250	85	—	—
	500	95	—	—
	1 000	100	—	—
B	7.5	30	—	—
	15	50	—	—
	30	50	—	—
A+B	250+7.5	90	89.5	0.5
	250+15	95	92.5	2.5
	250+30	85	92.5	-7.5
	500+7.5	95	96.5	-1.5
	500+15	100	97.5	2.5
	500+30	100	97.5	2.5

从表 5-4 可知，除草剂 A 对稗草有较高的活性，除草剂 B 对稗草的防治效果差。混用后的实测鲜重率与理论鲜重率之差值为 $-10\% \sim +10\%$，说明除草剂 B 的加入不影响除草剂 A 对稗草的活性，二者混用对稗草为相加作用。

（二）Colby 法

1. 理论鲜重率和实测鲜重率 Colby 法适合于评价 2 种以上杀草谱互补除草剂的联合作用类型和配比的合理性。混用除草剂的理论鲜重率按式（5-6）计算。

$$E_0 = \frac{ABC \cdots N}{100^{(n-1)}} \qquad (5-6)$$

式中，A 为除草剂 1 的杂草鲜重率；B 为除草剂 2 的杂草鲜重率；C 为除草剂 3 的杂草鲜重率；N 为除草剂 N 的杂草鲜重率；E_0 为混用除草剂的理论鲜重率；E 为混用除草剂的实测鲜重率；n 为混用除草剂品种数量。

2. 评价标准 $E-E_0 > 10\%$ 为增效作用；$E-E_0 < -10\%$ 为拮抗作用；$E-E_0$ 为 $-10\% \sim +10\%$ 时为相加作用。

3. 举例 下面以 A、B 和 C 3 种除草剂混用对稗草的鲜重率（表 5-5）为例，介绍 Colby 法评价其联合作用类型。

表 5-5 除草剂 A、B 和 C 混用对稗草的鲜重率

供试药剂	剂量 (g/hm²)	鲜重率		
		实测鲜重率（E）	理论鲜重率（E_0）	$E_0 - E$
A	20	39.8	—	—
	40	13.6	—	—
B	2.5	84.5	—	—
	5	79.4	—	—
C	200	89.8	—	—
	400	84.6	—	—
A+B+C	20+2.5+75	21.6	30.2	8.6
	20+2.5+150	19.2	28.5	9.3
	20+5+75	4.8	28.3	23.5
	20+5+150	3.3	26.7	23.4
	40+2.5+75	4.4	10.3	5.9
	40+2.5+150	4.2	9.7	5.5
	40+5+75	4.8	9.7	4.9
	40+5+150	0.5	9.1	8.6

由表 5-5 可见，除草剂 A、B 和 C 按 20+5+75 和 20+5+150 混用组合，$E_0 - E$ 分别为 23.5 和 23.4，大于 10%，表现为拮抗作用；其余混用组合的 $E_0 - E$ 均为 -10% ~ +10%，表现为相加作用。

（三）等效线法

等效线法又称为 isobole 法，在医药学研究中应用较早，1964 年 Tammes 将其用于除草剂混用的联合作用研究，随后千坂（1972）丰富和发展了这种方法，使之更加完善。等效线法适合于评价 2 种杀草谱相近型除草剂的联合作用类型，并能确定最佳配比。

分别进行除草剂 A 和除草剂 B 单剂的系列剂量试验，求出各单剂的抑制中浓度（IC_{50}）抑制 90% 的浓度（或 IC_{90}）。以横坐标和纵坐标分别代表除草剂 A 和除草剂 B 的剂量，在两坐标轴上分别标出相应除草剂的 I_{50}（或 I_{90}）的位点并连线，即为两除草剂混用的理论等效线。求出各不同混用组合的 I_{50}（或 I_{90}），并在坐标图中标出。若混用组合的 I_{50}（或 I_{90}）各位点均在理论等效线之下，则为增效作用；在理论等效线之上则为拮抗作用或独立作用，接近于理论等效线则为相加作用（图 5-1）。

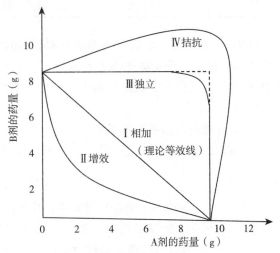

图 5-1 等效线图中 2 种除草剂混用联合作用类型
（仿 Tammes，1964）

下面以除草剂 A 和除草剂 B 对猪殃殃鲜物质量防治效果（表 5-6 和表 5-7）为例，采用等效线法评价其联合作用类型。

表 5-6　除草剂 A 和 B 混用对猪殃殃的鲜物质量抑制率（%）

除草剂 A (g/hm^2)	除草剂 B (g/hm^2)							
	0	0.47	0.94	1.88	3.75	7.50	15.00	30.00
0	—	39.06	53.79	56.21	61.16	66.19	72.39	78.53
0.94	32.36	42.96	54.16	57.11	62.08	69.77	79.65	79.35
1.88	35.16	57.63	64.12	70.90	73.23	79.54	80.45	82.54
3.75	50.87	60.48	64.44	70.69	73.81	80.68	80.72	83.67
7.50	53.24	72.99	79.34	80.92	81.04	84.55	85.80	87.56
15.00	64.34	79.83	79.78	82.82	83.65	84.69	87.66	88.75
30.00	70.99	80.31	82.93	87.25	91.48	91.46	92.00	92.50
60.00	81.37	82.02	85.94	87.87	91.71	91.87	92.34	93.35

表 5-7　猪殃殃鲜物质量抑制 90% 除草剂 A 和 B 混用剂量

除草剂 A 剂量（g/hm^2）	除草剂 B 剂量（g/hm^2）
0	111.75
0.94	73.04
1.88	68.80
3.75	65.13
7.50	53.21
15.00	25.97
30.00	5.17
60.00	4.89
134.58	0
78.23	0.47
69.83	0.94
48.95	1.88
33.47	3.75
30.33	7.50
23.50	15.00
18.90	30.00

以除草剂 A 的 I_{90} 剂量为横坐标，除草剂 B 的 I_{90} 剂量为纵坐标作图，连接坐标上标出的 A 和 B 单剂对猪殃殃的 I_{90} 值所得直线即为 A+B 混用的相加作用线，即为理论等效线。然后将 14 个复配的 I_{90} 值标记在坐标图上，去除边缘点连接而成的曲线，即为除草剂 A 和除草剂 B 混用对猪殃殃的实际等效线图（图 5-2）。实际等效线位于理论等效线下方，表明除草剂 A 和除草剂 B 混用具有增效作用。

当两种除草剂混用具有增效作用时，应用等效线图还可以确定两除草剂的最佳配比。除草剂混用的增效程度，取决于理论等效线与实测等效线间的距离（图 5-3），距离越大表示增效作用越强。

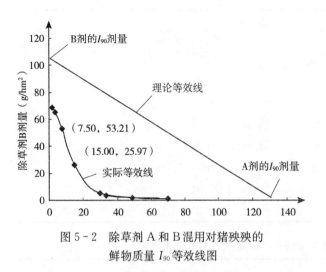

图 5-2　除草剂 A 和 B 混用对猪殃殃的
鲜物质量 I_{90} 等效线图

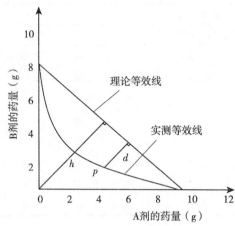

图 5-3　除草剂混用增效作用程度

增效程度可用相互作用指数表示，其计算式为

$$I = \frac{h}{h-d} \tag{5-7}$$

式中，I 为相互作用指数；h 为理论等效线至原点的垂直距离；d 为理论等效线与实测等效线上某点的距离（当实际等效线位于理论等效线上方时，d 为负值）。

$I=1$ 为相加作用，$I>1$ 为增效作用，$I<1$ 为拮抗作用。

I 的最大值（I_{max}）是在实测等效线上的画出理论等效线的平行线的切点，该切点对应的横坐标和纵坐标的剂量即为最佳配比。

第六节　靶标酶活性测定法

大多数除草剂都是与生物体内某种特定的酶或受体结合，发生生物化学反应而表现活性的，因此可以以杂草的某种酶为靶标，直接筛选靶标酶的抑制剂。该方法用于新型除草剂创制过程中化合物高通量筛选，具有研发周期短、研发成本低、开发成功率高的特点。另外，酶活性测定也是除草剂抗性测定中常用的方法。

一、乙酰乳酸合成酶活性测定

乙酰乳酸合成酶（acetolactate synthase，ALS，EC4.1.3.18）是诱导植物和微生物体内缬氨酸（Val）、亮氨酸（Leu）和异亮氨酸（Ile）3 种支链氨基酸生物合成过程中的关键性酶。乙酰乳酸合成酶可催化 2 个丙酮酸形成乙酰乳酸和 CO_2，进一步合成缬氨酸与亮氨酸；在异亮氨酸的合成过程中，催化丙酮酸和 α-丁酮酸形成乙酰羟丁酸和 CO_2；进而通过一系列的生物合成反应生成以上 3 种支链氨基酸。这 3 种氨基酸又会对乙酰乳酸合成酶进行反作用，抑制或削弱乙酰乳酸合成酶的活性，从而成为调控生物体内支链氨基酸生物合成的关键过程。乙酰乳酸合成酶是磺酰脲类、咪唑啉酮类、三唑并嘧啶磺酰胺类和嘧啶水杨酸类除草剂的作用靶标。上述除草剂也被称为乙酰乳酸合成酶抑制剂。乙酰乳酸合成酶抑制剂通过抑制杂草体内的乙酰乳酸合成酶活性，造成3种支链氨基酸合成受阻，导致蛋白质的合成受到破坏，从而使植物细胞的有丝分裂停止于G_1阶段的S期（DNA合成期）和G_2阶段的M期，干扰DNA的合成，细胞因此而不能完成有丝分裂，进而使其生长停止而死亡，最终达到杀死杂草的目。

乙酰乳酸合成酶是一种黄素蛋白，一般存在于植物的叶绿体中。通常情况下它必须由黄素腺嘌呤二核苷酸（flavin adenine dinucleotide，FAD）、焦磷酸硫胺素（thiamine pyrophosphate，TPP）以及一种二价金属离子（通常为Mg^{2+}）等辅助因子的共同存在下才具备催化活性。这就决定了乙酰乳酸合成酶提取的独特方法和活性测定的特异性底物。

乙酰乳酸合成酶活性测定（assay of acetolactate synthase activity）原理，是将反应产物α-乙酰乳酸通过化学反应转变成3-羟基丁酮，再在酸性条件下3-羟基丁酮和甲萘酚及肌酸反应而生成红色复合体，该复合物在525nm处有最大吸收，因而可采用分光光度计定量测定该复合体。

（一）溶液配制

1. 磷酸缓冲液 pH=7.0，0.1mol/L K_2HPO_4-KH_2PO_4。

2. 酶提取液 含1mmol/L 丙酮酸钠、0.5mmol/L $MgCl_2$、0.5mmol/L TPP、1.0μmol/L FAD 的0.1mol/L pH7.0的磷酸缓冲液。

3. 酶溶解液 含20mmol/L 丙酮酸钠、0.5mmol/L $MgCl_2$ 的0.1mol/L pH7.0的磷酸缓冲液。

4. 酶反应液 含20mmol/L 丙酮酸钠、0.5mmol/L $MgCl_2$、0.5mmol/L TPP、10μmol/L FAD 的0.1mol/L pH7.0 磷酸缓冲液。

5. 0.5%肌酸 用蒸馏水配制。

6. 5%1-萘酚 用2.5mol/L NaOH 溶液配制。

（二）乙酰乳酸合成酶提取

参照 Ray 等（1984）的方法，略有改动。取3~4叶期的植物地上部分2.0g剪碎放入预冷研钵中，液氮下快速研磨成细粉。快速转入50mL离心管中，加16mL酶提取液，混匀，冰上放置10min，4℃下以25 000g离心20min，收集上清液即为粗酶液。在粗酶液中缓慢加入$(NH_4)_2SO_4$晶体至50%饱和度，沉淀2h后，4℃下以25 000g离心30min，弃上清液，沉淀溶于12mL酶溶解液中待测。以上操作均在4℃条件下进行。

（三）乙酰乳酸合成酶离体活性测定

在10mL离心管中加入0.9mL酶反应液。加入配制好的乙酰乳酸合成酶抑制剂母液0.1mL终浓度为0.01μmol/L、0.1μmol/L、1μmol/L、10μmol/L、100μmol/L的药液，设蒸馏水对照。加入1.0mL乙酰乳酸合成酶提取液，摇匀后在37℃恒温水浴中暗反应1h。加入3mol/L H_2SO_4 0.2mL中止反应，60℃水浴脱羧15min，空白对照在加入乙酰乳酸合成酶提取液前加入3mol/L H_2SO_4 0.2mL。加入1mL 0.5%肌酸和1mL 5%1-萘酚，60℃水浴显色15min，迅速置于冰浴中冷却1min。离心后，取上清液于525nm 比色，记录吸光值（A_{525}）。以1mg/L 蛋白1h内催化反应使吸光值改变0.001为一个酶活力单位U，以1mg/L

可溶性蛋白的酶活力单位数为酶活力。可溶性蛋白含量测定采用考马斯亮蓝G-250法。计算乙酰乳酸合成酶活性抑制率。

$$乙酰乳酸合成酶活性抑制率 = \frac{处理 A_{525}}{对照 A_{552}} \times 100\% \tag{5-8}$$

(四) 可溶性蛋白含量测定

参照Bradford (1976) 考马斯亮蓝G-250染色法测定可溶性蛋白含量。

1. 酶提取液 0.1mol/L pH7.0磷酸缓冲液。

2. 试剂配制

(1) 考马斯亮蓝G-250试剂的配制 称取考马斯亮蓝G-250 100mg溶于50mL 95%的乙醇中，加入100mL 85%磷酸，移入1 000 mL容量瓶，用蒸馏水定容，过滤，待用。

(2) 配制牛血清蛋白标准溶液 称取100mg牛血清蛋白溶于1 000mL蒸馏水中，配成100μg/mL的母液，待用。

表5-8 蛋白质标准曲线的绘制

试管编号	0	1	2	3	4	5
100μg/mL 牛血清蛋白 (mL)	0	0.2	0.4	0.6	0.8	1.0
蒸馏水 (mL)	1.0	0.8	0.6	0.4	0.2	0
蛋白质含量 (μg/mL)	0	20	40	60	80	100

3. 标准曲线的绘制 准确吸取表5-8所列试管中溶液0.1mL于另一标号试管中，加入5mL考马斯亮蓝G-250试剂，25℃水浴2min，595nm波长下测定OD值。以牛血清蛋白的含量 (μg/mL) 为横坐标，以OD值为纵坐标绘制标准曲线。按回归分析法求出回归式 $y = a + bx$，其中 x 为牛血清蛋白的含量 (μg/mL)，y 为OD值。

4. 可溶性蛋白质的测定 吸取样品0.1mL于试管中，加入5mL考马斯亮蓝G-250试剂，混匀，25℃水浴下放置2min，于595nm波长下测定OD值，以标准曲线0号管作为空白对照，重复3次，取平均值。根据标准曲线计算出蛋白质含量，以μg/mL表示。

二、乙酰辅酶A羧化酶活性测定

乙酰辅酶A羧化酶 (acetyl coenzyme A carboxylase, ACCase, EC6.4.1.2) 属于生物素依赖 (biotin-dependent) 酶家族，它在生物体中的重要功能在于它能催化羧基转移，为脂肪体的合成提供重要底物丙二酸单酰辅酶A。在植物脂肪酸生物合成途径中，乙酰辅酶A羧化酶催化乙酰辅酶A生成丙二酸单酰辅酶A的反应过程为：首先是乙酰辅酶A羧化酶自身的生物素羧基载体蛋白 (biotin carboxyl carrier protein, BCCP) 上的生物素发生羧化反应，使与蛋白质结合的生物素辅基羧化，这个过程必须有ATP和Mg^{2+}的参与才能进行。然后在乙酰辅酶A羧化酶自身的羧基转移酶 (carboxyl transferase, CT) 催化下，将羧基从羧基生物素转移到乙酰辅酶A上，生成丙二酸单酰辅酶A，同时释放出生物素羧基载体蛋白。乙酰辅酶A羧化酶活性受到ATP的调控，对光照具有依赖性。在光照条件下，ATP含量高，通过光合磷酸化，导致乙酰辅酶A羧化酶活性上升；暗处理时，ATP含量迅速下降，乙酰辅酶A羧化酶活性也随之下降。植物体内乙酰辅酶A羧化酶以真核型和原核型存在，其中真核型乙酰辅酶 A 羧化酶又称为细胞溶质多功乙酰辅酶 A 羧化酶（MF-ACCase）或乙酰辅酶 A 羧化酶Ⅰ，它是含有 2 个亚基的同型二聚体，分子质量为 500ku，与动物、酵母中的乙酰辅酶 A 羧化酶相似，由单一的多功能蛋白质组成，由核基因码；原核型乙酰辅酶 A 羧化酶又称为叶绿体多亚基羧化酶乙酰辅酶 A 羧化酶（MS-乙酰辅酶 A 羧化酶）或乙酰辅酶 A 羧化酶Ⅱ，它是含有 4 个亚基的四聚体，分子质量约 700ku，与大肠杆菌中的乙酰辅酶 A 羧化酶相似，它由生物素羧基载体蛋白、生物素羧化酶、羧基转移酶组成。真核型乙酰辅酶 A 羧化酶对除草剂敏感，原核型不敏感。在双子叶植物叶绿体或质体中存在原核型乙酰辅酶 A 羧化酶，胞液中存在真核型乙酰辅酶 A 羧化酶。而单子叶禾本科植物的叶绿体中只存在真核型乙酰辅酶 A 羧化酶，其脂肪酸的生物合成是在植物的叶绿体中进行。单子叶植物对芳氧苯氧丙酸类（如禾草灵、吡氟禾草灵、精氟吡甲禾灵等）和环己烯二酮类除草剂（如禾草灭、烯禾啶、烯草酮等）敏感，而绝大多数阔叶的双子叶植物对其不敏感。

据文献报道的乙酰辅酶 A 羧化酶活性测定（assay of acetyl coenzyme A carboxylase activities）方法主要包括放射性同位素标记法、氧化偶联法、中间产物法及毛细管电泳法。其中以放射性同位素标记法为主。该测定方法基于下述反应式。

$$\text{acetyl-CoA} + H^{14}CO_3^- + ATP \xrightarrow[\text{pH8.0~8.5}]{Mg^{2+}/ACCase} {}^{14}[C]\text{ malonyl-CoA} + ADP + Pi$$

活性测定反应结束后，通过加酸、加热除去未反应的 $[H^{14}CO_3]^-$，终产物是对热、对酸稳定的 $^{14}[C]$ malonyl-CoA，利用液体闪烁计数器测定 $^{14}[C]$ malonyl-CoA 的含量对乙酰辅酶 A 羧化酶活性进行评价。该方法最大的优点是检测周期短、检测灵敏度高，因此该方法是目前乙酰辅酶 A 羧化酶酶活性测定的主要方法（Incledon 等，1997），但放射性同位素标记法需要昂贵的标记试剂，同时放射性对环境造成的污染以及废液的处理也较为复杂，因此在使用时需要特殊的防护措施，为试验操作带来一定的困难。

（一）溶液配制

1. 提取缓冲液 含 100mmol/L Tris-HCl（pH8.0）、1mmol/L EDTA、10％甘油、2mmol/L 抗坏血酸、0.5％聚乙烯吡咯烷酮（PVP-40）、0.5％交联聚乙烯吡咯烷酮（PVPP）、20mmol/L 二硫苏糖醇（DTT）、1mmol/L 苯甲基磺酰氟（PMSF）。

2. 洗脱缓冲液 含 50mmol/L N-三（羟甲基）甲基甘氨酸（Tricine）-KOH（pH8.0）、2.5mmol/L MgCl$_2$·6H$_2$O、50mmol/L KCl、1mmol/L DTT。

3. 测定缓冲液 含 20mmol/L Tricine-KOH（pH8.3）、10mmol/L KCl、5mmol/L ATP、2mmol/L MgCl$_2$、0.2％（m/V）牛血清蛋白、2.5mmol/L DTT、3.7mmol/L NaHCO$_3$。

（二）乙酰辅酶 A 羧化酶提取

取 2.0g 茎叶组织，用液氮匀浆，加 15mL 提取缓冲液，于 4℃下以 27 000g 离心 15min，弃沉淀。上清液用硫酸铵沉淀蛋白至 40％饱和度，4℃下以 27 000g 离心 30min，弃沉淀。上清液用硫酸铵继续沉淀蛋白至 60％饱和度，于 4℃下以 27 000g 离心 30min，弃上清液，用 1mL 洗脱缓冲液溶解沉淀，即得粗酶液。

（三）乙酰辅酶 A 羧化酶提纯

取 2.5g Sephadex G-25 交联葡萄糖凝胶柱，加适量蒸馏水在室温下溶胀过夜，装柱，用洗脱缓冲液充分平衡，将粗酶液上样并收集洗脱液，得酶提取液，放入 -80℃冰箱储存待测。

(四) 乙酰辅酶 A 羧化酶活性测定

根据酶与放射性底物 $NaH^{14}CO_3$ 结合生成的对酸和热稳定的物质的放射性来测定乙酰辅酶 A 羧化酶活性。将除草剂用丙酮溶解，再用 20mmol/L pH8.3 Tricine-KOH 定溶至 5mmol/L。在测定酶活性之前，先加 10μL 不同浓度高效氟吡甲禾灵（0μmol/L、0.01μmol/L、0.5μmol/L、5μmol/L、10μmol/L）以作标注。酶活性测定液（200μL）含 139.5μL 测定缓冲液、2.5μL $NaH^{14}CO_3$（0.185MBq）、40μL 酶提取液，迅速混匀，32℃ 恒温水浴 3min 使酶活化。加 8μL0.25mmol/L 乙酰辅酶 A（重蒸水溶解）于 32℃ 恒温水浴下开始反应，10min 后取出迅速加 20μL 10mol/L 盐酸终止反应。反应剩余物置于 60℃ 烘箱中烘干至少 1h，加 4mL 闪烁液，置液体闪烁计数仪（LSC）中过夜，测定脉冲数。以未加除草剂所测得酶活性为对照。CO_2 固定的量以对酸和热稳定的化合物的放射性计算，设每小时内每克鲜物质量的酶活力单位为 U [μmol/(g·h)]。

$$U = \frac{C \times 3.997 \times 60 \times V}{0.7 \times 2.22 \times 10^6 \times 10 \times 0.04} \qquad (5-9)$$

式中，C 为每分钟脉冲数（cpm）；3.997 为每微居里（μCi，1μCi=3.7×10^4Bq）^{14}C 相当于 CO_2 的微摩尔数；60 为 1h 合 60min；V 为每克鲜物质量植物得到的酶原液的体积（mL）；0.7 为液体闪烁仪测定 ^{14}C 的效率；2.22×10^6 为每分钟内 1μCi ^{14}C 的蜕变数；10 为反应时间（min）；0.04 为反应体系中酶液的体积（mL）。

抑制乙酰辅酶 A 羧化酶 50% 的相对活力用式（5-10）计算。

$$抑制乙酰辅酶 A 羧化酶 50\% 的相对活力 = \frac{对照 U - 处理 U}{对照 U} \times 100\%$$

$$(5-10)$$

三、原卟啉原氧化酶活性测定

原卟啉原氧化酶（protoporphyrinogen oxidase，PPO，EC1.3.3.4）是生命过程中四吡咯生物合成过程中的最后一个酶，生成叶绿素和血红素。原卟啉原氧化酶的作用是通过电子转移反应，脱去原卟啉原IX的 6 个氢，将其氧化成高度共轭、红色、对光敏感的原卟啉IX，后者进一步参与叶绿素的生物合成。除草剂与原卟啉原IX竞争与原卟啉原氧化酶的结合，使原卟啉原氧化酶催化的氧化反应受到抑制。原卟啉原氧化酶的活性受到抑制会引起原卟啉原IX过量积累并自动氧化，进而原卟啉IX过量积累，在细胞内引发一系列破坏性氧化而导致植物死亡。因此原卟啉原氧化酶是二苯醚类、四氢邻苯二甲酸亚胺类和三唑啉酮类除草剂的作用靶标。

原卟啉原IX不吸收可见光或者荧光，而产物原卟啉IX在波长 410nm 处有特征吸收（激发光谱），并且在波长 630nm 处有较强的发射荧光（发射光谱）。抑制剂与底物原卟啉原IX竞争性地与酶活性中心结合，从而抑制原卟啉原氧化酶转化原卟啉原IX成原卟啉IX的能力。因而可以通过紫外法或荧光分光光度法测定产物原卟啉IX的量，确定抑制剂的抑制率。

(一) 溶液配制

1. 提取缓冲液 含 0.05mol/L 羟乙基哌嗪乙硫磺酸（HEPES）、0.5 mol/L 蔗糖、1mmol/L DTT、1mmol/L $MgCl_2$、1mmol/L EDTA、0.2% 牛血清蛋白（BSA），以 KOH

溶液调 pH 为 7.8。

2. 溶酶缓冲液 含 0.05 mol/L Tris、2mmol/L EDTA、20%（体积分数）甘油，以 HCl 调 pH 为 7.3。

3. 反应缓冲液 含 0.1 mol/L Tris、1mmol/L EDTA、4mmol/L DTT，以 HCl 调 pH 为 7.5。

4. 测试缓冲液 含 0.1 mol/L Tris、1mmol/L EDTA、5mmol/L DTT、1%（体积分数）吐温 80，以 HCl 调 pH 为 7.8。

5. 除草剂药液 称取 2.0mg 除草剂，加 1mL 二甲基甲酰胺或丙酮溶解，并加 1mL 吐温 80，再以蒸馏水定容至 100mL，而后稀释成所需浓度。

6. 反应底物 称取 82%KOH 0.017g，加入 5mL 无水乙醇，用蒸馏水定容至 25mL，制成 10mmol/L KOH 的乙醇水溶液。精确称量 4.5mg 原卟啉 IX，用 4mL 10mmol/L KOH 的乙醇水溶液溶解，并定容至 10mL。避光氮气保护下，按 1.5g/mL 加入 3% 钠汞齐，反应 2h。避光氮气保护下过滤，用 10% 盐酸调 pH 为 8 左右，按 1:3 的体积比加入反应缓冲液，分装至样品管中，每份 1mL，于液氮中保存（浓度约 0.1mmol/L）。

（二）标准曲线绘制

分别取 0.08mmol/L 的原卟啉 IX 标准溶液 10μL、20μL、30μL、40μL、50μL、60μL、70μL 和 80μL，分别移入 0.99mL、0.98mL、0.97mL、0.96mL、0.95mL、0.94mL、0.93mL 和 0.92mL 反应缓冲液中，再分别加 2mL 测试缓冲液，总体积为 3mL，立即测定波长 630nm 处的发射荧光强度。每个处理重复 3 次，取平均值。以原卟啉 IX 浓度为横坐标，荧光强度为纵坐标，绘制标准曲线。

（三）原卟啉原氧化酶提取

取暗室中培养 6~7d 的植物材料黄化苗，照光 2h 微变绿后，取地上部分剪碎后加 5 倍体积的提取缓冲液，经高速匀浆机匀浆，以 100 目尼龙绸过滤后，0℃下以 800g 离心 2min，取上清液于 0℃下以 17 000g 离心 6min。沉淀以溶酶缓冲液溶解后，即为酶样品（-70℃避光保存），操作在 0~4℃下进行。

（四）原卟啉原氧化酶活性测定

原卟啉原氧化酶活性测定（assay of protoporphyrinogen oxidase activity）过程为：在各支 15mL 的具塞试管中，分别加入反应缓冲液和 100μL 各种浓度的除草剂，以及 100μL 的酶样品（当日提取），于 30℃水浴中振荡 10min 后加入 50μL 原卟啉 IX 溶液，于 30℃水浴中振荡暗反应 30min。再加 2mL 测试缓冲液后立即测定波长 630nm（激发波长为 410nm）处的发射荧光强度。以加热灭活的酶样品为空白对照。每个处理重复 3 次，取平均值。参照标准曲线，计算抑制中浓度（IC_{50}）。

四、对羟基苯基丙酮酸双氧化酶活性测定

对羟基苯基丙酮酸双氧化酶（4-hydroxyphenylpyruvate dioxygenase，HPPD，EC1.13.11.27）是三酮类、异噁唑类、吡唑类、二酮腈类和二苯酮类除草剂的作用靶标。

对羟基苯基丙酮酸双氧化酶是一种铁-酪氨酸蛋白，它催化植物体内质体醌与生育酚生物合成的起始反应，即催化对羟苯基丙酮酸转化为尿黑酸的过程，同时释放出 CO_2。该过程需要氧气作为辅助底物，亚铁离子作为辅助因子，谷胱甘肽、二氯靛酚及抗坏血酸等作为还

原剂。对羟基苯基丙酮酸双氧化酶的催化活性受酸度、温度、还原剂以及植物细胞溶液的影响。对羟基苯基丙酮酸双氧化酶抑制剂抑制的是对羟基苯丙酮酸转化为尿黑酸的过程。尿黑酸是植物体内一种重要物质，它可以进一步脱羧、聚戊二烯基化和烷基化，从而生成质体醌和生育酚。对羟基苯基丙酮酸双氧化酶抑制剂的抑制结果是植物体内质体醌和生育酚的减少，引起植物白化症状。

从稗草、玉米及胡萝卜培养细胞提取的粗酶液均不显示活性，经硫胺沉淀，再用阴离子交换树脂层析后，采用对酶活性影响很小的示差折光检测（RI）法，可以测定对羟基苯基丙酮酸双氧化酶的活性。动物肝脏中的对羟基苯基丙酮酸双氧化酶活性非常强，而且提取也容易，所以利用吸光度的方法可以简单地测定。

（一）溶液配制

1. 酶提取液 含 20mmol/L 磷酸缓冲液（pH7.0）、0.14mol/L KCl、0.1mg/mL 还原型谷胱甘肽、1% 聚乙烯吡咯烷酮。

2. 反应液 含 10μL 过氧化氢酶（5 000U），100μL 1∶1（体积比）的 150mmol/L 还原型谷胱甘肽（Sigmag-4251），现用现配、3 mmol/L 2,6-二氯靛酚（Sigma D-1878）、10μL 不同浓度的药液作为抑制剂、50～250μL 精制酶液、100μL 未标记的羟基苯基丙酮酸、磷酸缓冲液（50mmol/L，pH 7.3）。反应总体系为 975μL。

（二）反应底物制备

羟基苯基丙酮酸的放射性同位素标记，采用 Buckthal 法（略有改进）。50μL（5μCi，1μCi=3.7×10^{4}Bq，下同）的放射性同位素标记的酪氨酸（60Ci/moL）置于 7mL 的玻璃小瓶中进行氮吹至干。将吹干物加入 193μL 0.1mol/L 磷酸缓冲液（pH6.5）、5μL 过氧化氢酶（Sigma C-100，6 100U/μL）、2μL L-氨基酸氧化酶（Sigma A-9370，72U/mL）。将以上 200μL 反应液在 30℃下反应至少 30min。反应结束后，产物羟基苯基丙酮酸（放射性）进行过柱分离。在 1cm×3cm 色谱柱里填充 400μL Dowex 50WX-8（Hform 200～400 目），用 0.1mol/L HCl 进行平衡。加入反应结束的液体，用 1.5mL 双蒸水冲洗，收集羟基苯基丙酮酸（HPPA）。洗提液（不可稀释）−80℃保存（可存放至少 1 周）。

（三）酶的提取与精制

剪取新鲜植物叶片 25g，加入 3 倍体积的提取液，用旋转混合器破碎 3 次，每次 20s。然后用 4 层纱布过滤，以 30 000g 离心 15min，上清液用饱和硫胺沉淀至 20% 饱和度，期间不断搅拌 20min。然后以 30 000g 离心 20min，上清液用饱和硫胺沉淀至 50% 饱和度，期间不断搅拌 20min。然后以 30 000g 离心 20min，沉淀用 3mL 磷酸缓冲液（50mmol/L pH7.3）溶解，用 Bio-Rad P6DG 层析（1.5cm×5cm）脱盐，得脱盐粗酶液。脱盐粗酶液过 DEAE-Sepharose Fast Flow 柱（1.6cm×14cm）以 1.5mL/min 的流速洗脱。洗脱体系：50mL 的磷酸缓冲液（50mmol/L pH7.3），按 KCl 0～0.3mol/L 的 200mL 连续密度梯度收集酶液。收集 0.2～0.3mol/L 梯度的对羟基苯基丙酮酸双氧化酶进行活性测定。

（四）酶活性的测定方法

对羟基苯基丙酮酸双氧化酶（HPPD）活性测定（assay of 4-hydroxyphenylpyruvate dioxygenase activity）可以测定羟基苯基丙酮酸的减少量或者 $^{14}CO_2$ 的释放量，或者通过高效液相色谱仪（HPLC）定量测定尿黑酸（homogentisate，HGA）的生成量。在此采用的酶活测定方法为测定 $^{14}CO_2$ 的释放量。

试验开始前,将过氧化氢酶(5 000U)稀释至500U并离心。用磷酸缓冲液(50mmol/L,pH 7.3)配制未标记的羟基苯基丙酮酸终浓度为2mmol/L,并在室温下平衡2h(现用现配)。试验在20ml的具塞玻璃闪烁瓶中进行。将配制好的反应体系加入25μL未标记的[1-^{14}C]羟基苯基丙酮酸(1 665Bq,2.22×10^{12}Bq/mol)激发反应,30℃条件下反应45~60min,加入250μL 2mol/L H_2SO_4 终止反应。玻璃闪烁瓶继续孵育30min以保证完全俘获释放的 CO_2。将闪烁液转移到盛有15mL Hionic 的新闪烁瓶中利用用液体闪烁计数管测定放射能量。计算抑制中浓度。

五、谷氨酰胺合成酶活性测定

谷氨酰胺合成酶(glutamine synthetase,GS,EC6.3.1.2)是植物氮同化途径中最为关键的催化酶之一,被称为植物无机态氮转化为有机态氮的"门户",对植物氮吸收、同化和利用效率有着极为重要的影响。高等植物中的谷氨酰胺合成酶(GS)同工酶主要分为两类:①胞质型谷氨酰胺合成酶(GS_1),其功能主要是同化从土壤吸收的初级氨及再同化从植物体内各个氮循环途径所释放的氨;质体型谷氨酰胺合成酶(GS_2),其功能是同化由硝态氮还原而来及光呼吸过程所释放的氨。一般情况下,非光合作用体系中以胞质型谷氨酰胺合成酶(GS_1)为主,而叶片中以质体型谷氨酰胺合成酶(GS_2)为主。谷氨酰胺合成酶是草胺磷(glufosinate)的作用靶标。

谷氨酰胺合成酶在ATP和 Mg^{2+} 存在下,催化体内谷氨酸形成谷氨酰胺。在反应体系中,谷氨酰胺转化为γ-谷氨酰基异羟肟酸,进而在酸性条件下与铁形成红色的络合物,该络合物在540nm处有最大吸收峰,可用分光光度计测定。谷氨酰胺合成酶活性可用单位蛋白质单位时间内产生的γ-谷氨酰基异羟肟酸与铁络合物的生成量来表示,单位为μmol/(mg·h);也可间接用540nm处吸光值的大小表示,即A/(mg·h)。

(一)溶液配制

1. 提取缓冲液 为0.05mol/L Tris-HCl,pH8.0,内含2mmol/L Mg^{2+}、2mmol/L DTT 和0.4mol/L 蔗糖。

2. 反应混合液A 为0.1mol/L Tris-HCl 缓冲液,pH7.4,内含80mmol/L Mg^{2+}、20mmol/L 谷氨酸钠盐、20mmol/L 半胱氨酸和2mmol/L EDTA。

3. 反应混合液B 为反应混合液A的成分再加入80mol/L盐酸羟胺,pH7.4。

4. 显色剂 含0.2mol/L 三氯醋酸(TCA)、0.37mol/L $FeCl_3$ 和0.6mol/L HCl。

5. ATP 溶液 为40mmol/L ATP,现配现用。

(二)酶的提取

取植物体1.0g置于研钵中,加入3mL提取缓冲液,置冰浴上研磨匀浆,转移至离心管中,以15 000g 离心20min,上清液即为粗酶液。上清液可直接用于酶活性的测定,或精制后用于酶活性的测定。所有操作均在4℃下进行。

(三)酶活性测定

1. 谷氨酰胺合成酶活性测定(assay of glutamine synthetase activity) 用移液枪取1.6mL反应混合液B,加入0.7mL粗酶液和0.7mL ATP 溶液,混匀。于37℃下保温30min后,再加入显色剂1mL,摇匀并放置片刻后,以5 000g 离心10min,取上清液在540nm处测定吸光值。以加入1.6mL反应混合液A的为对照。加入适当不同浓度的草胺磷药液可不同程度抑制谷氨酰胺合成酶活性,测定吸光值后,可计算抑制中浓度。

2. 粗酶液中可溶性蛋白含量测定 取粗酶液 0.5mL,用去离子水定容至 100mL,取 2mL 用考马斯亮蓝 G-250 法测定可溶蛋白质。具体操作同前文的乙酰乳酸合成酶活性测定中的可溶性蛋白含量测定部分。

3. 结果计算 谷氨酰胺合成酶活性用下述公式计算。

$$GS 活性 = \frac{A}{PVt} \tag{5-11}$$

式中,A 为 540nm 处的吸光值;P 为粗酶液中可溶性蛋白含量(mg/mL);V 为反应体系中加入的粗酶液体积(mL);t 为反应时间(h)。

注:也可用试剂盒(南京建成生物工程研究所谷氨酰胺测试盒)进行测定。

六、5-烯醇丙酮酰-3-磷酸莽草酸合成酶活性测定

5-烯醇丙酮酰-3-磷酸莽草酸合酶(5-enolpyruxylshikimate-3-phosphate synthase, EPSP, EC 2.5.1.19)存在于所有植物和一部分微生物中,是芳香族氨基酸(包括色氨酸、酪氨酸和苯丙氨酸)生物合成过程中的合成酶,它催化-3-磷酸莽草酸(S3P)和 5-磷酸烯醇式丙酮酸(PEP)生成 5-烯醇式丙酮酰-3-磷酸莽草酸(EPSP)。芳香族氨基酸参与植物体内一些生物碱、香豆素、类黄酮、木质素、吲哚衍生物、酚类物质等的次生代谢。

(一)溶液配制

1. 提取缓冲液 A 溶液 pH7.5,含 100mmol/L Tris、1mmol/L EDTA、100 mL10% 甘油、1mg BSA、10mmol/L 维生素 C、1mmol/L 苯甲脒和 5mmol/L DTT。

2. 提取缓冲液 B 溶液 pH7.5,含 100mmol/L Tris、1mmol/L EDTA、100 mL10% 甘油、10mmol/L 维生素 C、1mmol/L 苯甲脒和 5mmol/L DTT。

3. 反应液 为 50mmol/L pH 7.5 的 HEPES,含 1mmol/L $(NH_4)_6Mn_7O_{24}$、1mmol/L 5-烯醇式丙酮酸、2mmol 3-磷酸莽草酸。

(二)酶液提取

称液氮冷冻的叶片 0.3g,将 60mg 聚乙烯吡咯烷酮放于预先冷冻好的研钵中,加入 0.5 mL 提取缓冲液 A,冰浴上研磨至匀浆,以 15 000g 离心 10min。吸取 0.25mL 上清液,放于体积 1.0 mL 的 Sephadex G-50 柱上,以 200g 离心 3min。收集离心液,上 Mono-Q (Pharmacia 公司)离子柱层析(Mono-Q 柱预先用缓冲液 B 充分平衡)。上样 1mL 后用缓冲液 B 及上限洗脱液 0.5mol/L 的 NaCl 梯度洗脱,流速 1mL/min,收集 5-烯醇式丙酮酰-3-磷酸莽草酸合成酶(EPSP)活性组分。

(三)酶活性测定

5-烯醇丙酮酰-3-磷酸莽草酸合酶(EPSP)活性测定(assay of 5-enolpyruxylshikimate-3-phosphate synthase activity)的具体操作为:取 40μL 酶反应液于 25℃下预热 5min,加入 10μL 酶提取液,25℃下酶促反应 10min,迅速放入沸水中停止反应。冷却至室温,再加入 800μL 孔雀绿显色反应 1min,加 100μL 34% 柠檬酸钠溶液,于分光光度计上测定 OD_{660} 值。

测定草甘膦的 I_{50} 值时,在酶活性测定反应体系中,分别加入 0μmol/L、5μmol/L、10μmol/L、15μmol/L、20μmol/L 的草甘膦,测定 OD_{660}。用以下公式计算 5-烯醇式丙酮

酰-3-磷酸莽草酸合成酶活性抑制率。

$$5\text{-烯醇式丙酮酰-3-磷酸莽草酸合成酶活性抑制率} = \frac{处理 OD_{660}}{对照 OD_{660}} \times 100\%$$

(5-12)

(四) 可溶性蛋白含量测定

采用考马斯亮蓝 G-250 法测定可溶性蛋白含量，具体操作同前文介绍的乙酰乳酸合成酶活性测定中的可溶性蛋白含量测定部分。

七、八氢番茄红素去饱和酶活性测定

八氢番茄红素去饱和酶（phytoene desaturase，PDS，EC 1.14.99）在类胡萝卜素的生物合成中，催化从八氢番茄红素到 ζ-胡萝卜素反应。哒草伏、氟定酮和吡氟草胺是已商品化的除草剂，它们以八氢番茄红素去饱和酶为靶标，非竞争性地抑制八氢番茄红素去饱和酶，导致植株内的八氢番茄红素大量积累，胡萝卜素生物合成被抑制，植物产生白化症状。

(一) 八氢番茄红素的提取

取 200mg 左右的新鲜叶片，在常温和弱光下，在 2mL 甲醇中磨碎。在此磨碎液中加入 2mL 三氯甲烷及 5mL 蒸馏水，搅拌均匀，转移到离心管内以 5 000r/min 离心 10min。取三氯甲烷层 1mL，以氮气吹干，溶解于 500μL 乙腈-甲醇-三氯甲烷溶剂（乙腈：甲醇：三氯甲烷=67.5：22.5：10，体积比）中。八氢番茄红素在 286nm 附近有吸收峰，采用 HPLC 法定量。

(二) 八氢番茄红素去饱和酶提取

称取水仙花瓣 2.0g，于 4℃下在 0.067mol/L 磷酸缓冲液（pH7.5，含有 0.47mol/L 蔗糖、5mmol/L $MgCl_2$ 和 0.2%聚乙烯吡啶烷酮）中研磨，用 4 层尼龙布过滤后，以 1 000g 离心 10min，用含有 50%蔗糖的 0.067mol/L 磷酸缓冲液悬浮沉淀。悬浮液移至离心管，依次分别加入含有 40%、30%、15%（m/V）的蔗糖缓冲液。以 50 000g 离心 1h，合并 40% 及 30%蔗糖层中的有色体。有色体加入 15%蔗糖缓冲液，以 15 000g 离心 20min，所得沉淀即为纯度高的八氢番茄红素去饱和酶。将酶悬浮于 100mmol/L Tris-HCl 缓冲液（pH7.2，含有 10mmol/L $MgCl_2$ 及 2mmol/L DTT），保存于 −70℃的超低温冰箱。

(三) 八氢番茄红素去饱和酶活性测定

八氢番茄红素去饱和酶活性测定（assay of phytoene desaturase activity）的反应液最终体积为 1mL。反应液中含有 5μL 0.1mg/L 二硬脂酰磷脂酰胆碱、0.7mL 酶提取液、5μg 八氢番茄红素（溶于 200mmol/L 磷酸缓冲液，pH7.2）、1.0~33.3μmol/L 癸基质体醌、适量除草剂溶液。反应体系于 28℃恒温 3h 后，加入 4mL 甲醇终止反应。用乙醚-石油醚（乙醚：石油醚=1：9，体积比）提取反应产物胡萝卜素，以氮气吹干，再用丙酮溶解。采用分光光度计于 424nm 测定 ζ-胡萝卜素的吸光值，计算除草剂对八氢番茄红素去饱和酶的抑制中浓度。

复 习 思 考 题

1. 标准化的除草剂生物测定方法必须具备哪些条件？

2. 简述植株测定法、植物器官测定法、植物愈伤组织测定法、靶标酶活性测定法的基本含义及其在评价除草剂活性中的含义。
3. 举例说明 3 种有代表性的植株测定法的原理和主要特点。
4. 简述除草剂混用中联合作用的主要类型及用等效线法评价混用联合作用的基本原理。
5. 举例说明 3 种靶标酶生化测定法的原理和主要特点。

第六章
植物生长调节剂及其他化学农药室内生物测定

第一节 植物生长调节剂室内生物测定

植物生长调节剂的生物测定（bioassay of plant growth regulator）是利用敏感植物某些性状反应作指标，对生理活性物质进行定性测定或定量测定的生物测定方法。在一定浓度范围内，供试植物材料的反应随药剂浓度的改变而呈现规律性的变化，即与植物生长调节剂的浓度变化有正相关性或负相关性。植物生长调节剂生物测定方法是筛选天然生物活性物质和人工合成的活性物质的基本方法，还能测定这些物质在植物体内各部位的存在情况，为作用机制研究提供依据。

植物激素概念的形成最早可追溯到 19 世纪 80 年代 Sachs 对植物形态和发育的研究，以及 Darwin 对金丝雀草（*Phalaris canariensis*）胚芽鞘向光性的观察。当时的假设是植物中存在一种可移动的物质，可以从植株的某一部位运输到其他部位控制植物的生长发育。但是 Darwin 所假想的这种可移动物质直到 20 世纪 30 年代才被分离出来，并被鉴定为生长素。自发现生长素至今，人们发现存在于植物体内的植物内源激素有生长素、赤霉素、细胞分裂素、脱落酸和乙烯等 5 类"经典"植物激素。它们在植物体内能同时存在，其含量随着植物的生长而不断变化，它们相互促进，相辅相成，又相互拮抗，相互抑制，在植物的整个生长发育过程中，起十分重要的作用。由于农药生产上的需要，人们采用化学的方法，模拟合成了这一类化合物，它们在对作物的作用和活性上和内源植物激素完全一样，有的甚至胜过天然产物，对植物的生长发育同样具有重要的作用，这类化合物称为植物生长调节剂。施用极少量的这类物质，对作物的生长发育即可进行化学调控，让其按人们期望的方向生长发育。

鉴于人工模拟合成的植物生长调节剂对作物的作用和活性与内源植物激素具有很高的相似性或一致性，因此植物生长调节剂生物测定方法长期以来一直采用植物激素的活性测定方法。本章除介绍上述生物测定方法外，还增添了农业部发布的《农药生物测定试验准则中植物生长调节剂第二部分》促进或抑制植株生长试验——茎叶喷雾法（中华人民共和国农业行业标准，NY/T 2061.2—2011），适用于测定人工合成的植物生长调节剂的活性。

植物激素的生物测定方法是由 Went（1928）发现生长素时开始建立的，曾对生长素生理作用的机理研究和发现新的细胞分裂素玉米素等方面发挥过重要作用。20 世纪 60 年代初，气相色谱法开始应用于生长调节剂的测定，具有专一性强、灵敏度高、操作简便等特点。其后相继出现的荧光光度法、质谱法、高效液相色谱法、免疫法使得测试手段日益完善。但经典的生物测定法仍在广泛应用，这是因为生物测定法专一性较强，尤其是对粗提物中未知生长调节剂的粗筛，常可得到定性和定量的相对结果。

植物生长调节剂生物测定的供试材料一般为敏感植物的种子、幼苗或组织器官（如胚芽鞘、黄化茎、根、子叶等）。在恒温、恒湿和一定光照条件下，加上一定浓度范围的待测药液进行的。其主要特点是能够直观地确定被测物质对植物某一器官所表现出的活性和作用特性；在很多情况下，可直接用粗提物进行测定从而可避免与提取、净化和分离过程有关的物理与化学问题；所需的试材、仪器等试验条件比较易于满足，不需昂贵的分析仪器设备；灵敏度高，不少方法测定的浓度可低达 10^{-9} 级。植物生长调节剂在植物体内吸收、转运、作用部位、降解和残留、土壤吸附和淋溶等研究中生物测定方法均有应用。其缺点是：生物测定方法试验周期长，比仪器分析法花的时间要多；试验结果常会受试材料培养和反应时间所影响；通常需有仪器分析配合，才能确定植物生长调节剂的化学结构。生长调节剂的生物测定方法也常被用于除草剂的生物测定。

植物生长调节剂生物测定时要求有较强的专一性、较高的灵敏性和较短的试验周期，尤其是对粗提物中未知激素的初筛，常可得到定性定量的相对结果。测定时，对环境条件和植物材料都有较严格的要求。

一、生长素的生物测定

生长素的生物测定技术最早是基于生长素对细胞伸长的促进作用，所用材料为燕麦或小麦胚芽鞘、豌豆茎、番茄下胚轴等。由于生长素也能促进细胞分裂和分化，所以又发展出菊芋块根称量法和绿豆根法，其灵敏度见表 6-1 所示。小麦胚芽鞘伸长法具有操作简便、灵敏度高的特点，且不仅适用于天然生长素，也适用于人工合成生长素，应用很广泛。所用试材中燕麦胚芽鞘弯曲角度掌握难度较大，绿豆生根法较简便，但其专一性不强，仅用于生长素的初筛试验。

表 6-1 生长素的生物测定

（引自陈年春，1990）

方　法	指　标	吲哚乙酸最低检测浓度
燕麦弯曲法	弯曲度	10^{-7} mol/L
豌豆劈茎法	曲弯角度	10^{-6} mol/L
豌豆茎切段法	长度增加	10^{-7} mol/L
黄瓜下胚轴切段法	长度增加	10^{-7} mol/L
小麦胚芽鞘伸长法	长度增加	5×10^{-8} mol/L
燕麦第一节间法	长度增加	5×10^{-9} mol/L
绿豆生根法	不定根数增加	3 mg/L

（一）小麦胚芽鞘伸长法

1. 基本原理 小麦胚芽鞘伸长法（method of wheat coleoptile elongation）是根据一定浓度范围的生长素具有促进小麦胚芽鞘细胞直线伸长的原理来比较这类物质活性的生物测定方法。利用小麦胚芽鞘长度的增加作为生长素调节剂的反应指标，试验中可将小麦胚芽鞘伸长部分切成段，漂浮在溶液表面上，一定时间后观察切段的伸长。此法具有较高的灵敏度，操作简便，实验数值偏差小，且与人工合成生长素也能起反应，所以特别适用于伸长生长的机理研究。

2. 操作步骤

（1）小麦选种、浸泡和播种　选择饱满的小麦种子 100 粒，在饱和的漂白粉溶液中浸泡 15min 后取出，数小时后用蒸馏水洗净，播种在垫有洁净滤纸或石英砂带盖的搪瓷盘中，为使胚芽鞘长得直，可将种子排齐，种胚向上并朝向一侧，将盘斜放成 45°角，使胚倾斜向下。盘中适当加水并加盖，放在暗室中生长，温度保持 25℃，相对湿度 85%。

(2) 胚芽鞘切段的制备　播种后 3d，当胚芽鞘长 25～35mm 时，精选胚芽鞘长度一致的幼苗 50 株，用镊子从基部取下胚芽鞘，用切割器在带方格纸的玻璃板上切下 3mm 的顶端弃去，取中间 4mm 切段做试验，此段对生长素最敏感。将切段漂浮在水中 1～2h，以洗去内源生长素。

(3) 吲哚乙酸标准液的制备　取 10mL 吲哚乙酸（indole-3-acetic acid，IAA），先用少量酒精溶解，用水稀释定容至 100mL，即浓度为 100μL/L 的吲哚乙酸母液，用磷酸缓冲液配成 0.001μL/L、0.01μL/%、0.1μL/L、1.0μL/L 及 10μL/L 的标准浓度吲哚乙酸溶液，以缓冲液为对照。

(4) 药剂处理和结果分析　在具塞小试管中分别盛入上述溶液各 2mL，重复 4 次。每管中放胚芽鞘 10 段，加塞后置于旋转器上，以 16 r/min 的速度，在 25℃恒温暗室中旋转培养 20h 后，取出胚芽鞘段，测量 10 个胚芽鞘的长度，求出平均长度。然后以生长素溶液中胚芽鞘段长度（L）和对照中胚芽鞘段长度做（L_0）比较，得到胚芽鞘增长百分率 [（L/L_0）×100%]，以此值作纵坐标，以吲哚乙酸浓度的对数值作横坐标，画出标准曲线。也可用机率值分析法得出毒力回归方程。

(5) 注意事项　如果漂浮的胚芽鞘段不做水平旋转，则会因重力影响而导致芽鞘发生弯曲生长，不便于测量长度。在没有旋转条件的实验室，可将胚芽鞘切段穿在细玻璃丝或玻璃制作的梳齿上，将其漂浮在溶液中，使胚芽鞘不发生弯曲生长。

为了减少试验误差，要严格选用一定长度的胚芽鞘。为了使胚芽鞘有较大伸长量，可以采用磷酸盐缓冲液代替蒸馏水配制成吲哚乙酸溶液，并加 2%～3% 蔗糖用于补充营养。

含 2% 蔗糖的磷酸-柠檬酸缓冲液（pH 为 5.0）的配制：取 K_2HPO_4 1.794g、柠檬酸 1.019g 和蔗糖 20g，溶于 100mL 蒸馏水中。

本试验操作应在安全绿光下进行。

(二) 燕麦弯曲法

燕麦弯曲法（method of oat bend）是根据在生长素一定浓度范围内，燕麦叶弯曲度与其浓度呈正相关的原理来比较这类物质活性的生物测定方法。在黑暗条件下让燕麦种子萌发，当根长达到 2mm 时，将幼苗固定在支柱上，使其在水培条件下生长。选择生长直的幼苗，切去其胚芽鞘顶端，并放在琼脂薄片上，以便使其生长素能扩散到琼脂中。24h 后移去鞘尖，将琼脂切成小块（1mm^3）。约 3h 后将切去尖端的胚芽鞘（内有第一片叶）再切去 4mm 尖端（这是因为切去后还会产生新的顶端），轻轻地用镊子将第一片叶稍向上提；将含有生长素的琼脂块放在去尖胚芽鞘一侧靠近叶片的部位。经 90～110min 后投影（shadowgraph）测量其弯曲角度。

燕麦弯曲法在吲哚乙酸的定量测定或在未经定性测定的一些天然生长素的定量测定中均可使用，但在人工合成生长素的定量测定中不宜使用。此法由于在测定弯曲角度时操作较难掌握，因此其应用受到一定限制。

本试验操作应在安全绿光下进行。

(三) 绿豆生根法

1. 基本原理　绿豆生根法（method of mung bean radication）是依据插条不定根生成的

数量与生长素浓度间存在相关性原理而设计的,即在一定的生长素浓度范围内,不定根生成的数量与生长素浓度呈正比。用标准生长素溶液作对照,就可测出某一类生长素物质的效价或某一提取液中所含内源生长素的浓度。此法的专一性不强,但灵敏度高,操作简便。

2. 操作步骤

(1) 绿豆选种、浸泡和播种　经精选过的绿豆种子用80℃热水浸泡,当水冷却到室温后继续浸泡2h,使种子充分吸水。然后将种子放在铺有湿滤纸的培养皿中,于25℃恒温箱内萌发。24h后挑选萌发整齐的幼苗,播在湿润的石英砂中,在25℃和700～750lx光照条件下培养7～10d。待幼苗已具有1对展开真叶与3片复叶芽时,可供切段用。

(2) 下胚轴切段的制备　挑选上述生长整齐的幼苗,用刀片在子叶节下3cm处切去主根,同时切去子叶,其切段带有下胚轴(长3cm)、第一对真叶及复叶芽。并将上述切段浸泡在水中备用,以防切口风干。

(3) 药剂处理和结果分析　用蒸馏水将α-萘乙酸(α-naphthalene acetic acid,NAA)或吲哚丁酸(indole butyric acid,IBA)配制成系列浓度:0.05mg/L、0.1mg/L、0.5mg/L和1mg/L,以蒸馏水为对照。用50mL的烧杯,每杯50mL,重复4次。然后将准备好的绿豆幼苗的切段切成5段或10段,插入烧杯中(或用纱网将切段固定住)。一般液面必须超过子叶节,每24h加少量蒸馏水,以保持溶液原来的体积。供试烧杯在光照下培养7d,检查每个切段所长的不定根数。在一定浓度范围内,浓度与根数目间呈正相关。但浓度过高会从下胚轴切段基部生成愈伤组织,则生根受抑制。此法对生长素的最低检测浓度为3mg/L。

以生长素溶液浓度的对数值作横坐标,生长素溶液及蒸馏水中发根数之比值(N/N_0)作纵坐标,绘制标准曲线。若有未知浓度的生长素提取液或未知效价的类似生长素溶液需进行测定时,均可按上法求N/N_0,然后和标准曲线比较,即可求得浓度或效价。

二、赤霉素的生物测定

赤霉素(gibberellic acid 3,GA_3)最明显的生理效应是促进器官的伸长,包括节间、胚轴及禾谷类的芽鞘、叶片等。此外,赤霉素还有打破休眠,促进发芽、坐果、开花和单性结实等作用。对矮生型作物伸长生长,赤霉素的效果尤其明显。根据生理效应设计的生物测定方法有多种,这些方法的灵敏度、专一性、反应强弱各不相同(表6-2)。下面主要介绍水稻幼苗叶鞘伸长点滴法、大麦去胚乳法和矮生玉米叶鞘法。

表6-2　赤霉素的生物测定法

(引自陈年春,1990)

方法	指标	赤霉素(GA_3)最低检测浓度(mol/L)
水稻幼苗叶鞘伸长点滴法	叶鞘长度	3×10^{-13}
矮生豌豆下胚轴法	下胚轴长度	3×10^{-13}
矮生玉米叶鞘法	第一叶鞘长和第二叶鞘长	3×10^{-12}
黄瓜下胚轴法	下胚轴长度	1×10^{-11}
莴苣下胚轴法	下胚轴长度	3×10^{-12}
大麦去胚乳法	还原糖释放或α淀粉酶活性增加	3×10^{-9}
苋红素抑制法	色素减少	3×10^{-10}

（一）水稻幼苗叶鞘伸长点滴法

1. 基本原理 1968年村上浩最早建立了水稻幼苗叶鞘伸长点滴法（topical application of rice seedling leaf sheath elongation），该法是根据在一定浓度范围内（0.1～1 000mg/L，指有效成分，下同），水稻幼苗叶鞘伸长与赤霉素浓度呈正相关的原理来比较这类物质活性的生物测定方法。其优点是操作时间短，所用样品少，灵敏度高。

2. 水稻选种、浸泡和播种 经精选过的水稻种子在漂白粉溶液中浸泡0.5h，然后用流水冲洗净，在30℃和黑暗条件下发芽2d。露白后选芽长2mm的种子，胚芽朝上，排在小杯中的1%琼脂糖凝胶上，每杯放10粒，加盖以减少水分蒸发。在恒温培养箱中（30℃，2 000～3 000lx光照）培养2d。当第二叶叶尖稍高出第1叶时（2mm），去除生长不良的幼苗，保留生长整齐的幼苗备用。

3. 药液制备、处理和结果分析 用丙酮将生长素（GA_3）稀释成系列浓度（0.1μL/L、1.0μL/L、10μL/L和100μL/L），用微量注射器分别将1μL不同浓度的生长素丙酮液小心滴于幼苗的胚芽鞘与第一叶叶腋间，勿使滑落（如液滴滑落，应立即拔除这一幼苗），重复4次。处理后的幼苗放入连续光照的恒温生长箱中培养3d后，测定幼苗第二叶鞘的长度。以标准生长素浓度的对数值为横坐标，第二叶叶鞘长度为纵坐标绘图得标准曲线。在一定浓度范围内，第二叶叶鞘的伸长与生长素浓度的对数值呈正比。以待测样品处理的幼苗第二叶鞘的长度在标准曲线上可查出赤霉素类物质的含量。

4. 注意事项 村上浩曾用此法检定GA_1至GA_5这5种生长素，其结论是水稻幼苗第二叶叶鞘伸长对GA_1和GA_3最为敏感，对GA_2、GA_4和GA_5不太敏感。已知植物体内的生长素物质达70多种，各种物质所含生长素的种类差异很大。因此对内源生长素物质进行鉴定时，应针对不同植物选用相应的生物测定方法。

（二）大麦去胚乳法

1. 基本原理 大麦去胚乳法（method of removing barley endosperm）是利用大麦种子吸水萌动后胚中产生的赤霉素与胚乳最外的糊粉层中α淀粉酶间呈相关的原理来比较赤霉素活性的生物测定方法。

大麦种子吸水萌动后，胚中产生的赤霉素将胚乳最外的糊粉层中α淀粉酶激活。而无胚的大麦半粒种子不能产生赤霉素，其α淀粉酶不被激活，因此它可被成功地应用于赤霉素类物质的测定。其特点是：α淀粉酶的释放与赤霉素的原初作用位点关系密切相关；不受溶剂中杂质的影响，而且对赤霉素是极其专一的；不受植物天然提取物中其他非赤霉素类物质的影响。

2. 操作步骤

（1）溶液配制

①0.1%淀粉溶液：称取可溶性淀粉1g加蒸馏水至50mL，沸水浴至完全溶解后，再加入KH_2PO_4 8.16g，待其溶解后定容至1 000mL。

②$2×10^{-5}$mol/L GA_3溶液：称取680mg GA_3溶于少量95%乙醇中，定容至1 000mL。

③I_2-KI溶液：分别称取0.6g KI和0.06g I_2并分别用少量0.05mol/L HCl溶解后混合，用0.05mol/L HCl定容至1 000mL。

④$10^{-3}$mol/L乙酸缓冲液：取10^{-3}mol/L乙酸钠溶液590mL与10^{-3}mol/L乙酸溶液410mL混合后，加入1g链霉素，摇匀。

(2) 测定前的操作　选子粒饱满大小一致的大麦种子 50 粒，用刀片将每粒种子横切为两半，将无胚的一半种子放入新配制的 1‰次氯酸钠溶液中消毒 15min，取出后用无菌水冲洗几次，然后放在盛消毒湿沙的大培养皿中吸胀 48h。将 2×10^{-5} mol/L GA_3 溶液稀释为 2×10^{-6} mol/L、2×10^{-7} mol/L、2×10^{-8} mol/L 的系列溶液。取小试管 5 支，分别加入 1mL 10^{-3} mol/L 乙酸缓冲液及 4 种不同浓度的 GA_3 溶液。每管放入已吸胀的 10 个大麦无胚种子。将试管放进恒温箱中，在 25℃下振荡培养 24h。如无振荡器，应经常用手摇动。

(3) 淀粉酶活力测定　从上述每支小试管中吸取上清液 0.2mL，移入另一组试管中，再加入 0.1%淀粉溶液 1.8mL，混匀，在 30℃水溶液中保温约 10min（保温时间最好经预备试验确定），以光密度达 0.4～0.6 时的反应时间为宜。再加入 I_2-KI 溶液 2mL，用蒸馏水稀释至 5mL，充分摇匀，溶液呈蓝色，在 580nm 下读取光密度值。每处理重复 4 次。以赤霉素浓度的负对数值为横坐标，光密度为纵坐标绘制标准曲线。以待测样品处理的无胚半粒大麦种子的光密度值，在标准曲线上可查出赤霉素类物质的含量。

(三) 矮生玉米叶鞘法

1. 基本原理　矮生玉米叶鞘法（dwarf corn sheath method）也是常用的方法之一。该法是利用在一定浓度范围内，矮生玉米叶鞘长度与赤霉素浓度呈正相关的原理来比较这类生长素活性的测定方法。

2. 操作步骤

(1) 测定前的操作　将精选大小一致的矮生型玉米种子吸水 6～12h 后播种在湿润的蛭石上，使种子立着栽在蛭石上，以获得直立幼苗便于移植。播种后的容器放在 3 000lx 下光照，在 28～30℃下发芽。常补充水分使蛭石保持湿润状态。约经 1 周后种子即可发芽。将玉米幼苗全部取出，并根据第一片叶展开的程度，分为几个不同的组，移植到适当的容器中进行水培。当第一叶长成杯状时，就可用赤霉素或待测液处理。

(2) 药液配制、处理和结果分析　将赤霉素配成 20%～50%丙酮溶液，用移液管向每张杯形叶中各滴入 0.05mL 或 0.1mL。处理后的幼苗仍按上述的培养条件进行培育约 1 周后，测定其第一叶鞘的长度。每处理重复 4 次。以赤霉素浓度的对数值为横坐标，叶鞘长度的对数值为纵坐标作图。以待测样品处理的第一叶鞘的长度，在标准曲线上可查出赤霉素类物质的含量。

(3) 注意事项　矮生玉米突变种有 d_1、d_2、d_3、d_5 等不同类型，每个类型对赤霉素的反应不相同，因而可以区别使用。d_5 因其能与贝壳杉烯及其衍生物和很多种赤霉素发生反应，所以对粗提取物的鉴定是很方便的，能检出植株中 GA_3 最低检测浓度为 $0.01\mu g$。

三、细胞分裂素的生物测定

细胞分裂素（cytokinin）是植物体内普遍存在的一类激素，其生理作用主要是促进细胞分裂和扩大，延迟叶片衰老，促进侧芽生长和器官分化等。细胞分裂素的生物测定方法分为 4 类，分别依据为：细胞分裂，即细胞数目增加或组织增重；细胞的扩大，即体积的增加；延迟叶片衰老，即叶绿素降解的延缓；诱导素的合成，即苋红素的合成。常用的细胞分裂素生物测定法见表 6-3。因萝卜子叶增重法和苋红素合成法应用较广泛，故做详细介绍，另外组织培养鉴定法和小麦叶片保绿法也做简单介绍。

表6-3 常用的细胞分裂素生物测定法
(引自陈年春，1990)

方　法	时间（d）	最低可检测浓度（mg/L）
烟草髓愈伤组织	21	<1
大豆愈伤组织	21	1
胡萝卜韧皮部	21	0.3
大麦叶衰老	2	5
燕麦叶衰老	4	3
萝卜叶圆片增大	1	2
萝卜子叶增大	3	10
黄瓜子叶转绿	1	1
苋红素合成	2	5

（一）萝卜子叶法

1. 基本原理 萝卜子叶法（radish cotyledon method）是在一定浓度范围内（如激动素为2～25mg/L），利用子叶质量增加与细胞分裂素浓度间呈正相关来比较这类化合物生物活性的生物测定方法。细胞分裂素不仅能促进细胞分裂，还能阻止叶绿素、核酸和蛋白破坏，并有保持有机溶质和无机溶质的功能，使其在处理区的降解速度放慢，使氨基酸等养分转移到处理区域，促进合成作用。因此通过处理后子叶质量或叶绿素含量的变化来比较其活性的大小。

细胞分裂素具有促进萝卜子叶增大的效应，其主要原因是促进细胞分裂和扩大。

2. 操作步骤

（1）萝卜子叶的制备　将萝卜种子用0.1%氯化汞溶液消毒后用蒸馏水洗净，放入垫有湿滤纸的容器中，在25～26℃黑暗中培养30h后，从每个幼苗上用镊子取下较小的一片子叶，且全部去除其下胚轴。选取大小一致的子叶50片供测定用。

（2）药剂处理和结果分析　在垫有滤纸的培养皿（直径9cm）中，分别加入5mg/L、0.5mg/L、0.05mg/L和0.005mg/L（以有效成分计，下同）的激动素溶液3mL和蒸馏水3mL，每皿放入10片已称量的子叶。将培养皿放入生长箱中，培养皿下铺一张湿滤纸。在25W荧光灯下连续培养3d后，取出子叶，用滤纸吸去其表面的水分，立即用天平称量每培养皿中子叶的质量。每处理重复4次。以子叶质量增加值为纵坐标，激动素浓度对数值为横坐标，绘出激动素浓度与子叶质量增加值的关系曲线。用同样方法可测出未知样品中细胞分裂素含量相当于多少含量的激动素。

激动素和玉米素都显著促进子叶扩大。利用此法可测的激动素最低浓度是10μL/L左右。本法不受吲哚乙酸（IAA）、嘌呤、嘧啶、核苷、氨基酸、糖、维生素等物质的干扰。

3. 注意事项

（1）子叶的选择　萝卜幼苗的2片子叶大小不同，其对细胞分裂素的反应不同，而且不同时期离体的子叶对细胞分裂素的效应也不同。大子叶对诱导的生长反应比小子叶要小得多，且随着种子萌发时间的延长，细胞分裂素诱导的子叶效应有所下降。用在25℃萌发1～2d的种子上离体的小子叶进行试验能取得的效果最好。

（2）供试较小的一片子叶须完全去除其下胚轴　在进行细胞分裂素的试验时，因细胞分裂素对下胚轴段的伸长起抑制作用,而赤霉素对下胚轴的质量和长度的增加都有促进作用,这样会影响鲜子叶称量的准确性。因此下胚轴应完全去掉,否则会影响细胞分裂素对子叶扩大效应。

(二) 苋红素合成法

1. 基本原理　苋红素合成法(method of amaranthin synthesis)是利用在一定浓度范围内(在 0.01~3mg/L 时),色素苋红素合成的量与细胞分裂素浓度呈正相关的原理来比较这类化合物活性的生物测定方法。

苋红素合成法由 Kohler 和 Conrad (1966) 最先报道,Biddington 和 Thomas (1973) 加以改进,丁静等 1979 年将此法引入国内。尾穗苋(*Amaranthus caudatus*)幼苗在光照下合成一种红色色素名为苋红素(amaranthin 或 betacyanin)。在暗中发芽的尾穗苋子叶不能合成苋红素,子叶呈白色。但如供给细胞分裂素和酪氨酸,暗中萌发的尾穗苋子叶就能合成苋红素。吲哚乙酸(IAA)和赤霉素(GA)都不能代替细胞分裂素使尾穗苋合成苋红素。因而本法专一性强,且操作简便。

2. 操作步骤

(1) 配制酪氨酸缓冲液　称取 0.2g L-酪氨酸,溶于 5.5mL 0.5mol/L HCl,如未完全溶解,在水浴中稍加热,直至完全溶解。称取 $Na_2HPO_4 \cdot 12H_2O$ 2.388g 和 KH_2PO_4 0.907g,溶于水中。将已配好的酪氨酸溶液倾于其中,定容至 500mL,即获得所需要的含 0.4% 酪氨酸的缓冲液。

(2) 配制激动素标准溶液　称取激动素[即 kinetin,KT 6-呋喃氨基嘌呤(6-furfuryl aminopurine)] 10mg 溶于 1.5mL 0.1mol/L HCl 中,在水浴中加热,使之溶解,加水定容至 100mL,即为 100mg/L 的母液。用缓冲液稀释,配制成 0.01mg/L、0.03mg/L、0.1mg/L、0.3mg/L、1.0mg/L 和 3.0mg/L 浓度的激动素溶液。

(3) 药剂处理和结果分析　将滤纸置于直径 6cm 的培养皿内,分别加入上述各浓度的激动素溶液 2.5mL。将精选的尾穗苋种子先用饱和漂白粉溶液浸泡 15min,后用水冲洗,再播入培养皿中,在 25℃、黑暗条件下发芽 72h。

用镊子选取黄化幼苗上大小均一的子叶,放入已有 2.5mL 各浓度激动素溶液的培养皿中,每个培养皿 30 个子叶,重复 4 次。在 25℃放置 18h 后取出子叶,用滤纸吸去多余的溶液,移入盛有 4mL 蒸馏水的带塞试管中,放入低温冰箱(-20~-16℃)中冰冻过夜。取出后,放在 25℃暗室中 2h 融化,再放入低温冰箱冰冻、再融化,如此反复 2 次。由于冰冻破坏了细胞膜的透性,红色色素即被浸提出来。倒出红色上清液,用分光光度计在波长 542nm 和 620nm 处分别读光密度。两值相减的差数即为苋红素浓度的光密度。以激动素浓度为横坐标,光密度为纵坐标作图,得到标准曲线。从此可见,在 0.01~3.0mg/L 浓度范围内,光密度与激动素浓度呈正比。从标准曲线可查出被测定的未知浓度的溶液中细胞分裂素浓度相当于激动素的活力单位。

3. 注意事项

①由于尾穗苋黄化苗对光十分敏感,整个试验都要在暗室中进行。尾穗苋发芽的培养皿最好置于暗室中的木箱内,其他操作需在绿光下进行。

②尾穗苋种子有较长休眠期,新收获的种子不能直接发芽,应放在冰箱中经 2~3 个月的低温处理后,才能供发芽试验。经过处理的种子也须存冰箱中备用。

（三）其他方法

1. 组织培养鉴定法 组织培养法（tissue culture method）是利用在一定浓度范围内，细胞分裂素浓度与供试组织鲜物质量（或干物质量）增加量呈正相关的原理来比较这类化合物活性的生物测定方法。用组织培养法鉴定细胞分裂素活性是一种经典的方法。大豆愈伤组织、烟草茎的髓部、胡萝卜根韧皮部等都对细胞分裂素有较高敏感性。此法专一性较强，缺点是需时较长。

现以烟草髓部细胞鉴定法为例，其测定方法如下：在温室里将烟草苗培养到第一个花蕾即将开花时，切取茎中央约40cm长的一段，摘掉叶片称量后用肥皂水及清水洗净，然后放在杀菌剂（如10%～14%高氯酸钾溶液）中浸5min。取出后用无菌水再洗1次，把节间剪下来用木塞穿孔器（直径6cm）从节间钻去圆筒状的髓组织，立即切成2mm厚的圆片切段。以3个圆片为一组接种到盛有不同浓度激动素的琼脂培养基（如MS培养基）的三角瓶中。将接种材料放在25℃、黑暗条件下培养。3周后观察并测量各处理的鲜物质量或干物质量的增加量，由此比较得出细胞分裂素的含量。

2. 小麦叶片保绿法

（1）基本原理 小麦叶片保绿法（bioassay of wheat leaf chlorophyll）是利用在一定浓度范围内，细胞分裂素浓度与小麦叶片中叶绿素的含量呈正相关的原理来比较这类化合物活性的生物测定方法。离体叶片在黑暗中有自然衰老的趋势，叶片内叶绿素分解，叶片变黄。用激动素溶液处理离体叶片，则能延缓衰老过程，其叶绿素的分解比对照慢。因此以叶绿素的含量为指标，可鉴定出细胞分裂素的浓度。

（2）药剂处理和结果分析 在各培养皿中分别加入蒸馏水（对照）和5mg/L、10mg/L、20mg/L、40mg/L、80mg/L和160mg/L的激动素溶液各10mL，每处理重复4次。选生长一致的小麦幼苗，剪下第一完全叶，切去叶尖部1.5cm，取其后3cm长的切段。于每一培养皿中放进切段0.5～1.0g，然后将培养皿放在散射光下培养1～2周。取出小麦叶片，用滤纸吸干多余水分，放入研钵中，加少量石英砂、少量碳酸钙和80%丙酮4～5mL，仔细研磨成浆，过滤至100mL容量瓶中，用80%丙酮4～5mL洗2次研钵，洗出液过滤。滤渣和滤纸再放入研钵中，研磨过滤。如此反复，直至滤出液无绿色。滤液用80%丙酮定容至100mL。在663nm和645nm处比色。以80%丙酮为空白对照。叶绿素浓度按下式计算。

$$[Chl] = 20.2 D_{645} + 8.03 D_{663} \tag{6-1}$$

式中，[Chl]为叶绿素浓度（mg/L）；D_{645}为叶绿素溶液在645nm处的消光值；D_{663}为叶绿素溶液在663nm处的消光值。

除小麦外，苍耳、大麦、萝卜、烟草、燕麦等叶片都可供测定使用。最好是用快要衰老的或已成熟的叶片，一般是在剪后放在黑暗中使其进一步衰老后才可使用。此法可测激动素的最低浓度为0.1～10mg/L。

四、脱落酸的生物测定

脱落酸是植物体内生理功能比较全面的内源激素，具有抑制植物生长、诱导芽的休眠和种子萌发、促进衰老、促进器官脱落、促进发根等作用，还与植物的抗逆性密切相关，如植物的抗旱性、抗寒性、抗盐性等。其生物测定方法主要是小麦胚芽鞘伸长法和棉花外植体脱落法。

(一) 小麦胚芽鞘伸长法

1. 基本原理 小麦胚芽鞘伸长法 (method of wheat coleoptile elongation) 是根据一定浓度范围的脱落酸浓度与胚芽鞘伸长间呈负相关（即脱落酸具有抑制小麦胚芽鞘细胞直线伸长）的原理来比较这类物质活性的生物测定方法。用此法鉴定脱落酸 (abscisic acid, ABA) 与吲哚乙酸 (indoleacetic acid, IAA) 的方法完全相同，只是脱落酸的作用是抑制小麦胚芽鞘的伸长；而吲哚乙酸的作用是促进小麦胚芽鞘细胞直线伸长。脱落酸处理组具有抑制小麦胚芽鞘生长的作用，即脱落酸浓度愈高，胚芽鞘的伸长愈少。

2. 药剂处理和结果分析 称 20mg 脱落酸溶于少量酒精，用水稀释至 100mL，即得 100mg/L 母液。用前述鉴定吲哚乙酸相同的缓冲液，配制 0mg/L、0.001mg/L、0.01mg/L、0.1mg/L、1.0mg/L、10mg/L 的脱落酸溶液，其他操作方法与鉴定吲哚乙酸的方法相同。以胚芽鞘长度减少的百分数为纵坐标，以脱落酸浓度为横坐标，绘成脱落酸的标准曲线，即可查出待测样品中的含量。

(二) 棉花外植体脱落法

1. 基本原理 棉花外植体脱落法 (bioassay of cotton explant abscission) 是根据一定浓度范围的脱落酸浓度与棉花外植体叶柄脱落率呈正相关而与脱落时间负相关的原理来比较这类物质活性的生物测定方法。脱落酸能诱导离区细胞中纤维素酶和果胶酶的生物合成，从而促进植物离层的形成，导致器官脱落。叶柄对外源脱落酸很敏感，因此是研究脱落和脱落酸的典型材料。在一定的浓度范围内，脱落率与脱落酸浓度成正比，而脱落时间与脱落酸浓度成反比。也可采用棉花外植体脱落法进行脱落酸类调节功能的生物测定。

2. 操作步骤

(1) 棉花外植体培育　挑选经硫酸脱绒的饱满棉子，在 28～30℃ 下浸泡 24h，然后播种于加适量培养液的石英砂中，于 25℃ 恒温箱中照光培养。当棉苗为 18～20d 苗龄时，取外植体做试验用。外植体包括 5mm 真叶叶柄残桩、5mm 上胚轴和 10mm 下胚轴。在每一切面上包上少许脱脂棉，然后将外植体插于含有 1.5% 琼脂的培养皿中。培养皿上带有支架，以使外植体直立固定在琼脂中。每个培养皿插 10 个外植体。

以简易培养液配方：尿素 5g，磷酸二氢钾 3g，硫酸钙 1g，硫酸镁 0.5g，硫酸锌 0.001g，硫酸铁 0.003g，硫酸铜 0.001g，硫酸锰 0.003g，硼酸粉 0.002g，加于盛有 10L 水的塑料器中溶解即成。

(2) 药剂处理和结果分析　将插有棉花外植体的培养皿分为 6 组，每组用一种浓度的脱落酸处理。方法是用微量注射器分别在各个处理叶柄的切面上加 $5\mu L$ 各种浓度 (0mg/L、0.001mg/L、0.01mg/L、0.1mg/L、1.0mg/L 和 10mg/L) 脱落酸溶液。24h 后用镊子往叶柄残桩上施加压力，检查叶柄是否脱落。以后每天早晚用镊子各检查 1 次。比较同一时间各处理的脱落率以及脱落率达 80% 所需时间。

3. 注意事项 由于此法不够专一，定量不够准确，应与气相色谱法配合鉴定。

五、乙烯的生物测定

(一) 基本原理

乙烯的生物测定，这里介绍豌豆幼苗下胚轴法。豌豆幼苗下胚轴法 (pea seedling hypocotyl method) 是根据一定浓度范围的乙烯浓度与豌豆幼苗下胚轴短粗、横向生长（即抑制下胚轴的伸长）呈正相关的原理来比较这类物质活性的生物测定方法。乙烯是一种气态植物激素，它对植物代谢和生长发育有多方面的作用。乙烯可抑制黄化豌豆幼苗下胚轴的伸长；使下胚轴细胞横向扩大，下胚轴短粗；偏上部生长，从而使下胚轴横向生长。黄化幼苗对乙烯的这3种反应被称为三重反应。据此所建立的乙烯生物测定法很早就有应用。

（二）操作步骤

1. 豌豆幼苗的培育 将豌豆种子放在过饱和的漂白粉溶液中浸泡15min，然后用流水缓缓冲洗2h，再浸泡到吸胀。将种子放在垫有湿滤纸的培养皿中，2d后选择萌发整齐的种子播种在湿润的石英砂上，置于25℃、黑暗条件下培养约1周，待黄化豌豆幼苗生长到约4cm高时备用。

2. 药剂处理和结果分析 在洗净试管底部做一滤纸桥（将滤纸剪成宽约1.2cm、长约10cm的长条，中部挖一个小洞，其大小以豌豆苗能穿过即可，滤纸叠成三折放入试管），将豌豆幼苗插入双滤纸洞中，使根部泡于水中，然后用橡皮塞塞住试管。用注射器注入乙烯气体，使各试管内的乙烯气体浓度分别为0.5mg/L、1.0mg/L、5.0mg/L和10mg/L。在黑暗和25℃条件下，幼苗分别在不同浓度的乙烯气中生长2d，以空气作对照，各处理重复4次。可以明显地观察到0.5~1.0mg/L的乙烯所引起的三重反应，而且浓度越高，反应越明显。

六、植物生长调节剂促进或抑制植株生长试验——茎叶喷雾法

采用茎叶喷雾法测定植物生长调节剂促进或抑制植株生长的室内活性《农药生物测定试验准则中植物生长调节剂第二部分》（中华人民共和国农业行业标准，NY/T 2061.2—2011），其测定结果可用于植物生长调节剂在农药登记中室内活性的评价。

（一）基本原理

植物生长调节剂促进或抑制植株生长试验——茎叶喷雾法（foliar spray application test for promotion or inhibition activity of plant growth regulator）是根据一定浓度范围的植物生长调节剂浓度与促进或抑制植株生长呈正相关的原理来比较这类物质活性的生物测定方法。

（二）仪器设备

此法的仪器设备包括人工气候箱或可控日光温室（光照度0~30 000lx，温度10~50℃，湿度50%~95%）、可控定量喷雾设备（喷液量30~60mL/m²）、电子天平（感量0.1mg）、盆钵、烧杯、移液管或移液器等。

（三）试验材料

1. 生物试材 选择常规栽培植物的敏感品种作试材。

2. 试验药剂 采用原药（或母液）或制剂作试验药剂，并注明通用名、含量、生产厂家和批次。

3. 对照药剂 采用已登录注册且生产上常用的原药或制剂作对照药剂，其化学结构类型或作用方式应与试验药剂相同或相近。

（四）操作步骤

1. 试材准备 采用有机质含量1%~3%、pH6~8、通透性良好的壤土，过筛风干，定

量装至盆钵 4/5 处，采用盆钵底部渗灌方式使土壤完全湿润。采用直播或育苗移栽方式培养试材。直播时将预处理的供试植物种子均匀播种于土壤表面，根据种子大小覆土 0.5～2.0cm，播种后移入人工气候箱或可控日光温室常规培养。根据试材生长需要进行水分管理，适时进行间苗定株，苗期进行茎叶喷雾处理。

2. 药液配制 水溶性原药用蒸馏水溶解，其他原药选用合适的溶剂溶解，用加表面活性剂的水溶液稀释；制剂直接兑水稀释。试验药剂和对照药剂各设 5～7 个系列剂量。

3. 药剂处理 按试验设计从低剂量到高剂量顺序进行茎叶喷雾处理。每处理不少于 4 次重复，并设相应不含药剂的空白对照处理。处理后待试材表面药液自然风干，移入人工气候箱或可控日光温室常规培养，进行常规水分管理。

（五）结果调查和分析

处理后定期观察记载供试靶标的生长状态。根据药剂的类型在不同处理的效果出现差异后进行调查，调查植株的株高或地上部鲜物质量，并记录试材生长状态。记录试验期间人工气候箱或可控日光温室内的温度和湿度数据。

植株的株高或地上部鲜物质量的促进率或抑制率按下式计算，计算结果保留两位小数。

$$R = \frac{|X_0 - X_1|}{X_0} \times 100\% \tag{6-2}$$

式中，R 为生长促进率或抑制率，单位为%；X_1 为处理植株株高（或地上部鲜物质量），单位为 cm（或 g）；X_0 为对照植株株高（或地上部鲜物质量），单位为 cm（或 g）。

应用标准统计软件（如 SAS、SPSS 等），建立植株株高（或地上部鲜物质量）促进率或抑制率的机率值与药剂浓度对数值间的回归方程，计算 EC_{50} 及 95% 置信限。根据统计分析结果写出正式试验报告，并列出试验原始数据。

七、其他植物生长调节剂的生物测定

已发现的内源植物生长调节物质还有很多，如油菜素内酯、壳梭孢素、茉莉酸、玉米赤霉烯酮等，但具备专一性很强的生物测定法则很少，大多是利用前述 5 类激素的各种生物测定法来进行生物活性测定或定量。现仅介绍油菜素内酯（brassinolide，BR）的生物测定技术。

油菜素内酯的生物测定采用水稻叶片倾角法。

1. 基本原理 油菜素内酯是一种较新的内源植物生长促进剂，其生物测定有多种方法。水稻叶片倾角法（method of rice leaf oblique angle）是目前最灵敏、最专一的一种测定法，其原理是油菜素内酯能增加水稻叶片与叶鞘之间的夹角，在一定浓度范围内两者呈线性关系。检测范围为 $5 \times 10^{-3} \sim 5 \times 10^{-5} \mu g/mL$，其他植物激素对测定无明显干扰。

2. 药剂处理和结果分析 取约 1 000 粒水稻种子，用漂白粉水溶液消毒后，清水洗净，浸 48h，然后将种子播在内盛蒸馏水上盖尼龙网的搪瓷盘上，注意要使种子与盘内的液面保持接触。29℃、黑暗条件下培养 7d，选择生长一致的黄化幼苗，切下第二茎节，然后漂浮在蒸馏水上 24h，再选择叶片与叶鞘夹角比较均一的切段，每段漂浮在 1mL 待测液里（2.5mol/L 马来酸二钾盐水溶液，含一定量的油菜素内酯），置 29℃、黑暗条件下培养 48h，然后测叶片与叶鞘之夹角，各处理重复 4 次，取平均值，绘制夹角与油菜素内酯浓度（μg/mL）对数的标准曲线图，在标准曲线上可查出油菜素内酯类物质的含量。

第二节 其他化学农药的室内生物测定

一、杀鼠剂的生物测定

杀鼠剂的生物测定（bioassay of rodenticide）以鼠类和禽畜等为试验动物，对杀鼠剂的室内毒力、室外药效和使用安全性进行测试。为了要明确杀鼠剂的杀鼠活性和作用特点，首先应进行室内毒力测定，如胃毒毒力测定等。杀鼠剂的药效取决于药剂本身毒力的高低和短期内靶标鼠连续摄入毒饵中药剂的总量两个方面，故室内毒力测定内容应主要包括杀鼠剂胃毒毒力测定和适口性测定。同时，为了要评估杀鼠剂在使用中的安全性，还应对非靶标动物（鸡、猫、兔、猪、羊等）进行安全性测评。下面主要介绍杀鼠剂的室内毒力测定。

（一）杀鼠剂胃毒作用测定

杀鼠剂胃毒毒力测定与杀虫剂等其他胃毒药剂的测定方法大体相同（见第三章第二节），但前者还有其以下特点。

1. 单剂量试验和多剂量试验 鉴于杀鼠剂通常为配成毒饵后由鼠自行摄入的方式能进行测定，而这种摄入方式通常可分为一次性摄入和短期内连续多次摄入。因此杀鼠剂的毒力测定应分成单剂量（single dose，即一次摄入毒饵）试验和多剂量（multiple dose，或称慢性毒力 chronic toxicity，即多次摄入毒饵）试验两类，且多数慢性杀鼠剂的单剂量试验的毒力远低于多剂量毒力，因此在进行毒力测定时，除应进行一次给药的致死中量测定外，还需测定每天给药1次，连给5d的致死中量代表其慢性毒力。例如杀鼠灵（warfarin）对褐家鼠[*Rattus norvegicus*（Berkenhout）]的单剂量致死中量为186mg/kg；但若给药5d，每天1次，则致死中量为5.0mg/kg，其毒力增加了37倍。其增毒幅度远非通常的蓄积中毒所能解释。但其药剂对鼠的适口性要好，否则难以让鼠连续5d摄入含药毒饵。

2. 区分慢性杀鼠剂和抗药性 对慢性杀鼠剂应按世界卫生组织WHO/VBC/75.595号技术文件规定的方法进行抗药性监测。

3. 控制供试动物数量 在测定对非靶标动物的毒性时，应选用需要供试动物较少的简略方法。如一次性给药法，一般选取大鼠或小鼠作为供试生物，逐只称量、编号并登记，按处理剂量数随机分组，每组10只，雌雄各半。通过灌胃法，给药剂量按0.01mL/g（体重）计算，一次性给药。灌胃后正常饲养，并观察和记录动物中毒反应、症状、开始死亡的时间和死亡数，连续观察4d以上。

（二）杀鼠剂适口性测定

杀鼠剂必须在配成毒饵后，由鼠自行食入方能生效，故其适口性测定结果与实际灭鼠效果密切相关。适口性测定应采用捕来的靶标鼠，这样测定的结果更能代表野生鼠类种群的实际情况，而不宜使用实验室长期已驯化饲养的大鼠、小鼠等动物。测定试验可分单鼠饲养试验（每笼养一只鼠）和多鼠饲养试验（每笼养两只以上鼠）两种。

1. 单鼠饲养试验 取已适应笼中生活的健康靶标鼠雌雄各10只，一笼一鼠分养进行试验。在鼠的正常活动高峰期前，取出饲料，以形状、大小、质料相同的食皿，分装无毒试饵和用杀鼠剂配成的毒饵。毒饵含药量按实际使用浓度确定。两个食皿的位置每2h要对调一次，共试验8h。取出试鼠正常饲养，记录死亡数。按下式计算摄食系数。

$$\text{摄食系数} = \frac{\text{毒饵消耗量}}{\text{无毒饵消耗量}} \tag{6-3}$$

摄食系数超过 0.3 者为适口性好，0.1～0.29 为适口性中等，不足 0.1 者为适口性差。通常，摄食系数低于 0.05 者判为无实用价值。除摄食系数外，供试鼠的死亡率在 85% 以上者为效果好，70%～85% 者为中等，低于 70% 者为差。

以上同时供应两种试饵的方法，被称为有选择试验。若仅投毒饵 6h 或 8h，则为无选择试验，其试鼠死亡率常高于有选择的。

2. 多鼠饲养试验 多鼠饲养试验是将同性鼠放在同一笼中进行的试验，可以观察部分个体的不适或其他行为，对同一笼中其他个体的影响。试验方法同单饲试验。一般而言，多鼠饲养试验是更严格的测试，试鼠死亡率常低于单鼠饲养试验。

二、杀线虫剂的生物测定

杀线虫剂的生物测定（bioassay of nematocide）是根据线虫与药剂接触后的反应情况来判断杀线虫剂毒力的农药生物测定。根据药剂的作用特点可将其分为熏蒸、触杀和内吸 3 类测定方法。各类方法有所不同，但在选用供试线虫种类时，都应考虑到线虫的活动性和对农业生产的价值。应选用容易培养，且对农业影响大的线虫作试材。一般可采用小杆线虫（*Rhabditis* spp.）、根结线虫（*Meloidogyne* spp.）、孢囊线虫（*Heterodera* spp.）、根腐线虫（*Pratylenchus* spp.）、滑刃线虫（*Aphelenchoides* spp.）等，如马铃薯茎线虫（*Ditylenchus destructor* Thorne）、葱线虫［*Ditylenchus alliphillus*（Beijerinck）］、菊线虫［*Aphelenchoides ritzemabosi*（Schwartz）］等。

（一）熏蒸毒力测定

熏蒸毒力测定按用药方式可分为以下两种方法。

①把供试药剂以不同剂量装入密闭容器中，使其不与供试线虫或感染线虫的植物组织直接接触，而让其在空间自行扩散，以不放药为空白对照，每处理重复 4 次。在一定的温度下培养 24～48h 后，检查线虫死亡率。植物组织作试材，需要剖开检查。

②把供试药剂以不同剂量分别注入盛有等量感染根结线虫的病土容器中，以不放药为空白对照，每一处理重复 4 次。经一定温度和时间（时间长短视药剂的性能而定）后，种植番茄或花生种子，待幼苗长至 5～7cm 高时，按毒力级别，检查根部感病程度和根瘤数量，比较毒力大小。

具体操作方法：在 0.33L 熏蒸瓶底放一个小玻璃皿（皿高 1cm，直径 2cm），玻璃皿中注入蒸馏水，使水层厚 2mm 左右，放入 15～20 条相同龄期的供试线虫，同时在瓶底放一滤纸片（1cm×3cm），用微量注射器将供试药剂滴加在滤纸上。测定要求设 5～7 个等比系列质量浓度，以不加药剂为空白对照，每处理重复 4 次。24～25℃ 下熏 24 h，在双目解剖镜下检查线虫死亡数，应用统计软件计算毒力结果。

（二）触杀毒力测定

触杀毒力测定通常有点滴法、混土法和土壤淋浴法 3 种方法。

1. 点滴法 把供试药剂按不同浓度分别滴加于凹型玻璃板上，放入 2 龄幼虫，以不放药剂为空白对照，每种浓度重复 4 次，置于 24℃ 温度下培养，24h 后检查线虫死亡率。

具体操作步骤：先将供试原药用适当溶剂和表面活性剂加工成制剂，再用蒸馏水稀释成

5～7个等比系列质量浓度,取 1.5mL 某种浓度的药液加入一个小玻璃皿(高 1cm、直径 2cm)中,对照则加入 1.5mL 蒸馏水,每种浓度重复 4 次。将分离的供试线虫经清水漂洗后用解剖针挑出,放入小玻璃皿中,每玻璃皿 15～20 条 2 龄幼虫。将盛有药液和线虫的小玻璃皿置于衬有湿滤纸保湿的大培养皿中,在 24～25℃恒温箱中保持 24h 或 48h 后取出,在双目解剖镜下检查线虫的存活情况。通常将不能活动的,伸长的线虫或是虫体有着凹凸不平的弯曲部分,内含物为黑色颗粒者,都视为死线虫。

将浓度取对数值,线虫死亡率转换成机率值,用剂量对数-反应机率值方法求出毒力回归方程、LC_{50} 及 95% 置信限。

2. 混土法　把供试药剂以不同剂量分别与等量自然感染根结线虫的病土混匀,混前应测病土中线虫含数量。其他做法与熏蒸毒力测定方法相同。

3. 土壤淋浴法　选用无毒的壤土或蛭石,装入相同大小的花盆中,种植番茄或花生种子,待幼苗长至 5～7cm 高时,把供试药剂以 5～7 个等比系列质量浓度分别淋土处理,以不淋药为空白对照,每处理至少 4 盆,24h 后每盆用 2mL 含 500 条 2 龄根结线虫液淋土,两星期后检查根部被感病程度和根瘤数量,应用统计软件计算毒力结果。

(三) 内吸毒力测定

1. 测定方法　内吸毒力测定按用药方式可分为下述两种方法。

(1) 向下内吸传导测定法　此法除将药液喷洒在植株的地上部分而不能接触土壤外,其余测定方法与触杀毒力测定的土壤淋浴法相似,以测定药剂对土壤中线虫的内吸活性。

(2) 向上内吸传导测定法　此方法与触杀毒力测定的土壤淋浴法相似,不同之处一是药液不能接触植株地上部位,二是把食叶性线虫接于作物的叶片上,以测定药剂对食叶性线虫的内吸活性。

2. 毒力表示方法　杀线虫剂内吸毒力测定观察调查的结果可用以下两种方法表示。

(1) 以线虫存活数量分为 4 级

Ⅰ级:死亡率≥90%;

Ⅱ级:90%>死亡率≥70%;

Ⅲ级:70%>死亡率≥50%;

Ⅳ级:死亡率<50%。

调查的结果用下述 Abbott 公式校正。

$$校正死亡率 = \frac{处理死亡率 - 对照死亡率}{1 - 对照死亡率} \times 100\% \qquad (6-4)$$

(2) 以寄主感病程度分 4 级

0 级:寄主无病;

Ⅰ级:20%≥寄主感病(或根瘤)率>0%;

Ⅱ级:50%≥寄主感病(或根瘤)率>20%;

Ⅲ级:100%≥寄主感病(或根瘤)率>50%。

调查的结果可用与上面相似的 Abbott 公式进行校正。

三、杀软体动物剂的生物测定

(一) 基本原理

危害农作物的软体动物主要指蜗牛(俗称水牛儿、旱螺蛳)、蛞蝓(俗称鼻涕虫、蜒蚰）、田螺（俗称螺蛳）、钉螺等农业有害生物。杀软体动物剂生物测定（bioassay of molluscicide）主要根据蜗牛、蛞蝓、钉螺等有害软体动物与药剂接触后的反应来判断杀软体动物剂的毒力。测定方法主要是浸渍法。

（二）杀福寿螺剂的操作步骤

1. 福寿幼螺的采集和喂养　在水稻田内采集福寿幼螺，用自来水冲洗 15～20min，不喂食。24h 后选择大小一致的 2～3 旋中幼螺（单螺重 0.23～0.67g），在室内统一喂养 7d 后作为实验材料。

2. 药剂处理和结果分析　将药剂用蒸馏水稀释 5～7 个系列质量浓度，每个浓度用 200mL 药液倒在 500mL 的塑料杯内（上口直径 11.5cm，下口直径 9.5cm，高 10cm），每杯放入饥饿 4h 的 15 个 2～3 旋的福寿螺，杯口用纱布封口防其逃逸。置于 24～28℃条件下饲养，每隔 24h 检查各杯福寿螺死亡数量，共观测 120h，并计算相应时间内不同处理福寿螺的死亡率。设蒸馏水为空白对照，每处理重复 4 次。参考 Santos 等的方法，福寿螺置于培养液后，每隔 24h，取出各处理中的疑似死螺，分别放入清水中，浮于水面或悬浮于水中对外界刺激已无反应者为死螺，沉于水底者且开厣活动的为活螺（有腐肉已离壳沉底也是死螺）。

按杀虫剂生物测定的计算方法求死亡率、校正死亡率及致死中浓度（LC_{50}）及其 95% 置信限。

（三）杀钉螺剂的操作步骤

将供试药剂用蒸馏水稀释 5～7 个系列质量浓度，在各个 100mL 烧杯中分别加入各浓度药液 60mL，放入 30 只成钉螺，烧杯上盖塑料纱网防止钉螺爬出液面，设空白对照和药剂对照。置于温度 24～28℃下饲养，24h 和 48h 后观察钉螺死亡情况，捡出活动的钉螺，不活动的钉螺用敲击法鉴别死活。

按杀虫剂生物测定的计算方法求死亡率、校正死亡率及致死中浓度（LC_{50}）及其 95% 置信限。

四、杀螨剂的生物测定

杀螨剂的生物测定（bioassay of acaricide）一般分为叶片浸渍法、载玻片浸渍法和叶片残毒法 3 种。因为测定杀螨剂对螨的室内活性时，要将叶片或载玻片在兑水稀释的药液中浸渍处理，因此在测定前应先在室内将供试原药配制成制剂（如乳油等）。

（一）叶片浸渍法

用盆栽豆苗（大豆苗）饲养、繁殖叶螨（如棉叶螨），测定时用成螨，且发育时间（日龄）一致。另取生长约 5cm 高的无螨的豆苗，仅留两片真叶，其余叶片（含子叶）全部剪去。把一片有一定数量（40 头左右）雌成螨的叶片放在上述豆苗的真叶上，约 1h 后，当这叶片枯萎时，其雌成螨会自行转移到豆苗的真叶上。将供试制剂用水稀释成 5～7 个等比系列质量浓度；每个浓度在小烧杯中配制 40～50mL 药液。将接上螨的豆苗浸入药液中并轻轻摇动 5s，取出后用吸水纸吸去多余药液。先处理清水对照，再由低浓度至高浓度处理，每个浓度重复 4～5 次。处理后正确计数各株豆苗上的螨数，以作为处理前的基数，为了防止成螨逃逸，可在叶柄基部涂上一圈凡士林。然后置于 25℃温室中，避免光照直射。24h 后检查死螨数，计算死亡率和校正死亡率（或减退率和校正减退率）。将药剂浓度取对数值，校正死亡率（或校正减退率）取机率值，按前述统计分析法求出毒力回归式、LC_{50}及其95%置信限和斜率（b）的标准误。

（二）载玻片浸渍法

载玻片浸渍法适用于测定各种螨类的雌成螨，饲养时必须先鉴定螨的种类，并纯化使之为单一种类的群体。通常以苹果实生苗饲养山楂红蜘蛛，以柑橘苗饲养柑橘红蜘蛛，菜豆苗饲养二点叶螨。饲养时螨的龄期或虫态应一致，以便获得大量、标准的供试雌成螨。载玻片浸渍法的主要操作步骤如下：

①将双面胶带剪成2cm长，贴在常用载玻片的一端。

②用零号毛笔轻轻挑起3～4日龄的雌成螨，将其背部粘在胶带上，每行粘约10头，粘2～3行（参见图3-8）。

③在小烧杯中用水将供试药剂配成等比系列质量浓度，用手持载玻片无螨的一端，将粘有螨的一端置药液中浸5s，取出后用吸水纸吸去多余药液。对照用清水处理。各处理重复4次。

④取一具盖白瓷盘，盘底铺厚2cm的海绵，其上铺一块略小的黑布，再铺一张塑料薄膜，然后加适量蒸馏水以保湿。将粘有螨的载玻片平放在盘中塑料薄膜上，盖上瓷盘盖，置于25℃、相对湿度85%左右的温室中，经24h检查死螨数，计算死亡率和校正死亡率。用毛笔尖轻轻触动螨足，以不动者为死亡。按上述方法求出毒力回归式毒力回归式、LC_{50}及其95%置信限和斜率（b）的标准误。

（三）叶片残毒法

叶片残毒法适用于测定卵、若螨及背部刚毛过长的雌成螨（这种螨不宜用载玻片浸渍法）。以测定药剂对螨卵的毒力为例，其简要操作步骤如下：

①取直径9cm的培养皿30只，在培养皿底铺一块0.7cm厚的圆海绵，海绵上铺一张略小的黑布，加适量蒸馏水至湿润，其上再铺一张塑料薄膜。

②选取完整健壮的小叶片30张（带叶柄），以清水洗净，再用吸水纸吸去叶上水珠，放入准备好的培养皿中，叶面朝上平放在塑料薄膜上，叶柄浸在水中。每张叶片上接20头3～4日龄的雌成螨，让其在叶片上产卵，24h后挑去成螨，保留螨卵。也可用水将无螨的盆栽植物叶片冲洗干净，无水珠后，在大小适中的健壮叶片上接20头3～4日龄的雌成螨，让其在叶片上产卵，24h后摘下叶片并挑去成螨备用。

③将供试药剂用水稀释成等比系列质量浓度（5～7个浓度），然后将带有螨卵的叶片（处理前应数清各叶片上卵的数量）在药液中浸5s，也可用颇特（Potter）喷雾塔喷雾处理，待叶片上药液干后，放入已备好的培养皿内，每浓度重复5次，对照用清水处理。叶片放置时仍为叶面朝上平放，叶柄浸在水中（图6-1），以保持叶片不失水。

④将培养皿保持在22℃、相对湿度95%恒温的室内，每天观察记载卵的孵化数及若螨存活数，直至对照组全部孵化成若螨。计算药剂各浓度的杀卵和（或）杀死若虫的活性。并按上述方法求出杀卵和（或）杀死若虫的毒力回归式、LC_{50}及其95%置信限和斜率（b）的标准误。

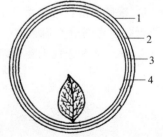

图6-1 叶片在培养皿中的位置
1. 培养皿 2. 海绵 3. 蓝色布
4. 塑料薄膜

（四）微量浸渍法

微量浸渍法是Dennehy等（1993）提出的一种杀螨剂触杀毒力的方法，简称MI法；对微量浸渍法和叶片浸渍法分别测定4种杀螨剂对二点叶螨的毒力，微量浸渍法所得毒力回归式的斜率值为1.5～4.9，明显高于叶片浸渍法的相应斜率值（1.2～3.3）。微量浸渍法所用浸螨器（图6-2）是由取液器头改制的。将100μL取液器用的塑料头端部1.8cm A剪下，接于塑料头B上，两者重叠1mm并用滤纸隔开。测定时用取液器将供试成螨25头从叶片上吸入（也可用小毛笔接入）A中，并慢慢吸入35μL药液（用原药以丙酮稀释或用制剂以水稀释均可），浸螨20s后，将A从B取下并反转方向以顶端插入另一取液器上的塑料头C上。当总浸药时间为30s时，用取液器将A中的药液和试螨一起吹出置于滤纸上，吸干药液后将螨接入未施过药液的寄主叶片上，叶片周围环绕湿棉条（同叶片浸渍法）以防害螨逃逸，置于温度为19～23℃条件下，根据药剂的速效性可在处理后24～72h检查死亡率。

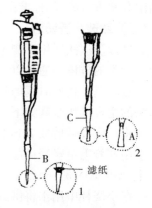

图6-2 微量浸渍操作示意图
1. 药液浸螨的装置 2. 将螨从取液器头中吹出的装置 A、B、C不同的取液器头
（引自Dennehy等，1993）

复习思考题

1. 生长素生物测定中小麦胚芽鞘伸长法与其他方法相比有什么优点和缺点？

2. 根据赤霉素生理效应设计的生物测定方法有几种？这些方法的基本原理和注意事项是什么？

3. 细胞分裂素的生理作用是什么？依据作用原理其生物测定方法可分为哪几类？简述各类方法的基本原理。

4. 脱落酸、乙烯和内源植物生长调节物质的生物测定方法主要有哪些？简述其测定原理。

5. 杀鼠剂室内生物测定主要包括哪些？除了室内生物测定之外，为了评估杀鼠剂在使用中的安全性，还需进行哪方面的测定？

6. 根据药剂作用特点，杀线虫剂生物测定主要包括哪些方法？各方法在选择供试线虫种类时，应考虑什么因素？

7. 简述4种杀螨剂生物测定方法。各方法有什么优点和缺点？应注意什么问题？

第七章

生物源农药和转基因抗虫棉室内生物测定

第一节 生物源农药和转基因作物概述

一、生物源农药的概念

生物源农药（biopesticide）是指直接利用生物活体或生物代谢过程中产生的具有生物活性的物质或从生物体提取的物质作为防治病虫草害的农药。狭义的生物源农药是指直接利用生物活体或生物产生的天然活性物质作为农药。广义的生物源农药是除了狭义的生物源农药所指的天然活性物质或生物活体外，还应包括天然活性物质的化学结构或类似衍生结构的人工合成农药。

自然界存在着种类繁多的动物、植物、微生物（如细菌、真菌、病毒等）、昆虫病原线虫等，在其各自的生命代谢活动过程中会产生各种各样化学结构的代谢物，也称为天然源化合物。在具有生物活性的天然源化合物中，其中一类属于对自身有特定生理功能的生物活性物质；还有一类属对自身无作用而对他种生物有作用的生物活性物质。一旦发现这些物质具有农药活性，就有可能将此活性成分提取并加工成农药应用。但是这些天然活性成分的结构比较复杂，且在生物体内的含量又极低，远达不到可直接应用的标准。因此在大多数的情况下，通常采用现代提纯、分析技术鉴定其化学结构，通过生物活性筛选确定有效活性成分，有些化合物可直接工业化生产和应用，然而更多的化合物则可作为先导化合物模型，通过结构修饰进行类推合成，从而可开发创制出比天然化合物性能更完善的仿生合成农药，后一条途径已被广泛应用到当今许多新农药的创制中。

自从 1997 年表达 CryAc 毒素的转 Bt 基因棉（Bt 棉）引入我国以来，至 2004 年种植面积已达到 $3.7 \times 10^6 hm^2$，约占整个棉花总种植面积（$5.6 \times 10^6 hm^2$）的 66%（James，2005）。Bt 棉的广泛应用有效地控制了棉铃虫的发生危害和减少了化学农药的使用。然而由于大面积商业化种植 Bt 棉以及在棉花整个生育期持续表达杀虫毒蛋白加速了靶标害虫快速适应这种新的生态环境，这将严重威胁转基因作物的有效应用。

二、世界转基因作物的种植应用

自从 1983 年首次获得转基因植物以来，转基因作物研究与产业化取得飞速发展。1996—2005 年是世界转基因作物商业化种植应用的第一个 10 年，转基因作物由最初的 $1.7 \times 10^6 hm^2$ 猛增到 $9.0 \times 10^7 hm^2$，至 2011 年全球转基因作物种植面积为 $1.6 \times 10^8 hm^2$，占全球耕地总面积的 10%。作为转基因作物商业化应用第二个的 10 年（2006—2015 年）的第一年，2006 年全球转基因作物的种植面积首次突破 $1.0 \times 10^8 hm^2$，达到了 $1.02 \times 10^8 hm^2$，参与种植的农户数量超过 1 000 万户达到 1 030 万户；1996 年到 2006 年的累计种植面积超过 $5.0 \times 10^8 hm^2$（$5.77 \times 10^8 hm^2$）转基因作物种植国的数量达到 22 个（表 7-1）。其中发展中国家转基因作物种植面积占全球转基因作物种植总面积的40%（$4.09\times10^7 hm^2$），棉花种植大国印度的抗虫棉种植面积（$3.8\times10^6 hm^2$）也大幅增长，增长了近两倍，种植面积首次超过中国。转基因大豆依然是主要的转基因作物，占全球转基因作物总种植面积的57%（总面积为$5.8\times10^7 hm^2$），其次是转基因玉米（占25%，总面积为$2.52\times10^7 hm^2$）、转基因棉花（占13%，总面积为$1.34\times10^7 hm^2$）和转基因油菜（占4.7%，总面积为$4.8\times10^6 hm^2$）。

2005年转Bt作物占整个转基因作物面积的18%，多基因作物占11%。多外源基因作物是2004和2005年间发展最快的，增长率达49%，是未来转基因发展的一个重要趋势。

2006年，我国转基因抗虫棉的种植面积已经增加到$3.5\times10^6 hm^2$，种植面积增长迅速，到2012年已增加到$4.0\times10^6 hm^2$，种植的转Bt棉品种主要有国产棉与进口棉；如美国岱字棉系列（"新棉33B"、"新棉32B"和"新棉99B"）、国产棉系列（中棉系列有"中棉29"、"中棉30"等，国抗系列有"GK12"、"GK19"等，还有"晋棉26"、"石远321"及"SGK321双价"）（夏敬源等，2006）。1999—2006年间，全国累计推广品种近百种（Wu等，2007）。

表7-1 1996—2012年全球转基因作物种植情况

（资料来源：http://www.isaaa.org.）

年份	全球转基因作物种植面积（$\times 10^6 hm^2$）	增长率（%）	种植国家数	中国转基因抗虫棉种植面积（$\times 10^6 hm^2$）
1996	1.7	—	6	0.017
1997	11	547	6	0.034
1998	27.8	153	9	0.261
1999	39.9	44	12	0.654
2000	44.2	11	10	1.216
2001	52.6	19	13	2.174
2002	58.7	12	16	2.10
2003	67.7	15	18	2.80
2004	81	20	17	3.70
2005	90	11	21	3.30
2006	102	13	22	3.50
2012	170	47	28	4.0

1996年后全球转基因作物产业化迅速发展，全球转基因作物种植面积连续10年以20%的速度持续增长。全球进行商业化种植的转基因作物包括大豆、玉米、棉花、油菜、马铃薯、烟草、番茄、南瓜等。其中，前4种转基因作物占主导地位。自1996年生物技术作物首次商品业化后，全球生物技术作物种植面积从当初的6个国家$1.7\times10^6 hm^2$剧增到2007年23个国家的$1.437\times10^8 hm^2$，前所未有地实现了近85倍的增长（James，2007）。

三、我国转基因作物的种植情况

我国进行大规模商业化的转基因品种却并不很多。真正规模种植的只有转基因棉（包括抗虫棉、抗除草剂棉花、抗病棉花、品质改良棉花及彩色棉花）、抗病毒甜椒、延迟成熟番茄、抗病毒烟草等。其中转基因抗虫棉应用最为广泛，主要分布在长江流域棉区、黄河流域棉区和西北棉区。从1996年全国转基因抗虫棉种植面积仅为$1.7\times10^4 hm^2$，仅占当年棉花总面积的0.4%，到2006年种植面积增加到$3.5\times10^6 hm^2$，10年内转基因抗虫棉的种植面积增长了206倍，市场份额增长了165倍。转基因抗虫棉花比一般棉花平均提高单产10%，减少农药用量60%，减少劳动力投入7%。在扣除种子成本增加后，如果没有考虑价格的变化，每公顷可多收入1 850多元，即使考虑了技术进步引起价格下降的因素，每公顷增收也达1 250元。种植的转Bt基因棉品种主要有国产棉与进口棉，有美国岱字棉系列（"新棉33B"、"新棉32B"和"新棉99B"），国产棉系列（中棉系列有"中棉29"、"中棉38"等，国抗系列有"GK12"、"GK19"等，还有"晋棉26"、"石远321"及"SGK321双价"）。前几年主要种植美国进口的转Bt基因棉，2002—2005年黄河流域棉区国产转基因抗虫棉占抗虫棉总面积的比例分别为41.9%、47.7%、67.1%和83.4%，2004年国产转基因抗虫棉种植面积首次超过美国品种（夏敬源等，2006）。1999—2006年间，全国累计推广品种近百种（Wu等，2007），种植国产转基因抗虫棉$1.13\times10^8 hm^2$（张锐等，2007）。

下面主要介绍植物源农药、微生物源农药及转基因作物等的生物测定方法。

第二节　植物源农药与微生物源农药的生物测定

一、植物源农药的生物测定

（一）植物源农药的基本概念与发展概况

1. 我国植物源农药的发展概况　我国植物资源丰富，种类繁多，植物性农药的应用历史悠久，是利用植物资源防治病虫害最早的国家。早在公元前若干世纪的《周礼·秋官》中就有用芥草熏杀蠹物的记载，北魏贾思勰所著《齐民要术》中记载可用藜芦根煮水洗治羊疥。明万历二十四年（1596年）李时珍所著《本草纲目》记录了许多可以用来杀虫的植物，如百部、苦参、川楝、巴豆等。但植物源农药商品化生产则始于新中国成立初期，其标志性产品是除虫菊素制剂、鱼藤酮制剂及烟碱制剂。随着现代合成杀虫剂的飞速发展，在相当长的一个时期，植物源农药的产业化研究与开发处于停滞状态。直到20世纪80年代末期，由于不合理地使用化学农药而带来的农药残留、环境污染等负面影响引起了政府和公众的重视与关注，随着一些高毒化学农药逐步退出市场，才使植物源农药的生产与应用获得了广阔的发展空间。

至2012年，我国已有烟碱、除虫菊素、鱼藤酮、印楝素、苦皮藤素、藜芦碱、苦参碱、茴蒿素、除虫菊素（Ⅰ+Ⅱ）、雷公藤甲素和樟脑共11种植物源杀虫剂，乙蒜素、桉油精、八角茴香油和小檗碱共4种植物源杀菌剂，芸薹素内酯和丙酰芸薹素内酯共2种植物源植物生长调节剂，以及雷公藤甲素1种植物源杀鼠剂完成了登记并进行批量生产。我国植物源农药进入了快速发展期。

2. 植物源农药的概念　植物源农药（botanical pesticide）是一类利用具有杀虫、杀菌、杀草活性植物的某些部位或提取其有效成分制成的农药。它是在对一些植物进行杀虫、杀菌、杀草等活性及其有效成分研究基础上开发的生物源农药。实际上植物源农药就是将植物生长过程中产生的次生代谢物质直接开发利用，即提取植物中的农药活性成分，加工成农药制剂。植物中许多农药活性成分的作用也与化学合成农药无本质差别，只是成分更多，结构更复杂。它的优点是对农产品、生态环境及使用者安全，对病、虫、草等农业和卫生上的有害生物具较好的防治效果。其主要缺点是植物源农药有效成分的组成和结构复杂,其质量控制难度较大,一般发挥药效作用的速度较慢。

3. 植物源农药的生物测定的概念 植物源农药的生物测定(bioassay of botanical pesticide)是度量植物源农药对害虫、病原菌、杂草等农业有害生物产生效应大小的农药生物测定方法。应根据其有效的靶标生物和作用性质来选择相应的生物测定方法。

4. 植物源杀虫剂的分类 不同植物源杀虫剂(botanical insecticide)的有效成分、杀虫作用、作用机理可能不同,可参考具有相应杀虫作用的人工合成类杀虫剂的生物测定方法。植物源杀虫剂按其杀虫作用的性质主要可分为下述3类。

(1) 特异性植物源杀虫剂 特异性植物源杀虫剂主要抑制昆虫取食和生长发育等。从植物中分离出来的有效成分有糖苷类、醌类、酚类、萜烯类(如印楝素、川楝素等)、香豆素类、木聚糖类、生物碱类、甾族化合物类、聚乙炔类和其他类化合物,其中萜烯类最重要,如印楝素具有拒食、忌避、抑制生长发育、触杀及胃毒作用。已报道的生物测定方法有滤纸叶碟法(如草地贪夜蛾、烟芽夜蛾、棉贪夜蛾、飞蝗、沙漠蝗等)、人工饲料拌药法(如烟芽夜蛾、棉贪夜蛾、沙漠蝗等)、叶碟涂布法(如斜纹夜蛾、亚洲玉米螟等)、喷雾法(如桃蚜、瓜十一星叶甲等)等。

(2) 触杀性植物源杀虫剂 触杀性植物源杀虫剂以触杀作用为主。从植物中分离出来的有效成分有除虫菊素(如除虫菊)、鱼藤酮等(如豆科鱼藤属等)、烟碱(如烟草等)等,其中除虫菊、烟草等至今还被广泛栽培和应用。已报道的生物测定方法有喷雾法、浸叶法(如家蝇等)。

(3) 胃毒性植物源杀虫剂 胃毒性植物源杀虫剂以胃毒作用为主。从植物中分离出来的有效成分有苦皮藤素(如苦皮树等)等。苦皮藤素的杀虫作用主要是胃毒作用和拒食作用。已报道的生物测定方法主要为胃毒法。

(二) 植物源杀虫剂的生物测定

植物源杀虫剂的生物测定(bioassay of botanical insecticide)是度量植物源杀虫剂对昆虫产生效应大小的生物测定方法。在植物源杀虫剂研究中,吴文君等提出了最常用的两种生测方法,一是培养基混药法,即将样品均匀混入试虫的人工饲料(培养基)中,或将样品均匀地滴加于冷固的人工饲料表面,接入试虫(如接入同一卵块孵化2h的黏虫幼虫),经过一定时间,以死亡率或生长发育抑制率(体重法)作为评价指标;二是微量筛选法(microscreening),在高1.5cm、直径1.0cm的小杯中先加入含有一定浓度样品的药液,放入3~5头2龄蚊幼虫(如果样品对蚊幼虫有效),4h后以幼虫死亡率评价生测结果,其灵敏度很高,可测至微克(μg)级水平。

1. 饲料混毒饲喂法 饲料混毒饲喂法的基本原理是将待测样品和试虫人工饲料或半人工饲料混合(亦可加药于饲料表面),接入初孵幼虫饲养一定时间,其间观察试虫的反应症状。具体操作如下:

将待测样品和试虫人工饲料或半人工饲料混合,一般设计 $1\,000\mu g/g$ 和 $100\mu g/g$ 两个剂量,也可涉及5~7个等比系列浓度,以不加待测样品的人工饲料为空白对照,每处理重复4次,接入初孵幼虫饲养7d,其间观察试虫的反应症状(如存活、爬行、取食、蜕皮、个体大小等),并分别于接虫后1d、3d及7d检查死亡率,7d称活虫的体重,通过统计计算并与对照比较,以评价其对测试样品的反应和杀虫活性。

这种方法的优点是适用于测定以触杀和胃毒作用为主（熏蒸作用除外）及不同作用机制的植物源杀虫剂，而且可以测定样品总的杀虫活性，包括各种成分之间的相互作用。植物源杀虫剂往往含有多种有效成分，具有不同的作用方式。采用这种培养基混药法可以反映出综合的毒力指标，但其缺点是测定周期较长，方法本身必须严格标准化才能保证重现性。

2. 叶片浸药饲喂法 叶片浸药饲喂法的基本原理是用少量丙酮、甲醇等溶剂将待测样品溶解，再以水稀释至一定浓度；或将样品加工成乳油以水稀释至一定浓度或 5～7 个等比系列浓度，将试虫喜食的植物叶片或小苗浸入药液，取出晾干饲喂试虫，观察试虫的反应症状。具体操作如下：

将供试样品稀释至一定浓度或 5～7 个等比系列浓度（注意加入少量表面活性剂），把甘蓝苗的平展叶片连同叶柄取下，浸入供试药液 3～5s 后取出，以吸水纸吸去多余水分，晾干。以脱脂棉球包住叶柄末端，放入培养皿（直径为 15cm），用滴管在棉球上滴少量清水以保持叶片有足够的水分。接入 20～30 头 3 龄小菜蛾幼虫，以浸清水的甘蓝苗为空白对照，每处理重复 4 次，在养虫室饲养 3～5d，其间观察记录试虫的存活、取食、爬行、蜕皮等反应，通过统计计算并与对照比较，评价其对测试样品的反应和杀虫活性。

叶片浸药饲喂法主要适用于以胃毒和触杀为主要作用方式的样品，即使其作用机理是影响呼吸、或干扰试虫生长发育、或作用缓慢的样品也不易漏筛。

在植物源提取物的生物活性初筛中，可暂不单独进行保幼激素活性、抗蜕皮激素活性、拒食活性或忌避活性测定。在用饲料混毒饲喂法或叶片浸药饲喂法测定过程中，若观察到样品具有显著的上述特异性活性，可进一步再进行特异性杀虫活性评价。

3. 拒食作用测定法 国内在植物提取物活性筛选中，有关拒食活性的报道十分普遍。所谓昆虫拒食剂应是作用于昆虫感受器，对其取食行为产生阻遏作用的一类行为调节物质，一般不应包括作用于昆虫中枢神经系统而影响取食或对昆虫有亚致死作用的物质。从理论上来讲，目前推荐的几种常用拒食活性测定方法易将神经毒剂在亚致死作用下取食量下降的影响误作为拒食活性，区别的办法可同时测定等比系列浓度，通常在神经毒剂的试验中，亚致死作用是在很低的处理浓度下出现的反应，但随着处理浓度的上升，其死亡率会很快地升高；而用仅为拒食活性化合物的测试中，由拒食活性引起的饥饿死亡通常要数天，而在一般时间较短的生物测定时，不会明显出现其死亡率很快升高的现象。

比较理想的拒食活性测定可同时采用非选择性叶碟法和选择性叶碟法测定，通过两个试验的结果比较（如取食量、死亡率等），来评价其拒食活性。具体方法如下：

（1）非选择性叶碟法 用打孔器将新鲜甘蓝叶片制成直径为 4cm 的叶碟，分别在配置的等比系列浓度药液中浸渍 5s，晾干后在同一培养皿中放入处理叶碟 1 枚，每个培养皿接入 1 头饥饿 8h 的菜青虫 5 龄幼虫。24h 后，将残叶取出，用方格纸测量叶碟被取食面积。每处理重复 5 次，每重复 10 头试虫。

（2）选择性叶碟法 在同一培养皿中放入处理叶碟和对照叶碟各 1 枚，交叉排列，每个培养皿接入 1 头饥饿 8h 的菜青虫成虫。24h 后，将残叶取出，用方格纸分别测量处理叶碟和对照叶碟的被取食面积，每处理重复 5 次，每重复 10 头试虫。

（三）植物源杀菌剂的生物测定

植物源杀菌剂的生物测定（bioassay of botanical fungicide）是度量植物源杀菌剂对病原菌产生效应大小的生物测定方法。其毒力测定一般也是采用离体测定方法，主要有抑制菌丝生长速率法、抑制孢子萌发法、抑菌圈法，这些方法较之活体生物测定具有经济、简便等优点。以上方法在研究筛选植物杀菌剂活性成分的过程中，也被广泛运用。在此处仅简单介绍一种植物杀菌剂活性成分筛选中常用到的对峙培养法。

对峙培养法是将植物提取物及病原菌同时放在具有同一培养基的培养皿两边，经过一定时间培育后观察菌丝生长情况。如果提取物有抑菌作用，则病原菌的生长将受到一定影响，表现出菌丝生长的形状受到限制，如图7-1所示。

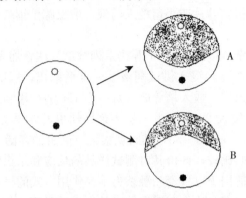

图7-1 对峙培养法示意图
○病原菌　●植物提取物　A. 无抑菌活性　B. 有抑菌活性

二、微生物源农药的生物测定

微生物源农药（microbial pesticide）是利用微生物及其基因所产生或表达的各种生物活性成分，制备出用于防治植物病虫害、环境卫生昆虫、杂草、鼠害以及调节植物生长的制剂总称。能够用于制备微生物农药的微生物类群，包括细菌、真菌、病毒、线虫、原生动物等，昆虫病原线虫虽不属微生物，但由于其致病机理与含活体的微生物杀虫剂类似，且与一些细菌伴生，故也将其归为此类。按照用途，微生物源农药包括微生物杀虫剂（microbial insecticide）、微生物杀菌剂（microbial fungicide）、微生物除草剂（microbial herbicide）、微生物生长调节剂（microbial growth regulator）、微生物杀鼠剂（microbial rodenticide）等。本节就目前与化学农药相比，生物测定方面具有比较独特特点的微生物农药代表性品种予以介绍。

（一）细菌农药的基本概念与发展概况

昆虫自然种群每代的死亡率为80%～99.99%，其中有不少死于感染微生物疾病。细菌繁殖快，它的种类和个体众多，广泛分布于自然界，所以与昆虫接触机会很多，细菌感染昆虫而引起的疾病称为细菌病。在昆虫病原微生物中，有关细菌病的研究最多。虽然昆虫受侵染后发病形式各有不同，且细菌性病也有多种，但都有其共同的特征，如当昆虫被细菌感染以后，活动能力降低、食欲减退、口腔与肛门带有排泄物等现象。大多数的病原细菌侵入昆虫后，常常先引起感染而引起败血症。死后的虫体颜色加深，迅速变为褐色或黑色，虫体大多软化腐烂。内部组织亦可能因溃烂而呈黏性，一般还带有臭味。昆虫的细菌病统称为软化病，该病都具有传染性，任何地区、任何时期都可能发生流行。

大多数的昆虫都会受到几种细菌感染，但其中仅有部分细菌致病。作为病原细菌加以利用的主要有苏云金杆菌（*Bacillus thuringiensis*）、日本金龟子芽孢杆菌（*Bacillus popilli-*

ae)、缓死芽孢杆菌（*Bacillus lentimorbus*）和球形芽孢杆菌（*Bacillus sphaericus*）。

苏云金芽孢杆菌（Bt）生物制剂是由昆虫病原细菌苏云金芽孢杆菌的发酵产物加工成的制剂。此菌于1909年由因贝利纳（E. Berliner）从德国苏云金省（Thuringia）的一批被感染的地中海粉螟（*Ephestia kuehniella*）中分离得到，是一种可产生孢子和内含体的杆菌。1915年他详细描述了该菌的形态和培养特征，以其来源地命名为苏云金芽孢杆菌（*Bacillus thuringiensis* Berliner），但未说明伴胞晶体有杀虫作用。1953年Hannay首次发现其蛋白质伴胞晶体与其杀虫活性有关。到20世纪50年代末，相继发现了其他几种毒素，Heimpel于1967年将其划分为下述4类。

1. α外毒素 α外毒素又称为磷脂酶C，是一种热不稳定的对昆虫中肠有破坏作用的酶，其活性可被胰蛋白酶破坏；在pH大于10和小于3.5的情况下，该毒素会失去活性。

2. β外毒素 β外毒素又称为苏云金素，是一种热稳定的外毒素，经121℃处理15min后仍可保持活性。通常在营养生长阶段产生并分泌到胞外。该毒素的杀虫谱非常广，对鳞翅目、双翅目、膜翅目、半翅目、同翅目、直翅目、线虫及螨类均具活性，对脊椎动物也有一定毒性，但是并不是所有的亚种或菌株都能产生β毒素。β外毒素的主要作用机理是抑制RNA的生物合成。

3. γ外毒素 γ外毒素是能使卵黄澄清的一种蛋白质，其对昆虫的毒力尚不确定。

4. δ内毒素 由苏云金芽孢杆菌产生分子质量为27～138 ku多种结晶形式的蛋白质，称为伴胞晶体蛋白或δ内毒素。由于其对昆虫具有毒杀作用，故又称为杀虫晶体蛋白（insecticidal crystal protein，ICP）。其通常以无活性的原毒素形式存在，是苏云金芽孢杆菌产生的一种最重要的毒素，也是其主要杀虫活性成分。

苏云金杆菌对鳞翅目幼虫有明显毒效被发现后，引起人们的兴趣。1958年在国外首次出现了商品制剂，1959年发现此菌的一些品系能够产生热稳定毒素，对几个目昆虫种类有杀伤作用，此后很快扩大了该菌的应用范围。苏云金芽孢杆菌（Bt）经历了半个世纪的研究开发后，在全世界进入了广泛应用阶段，也是生物农药中开发应用最好的一类品种。至今全世界许多国家除了登记用于防治鳞翅目昆虫的多种制剂外，还登记了包括应用于膜翅目、双翅目、直翅目和鞘翅目的一些制剂。已知苏云金芽孢杆菌有30多个变种，在我国生产中常用的为青虫菌（蜡螟变种）和杀螟杆菌（杀虫变种）。苏云金芽孢杆菌杀虫谱广，能防治上百种害虫，对鳞翅目害虫特别有效，但药效作用比较缓慢，对人畜安全，对作物无药害，不伤害蜜蜂和其他益虫，但对家蚕有毒害作用。

苏云金芽孢杆菌制剂是胃毒剂，其对昆虫的致病作用主要是通过产生杀虫晶体蛋白和芽孢引起的。原毒素（伴胞晶体蛋白）进入昆虫消化道后在中肠肠液碱性条件下溶解（打开二硫键），在肠道胰蛋白水解酶的作用下分解为活化毒素（分子质量约60ku），并穿过中肠围食膜与中肠上皮细胞上的受体结合，形成寡聚体并插入细胞膜形成膜穿孔，使维持细胞膜功能的离子梯度和渗透压平衡被破坏，各种大小分子可自由出入细胞内外，导致上皮细胞吸水膨胀，中肠停止蠕动、瘫痪，严重影响中肠的正常功能，最后导致昆虫细胞裂解和死亡。芽孢在中肠中萌发，经被破坏的肠壁进入血腔，大量繁殖，使昆虫得败血症而死亡。

（二）细菌农药的生物测定

目前，用于大田防治多种害虫的苏云金芽孢杆菌类制剂，其主要有效成分是蛋白质晶体内毒素和活孢子。制剂内的含菌数，可以通过平碟计数法求得，而其毒效的高低则需要通过生物测定予以确定。也就是以生物效应为指标对生物活性物质进行定量分析的方法。现将有关典型病原细菌苏云金杆菌的生物测定方法介绍如下。

1. 苏云金芽孢杆菌的生物效价测定 苏云金芽孢杆菌（Bt）的生物活性通过其对鳞翅目幼虫的毒力大小来衡量，并以权威的生物测定方法来使之规范。目前已经建立了量化细菌杀虫剂对鳞翅目害虫活性的两种鉴定方法。一种是法国的生物测定方法，即以 E61 系的苏云金芽孢杆菌对地中海粉螟的毒力为标准；另一种是由美国建立的生物测定方法，它以 HD-1 系的苏云金芽孢杆菌对卷心菜上尺蠖的毒力为标准。不过当新的株系或商业目标出现后，供试昆虫也会相应增加或被别的试虫取代。这些测定方法并不是以活性蛋白质的数量而是以标准活性单位（IU）作生物效价来定量的。

表示毒效高低的生物效价，是根据制剂对规定昆虫的致死中浓度 LC_{50}（mg/mL）与标准品比较而换算出来的。LC_{50} 越小，毒效越高；反之，毒效就越低。如果制剂达到一定范围的含菌数，又标明其主要反映晶体毒效的生物效价，就可以确定制剂的质量，也可以用于确定大田的使用量。

不同类型的昆虫对苏云金芽孢杆菌类的毒效反应有所不同，因而用一种昆虫来准确标定苏云金芽孢杆菌类制剂的各种毒效是困难的。在选用标准昆虫时，除必须考虑其对苏云金芽孢杆菌类制剂的敏感性以外，还必须考虑两点：①品系纯一，遗传稳定；②能够大量人工饲养，各地容易得到。

下面，介绍几种用不同供试昆虫进行生物效价测定的方法。

2. 苏云金芽孢杆菌对家蚕蚁蚕效价的测定 家蚕是对苏云金芽孢杆菌伴胞晶体蛋白反应颇为敏感的昆虫。特别是采用菌液浸卵处理方法，测定不同浓度菌液对蚁蚕的致死率，操作简便且较稳定。但是，家蚕不能代表所有类型的昆虫及靶标害虫对苏云金芽孢杆菌类各种晶体蛋白毒素反应的毒效，而仅仅只能用来比较晶体蛋白毒素对家蚕蚁蚕的毒效差异。另外，家蚕是益虫，实践中往往希望能筛选出对家蚕毒力低，而对害虫毒力高的菌株，这就必须同时增加用靶标害虫作为试虫的生物测定体系，通过两个系统的测定结果比较才有可能筛选出理想的菌株。测定步骤如下：

（1）仪器和用品

①苏云金杆菌变种标准品和检测样品：按普通种制作技术处理的二化性或多化性家蚕卵，最好由蚕种繁殖场专门提供，要求发育孵化整齐一致。

②稀释液：含 0.2% 吐温 80 的蒸馏水；

③仪器：三角瓶（200mL）、试管（150mm×18mm）、带软木塞指形管（65mm×20mm）、吸管（5mL）、玻璃珠、橡皮吸管、镊子、毛笔、解剖针等。

（2）测定方法

①预备试验：待测样品的来源、含菌量，参照以往的测定资料，配制 2～3 个药液浓度，进行预备试验，期望得到死亡率为 10%～90% 的药液浓度范围，作为正式试验时药液配制的依据。

②母液制备：称取检测样品和标准品各 1g，分别置于 200mL 带玻璃珠的三角瓶中，加入 25mL 稀释液，振摇 25min，充分均匀，以此为母液。

③药液制备：按照预备试验的结果，用稀释液将每个待测样品和标准品母液分别稀释成 5～7 个系列等比质量浓度，如 20mg/mL、10mg/mL、5mg/mL、2.5mg/mL、1.25mg/mL。

④蚕卵的处理：提前数天从冷库或冰箱中取出蚕卵，置于温度25～29℃的室内催青，每天给予自然明暗感光，至孵化前1d做测定用。将蚕卵卵箔用剪子剪成小块，每块有卵约50粒，在卵箔背面纸上注明处理标记。分别将卵片放进梯度浓度试管中的菌液里（务必摇匀后进行），浸渍后立刻取出，平放于干净滤纸上晾干。将已晾干的处理卵片分别放入相应标记的带软木塞指形管中，塞上软木塞（或用纱布包口），置于25～29℃的恒温室中继续催青。蚁蚕孵化的当天上午，用毛笔将已孵蚁蚕轻轻扫落各带软木塞指形管中，弃掉卵箔纸片，在带软木塞指形管上注明处理标记，再转置25～29℃温箱中，无需饲喂。

⑤结果检查：待感染死亡相对稳定时，即蚁蚕孵化后30～50h，用毛笔将各带软木塞指形管中的蚕逐个扫落在一张白纸上，分别检查并记录每处理的总试虫数和死虫数。

⑥结果与分析：试验资料用计算机统计软件，分别计算测定样品和标准品的毒力回归方程、致死中浓度（LC_{50}）及95%置信限，并按以下公式计算测试样品的效价。撰写毒力测定评价报告。

$$测定样品效价（mg）=\frac{标准品\ LC_{50}\ （mg/mL）}{样品\ LC_{50}\ （mg/mL）}\times 标准品效价（mg） \quad (7-1)$$

(3) 注意事项　造成测定误差原因，主要在于蚕卵催青发育控制不好、孵化不整齐以及制剂展着不均匀，因此必须注意掌握产卵、保存、孵化等环节。

测定结果的标准误差一般不得大于10%，否则需重做。

家蚕对苏云金芽孢杆菌松蠋变种（血清型H4a、H4b）不甚敏感，不宜用此法测定。

3. 苏云金芽孢杆菌对小菜蛾效价的测定　小菜蛾生活周期短，食量小，易大量繁殖。该虫在世界范围内都有分布，对多种血清型菌株具有中度敏感性，是比较理想的供试昆虫。在室内用蛭石培植健壮的甘蓝型油菜幼苗饲养供试小菜蛾幼虫。测定步骤如下：

(1) 感染母液的配制　用0.01%的天平分别准确称取标准品、待测样品（液剂或粉剂）0.100 00～0.500 00g，装入250mL有6～8粒玻璃珠的磨口三角瓶中。加入10mL稀释缓冲液（含NaCl 0.85%、K_2HPO_4 0.6%和KH_2PO_4 0.3%），在旋涡振荡器上振荡5min。再加入10～20mL稀释缓冲液，得到浓度约为5mg/mL标准品和待测样品的母液，在振荡器上继续振荡5min（该母液在4℃冰箱中可存放10d）。

(2) 预备试验　参照以往的测定资料，配制2～3个药液浓度，进行预备试验，期望得到死亡率为10%～90%的药液浓度范围作为正式试验时药液配制的依据。

(3) 正式试验药液的配制　根据预备试验的结果，将母液用稀释缓冲液（含NaCl 0.85%、K_2HPO_4 0.6%和KH_2PO_4 0.3%）配制成5～7个系列等比质量浓度。以标准品母液浓度为5mg/mL为例，得到浓度为0.5mg/mL、0.25mg/mL、0.125mg/mL、0.062 5mg/mL、0.031 25mg/mL和0.015 625mg/mL的6个稀释液。

(4) 感染饲料的配制

①感染饲料配方：饲料配方见表7-2。

表7-2　小菜蛾感染饲料配方

原料	用量	原料	用量
维生素C	0.5g	酪蛋白	2.0g
菜叶粉	3.0g	酵母粉	1.5g

(续)

原料	用量	原料	用量
纤维素	1.0g		
蔗糖	6.0g	菜子油	0.2g
10%甲醛	0.5mL	15%尼泊金	1.0mL
琼脂粉	2.0g	蒸馏水	100mL

②配制方法：按配方称取蔗糖、酵母粉、酪蛋白和琼脂粉，加入90mL蒸馏水，并调匀。再将其搅拌煮沸2~3次，使琼脂完全熔化，然后加入尼泊金搅匀。将感染饲料的其他成分用剩余的10mL蒸馏水调成糊状，当琼脂冷至75℃左右时与其他成分混合，搅匀，置于55℃水浴中保温备用。

取50mL的平底烧杯，贴上写好的标签，置55℃水浴中预热。然后分别向每个烧杯中加入1mL对应浓度的感染液，用稀释液作空白对照。

每个烧杯中加入9mL熔化的感染饲料，用电动搅拌器搅拌20s，使每个烧杯中的感染液与饲料充分混匀，得到如下终浓度的标准品和待测样品的感染饲料：

标准品：50μg/mL、25μg/mL、12.5μg/mL、6.25μg/mL、3.13μg/mL、1.56μg/mL

液剂、粉剂样品：浓度均与标准品相同。

将小烧杯静置，待冷却凝固后，用小刀将感染饲料切成1cm×1cm的饲料块，每个浓度取4块饲料放入养虫管中，每管放1块，做好标记。

(5) 感染 随机取出放置饲料的养虫管，每管投放10头3龄初期小菜蛾幼虫，塞上棉塞，置25℃下感染饲养。

(6) 结果检查及统计计算 感染48h检查试虫的死亡情况。死虫的判断标准：虫体发黑、腐烂及萎缩者；或虫体不发黑，但以细签轻轻触动，无任何反应者。

测定资料的统计方法及待测样品生物效价的计算方法同苏云金芽孢杆菌对家蚕蚁蚕效价的测定方法。

4. 苏云金芽孢杆菌对棉铃虫效价的测定 目前我国已有室内大规模饲养棉铃虫的成熟配方和技术，用饲料感染初孵棉铃虫，测定苏云金芽孢杆菌制剂的毒力，不仅可以减少饲喂大量幼虫的麻烦，而且由于初孵的幼虫未经取食，差异较小，易于选取健康、生理条件一致的个体作试虫。

(1) 感染液的配制 感染液的配置，参照小菜蛾的生物测定。

(2) 感染饲料的配方 感染饲料的配方见表7-3。

表7-3 棉铃虫感染饲料的配方

原料	用量	原料	用量
黄豆粉	7.0g	酵母粉	4.0g
维生素C	0.5g	琼脂粉	1.5g
36%醋酸	1.25mL	水	100mL

(3) 感染饲料的配制 按配方称取黄豆粉、酵母粉和维生素C，放入500mL烧杯中，

混匀，加入10%体积的水湿润。用10%体积的水溶解琼脂粉，煮沸2~3次，使琼脂完全熔化。将琼脂与其他成分混合，加入醋酸，搅匀，置于60℃水浴中保温备用。其后测定步骤参照小菜蛾的测定方法。

5. 苏云金芽孢杆菌对家蝇幼虫效价的测定 家蝇幼虫对苏云金芽孢杆菌（Bt）特别敏感，因此用家蝇幼虫作指示昆虫，只能用来比较晶体蛋白毒素对家蝇幼虫的毒效差异。

（1）稀释 摇瓶或发酵罐培养物经3 500 r/min离心15min，取上清液121℃灭菌15min，作为测定原液，根据需要用无菌蒸馏水将原液稀释成不同浓度，如250倍、500倍、1 000倍、2 000倍、4 000倍。

（2）家蝇饲料 在酱菜瓶中装入3g麸皮、1g谷壳、0.4g酵母粉，混匀后高压灭菌。

（3）感染 测定前每瓶加入煮沸的牛奶粉稀释液7.7mL，（含奶粉0.2g），再加入需测定浓度的感染液1.3mL，每个浓度重复4次，对照组加入相同量的无菌水，搅拌均匀。每瓶放入2日龄家蝇幼虫20头，在温度为28℃、相对湿度80%下感染培养5d后观察结果。

（4）结果检查 对照组幼虫在处理5d后都已化蛹。检查处理组的死虫数和活虫数，计算死亡率和LC_{50}。再根据标准品的LC_{50}计算测定样品的生物效价。

（三）真菌农药的生物测定

真菌在自然界中分布十分广泛，种类极其繁多。与化学杀虫剂相比，利用真菌防治有害生物对人、畜及生态系统中的非靶标生物风险低，对作物的安全系数高。真菌杀虫剂与细菌杀虫剂和病毒杀虫剂相比有两个优点，一是许多真菌寄主范围广，可感染多种昆虫；二是真菌通过侵染表皮感染寄主，除了鳞翅目幼虫、鞘翅目和其他咀嚼式口器的昆虫外，还可感染蚜虫和叶蝉。近年来人们热衷于利用真菌来防治有害生物，也越来越重视真菌在有害生物治理中的作用，与此相关的各学科也得到迅速发展。该领域涉及真菌学、生态学、遗传学、生理学、大规模生产技术、剂型加工和施用策略等许多重要的学科和领域。真菌杀虫剂的研究、开发以及最终的商品化还存在着许多问题亟待解决，而微生物学、植物病理学、生理学、分子生物学领域所取得的成就对真菌杀虫剂的开发、生产和使用都具有重要的理论意义和实践价值。

利用真菌防治害虫已有百余年的历史，绿僵菌（*Metarhizium anisopliae*）是首批用于生物防治的真菌之一。在1879年俄国就大量生产绿僵菌的孢子用于防治小麦小金虫（*Anisoplia austriaca*）。而白僵菌制剂是发展历史较早、应用最广的一种真菌杀虫剂，主要用于防治玉米螟和松毛虫。1890年，美国堪萨斯州第一次用白僵菌防治麦长蝽，此后许多国家如日本、前苏联、巴西、英国等也开始应用白僵菌、绿僵菌、黄僵菌、蚜霉菌等防治农林害虫，逐渐把虫生真菌发展为一类微生物杀虫剂。据资料报道，前苏联已大规模生产白僵菌杀虫剂，每年生产2 000 t以上，主要用于防治马铃薯甲虫。美国数家工厂也生产白僵菌用于防治森林害虫。我国在1954年起应用白僵菌制剂成功地防治了大豆食心虫，防治面积1974年为$1.5×10^7 hm^2$，1977年为$2.0×10^7 hm^2$。近年来发展更为迅速，其防治效果在80%以上，防治害虫的种类达40种以上。目前在真菌杀虫剂中，各国研究应用最多的是白僵菌，其次是绿僵菌，还有赤霉菌、虫生藻菌等。

真菌杀虫剂现在还没有标准的生物测定方法，已有的生物测定都是以分生孢子活力测定作为基础。多数真菌的生物测定类似于Papierok和Hajek提出的昆虫病原体检测原则。但是水生霉菌的生物测定与其他虫生真菌不同，Kerwin和Petersen详述了卵菌纲（Oomycetes) 的生物测定方法。

1. 绿僵菌和白僵菌对刚竹毒蛾幼虫的毒力测定 将供试菌种先接种于马铃薯葡萄糖琼脂（PDA）培养基斜面上，25℃恒温培养 12d，然后用 0.05％吐温 80 无菌水配制成孢子浓度为 $1.0×10^{11} \sim 1.0×10^{7}$ 个/L 的 5 个浓度梯度分生孢子悬浮液。每种浓度设 4 个重复，每个重复处理 30 头 2～3 龄刚竹毒蛾幼虫。用微量注射器吸取上述菌液滴于幼虫体表，每虫接种量为 0.1mL 菌液，对照组用等量 0.05％吐温 80 无菌水接种。处理后放入装有毛竹叶的罐头瓶中，瓶盖装有铁丝网，以保持通气，置于 25℃下饲养。每日更换毛竹叶，前 3d 喷清水以保持高湿，逐日统计感染死亡虫数。根据感染浓度和侵染 10d 的累计死亡率计算致死中浓度（LC_{50}）。另外，通过分析侵染的天数与死亡率机率值，得到毒力回归方程、致死中时（LT_{50}）及 95％置信限。

2. 白僵菌对黄曲条跳甲、小菜蛾幼虫、菜缢管蚜的毒力测定 将供试虫体浸于 $6.25×10^{6}$ 孢子/mL、$1.25×10^{7}$ 孢子/mL、$2.5×10^{7}$ 孢子/mL、$5×10^{7}$ 孢子/mL、$1×10^{8}$ 孢子/mL 浓度的孢子悬浮液中，浸渍 20s 后放入灭菌的 9cm 培养皿中。用保鲜膜将培养皿封好，在薄膜上扎小孔通气，置于 25℃恒温光照培养箱培养，保持 90％以上的相对湿度。每日检查死亡虫数，根据虫尸体表长出的菌孢子确定感染致死。幼虫试验连续观察 10d，成虫试验连续观察 14d。每天更换新鲜菜叶。每处理 20 头试虫，重复 5 次；以加吐温 80 的无菌水处理作为空白对照。根据侵染的天数与死亡率机率值，得到毒力回归方程、LC_{50}、LT_{50} 及 95％置信限。

3. 白僵菌对烟粉虱的毒力测定 用成虫在无虫甘蓝上分批产卵后，将着生有发育整齐的烟粉虱低龄（1～2 龄）或高龄（3～4 龄）若虫的甘蓝叶片浸入浓度为 $6.25×10^{6}$ 孢子/mL、$1.25×10^{7}$ 孢子/mL、$2.5×10^{7}$ 孢子/mL、$5×10^{7}$ 孢子/mL、$1×10^{8}$ 孢子/mL 的白僵菌悬浮液中，浸渍 20s，每浓度处理 100～150 头，自然晾干后将处理过的甘蓝叶片放入消毒的 9cm 培养皿中，用保鲜膜将培养皿封好，在薄膜上扎孔保持通气，置于 25℃恒温光照培养箱培养，保持 90％以上相对湿度；以加吐温 80 的无菌水作为对照。每处理设 5 次重复。根据虫尸体表长出的菌孢子确定感染致死，连续 7d 每日检查死亡虫数。通过分析侵染的天数与死亡率机率值，得到毒力回归方程、LC_{50}、LT_{50} 及 95％置信限。

（四）病毒农药的生物测定

当前已知有 20 个不同类群的昆虫病毒，主要分布在 13 个不同科，其中杆状病毒科（Baculoviridae）、多 DNA 病毒科（Polydnaviridae）、四对称病毒科（Tetraviridae）和包囊病毒科（Ascoviridae）的宿主仅限于昆虫及少数无脊椎动物。杆状病毒科昆虫痘病毒亚科（Entomopoxviridae）和呼肠孤病毒科（Reoviridae）发育到一定阶段会形成包含体（polyhedral inclusion body, PIB, 也称 occlusion body, OB）。病毒粒子随机包埋在包含体中，使病毒在外界环境中保持稳定和持久。核型多角体病毒（necleopolyhedrosis virus, NPV，多角体于细胞核内形成）和质型多角体病毒（cytoplasmic polyhedrosis virus, CPV，多角体于细胞质内出现）的包含体是多面体型，称为多角体；颗粒体病毒（granulosis virus, GV）的包含体是卵圆形，称为荚状体；昆虫痘病毒的包含体为圆球状和纺锤状，称为球形体或纺锤体。

国际上已报道过的昆虫病毒有 1 600 多种，60％为杆状病毒，能引起 1 100 种昆虫和螨类发病，可控制近 30％的粮食和纤维作物上的主要害虫。通常人们认为杆状病毒具有属水平内的种间特异性，后来 Tompkins 等（1969）用生物学、病理学和电子显微镜技术证实了粉纹夜蛾（*Trichoplusia ni*）核型多角体病毒可以感染实夜蛾属的美洲棉铃虫（*Helicoverpa zea*）。据报道在核型多角体病毒中，单粒包埋核型多角体病毒（SNPV）不仅广泛存在于鳞翅目（*Lepidoptera*）昆虫，还存在于膜翅目（Hymenoptera）、双翅目（Diptera）、鞘翅目（Coleoptera）、脉翅目（Neuroptera）、毛翅目（Trichoptera）等昆虫中。多粒包埋核型多角体病毒（MNPV）和颗粒体病毒仅在鳞翅目昆虫中发现，但是有些多粒包埋核型多角体病毒宿主广。已知苜蓿银纹夜蛾核型多角体病毒（AcMNPV）至少可以感染 10 科中的 33 种昆虫，这在生物防治中有重要意义。

实验室通过昆虫生物鉴定法测定杆状病毒的毒力。包含体的数量常用血细胞计数器在光学显微镜下计数，生物鉴定法中常以包含体（OB）/mL（液体溶液）、包涵体（OB）/g（干粉）作为度量单位。

1. 甜菜夜蛾核型多角体病毒对甜菜夜蛾幼虫的毒力测定

（1）病毒材料　分离提纯的甜菜夜蛾核型多角体病毒（SeNPV）感染甜菜夜蛾幼虫，将患病致死的虫尸制成甜菜夜蛾核型多角体病毒悬浮液，含量约为 2×10^9 包含体（PIB）/mL。

（2）供试昆虫　从田间采集甜菜夜蛾幼虫，室内繁殖一代后，选取适宜虫龄作为试验对象。

（3）试验方法　将甜菜夜蛾核型多角体病毒悬浮液配成 2×10^3 PIB/mL、2×10^4 PIB/mL、2×10^5 PIB/mL、2×10^6 PIB/mL 及 2×10^7 PIB/mL 的 5 个浓度，分别取 0.2mL 涂于小块人工饲料上，以无菌水作对照。饲料晾干后放于培养皿内，每浓度接 30 头 2 龄幼虫，4 次重复。饲养温度 25～27℃，48h 后加入不涂病毒的新鲜人工饲料。每天检查幼虫死亡情况并记录数据。以时间（d）的对数值为 X，死亡率机率值为 Y，计算毒力回归方程和致死中时（LT_{50}）；以浓度（PIB/mL）的对数值为 X，5d 内的死亡率机率值为 Y，计算毒力回归方程和致死中浓度（LC_{50}）

2. 八字地老虎核型多角体病毒毒力的测定

（1）供试毒源　八字地老虎核型多角体病毒（Xc-nNPV）分别从离体第 1 代细胞系与感染细胞系中提取得到。

（2）病毒提纯　用 2% 次氯酸钠将病毒致死虫体表面消毒，无菌水冲洗，充分研磨后经双层纱布过滤，以 500 r/min 离心 5min。除去沉淀，悬液以 4 000 r/min 离心 20min，弃去上清液，用无菌水悬浮沉淀，再经过 2 次差速离心，获得多角体病毒的粗提液。

（3）病毒悬浮液的配制　将多角体病毒粗提液倒入装有玻璃珠的小三角瓶内，用无菌水稀释，振荡摇匀，在光学显微镜下用血细胞计数法计数，再用无菌水稀释将从感染细胞系中提取的八字地老虎核型多角体病毒依次配制成 5 种浓度梯度即 2.07×10^4、2.07×10^5、2.07×10^6、2.07×10^7 及 2.07×10^8 PIB（包含体）/mL 的病毒悬浮液。将从离体第 1 代细胞系中提取的八字地老虎核型多角体病毒依次配制成 5 种浓度梯度：1.80×10^4 PIB/mL、1.80×10^5 PIB/mL、1.80×10^6 PIB/mL、1.80×10^7 PIB/mL 及 1.80×10^8 PIB/mL 的病毒悬液，待使用。

（4）八字地老虎核型多角体病毒毒力测定　分别用感染细胞系中的 5 种不同浓度的八字地老虎核型多角体病毒悬浮液和离体第 1 代细胞系 5 种不同浓度的八字地老虎核型多角体病

毒悬浮液处理灰菜叶喂八字地老虎 3 龄末幼虫。每浓度处理 30 头，24h 后更换无毒灰菜，逐日更换灰菜叶片喂养，连续喂养 8d 后，记录死虫数（镜检是否因病毒致死），对照处理用无毒灰菜叶喂养；每处理重复 4 次。计算死亡率。计算毒力回归方程、LC_{50} 及 95% 置信限，并比较不同来源的 2 种八字地老虎核型多角体病毒对八字地老虎 3 龄末幼虫的毒力。

（五）抗生素农药的生物测定

农用抗生素，是指由细菌、真菌和放线菌产生的可以在较低浓度下抑制或杀死农业有害生物的低分子质量的次生代谢产物。

我国已经登记的农用抗生素类农药已有 20 余种，170 多个产品。其中正式登记的有井冈霉素、农抗 120、多抗霉素等 8 种杀菌剂，临时登记的杀菌剂有中生菌素、宁南霉素等 5 种；临时登记的杀虫剂、杀螨剂有阿维菌素等 3 种，除草剂有双丙氨磷。年产值和应用面积最大的品种是井冈霉素，其次是阿维菌素和农抗 120。近年来，我国开发出一批具有自主知识产权的农用抗生素品种，如戒台霉素（jietacin）、宁南霉素、波拉霉素（polarmycin）、金核霉素、抑霉菌素等，其中宁南霉素还登记用于防治植物病毒病，并成为国内防治病毒病的有效制剂之一，填补了抗生素防治病毒病的空白。

农用抗生素的生物测定方法与常规化学农药的生物测定基本一致。

（六）昆虫病原线虫农药的生物测定

早在 12 世纪人们就发现了昆虫病原线虫的存在，但第一个有关线虫寄生昆虫的报道是在 18 世纪中期。1929 年，Glaser 从日本的一种丽金龟中分离到格氏斯氏线虫（*Steinernema glaseri*），经人工繁殖后将其用于田间防治甲虫，由此开始了利用昆虫病原线虫防治害虫的时代。但在 1940—1960 年，由于高效、廉价、残效期长的化学杀虫剂的广泛应用，使人们一时忽略了 Glaser 的工作。到 1960—1970 年，由于长期使用化学杀虫剂开始出现药效下降等问题，使昆虫病原线虫在害虫防治中的作用再一次引起了人们的关注。随着小卷蛾斯氏线虫（*Steinernema carpocapsae*）的发现，异小杆线虫科（Heterohabditis）也随即被发现。第一个获得商业化许可的线虫是 *Romaomermis culicvorax*，它在 1976 年注册用于控制蚊虫。但由于供应环节上的问题（如制备、储存、运输等），以及生物防治制剂苏云金芽孢杆菌（Bt）的存在，其商业化以失败告终。

生产持续稳定的线虫是标准化生产的第一步。用冷藏的离体培养的线虫经过活体培养后作为接种物；紧接着就是复壮线虫的生殖力与致病性，直到这种产品最后被应用。要确保此过程的顺利进行，一定要明确侵染期线虫的 LT_{50}（杀死 50% 供试昆虫所需的时间），LT_{50} 是衡量产品稳定性的最重要指标。

鉴于病原线虫农药未能商业化应用，其生物测定方法暂略。

第三节　转基因抗虫棉的室内生物测定

植物-农药（plant-pesticide）主要指表达农药活性的转基因植物。按照美国的农药登记管理规定，以控制有害生物为目的的转基因植物属于农药范畴。在美国由 FIFRA 委托美国环境保护署（EPA）对农药进行登记，以确保对人类和环境的安全。美国环境保护署下属农药项目办公室（OPP）负责农药登记，生物农药由项目办公室下属的生物农药和污染防治分部（Biopesticides and Pollution Prevention Division，BPPD）负责。

第七章 生物源农药和转基因抗虫棉室内生物测定

应用生物技术使转基因植物表达农药活性物质早在20世纪80年代就已实现。表达农药活性的转基因植物称为植物-农药，包括表达对病虫害有抗性的物质以及为了表达和产生该物质所必需的遗传材料。从微生物、动物等获得的具有农药活性的性状转移到植物中或者是由一种植物引入到另一种植物中，对人类健康和环境的风险总是存在的。美国环境保护署关注的不是登记植物本身，而是登记植物产生的农药活性物质以及有关的能够产生植物-农药有关的物种。美国环境保护署将农药活性物质分为蛋白质类农药（proteinaceous pesticide）和非蛋白质类农药（non-proteinaceous pesticide）两大类。转基因抗虫棉是在棉花中导入苏云金芽孢杆菌 Cry 基因编码晶体原毒素蛋白，属于蛋白质类农药。

前文已述自1996年转基因棉花、玉米及马铃薯在美国正式被批准进入商品化以来，全球种植转基因作物的面积连续10多年以20%的速度增长。2008年全球种植转基因作物的面积达到 $1.25 \times 10^8 hm^2$，种植转基因作物的国家从1996年的6个增至2008年的25个，其中有14个国家种植面积达到或超过 $1.0 \times 10^5 hm^2$，美国排名第一。转基因作物包括大豆、玉米、棉花、油菜、马铃薯、烟草、番茄、南瓜等。其中转基因大豆、棉花、玉米和油菜分别占全球大豆、棉花、玉米和油菜总面积的70%、46%、24%和20%。我国政府于1997正式批准种植转基因抗虫棉，1997年转基因抗虫棉面积不足 $1.0 \times 10^5 hm^2$，主要集中在在黄河流域种植，至1999年扩展到西北地区和长江流域地区，2007年种植转基因作物面积达到 $3.80 \times 10^6 hm^2$。

苏云金芽孢杆菌（Bt）不同株系的芽孢含有不同的由 Cry 基因编码的晶体原毒素蛋白，不同的毒素蛋白控制不同类型的昆虫，主要包括鳞翅目、鞘翅目和双翅目的害虫以及植物线虫。在自然界发现的苏云金芽孢杆菌毒素可以按其蛋白质序列的同源性和专一性进行分类，命名为Cry1、Cry2等。Cry1、Cry2和Cry9系列对鳞翅目昆虫有活性；Cry3、Cry7和Cry8系列对鞘翅目昆虫有活性；Cry4、Cry10和Cry11系列对双翅目昆虫有活性；Cry5、Cry6、Cry12和Cry13对植物线虫有活性。Cry1毒素是最普遍的类型，此外，还有没有Bt毒素而对同翅目昆虫具有高活性的菌株。

一、大田转基因抗虫棉叶片对棉铃虫抗虫性测定

棉花是我国重要的经济作物，棉铃虫[$Helicoverpa\ armigera$（Hübner）]是我国棉花的主要害虫，棉铃虫产卵的主要部位是棉花的顶尖、嫩叶、蕾及苞叶。卵孵化后，初孵幼虫就首先啃食危害棉花顶部嫩叶。自从1987年转Bt基因棉（又称Bt棉）在美国问世以来，因为其对多种鳞翅目害虫具有特异杀虫活性，因而减少了化学农药的使用量，节省了劳动力，使农业生产成本降低，1996年后在全球被迅速大面积推广种植。由此转Bt基因抗虫棉成为人们研究的热点，众多对转Bt基因抗虫棉抗虫性研究结果表明：在转Bt基因抗虫棉的生长过程中，同一组织的抗虫性呈逐渐下降的趋势，然而在生长中后期其抗虫性也有略上升的现象出现。我国棉花种植的面积大，分布广，地理位置及气候条件差异较大。因此对转Bt基因抗虫棉抗虫性的研究，明确气象因素对转Bt基因抗虫棉的抗虫性的影响，将有利于棉铃虫防治工作的顺利进行，并且能更好地指导转Bt基因抗虫棉在不同地区的推广应用。南京农业大学用叶片饲喂法研究了转Bt基因抗虫棉R19-137叶片对棉铃虫的抗虫性时空表达变化及气象因素对转Bt基因棉抗虫性的影响。现将Bt棉叶片对棉铃虫抗虫性测定方法介绍如下。

1. 供试棉花品种

（1）转 Bt 基因抗虫棉　"R19-137" 是转 Bt 基因抗虫棉的育种材料 R19 的 137 株系，仅表达单个 Bt 毒素蛋白 Cry1Ac，由中国农业科学院棉花研究所提供；"新棉 33B" 是由孟山都公司在华北棉区推广种植的品种，也表达单个 Bt 毒素蛋白 Cry1Ac。

（2）常规对照棉　"苏棉 12 号"（不含 Bt 毒素）作为对照品种。

上述转 Bt 基因抗虫棉和常规对照棉均于大田或试验田按常规管理方式种植。

2. 供试棉铃虫

（1）敏感的实验室品系（SUS2）　这个品系 1991 年采自河南省偃师市棉田的第二代棉铃虫，并经过实验室敏感性选育后，测定对苏云金芽孢杆菌（Bt）和常规化学农药为较敏感的实验室品系（SUS 是 susceptible 的缩写，2 为大田第 2 代），在室内用不含任何农药的人工饲料饲养至 64 代后，供转 Bt 基因抗虫棉 R19 的抗虫性测定。

（2）邱县棉铃虫种群　这个种群 1999 年 6 月采自河北省邱县棉田第一代成虫，经测定对苏云金芽孢杆菌（Bt）生物农药和转 Bt 基因抗虫棉的敏感性略低于实验室敏感品系 SUS2，在室内用常规人工饲料饲养，供室内进行转 Bt 基因抗虫棉叶片抗虫性测定。

3. 抗虫性测定方法

（1）转 Bt 基因抗虫棉叶片　早晨分别从大田种植的转 Bt 基因抗虫棉（"R19-137" 和 "新棉 33B"）和常规对照棉 "苏棉 12 号" 主茎或侧枝顶部摘取倒数第 3 叶位的叶片，带回室内供测定用。

（2）试验方法与结果分析　分别将从转 Bt 基因抗虫棉植株的主茎或侧枝顶部摘取倒数第 3 张叶片的叶柄基部用浸水的脱脂棉保湿，放入果酱瓶（9cm×10cm）内，每叶接初孵幼虫 5 头，用保鲜膜封口。用从同一种棉花、不同棉株、相同叶位采摘 10～15 张棉叶接虫，即重复 10～15 次。在温度为 26～28℃，光周期为光照期：暗期＝14h：10h 的培养箱中饲喂 5d，记录死虫数、存活幼虫发育龄期及对棉花叶片的危害级别，分别取其平均数。

棉铃虫初孵幼虫危害转 Bt 基因抗虫棉叶片的分级标准：

1 级：每张处理叶片受害面积小于 5%，针状取食不连片；

2 级：每张处理叶片受害面积占 5%～30%，受害部分为小片状分布；

3 级：每张处理叶片受害面积占 30%～60%；

4 级：每张处理叶片受害面积大于 60%。

常规对照棉抗虫性测定方法同上。

通过大田转 Bt 基因抗虫棉叶片与抗虫常规对照棉叶片测定结果的比较来评价转 Bt 基因抗虫棉叶片的抗虫性。

二、大田转基因抗虫棉叶片对棉铃虫抗虫性时空表达变化测定

将植于田间的转 Bt 基因抗虫棉的植株分成 3 组，每组 3 次重复，从 6 月中旬至 7 月中旬依次采摘第一组棉株主茎第 2、5、8、10、11、14 及 15 叶位叶片（主茎叶片按由下而上的序号，下同），第二组采摘主茎第 3、6、9、10、12 及 15 叶位叶片，第三组采摘第 4、7、10、13、15 及 16 叶位叶片；7 月下旬和 8 月下旬分别测定侧枝顶部倒 3 叶位叶片的抗虫性。以明确抗虫性时空表达变化和气象因素对抗虫性的影响。

棉叶采摘方法和棉叶抗虫性测定方法同上。

通过转 Bt 基因抗虫棉叶片与常规对照棉叶片测定结果的比较，评价转 Bt 基因抗虫棉叶片抗虫性的时空表达变化和气象因素对抗虫性的影响。

三、室内转基因抗虫棉叶片对棉铃虫抗虫性测定

分别将转 Bt 基因抗虫棉"新棉 33B"和常规对照棉种子播种于培养箱中，其光照周期为光照期：暗期＝16h：8h，温度为 23～25℃，当棉花幼苗生长到 5 叶期，分别测定对棉铃虫初孵幼虫饲喂 5d 的抗虫性，记录幼虫的死亡率、存活幼虫发育龄期及对棉花叶片的危害级别，分别取其平均数。

通过室内转 Bt 基因抗虫棉与常规对照棉叶片测定结果的比较来鉴定、评价转 Bt 基因抗虫棉叶片的抗虫性。测定结果可为室内棉铃虫对转 Bt 基因抗虫棉抗性品系的筛选和大田抗性监测提供抗虫的棉花植株。

复习思考题

1. 试述植物源农药生物测定与常规生物测定的异同。
2. 微生物源农药生物测定的注意事项有哪些？

第八章

农药田间药效试验

第一节 农药田间药效试验的概念和内容

一、农药田间药效试验的概念

农药田间药效试验（field trial of pesticide）是指通过田间试验来衡量或评价在农田各种自然环境因素下农药对靶标生物效应或效力的试验技术。农药田间药效试验是符合农业生产实际的一类多因子综合试验，以评价供试农药在农业生产上的实际应用价值，为农药登记和科学、合理用药提供重要依据。农药田间药效试验是在室内生物测定的基础上进行的一项重要试验程序，也是农药在推广应用之前必须进行的试验，因此这是农药研发和评价过程中必不可少的重要环节。任何一种农药新品种、新剂型、新用途在推广应用之前都必须经过田间药效试验。

二、农药田间药效试验的内容

农药田间药效试验涵盖的研究内容很广，主要包括以下几个方面。

1. 农药新品种、新剂型、新用途的登记 任何一种农药新品种及新复配品种、新剂型、新用途（如扩大防治对象等）在推广应用之前都必须经过田间小区药效试验，这是农药田间药效试验最重要的目的之一。试验得出的使用技术和实际应用效果评价不仅为该药剂的正式登记提供科学依据，而且对供试药剂的大田推广应用和生产上科学用药具有重要指导意义。详细试验方法参见农业部农药检定所编写的《农药田间药效试验准则》（GB/T 17980—2000）。

2. 农药新品种的应用技术试验 农药新品种除了登记所需的田间小区药效试验外，还应进行如施药适期、剂量（或浓度）、次数、持效期、两次施药间隔期、施药方法等的比较试验，除草剂新品种还应进行杀草谱、选择性、作用特性、对各种作物（当季及后茬）的安全性，以及环境和作物条件的变化对药效及安全性的影响试验。通过提高施药技术以达到科学合理用药的目的。

3. 多种农药品种的药效比较试验 多种农药品种的药效比较试验包括多种农药新品种、当地未曾使用过的农药品种及当地常用品种间的药效比较试验。最好能在进行室内活性测定的基础上进行药效比较试验，其目的是筛选可供生产上交替轮换、科学用药的农药品种或替代当前生产上即将淘汰的农药品种（如高毒、高残留或生态环境有风险的农药品种等）。

4. 剂型评价试验 剂型评价试验包括农药新剂型的药效评价试验、剂型间比较试验以及加工制剂中的表面活性剂、安全剂对药效及安全性的影响试验等，以选择最佳剂型和研究剂型适用性。

5. 复配制剂药效试验 在复配制剂登记所需的田间小区药效试验中，应将复配制剂、复配制剂的各单剂以及本地常规单剂间进行比较，找出复配制剂的使用技术，并评价复配制剂的优缺点。

6. 研究农药的理化性质及其与试药技术的关系 研究农药的理化性质（如稳定性、挥发性、降解、残留等）、制剂质量与药效、药害、施药技术的关系。

7. 研究农药对环境生物的影响 尤其是研究农药对害虫天敌、土壤微生物等有益生物的影响。

8. 研究有害生物的抗药性及其治理 通过特定试验剂量（如推荐剂量或其倍数剂量）的田间试验，可定性研究评价有害生物的抗药性及其治理方案的效果。

为了更好地试验评价供试药剂的药效和使用技术，农药田间药效试验必须进行合理的试验设计。

第二节 杀虫剂、杀菌剂和除草剂田间药效试验设计

一、农药田间药效试验的影响因素

农药田间药效试验是在农业生产的自然条件下进行的一项试验技术，用于评价在生产实际的各种环境因素下农药对病、虫、草等有害生物的防治效果、使用价值及对农作物、生态环境的安全性。其试验结果反映了农药本身和多种环境因素综合作用下对靶标生物的防治效果。其中与农药有关的因素有农药品种、剂型、使用方法（如施药剂量、时间、方法、次数及喷洒药液量）等；与防治对象有关的因素有有害生物的种类、数量、生长发育的时期或阶段以及过去的用药历史（包括曾使用过的主要药剂类别、品种、使用频率或持续年数），即靶标生物对药剂的敏感性或抗药性水平等；与寄主植物有关的因素有农作物种类、品种、生育期、长势、耕作栽培制度、试验田周围与有害生物有关的其他寄主植物的情况等；与环境有关的因素有风、雨、阳光、温度、湿度、土壤类型、土壤肥力、田间管理措施（如水田是否灌水及保水的时间）等。上述各种田间防治中的因素都与药效有着密切的关系。由于田间药效试验是在田间自然条件下或接近田间条件下紧密结合农业生产实际所进行的试验，因此，试验结果可直接服务于农业生产，对生产上病、虫、草等有害生物的防治具有重要的指导意义。

二、农药田间药效试验的规模

田间药效试验可分为小区药效试验、大区药效试验和大面积示范试验，试验范围逐渐扩大，供试新药剂在不同生态区对靶标有害生物的实际防治效果、使用技术、应用价值逐步得以验证，为新药剂在农作物不同生态种植区的大面积推广应用提供科学依据。

1. 小区药效试验 新农药经室内毒力测定及温室生物测定证明具有良好生物活性的基础上，一般在适宜作物的不同种植生态区选择两个以上代表性地区先进行田间小区药效试验，明确其对靶标有害生物的防治效果、使用技术和方法（如最低有效使用剂量、最适使用时间、施药方法、施药次数及喷洒药液量等），对除草剂新品种还可明确杀草谱、选择性、对作物的安全性及其作用特性等。田间小区药效试验结果为供试药剂产品的正式登记提供科学依据，且对大田推广应用具有指导意义。

2. 大区药效试验 在小区试验的基础上，选择防治效果好，有应用前景的品种，根据小区试验得出的用药剂量、剂型、施药时间和方法等，再进一步进行田间大区药效试验（也

称为异地试验或区域试验），大区面积一般在 333~1 333m²，通常可不设重复或重复一次，以生产上常规使用药剂作对照，以进一步验证小区试验结果的真实性，同时确定不同试验地供试药剂对靶标有害生物的实际防治效果、使用价值及对农作物、生态环境的安全性，为新农药的推广使用提供更可靠依据。

3. 大面积示范试验 完成小区药效试验和大区药效试验的新农药，通常还要在不同生态区进行更大面积的多点示范（如长残留除草剂对后茬作物的安全性等，一定要坚持先示范后推广），经受不同条件下的验证，一方面可取得确保新农药有效、安全施药的可靠使用技术，另一方面有利于产品在生产中起到良好的示范作用，对供试药剂在不同生态区的大面积推广应用具有极为重要的实际示范和指导意义。

我国为了规范田间药效试验方法和内容，使药效试验工作标准化，以便于更为准确地评价供试农药，促进我国的农药药效试验方法和内容逐步与国际标准接轨。农业部农药检定所生物测定室参照联合国粮食与农业组织（FAO）、欧洲及地中海植物保护组织（EPPO）等相关国际组织和一些发达国家建立的农药田间药效试验方法和准则，结合我国实际情况，并经过大量田间药效试验验证，自1993年开始，组织编写了《农药田间药效试验准则》系列丛书，并逐步以国家标准发布实施，为指导和规范农药田间药效试验发挥了重要作用。

三、田间试验设计

田间试验设计（field experiment design）广义的理解是指整个田间试验全过程的总体设计，主要包括试验地选择、供试药剂及对照处理的设计，田间小区和重复区的排列方式，试验资料的调查取样方法、试验结果的统计分析等；狭义的理解专指田间小区和重复区的排列方式，即根据药效试验的目的要求和试验地的具体条件，将各处理小区和重复区在试验地上做最合理的设置和排列。

田间试验设计的主要作用是降低试验误差，提高试验的精确度，使研究人员能从试验结果中获得无偏的处理平均值以及试验误差的估计量，进行正确而有效的比较。农药的田间药效受许多因素的影响，在不同地区和条件下这些因素不尽相同，所以田间药效的试验设计必须有统一的规范和标准，这样才能获得可靠的数据和可靠的比较结果。

四、田间药效试验设计的原则

田间药效试验设计原则就是根据试验的目的、要求和试验地的具体自然条件，遵循一定原则，合理设置和排列小区，尽可能减少或排除非试验因子造成的误差，并能比较正确地估计这些非试验因子所造成的误差，使田间试验所得出的药剂防治效果、使用价值、安全性等评价结论更符合客观实际。为了降低试验误差，提高试验精度，得到无偏的处理平均数及试验误差估计量，从而正确比较处理之间的差异，就必须对处理以外的其他因素影响通过试验设计加以控制。

农药田间药效试验设计的基本原则主要包括：试验地、作物品种及杂草种群选择原则、试验药剂处理设计和设置重复原则、试验小区采用随机排列原则、试验重复间采用局部控制原则、必须设立对照区及保护行、标准化的施药方法、调查取样方法确定原则及试验结果的统计分析原则。

(一)试验地、作物品种及杂草种群选择原则

1. 试验地选择原则　按照田间药效试验的要求和目的,试验地的选择应考虑下述3方面因素。

①应选择供试农药在未来能推广应用的农业生态区,并选择供试靶标有害生物(如病、虫、草等)种群的发生和危害程度、供试作物及品种、土壤类型、耕作栽培制度及生产管理水平在当地所在生态区具有代表性的试验地点。

②应选择靶标有害生物历年发生较重(即有足够的种群数量),危害程度或数量分布较为均匀,土地类型、土地肥力、作物种植(如播栽期、生育阶段、株行距等)和管理水平一致,且地势平坦的农田。

③应考虑选择远离人群居住的房屋、行人往来的道路、河塘水源等对人、畜和环境安全的田块作为试验地。如试验需要灌溉,必须有排灌的设备条件或离水源不能太远,并记录灌溉方法、时间和水量。

2. 作物品种选择原则　在杀菌剂田间试验中,根据病原菌的寄主专化性应选用相应感病供试作物品种,切勿误选抗病品种而导致病害无法发生或流行,影响试验结果。为保证一定程度的发病,可以在试验地附近设置菌源,或在作物周围定期种植病株,也可以接种保护行,使得病菌能够从保护行或周围定期种植的病株自然扩散到试验小区。如果在棚室使用熏蒸剂、烟雾剂,每个处理必须使用单个棚室或将棚室严密隔离成若干个小区。

在除草剂田间试验中,因玉米、甘蔗、大豆、高粱、花生、棉花、烟草、甜菜、马铃薯、杂豆类、果树、部分蔬菜等作物均为条播宽行(行距为40cm以上),所以除草剂行间除草的药效评价试验均可按此设计。作物选用当地常规栽培品种,播期、播量、播深及株行距与当地常规栽培相同。记录作物品种。

3. 杂草种群选择原则　在除草剂田间药效试验中,试验地杂草种群应与试验药剂的杀草谱相一致[如单子叶和(或)双子叶,一年生和(或)多年生]。作物选用当地常规栽培品种,播种方式(播期、播量、播深及株行距)为当地常用的方式,前茬施用过对本茬作物有残毒的除草剂地块,不宜选作试验地。

(二)试验药剂处理设计和设置重复原则

试验药剂处理设计和重复设置原则主要包括:供试药剂处理剂量设计、对照药剂选择、设立空白对照、溶剂对照、助剂对照及保护行和设置重复。

1. 供试药剂处理剂量设计　试验药剂须注明药剂的通用名、商品名(或代号)、含量、剂型和生产厂家。新型化学结构的供试农药处理剂量应根据其室内生物测定所得毒力的高低和药剂本身的特性(如持效期、稳定性、作用特性和作用快慢等),设计3~4个处理剂量进行田间试验。非新型化学结构的供试农药处理剂量可参考生产上同类结构品种的田间推荐剂量,结合其室内毒力和药剂本身的特性,设计3个处理剂量进行田间试验。从掌握对作物安全的最高剂量和防除杂草的最低剂量考虑,除草剂田间药效试验的供试药剂通常应设高、中、低及中量的倍量共4个剂量处理区,设置倍量处理是为了评价供试药剂对作物的安全性。通过田间药效试验,明确供试药剂的有效推荐使用剂量范围。

2. 对照药剂选择　在田间药效试验中,供试药剂有效推荐使用剂量通常是将供试药剂不同处理剂量的防治效果与对照药剂相比较来确定的。因此正确选择对照药剂极为重要。通常对照药剂应选用化学结构类别、剂型与供试药剂相同、已登记注册、生产上正在使用且防治效果高的代表性品种；或选用已登记注册、生产上正在推荐使用、剂型与供试药剂相同、防治效果高的其他类别的代表性品种。不宜选用生产上防治效果一般的品种作对照药剂，因为这会明显影响对供试药剂药效的正确评价和有效推荐剂量的确定，从而影响在大面积推广应用中药剂的实际防治效果。对照药剂一般使用推荐使用剂量或当地常用剂量，在特殊情况下可以视试验目的而调整。试验药剂为混剂时，还应设混剂中的各个单剂作对照。

3. 设立空白对照、溶剂对照、助剂对照及保护行

（1）设立空白对照　在田间药效试验中，除了设常用对照药剂外，还必须设立空白对照，用于校正试验期间因受天敌、疾病或其他因素所造成的自然死亡（即靶标生物种群数量下降）或在试验前后靶标生物种群数量自然上升，这种种群数量自然升降均与药剂处理产生的死亡率或效力是完全不相关的，通过校正公式计算可求得校正药效。除草剂药效试验还要另设人工除草对照进行校正。

（2）设立溶剂对照、助剂对照及保护行　农药剂型加工中所用的溶剂、助剂等对靶标有害生物也有一定影响，从而不能真实反映药剂本身的药效，设溶剂对照及助剂对照能消除这种影响。在试验区周围及小区之间设保护行，可避免各种外来因素对试验区的影响和小区之间的相互干扰，防止边际效应。

4. 设置重复　尽管在试验地选择和试验全过程中可尽量控制各种自然环境条件的差异，但是由于田间试验条件的复杂性，影响试验结果的因素很多；而且当小区试验面积较小时，试验误差（即由于偶然因素的作用而影响药效偏高或偏低之差）就会较大。所以任何药剂试验都必须设置若干重复，以克服各种偶然因素可能引起的试验误差。重复的主要目的是降低误差，同时它又可通过计算误差估计量来估计试验误差。众所周知，误差的大小是与重复次数的平方根成反比的，故重复次数愈多，误差愈小。所以重复是减少试验误差的重要措施之一，多设重复可以提高试验的准确性。但重复太多，试验规模过大，不仅工作量大，而且操作困难。一般试验以4~5次重复为宜，田间药效试验通常重复4次。从设计学的观点考虑，重复分析时误差自由度应大于10，据这一原则，处理数不同时所要求的重复数也不同。即不同的处理数应有对应的重复数，处理数为2、3、4、5、6、7、8、9、10和11时，其对应的重复数分别为11、6、5、4、3、3、3、3、3和2。

此外，重复次数还应考虑到可操作性，在有些情况下甚至不设小区和重复，如在一个果园中用性诱剂防治苹果食心虫，这是因为性诱剂的引诱力是无法用小区来分隔开的，即设置重复是无意义的。在这样的情况下，应根据其引诱力大小来设置试验区。另外在田间大区药效试验和大面积示范试验时，通常可不设重复或重复一次，但在试验结果调查时，应适当增加取样调查点，确保试验结果的代表性和正确性。

（三）试验小区采用随机排列原则

小区试验面积大小应根据作物生长密度和病害发生情况来确定。小区面积一般为20~60 m^2（棚室不小于15 m^2）。重复次数，最少为4次。在除草剂田间试验中，一般大田作物（如麦类、大豆、花生、甜菜、麻类、蔬菜、玉米、甘蔗、高粱、棉花、烟草、甜菜、马铃薯、豆类、移植水稻等），小区面积通常为20~50 m^2，最低应不小于20 m^2；水稻秧田、直播不间苗密生作物至少10 m^2；杂草密度小或机械作业时面积可大些。小区形状通常为长方形，长宽比例应根据地形、作物栽培方式、株行距大小而定，一般长宽比为2~8:1。如小区为长方形，小区面积20~30 m^2，小区应种植以4~6行作物为佳。全区收获并测产。最少

4次重复。

在进行田间小区药效试验时,各个小区之间的试验条件不可能都完全一致,肥力水平等土壤条件也会存在不同程度的差异。为了克服小区间上述差异对试验结果的影响,要求对小区进行随机排列。"随机"不是"故意"或凭主观任意安排,而是指各个抽样单位(或试验小区)接受某个处理的机会均等,各种处理落在某个小区的机会也均等。从理论上讲,当影响因素已被控制于纯属偶然时,用随机排列是最合理的。它能确切反映客观实际,而比顺序排列精确度更高。随机区组设计的优点是同一区组内各小区之间的地力和杂草发生差异可因随机排列而减少,试验结果便于统计分析,将各处理在各重复中的结果相加即可看出处理效应的差异,而将各重复所有结果的总和进行比较,即可看出重复间土壤条件等的差异。

通常采用的排列方式有对比法设计、随机区组设计、拉丁方设计、裂区设计等。

1. 对比法设计 对比法设计(contrast design)即为每隔两个试验处理小区,设一个对照区(图8-1)。这种排列法的优点每个对照区两旁各有一个试验区,便于互相比较,且可以减少土壤病虫的差异,使试验结果比较准确。当试验处理数目较少,而土壤等自然条件差异较大时,这种方法最有实用价值。其缺点是需多设对照,试验结果不适宜采用统计分析,且处理的数目多时受限制。

| 处理1 | 标准区(对照) | 处理2 | 处理3 | 标准区(对照) | 处理4 | 处理1 | 标准区(对照) | 处理2 | 处理3 | 标准区(对照) | 处理4 |

图8-1 小区对比法排列示意图

2. 随机区组设计 随机区组设计(random design)是将试验地分成几个区组,每个区组即为一个重复,每个区组试验处理数目相同,在同一处理内每个处理只能出现一次,即每个区组均包括以下小区:供试药剂3~4个不同剂量处理小区、对照药剂处理小区及空白对照小区,且所有小区一起进行随机排列(图8-2)。此法简便、应用广泛,并能运用统计方法分析处理间的差异与误差。

在随机区组设计中,由于每个重复(区组)中只有一个对照区(或标准区),对照区加入试验处理中一起进行随机排列。各区组间虽有差异,但这种差异对各种处理无影响,因为每种药剂处理都有相等机会分布于各区组而同样受该区组的影响。由于随机区组设计应用很简便,容易达到局部控制效果,故在农药试验中应用很广。

3. 拉丁方设计 拉丁方设计(latin square design)将处理从纵横两个方向排列为区组(或重复),使每个处理在每一列和每一行中出现的次数相等(通常一次),所以它是比随机区组多一个方向进行局部控制的随机排列的设计。图8-3所示为5×5个拉丁方。每一竖行及每一横行都成为一区组或重复,而每一处理在每一竖行或横行都只出现一次。所以,拉丁方设计的处理数、重复数、竖行数、横行数均相同。由于两个方向划分成区组,拉丁方排列具有双向控制土壤等自然条件差异的作用,即可以从竖行和横行两个方向消除上述差异,因而有较高的精确度。

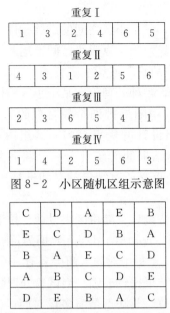

重复Ⅰ

1	3	2	4	6	5

重复Ⅱ

4	3	1	2	5	6

重复Ⅲ

2	3	6	5	4	1

重复Ⅳ

1	4	2	5	6	3

图 8-2 小区随机区组示意图

C	D	A	E	B
E	C	D	B	A
B	A	E	C	D
A	B	C	D	E
D	E	B	A	C

图 8-3 小区拉丁方（5×5 个）排列示意图

拉丁方设计的主要优点为精确度高，但因为在设计中，重复数必须等于处理数，两者相互制约，缺乏灵活性。处理数多时，则重复次数会过多；若处理数少，则重复次数必然少，导致试验估计误差的自由度太小，鉴别试验处理间差异的灵敏度不高。拉丁方设计的应用范围通常只限于 4～8 个处理。当在采用 4 个处理的拉丁方设计时，为保证鉴别差异的灵敏度，可采用复拉丁方设计，即用 2 个（4×4）拉丁方。此外，布置这种设计时，不能将一直行或一横行分开设置，要求有整块平坦的土地，缺乏随机区组设计那样的灵活性。

4. 裂区设计 裂区设计（split-plot design）是多因素试验的一种设计形式。在多因素试验中，如处理组合数不太多，而各个因素的效应同等重要时，采用随机区组设计；如处理组合数较多而又有一些特殊要求时，往往采用裂区设计。

裂区设计与多因素试验的随机区组设计在小区排列上有明显差别。在随机区组设计中，两个或更多因素的各个处理组合的小区皆均等地随机排列在一区组内。而在裂区设计时则先按第一个因素设置各个处理（主处理）的小区，然后在这主处理的小区内引进第二个因素的各个处理（副处理）的小区。按主处理所划分的小区称为主区（main plot），亦称为整区；主区内按各副处理所划分的小区称为副区，亦称为裂区（split-plot）。从第二个因素来讲，一个主区就是一个区组，但是从整个试验所有处理组合讲，一个主区仅是一个不完全区组。由于这种设计将主区分裂为副区，故称为裂区设计。这种设计的特点是主处理分设在主区，副处理则分设于一主区内的副区，副区之间比主区之间更为接近，因而副处理间的比较比主处理间的比较更为精确。

通常在下列情况几种情况下，应用裂区设计。

①在一个因素的各种处理比另一因素的处理可能需要更大的面积时，为了实施和管理上的方便而应用裂区设计。

②试验中某一因素的主效比另一因素的主效更为重要，而要求更精确的比较，或两个因素间的交互作用比其主效是更为重要的研究对象时，亦宜采用裂区设计，将要求更高精确度

的因素作为副处理，另一因素作为主处理。

③根据以往研究，得知某些因素的效应比另一因素的效应更大时，亦适于采用裂区设计，将可能表现较大差异的因素作为主处理。

总之，田间药效试验设计，既要掌握原则，又要根据试验目的要求和试验地的情况来考虑，不能盲目追求复杂的设计方法，而应力求简便、准确、代表性强，以能客观地反映实际情况和减少试验误差为原则。

(四) 试验重复间采用局部控制原则

田间药效试验设置重复的目的在于降低误差，但是增加重复会增加试验地的面积，即加大土壤、栽培等环境因素和靶标生物的分布的差异。为了尽可能减小这方面的差异，可将试验田按重复次数划分为相同数目的区组。如有较为明显的土壤条件等差异，可按土壤类型、地力差异或靶标生物的分布等差异划分区组（或局部地段），使区组内的地力相对均匀一致。每个区组按供试药剂处理数目、对照药剂及空白对照划分小区。这样，试验误差的来源主要为同一区组内较小的土壤地力等差异，而与因增加重复而扩大试验面积所增大的土壤差异无关。

局部控制原则是田间药效试验设计中降低试验误差的重要手段之一。试验重复间采用局部控制原则是指将整个试验地按自然环境条件的差异划分成 4 个小环境相对一致的局部控制区组（即每个重复为一个区组，田间药效试验通常重复为 4 次），每个区组内的土壤（如土质、地力等）、栽培（播栽期、株行距、生育阶段及长势等）和靶标生物（如数量、分布等）等自然环境条件基本均匀一致。再在每个局部控制区组内设置并随机排列每个重复的所有处理小区，即每个重复内所有试验小区的土壤、栽培和靶标生物等试验条件基本均匀一致，从而使上述环境条件和靶标生物等因素对各试验处理小区的影响达到最大程度的一致。

(五) 必须设立对照区及保护行

设置对照的目的主要有利于在田间对各处理进行观察比较及结果分析时作为衡量处理优劣的标准，同时还可以利用对照区掌握整个试验地的非试验条件的差异状况，用来估计和矫正田间试验误差，也是药效试验不可缺少的条件。对照区有两种，一是不施药的空白作对照区，二是以标准药剂（即防治某种病虫害有效的药剂）作对照区，前者有可能给生产上造成一定的损失，一般可缩小面积，但这种对照区很重要，尤其当病虫害发生较轻时，为了判断虫口密度的减少原因，检验试验药剂的药效，空白对照就很有必要。在条件许可时，两种对照都设立，则结果更为科学和可靠。

在试验地周围设置保护行（guarding row）的作用首先是保护试验材料不受外来因素（如人、畜等的践踏和损害）的影响；其次防止靠近试验田四周的小区受到空旷地的特殊环境影响（即边际效应），使处理间能有正确的比较。

保护行的数目视作物而定，如禾谷类作物一般至少应种植 4 行以上的保护行。小区与小区之间一般连接种植，不设保护行。重复之间不必设置保护行，如有需要，亦可种 2~3 行。

保护行种植的品种，可用对照种，最好用比供试品种略为早熟的品种，以便在成熟时提前收割，既可避免与试验小区发生混杂，亦能减少鸟类等对试验小区作物的危害，以便于试验小区作物的收获。

采用以上几个原则而做出的大田药效试验设计，配合应用适当的统计分析，既能准确地估计试验处理效应，又能获得无偏的、最小的试验误差估计，因而对于所要进行的各处理间的比较能做出可靠的结论。

(六) 标准化的施药方法

1. 标准化的施药方法 标准化的施药方法是用药防治农田病虫草等有害生物的一项关键技术，也是药效试验和农药科学使用的一个重要环节。农作物、病虫草等有害生物及其他靶标物不仅种类繁多，而且形态、结构各异；各种有害生物危害的部位也不一样；用于农作物上防治靶标有害生物的有效药量通常很少；而农药的理化性状、剂型、作用特点、作用机理及施药后在各种农田中的穿透、黏着和分布行为也各不相同。因此必须根据供试药剂的作用机理、作用特点和剂型、有害生物的生物学特性及发生规律、农作物和其他靶标物的形态结构特征，选用适宜的、标准化的施药方法，才能把少量的农药均匀喷撒到农作物和其他靶标物上，以确保获得对有害生物理想的防治效果和对有益生物及生态环境的安全性。

田间药效试验的施药方式必须与该药剂未来推广使用中所采用的施药方式相同。农药的田间使用方法以喷雾法、飘移喷雾法、颗粒撒施法、喷粉法等应用最广泛。此外，还有土壤施药法、拌种法、种子包衣法、浸种法、浸苗法、撒毒土法、泼浇法、洒滴法、浇灌法、毒饵法、熏蒸法、熏烟法、超低容量法、静电喷雾法、飞机施药法、涂抹法、包扎法、注射法等。

除草剂田间药效试验一般采用喷雾方式施药，在水田也可采用撒毒土、泼浇、洒滴等方式施药。选用标准通用带扇形喷头的喷雾器施药。施药前要调试好喷雾器，不得有跑冒滴漏现象。药剂使用剂量以单位面积有效成分（g/hm^2）表示，用水量以 L/hm^2 表示。可根据试验药剂的作用方式、喷雾器类型，并结合当地实践确定用水量。根据药液流量、有效喷幅和步速准确计算喷液量。喷雾时要保持喷雾器恒压和步速均匀，无重喷和漏喷现象。

$$喷液量（mL/hm^2）= \frac{药液流速（mL/min）\times 10\,000}{步速（m/min）\times 有效喷幅（m）}$$

除草剂施药方法采用行间定向喷雾法，根据杂草株高调节喷头高度（常规须将喷头降低至 20cm 以下），必要时加保护设施（保护罩、保护板等）。选用标准通用带扇形喷头的喷雾器施药。使药液全部均匀分布到作物行间的杂草上。记录影响药效的各种因素，如机具工作压力、喷头类型、喷杆高度等以及任何造成剂量偏差超过 10% 的因素。行间施药在作物及杂草出苗后，以两者处于群落的不同高度时为宜。施药类型分为灭生性行间喷雾和选择性行间喷雾 2 种，其中灭生性行间喷雾是我国旱田行间喷雾的主要形式。灭生性行间喷雾含触杀及内吸传导性的除草剂，如玉米行间喷施百草枯、草甘膦等。以节省药量为目的，选择行间喷雾。根据杂草种类选择不同类型的除草剂品种。施药时记录作物和杂草的生育状况（叶龄、株高等）。

2. 施药剂量、时间和次数 除了标准化的施药方法外，选择适宜的施药时间和带标准喷头的施药药械、确定用药次数、保证足够的喷洒药液量及均匀喷施等都会对防治效果产生显著影响，也是标准化施药方法中不可缺少的组成部分。

根据药剂的效力和使用成本设计使用剂量，剂量设计需要有梯度，能够反映剂量与防治效果的相关性，一个典型的药效试验供试药剂一般设计 3 个使用剂量，涵盖防治效果范围为 60%～90%，以便得到田间使用的推荐用药剂量。对照药剂仅设计一个常用剂量。熏蒸剂、烟雾剂要记录棚室的体积及陆地面积，记录每平方米和每立方米药剂的剂量。

按照试验要求进行，记录施药次数和每次施药的日期及作物生育期。对于喷洒用杀菌剂，一般发病前或始现病斑时进行第一次施药，进一步施药视作物生长过程中病害发展情况及药剂的持效期来确定。种子处理剂和土壤处理剂往往仅需在播种前处理一次即可。

3. 防治其他病虫害的药剂资料要求　在试验过程中，如果发生其他有害生物的危害，并会干扰正在进行的试验，则应选择对试验药剂和试验对象无影响的其他药剂进行防治，并对所有的小区进行统一均匀处理，而且要与试验药剂和对照药剂分开使用，使各药剂间的相互干扰控制在最小范围内，记录施用这类药剂的准确信息。

4. 环境条件的利用和控制　温度、湿度、光照、雨水、风、土壤质地、土壤有机质含量等环境因素，直接影响供试靶标生物的生长发育和生理活动，也会明显影响供试药剂性能的发挥，从而影响药剂田间试验的药效。试验过程中要充分利用有利环境因素，控制不利因素，以真实反映供试药剂的药效。

以除草剂试验为例，气温高时，杂草吸收和输导除草剂的能力强，可提高药剂活性，药剂易在杂草作用部位发挥作用，但温度也不宜过高，否则雾滴易蒸发而使药效降低。空气湿度大时，杂草表面药液的干燥过程延缓，杂草叶面气孔开放，药剂易被吸收，药效得到提高。但湿度不宜过大，否则药液易滴落，降低药效。当光照较强时，杂草光合作用强，除草剂容易被杂草吸收，同时，强光照射可提高温度，容易使杂草产生药害。大风天气施药，会使药液飘移散失而影响药效，应选无风或微风天施药。另外，在干旱的环境条件下，沉积在土壤表面的药剂易被大风吹走散失而影响药效。若喷药后短时间内遇雨，则药液会被冲洗掉，从而降低药效或失效。因此茎叶处理药剂不宜在阴雨天或将要下雨时喷施。

一般黏性土壤有机质含量高，吸附除草剂量多，土壤处理时药效差，需使用较高的施药剂量。砂性土壤有机质含量低，吸附除草剂量少，土壤处理剂的药效易于发挥，可使用较低的施药剂量。但砂性土壤药液向下淋溶量较大，使用封闭型除草剂时易产生药害。此外，土壤有机质含量越高，土壤微生物种群分布越多，土壤微生物分解除草剂的作用越强，药效发挥越受到影响。当土壤有机质含量达到一定时，即使增加药量，也难以使其发挥药效。因此在试验中必须根据当地的土壤情况确定除草剂的用量。土壤含水量与土壤 pH 影响除草剂药效发挥。一般情况下，土壤含水量越大，溶解的药量越多。因此多数除草剂的药效随土壤含水量的增加而增加。土壤 pH 对除草剂活性有一定影响，当土壤 pH 在 5.5~7.5 时，大多数除草剂能很好地发挥作用。酸性或碱性土壤对除草剂影响较大，大多数磺酰脲类除草剂受土壤酸碱度影响很大，在酸性土壤中降解速度快，药效差；在碱性土壤中降解速度慢，药效好，但对后茬敏感作物易产生药害。

（七）试验结果的调查和药效计算方法

1. 调查取样方法确定原则　调查取样方法是田间药效试验中检查结果的一项关键技术。调查取样方法是否恰当，直接影响调查结果的正确性。在田间药效试验结果的调查中，由于人力、时间的限制，通常不可能将整个试验区的每块田、每个试验小区、所有植株或靶标物全部进行检查，而是在每个小区中取一小部分样本作为该小区总体（样本）的代表。这就要求调查取样的样本能代表该取样小区药效试验的客观实际，即取样要有代表性。在田间试验调查有害生物的数量或对作物的危害程度时通常采用随机取样，只有当田间各取样的调查单位都有同等的机会被抽取作为样本时，这样的随机取样才能使样本有代表性。因此药效调查应包括采用正确的取样方法、调查单位和足够的样本数量。

（1）取样方法　常用的取样方法有对角线五点取样法、棋盘式取样法、平行线取样法、

Z字形取样法等。正确的取样方法主要取决于有害生物种类及其被害作物在田间的分布型。常见病虫草的分布主要有随机分布型、核心分布型、嵌纹分布型。

①随机分布型：随机分布型通常是稀疏随机地分散分布于田间，即分布比较均匀。调查取样时，每一个体在取样单位出现的机会相同。通常可用对角线五点取样法、棋盘式取样方法等。调查取样时，取样的调查单位（即样点数）可少些；但每样点取样的样本数可大些，特别当有害生物种类及其被害作物在田间的分布数量偏低时。

②核心分布型：核心分布型属于一种不均匀的分布，即种群内的个体在田间分布呈多处小集团，形成大小及形状不同、向外放射性蔓延的核心。核心之间是随机的，而核心内通常是较密集的分布。调查取样以平行线取样法最好。调查取样时，取样的调查单位应多些，但取样的样本数要少些。

③嵌纹分布型：嵌纹分布型属不均衡分布，在田间形成很不均匀的疏密相间，多个核心互相接触呈嵌纹状分布。调查取样时个体于各取样点出现的机会不相等，因此在取样时应考虑样点的形状、大小、个数、位置，以兼顾分布的疏密。调查时可采用Z字形取样法，取样的样点数要多，而每样点的样本数要小些。

(2) 调查单位　每个样点（调查单位）如何调查统计，主要取决于调查统计用什么单位。调查统计单位随着靶标有害生物的种类、生长发育阶段、活动栖息方法的不同，以及作物种类不同而灵活运用。常用的调查单位为面积（如$1m^2$）、长度（如$1m$）、植株或叶片、果实、穗、体积（如$1m^3$）、质量（如$0.5kg$）、时间（如单位时间内采得虫数）、调查器械（如捕虫网、白瓷盘）等，采用各种不同的单位，都是为了使每样点的取样标准化。

(3) 样本数量　在杀菌剂田间试验的取样调查中，选点和取样数目因病害种类、作物生育期、环境条件不同而不同。具体可参照中华人民共和国国家标准《农药田间药效试验准则》（GB/T 17980—2004）中的规定进行取样调查。通常对于流行传播而分布均匀的病害（如麦类锈病），取样点数目可以少些，如五点取样；土传病害（如棉花枯萎病），取样点应多些。当地形、土壤肥力不一致时，应适当增加取样点如十点取样或更多点取样。对于在田间分布比较均匀的病害，一般按棋盘式、双对角线或单对角线等形式取样；对于在田间分布不均匀的病害可以适当增加样点数，或采用抽行式（即相隔若干行抽查一行）调查。此外，应避免在田边取样，一般应远离田边2m以上。取样单位一般以面积（用于调查密植作物）或长度（用于密植条播作物）为单位，也可以植株或植株的一定部位为单位进行调查。

2. 试验结果的调查设计和药效计算方法

(1) 杀虫剂试验结果的调查设计和药效计算方法　在杀虫剂田间试验中，通常在试验前调查施药前供试靶标害虫发生的基数，施药后根据供试药剂的特性（如持久性、内吸性等）调查供试药剂的速效性和持效性，速效性一般在药后1d、3d调查供试靶标害虫的死虫数或供试作物的受害株数（或受害蕾数、受害铃数等），而持效性通常在药后5d、7d、14d、21d等调查。根据调查结果，计算死亡率或受害株率（或受害蕾率、受害铃率等）、校正死亡率或校正受害株率（或校正受害蕾率、受害铃率等），计算方法见本书第二章。

(2) 杀菌剂试验结果的调查设计和药效计算方法　对杀菌剂的田间试验，通常在施药前进行病情基数调查，依据病害发展情况确定施药期间调查的时间和次数，最后一次调查通常是在第三次施药（最后一次施药）后7~14d进行，持效期长的药剂可以继续调查。

根据病害发生的特点，一般分为发病率调查和病情指数调查两类，下面对这两类病害的调查分别举例阐述。

例如玉米丝黑穗病病情调查,按照中华人民共和国国家标准《农药田间药效试验准则(二)第106部分:杀菌剂防治玉米丝黑穗病》(GB/T 17980.106—2004)中的规定,每小区调查除边行外所有植株,记录总株数和病株数,计算病株率,同时记录出苗时间和出苗率。计算病株率和防治效果公式为

$$病株率 = \frac{病株数}{调查总株数} \times 100\% \qquad (8-1)$$

$$防治效果 = \frac{空白对照区病株率 - 处理区病株率}{空白区病株率} \times 100\% \qquad (8-2)$$

再例如黄瓜白粉病病情调查,按照中华人民共和国国家标准《农药田间药效试验准则(一)杀菌剂防治黄瓜白粉病》(GB/T 17980.30—2000)中的规定进行分级和病情指数调查,每小区4点取样,每点2株,调查全株叶片,按照分级方法记录病情指数。分级方法:0级,无病斑;1级,病斑面积占整个叶面积的5%以下;3级,病斑面积占整个叶面积的6%~10%;5级,病斑面积占整个叶面积的11%~20%;7级,病斑面积占整个叶面积的21%~40%;9级,病斑面积占整个叶面积的40%以上。

药效计算公式见式(8-3)至式(8-5)。如果初始病情指数为0,防治效果使用式(8-4)计算;如初始病情指数不为0,则使用式(8-5)计算。

$$病情指数 = \frac{\sum(各级病叶数 \times 相对级数值)}{调查总叶数 \times 9} \times 100 \qquad (8-3)$$

$$防治效果 = \frac{空白对照区病情指数 - 药剂处理区病情指数}{空白对照区病情指数} \times 100\% \qquad (8-4)$$

$$防治效果 = \frac{对照区病情指数增长值 - 处理区病情指数增长值}{对照区病情指数增长值} \qquad (8-5)$$

式中,

对照区病情指数增长值 = 对照区药后病情指数 - 对照区药前病情指数

处理区病情指数增长值 = 处理区药后病情指数 - 处理区药前病情指数

(3)除草剂试验结果的调查设计和药效计算方法　在除草田间试验中,通常在药前调查供试杂草基数,施药后第一次调查,触杀型药剂在药后7~10d进行,内吸传导型药剂在药后10~15d进行。同时记载药剂对杂草的防治效果及对作物的药害情况。第二次调查,触杀型药剂在药后15~20d进行,内吸传导型药剂在药后20~40d进行。调查时注意将用药时已出土杂草与新出土杂草分别记载。第三次调查,在药后45~60d进行,调查残存杂草的株数及地上部分鲜物质量。第四次调查在收获前进行,调查残草量,作物测产。测产时,去掉两个边行,取中间行作物,风干后,测定千粒重,含水率应符合国家标准。

杂草调查分为绝对值调查法和目测调查法2种方法。新化合物药效筛选和大面积示范试验采用目测调查法即可,在特定因子试验等比较精确的试验中,则需要采用绝对值调查法。

①绝对值调查法:在各个试验小区内随机选点,调查各种杂草的株数及地上部分鲜物质量,计算杂草株防效及鲜物质量防治效果的方法。点的多少和每点面积的大小根据试验区面积和杂草分布而定,通常采取对角线方式定点,使尽量能够反映出田间杂草的实际情况,每点面积常为0.25~1m²。调查时常按禾本科和阔叶杂草2大类进行统计。试验过程中通常调查3~4次。记录点内杂草种群量,包括杂草种类、株数、株高、叶龄等。施药后分草种记

载点内残存杂草的株数，最后一次调查残存杂草的株数和鲜物质量。

$$杂草株防治效果 = \frac{空白对照区杂草株数 - 处理区杂草株数}{空白对照区杂草株数} \times 100\% \quad (8-6)$$

$$鲜物质量防治效果 = \frac{空白对照区杂草鲜物质量 - 处理区杂草鲜物质量}{空白对照区杂草鲜物质量} \times 100\% \quad (8-7)$$

若供试药剂无土壤封闭作用，则应依据空白对照区杂草出苗情况，校正防治效果。必要时，可用计算或测量杂草特殊器官（如分蘖数、分枝数、开花数）的指标。

② 目测调查法：目测法是以杂草种类组成、优势种、覆盖度等指标评价除草剂田间药效的方法。该方法具有劳动强度低、工作效率高的优点。调查人员使用这些分级标准前须进行训练。除草效果可直接应用，不需转换成估计值百分数的平均值，估计值调查法常以杂草盖度（即目测估计相当于空白对照区杂草的两个百分数间的某个范围，如 $0\% \sim 2.5\%$、$2.6\% \sim 5.0\%$ 等）为依据，包括杂草群落总体和单个杂草种群。一般采用 9 级分级法调查记载。

1 级：无草；
2 级：相当于空白对照区杂草的 $0\% \sim 2.5\%$；
3 级：相当于空白对照区杂草的 $2.6\% \sim 5\%$；
4 级：相当于空白对照区杂草的 $5.1\% \sim 10\%$；
5 级：相当于空白对照区杂草的 $10.1\% \sim 15\%$；
6 级：相当于空白对照区杂草的 $15.1\% \sim 25\%$；
7 级：相当于空白对照区杂草的 $25.1\% \sim 35\%$；
8 级：相当于空白对照区杂草的 $35.1\% \sim 67.5\%$；
9 级：相当于空白对照区杂草的 $67.6\% \sim 100\%$。

该方法快速简便，但使用分级的调查人员应事先进行训练，以减少系统误差。不管采用哪种调查方法，都要准确描述杂草受害症状（生长抑制、失绿、畸形等）、受害速度等。

3. 其他相关信息记录和分析

（1）气象和土壤资料　整个试验期间气象资料，应从试验地或最近的气象站获得。如降水量（降水类型和降水量，降水量以 mm 为单位）、温度（日平均温度、最高温度和最低温度，单位为℃）、风力、阴晴、光照、相对湿度等资料，特别是施药当日及前后 10d 的气象资料。整个试验时期影响试验结果的恶劣气候因素（如严重或长期干旱、大雨、冰雹等）均须记录。记载土壤 pH、土壤有机质含量及土壤肥力。

（2）对作物的直接影响　观察并记录药剂对作物有无药害，记录药害的类型和程度，将药剂处理区与空白对照区比较，评价其药害百分率。同时要准确描述作物的药害症状（矮化、退绿、畸形等）。

在除草剂药效田间试验中，行间喷雾的药剂，对作物的生育及产量性状影响较小。但由于降水、灌水等原因，除草剂仍会被作物根部吸收，或由于风等因素的影响，导致作物植株受害。为了提供详细的试验资料，须记录药剂对作物局部的损害程度，并进行测产。残效期长的药剂，要注意对后茬作物的观察。

此外，也要记录药剂对作物的其他有益影响（例如促进成熟、刺激生长等），对其他病虫害的影响，对野生生物、鱼类和昆虫天敌、传媒昆虫、有益微生物等非靶标生物的影响。

(3) 田间管理资料 记录整地、灌水、施肥等资料。

(八) 试验结果的统计分析

由于田间药效试验采用了正确的试验设计，因此可避免产生较大的试验误差，从而提高试验的精确度。然而对任何一个田间药效试验来说，其误差都是客观存在的。如果只注重田间小区排列等试验设计，而忽视运用统计分析，则仍然不能正确分辨其试验结果是偶然因素的作用还是供试药剂作用的必然规律。生物统计是在生物学指导下用概率为基础以描述偶然现象中隐藏着必然规律的一种科学分析方法。生物统计是试验设计的理论基础，药效试验的正确设计又可为统计分析提供所需的、标准化的统计资料。因此试验设计与统计分析有着极其密切的相互关系。如果在进行试验时根本就没有意识到应从统计观点来考虑合理的小区排列等试验设计，当试验资料得出后，仅进行简单比较所得出的结论往往是不符合客观规律的；而到这时再想进行统计分析那就晚了，因为试验资料不符合统计要求就无法运用统计分析。

田间试验设计的主要作用是降低试验误差，提高试验的精确度，使研究人员能从试验结果中获得无偏的处理平均值以及试验误差的估计量，进行正确而有效的比较。田间试验设计通常按照区组排列方式可分为对比法设计、随机区组设计（又称为随机排列设计）、拉丁方设计及裂区设计等。不同的区组排列方式设计应采用不同的试验统计分析方法。农药田间小区药效试验通常采用单因子的随机区组设计，其试验数据采用邓肯氏多重比较法（Duncan's multiple range test，DMRT）进行统计分析，将调查的原始数据进行整理列表，输入 DPS 数据处理系统的单因子随机区组设计的统计软件，对供试药剂不同处理对病虫草等靶标生物的防治效果进行显著性测验，以便对田间药效试验的结果做正确评价。

五、大区试验和大面积示范

由小区试验至大区试验和大面积试验示范，田间试验用地范围逐渐扩大，而试验项目则逐渐由繁至简。试验设计与农业生产实际的结合也更为密切，对生产防治的指导作用更为具体。

通常，在小区试验得到初步结论的基础上进行大区试验，大区试验处理项目较少，主要是为了证实小区试验的真实性而扩大试验面积进行的重复试验。大面积示范试验是农药产品取得临时登记后，采用小区试验和大区试验所得的最佳使用剂量、最适的施药时间和方法等而进行的生产性验证试验，为今后大面积推广提供依据。

另外，田间试验还应包括对作物的安全性试验（药害试验）、产量增产试验和对天敌等有益生物的影响试验等。

第三节 其他农药田间药效试验设计

其他农药的田间药效试验类型与杀虫剂、杀菌剂、除草剂一样，主要包括：新农药品种登记所需的大田药效试验，为其推广应用中科学用药的使用技术如施药时间、剂量（或浓度）、方法、持效期、对作物及非靶标生物的安全性等提供依据；不同农药剂型登记所需的田间药效试验，为剂型的加工、大田应用效果评价和使用技术提供依据；复配制剂登记所需的大田药效试验，为效果评价和使用技术提供依据；不同作物上扩大应用范围所需的大田药效试验等。为了科学地评价供试药剂的药效、使用技术、安全性等，就必须对田间药效试验进行合理的试验设计。本节简要介绍植物生长调节剂、杀线虫剂、杀鼠剂及杀软体动物剂等其他农药的田间药效试验设计。

一、植物生长调节剂田间药效试验设计

植物生长调节剂种类繁多，其结构、生理效应和用途各异。植物生长剂的应用范围已涉及矮化防倒、促进生长发育、促进细胞分裂、促进乙烯释放、抑制生长素传导、延缓生长及抑制生长等，生长调节剂的广泛应用已成为农作物化学控制的重要手段。

生长调节剂田间药效试验（field trial of plant growth regulator）是指在自然生产条件下进行的、以综合评价生长调节剂对农作物化学控制的效果和使用价值为目的的田间试验。田间试验结果反映了生长调节剂本身（如药剂品种、剂型、施药时间、剂量或浓度、施药方法等）、农作物（种类、品种、生育期等）和环境条件3方面综合作用的效果。因此试验结果可对生长调节剂的化学控制效果、使用技术和作物安全性做客观评价，并对其在农业生产中的推广应用具有重要的指导意义。

前文已述，田间药效试验通常可分为小区药效试验、大区药效试验和大面积示范试验。一般经室内测定证明具有良好的生物活性后先进行小区试验，获得好的试验结果后再进行大区试验，在广泛推广应用之前，通常还要进行大面积示范试验，以便进一步验证和补充小区试验和大区试验的结果。这里简要介绍小区药效试验。

（一）植物生长调节剂田间药效试验设计原则

田间药效试验是在大田自然环境条件下测定和评价某种植物生长调节剂对某种农作物化学调控的实际效果，但由于生长调节剂种类繁多，生理效应和用途各不相同，自然生产条件下的农作物大田、作物及环境条件较难控制等原因，增加了试验的复杂性和难度。因此在试验方案的设计、试验地和作物品种的选择、环境条件的要求、标准化的施药方法、取样及数据调查等方面须遵循相关原则和要求。

1. 按照试验目的，明确重点试验内容 确定试验内容时，既要考虑药剂本身对植物的作用机理和适用范围，又要考虑作物对药剂的适应性和适用时期，还要了解该种作物在生长发育过程中需要外源化合物调控的目的。充分了解药剂、作物和环境三者之间的关系，才能明确植物生长调节剂田间试验的重点内容。

对于新研制的植物生长调节剂，要根据药剂的化学结构、理化性质，参照化学结构类似的调节剂，分析推测其可能的调节功能，从而明确重点试验内容。

2. 重视供试作物的代表性 在一般情况下，根据化学调控的目的，选择的供试作物田块在当地农业生态区要有代表性的，即供试作物田块要与当地大面积的栽培条件（如选择当地常规品种、播种期、播种量、播深和行距等）保持一致。同时，还要注重试验田的土壤类型、肥力水平、地形地貌、排灌设施等应符合当地农业生产的实际情况。只有在接近大田生产条件下开展调控试验，其试验结果才能应用于农业生产。试验必须在不同生态区至少进行两年。

应避免选择前茬使用残效期过长的除草剂及植物生长调节剂的地块。在进行多效唑、矮壮素、缩节胺等药剂抗倒伏效果的试验时应选择大播量及高水肥有倒伏的地块进行试验。

3. 严格制定试验方案 在开展调控试验时，首先要从制订周密的试验方案着手，合理设计药剂处理、重复次数、小区面积、处理部位、施药方法等，在试验实施过程中，严格执行试验方案，实施规范化操作，按照试验精度要求，正确掌握抽样单位和样本数目，原始调查记载数据要存档。

4. 保证试验的安全性 鉴于植物生长调节剂对供试农作物起化学调控的作用，因此植物生长调节剂田间试验中证实对供试作物的安全性是大田试验的一项重要内容，同时还要明确该药剂在推广应用时对其他作物和环境的安全性。

对于异地已经取得试验结果的生长调节剂来说，在药剂处理中，应增加高浓度试验对作物的调控程度和作物的药害反应。对于新的生长调节剂，在开展大区试验前，一定要测定药剂对该作物的安全性，明确药剂对作物的敏感程度，再进行调控效果试验，从而得出安全有效的试验结果。

除此之外，还要考虑植物生长调节剂对试验作物、品种选择、环境条件、施药方法、药害特征、对非靶标作物的影响，如产品质量和产量影响等方面。

（二）植物生长调节剂田间药效试验设计

1. 田间药效试验设计 试验设计除设置药剂品种、浓度、施药时期和施药方法等处理外，还必须设置重复，一般每处理为4次重复，小区面积为 $20\sim50m^2$，小区采用随机区组设计。试验应设不施药的空白对照和药剂对照。试验地周围设置保护行，要控制试验精度，减少误差，根据试验要求，正确选择单因子试验、复因子试验和多因子试验方案。

田间试验须安排在当地农作物种植生态区具有代表性的田块。确认试验目的和试验作物后，保持供试作物的栽培与当地生产情况的一致性，试验地的环境条件（土壤、气候和农业栽培措施）要有较为广泛的代表性。所有试验小区的栽培条件（土壤类型、水肥、播栽期、生育阶段、株行距）须均匀一致，排灌便利等。

不同类型的试验作物，试验设计略有不同。

（1）大田作物的田间药效试验设计　水稻、大麦、小麦、玉米、甘薯、棉花等植物生长调节剂的田间药效试验的田块应该土地平坦，田块方正，有利于试验排列，还要考虑田块中土壤肥力平衡，排灌水方便。小区可采用随机区组设计或拉丁方设计。

药剂处理设置时，待测药剂通常设低、中（常量）、高3个剂量进行试验。除设有不同使用剂量或浓度和不同施药时间外，每一次试验都要设置空白对照和生产上已登记注册的、常用调节剂（剂型和作用应与待测药剂相近）的对照。小区试验的重复处理一般至少4次，大区试验可按生态区进行。试验面积重复小区一般不小于 $20m^2$，大区在 $330m^2$ 以上。为了保证样方小气候环境的一致性，试验田周围要设保护行。对于喷施调节剂的试验，有条件时可在各小区间设立隔离保护区，或在喷药时用薄膜隔离，避免处理间相互干扰。

（2）果树的田间药效试验设计　柑橘、苹果、梨、桃、杨梅等果树开展植物生长调节剂的试验田尽可能选择土地平坦、肥力相同、树龄长势一致的果园。果树的试验设计与大田作物有所不同，对于土壤肥力基本一致，面积较大的幼龄果园，可采用随机区组设计或拉丁方设计。各处理重复4次，小区按果树株数确定，一般每个小区3~5株；若按面积划分，小区面积宜在 $20\sim50m^2$。

对于种植分散、树体高大的成龄果园，难以用随机区组设计或拉丁方设计时，或对于果树保花保果、疏花疏果和抑制新梢生长等试验，可采用单株局部处理方法，即将各种药剂处理（包括对照）设计在同一树体不同枝杈（条）上，以浸、蘸、点涂等方法施药。

单株分枝处理的重复宜多不宜少，一般均要重复10株以上，这是提高试验精度的关键。各处理在树体四周的分布，应随机排列，避免光照等环境因素所带来的误差。同时，试验时还要防止处理间相互干扰。单株分枝处理，除处理株设对照外，还应设置空白对照单株。

（3）花卉苗木的田间药效试验设计　盆栽花卉、苗床花木开展植物生长调节剂试验时，与大田作物和果园又有较大的差异。试验时要选择生长基本一致的盆栽花卉和苗床地，试验设计可采用随机区组或拉丁方设计。各处理重复4次以上，小区面积为$10\sim20m^2$，或每小区盆栽花卉5～10株。苗床地花卉在施用调节剂时要注意隔离处理，防止药液飘移而影响试验准确性。盆栽苗花卉处理时，以移动方式集中喷药，施药后各处理放于同一环境中。为了提高试验精度，减少误差，不论是哪一种试验设计，要尽可能增加重复次数。

在整个试验过程中，要做好系统田间试验记载，特别是试验地基本情况（如药剂处理、小区排列方式及田间试验分布图），系统记载播种期、出苗期、出苗率、抽穗期、开花期、收获期等与试验内容有关的项目，并记录灌溉的方法、时间和水量。加强田间管理促使农作物健壮均匀生长。在药效调查时，要事先列出表格，在调查时将各个样本中的基本数据做好记录，有利于开展统计分析。对田间试验的原始资料要合订汇总归档，妥善保管。

2. 施药方式　在开展植物生长调节剂田间药效试验时，各种药剂的施药方法要根据作物种类和调控目的确定。为了保证试验的准确性，各种施药处理都有不同的要求。

（1）大田喷雾法　植物生长调节剂在田间试验时对喷雾处理有一定的要求。首先，喷雾施药要选择晴天无风时进行，大风大雨天气会影响试验结果；其次，在喷雾时要喷洒均匀，避免雾滴飘移到其他试验小区，一般可在下风处用薄膜隔离；其三，在各种药剂处理时，配药器皿要清洗干净，避免药剂间相互干扰，影响试验结果。对同一药剂不同浓度处理时，要先配高浓度，再配低浓度，而在喷雾时则要先喷低浓度，再喷高浓度。对选择性强、用药量少的调节剂（如2,4-D等）应设专用喷洒器具。

（2）种子处理法　开展种子处理试验，其目的是促进种子发芽和促进根系生长。为了提高试验精度，要求选择发芽整齐、发芽率较高的种子作为供试材料，在浸种处理时，要保持足够的药液水层，以免种子吸水膨胀后外露。在拌种处理时，药剂与种子要充分搅拌均匀。在药剂处理之后，各种作物的种子按发芽试验要求放入恒温箱中保湿培养。

（3）插条处理法　开展果树、花卉苗木插条促根试验，首先要掌握适宜的季节，一般在春季开展试验较为适宜。其次，要选择粗细、长短适宜，且芽苞饱满、生长健壮的插条，以利提高促根试验的成功率。经过植物生长调节剂浸蘸的插条，上端切口要用蜡涂封，并扦插在经过消毒处理的苗床中，保证适宜的温度和湿度条件，促进根的生长。

（4）果树局部处理法　果树使用植物生长调节剂主要以局部处理为主，减少处理间因树体生长不一致而产生的差异。在局部处理时，对树冠不大的果树，药剂处理数不宜过多，尽量采用点涂、浸果等方法。对于树冠较大的树体，可采取局部喷雾法，但要选择无风天气，采用定向高容量喷雾，喷头向树冠外喷洒，减少处理间的相互干扰。

3. 试验结果调查和药效统计方法　在试验结果调查中，调查时间、观察内容、抽样数目等均直接反映出试验的正确程度。

（1）调查时间和调查次数　植物生长调节剂试验调查时间和调查次数要根据试验药剂应用作物的目的确定。一般对于保花保果和疏花疏果等试验，在试验处理前必须调查花序数，施药后调查落花数和坐果数，调查次数一般在3次以上。对于一些促进根、芽、新梢生长和控制植株徒长等试验，可在根、芽、新梢等生长稳定期调查，在作物收获期还要调查经济性状。任何一项调控试验，调查时间和调查次数的确定应取决于下列因素。

①调查数据完整性：如在开展柑橘保花保果试验时，根据柑橘有落花和3次落果（即2次小果期落果和1次采前落果）的特性，若试验是针对早期落果的，调查时间应确定在施药前和落花、第一次落果及第二次落果稳定期进行；如果需要考查增产效果的，在收获期还要调查坐果数和单果重，测算单株果重。

②调查时间的及时性：无论开展哪一项调控试验，都要在调控效果表现最佳的时期进行调查，如促进种子发芽试验，一般在药剂处理后7d调查；而多效唑控制水稻秧苗徒长试验，应掌握在药后20～30d调查。

③抽样调查的必要性：任何一项试验，并不是调查次数越多越好，在相同状态下反复调查，只能增加工作量，给试验数据调查统计带来复杂性。

(2) 调查方式和抽样数量　对面积小、处理植株少的试验，可开展全面调查，以明确各处理间的实际情况。但全面调查工作量大，难实施，可采取抽样调查方式。

适合于调控试验的抽样调查方式，有简单随机抽样、规则抽样两种。简单随机抽样是从调查范围内随机抽取样本。规则抽样又称系统抽样或等距抽样，首先随机决定一个抽样单位，再每隔一定距离或作物植株数目抽取第二个样本。规则抽样对控制调控试验人为主观抽样有较大作用，抽样单位在小区处理面积中分布应较为均匀，有较强的代表性。

抽样方式确定之后，要保证抽取样本统计数能代表试验小区中的总体参数，减少样本与总体间的误差程度。在一般情况下，抽样数目多，误差相应减少，但抽样过多，工作量大，因而合理确定抽样数目至关重要。

根据抽样数目的多少，样本容量有大小之分。一般把抽样数目达30个以上的称为大样本，30个以下的称为小样本。开展药效调查的样本数目宜在30个以上，而对于种子发芽率试验，样本数量应在50～100个。在生产实际中，田间有以丛、棵等为单位的作物，在一丛中有数个单株，在调查时可采取以丛、棵为调查点数，以每丛、棵中的株数、枝数为基本调查单位。

(3) 植物生长调节剂试验效果的计算　植物生长调节剂试验结果统计方法，是根据试验目的来确定的。根据调控试验的主要用途，统计方法包括下列几个方面。

①种子发芽率：对于促进种子发芽的生长调节剂试验，主要观察发芽势、发芽率、芽长和根系生长情况。取样单位以单粒种子为基本单位，发芽率计算则根据培养皿中发芽数和种子总数求得。

$$种子发芽率 = \frac{发芽种子数}{供试种子总数} \times 100\% \qquad (8-8)$$

②插条发根率：对于插条促根试验，调查单位以单株插条为基本单位。可调查单枝插条根数，计算插条发根率、根长生长率和根粗增长率及扦插后的成株率。

$$插条发根率 = \frac{发根插条数（成株数）}{插条总数} \times 100\% \qquad (8-9)$$

$$根长生长率 = \frac{处理组平均根长 - 对照组平均根长}{对照组平均根长} \times 100\% \qquad (8-10)$$

$$根粗增长率 = \frac{处理组平均根粗 - 对照组平均根粗}{对照组平均根粗} \times 100\% \qquad (8-11)$$

③坐果率调查：对于保花保果和疏花疏果的试验，主要观察花序数、结果数以及非正常果数等内容。取样单位以单株（番茄、茄子、棉花等）和单枝（柑橘、苹果、杨梅等）为基本单位。

④新梢萌发率调查：对于促进果树新梢萌发或控制新梢萌发生长的试验，主要观察新梢萌发率、新梢长度和单枝新梢萌发株数等内容。取样单位以枝为单位。

⑤作物产量调查：产量调查（即测产）是开展植物生长调节剂调控试验的重要内容，这是检验植物生长调节技术的一项关键指标。一般对稻、麦等作物主要观察有效穗、结实率、每穗粒数、千粒重等；对大豆、花生等作物调查单位面积株数、每株结荚数、着果数和百粒重；对棉花调查单位面积株数、每株铃数、百铃重、衣分、纤维长度等；对蔬菜调查单位面积株数、每株鲜物质量等。对上述数据调查后，可计算理论产量。对需要获得实产的试验，要按各小区面积单收、单打，分别晒干称量。

⑥植株营养测定：在植物生长调节剂试验中，有些内容难以用直观测定获取数据，如甘蔗和西瓜增糖试验、果树改善品质试验等，需要用化学分析方法测定植物和果实的营养成分，调查内容主要是供试作物的果品，在取样时要取典型样品进行化学分析。

4. 植物生长调节剂试验的结果分析 统计分析是开展植物生长调节剂试验评价必不可少的手段和环节。由于田间试验的观察内容较为复杂，其统计的方法也较多。在所有的统计分析方法中，单因素方差分析和复因素方差分析应用较多，计算方法也较简便。

（1）试验数据的类型和统计转换 在开展植物生长调节剂调控试验的调查数据中，可出现3类数据：二元数据（如发芽率、出苗率、坐果率等出现发生和不发生事件，常以数据1和0表示）、分级数据（将调控程度以分级记载）和数量数据（如在调查过程中所获得植株高度、叶片长度、测产量等均属于这一类型）。在统计分析中主要采用数量属性的数据。

数量数据可分为离散型数据和连续型数据两大类。离散型数据也称为间断性变数，是指用计数方法获得的数据，其各个观察值都以整数表示，如发芽株数、萌梢枝数等。连续型数据也称为连续性变数，是指由称量、度量或测量等方法获得的数据，其各个观察值并不限于整数，在两个相邻数值间可以有微量差异存在，如测量株高、叶长和产量时，往往有小数点以下的数据存在。

由于数据类型不同，统计分析方法也不一样，特别是在进行方差分析等统计分析时，对于二元数据所得到的发芽率、出苗率、坐果率等百分比数据和对于一些极差很大的离散型数据，需要通过数据转换，使其符合正态分布后才能开展统计分析。数据转换方法有下列几种。

①角度转换：对于发芽率、坐果率等百分比（％）数据，当概率（P）在30％～70％时，可不转换，而在概率$P<30\%$或$P>70\%$时，可以用反正弦转换，再进行方差分析。

②平方根转换：对于概率（P）极小的百分比数据，当变动范围和平均数之间成正比例时，可用平方根转换，即$\sqrt{x}$。如果有0出现的一组数据，可用$\sqrt{x+0.5}$公式来转换。

③对数转换：对于调查每个小区中的出苗株数，各小区间高限与低限差距悬殊时，说明小区内分布类型属聚集分布，应将其数据转换成对数值$\lg x$。在数据中有0值时，可用$\lg(x+1)$转换。

（2）单因素试验的方差分析 单因素试验只研究处理间的差异，不考虑小区重复间的差异。在开展方差分析时，不服从正态分布的百分率或离散型数据，需做统计转换。

二、杀线虫剂田间药效试验设计

杀线虫剂田间药效试验（field trial of nematocide）是在田间自然条件下测定杀线虫剂效力的农药田间药效试验，是经过室内活性试验的杀线虫剂能否最终转向实际应用的一项极为重要的评价试验。其内容主要有：新杀线虫剂品种药效评价和使用技术（如施药的剂量、次数、时间、方式等）试验、杀线虫剂加工剂型的药效比较试验、杀线虫剂对作物安全性和其他环境生物影响的试验等。

（一）杀线虫剂田间药效试验设计原则

杀线虫剂田间药效试验设计原则，在突出重点试验内容、试验设计和调查中应综合考虑的因素、试验对象和田块选择、作物品种选择、试验条件的代表性、规范化试验设计、标准化试验方法等试验设计的原则方面，基本同杀菌剂田间药效试验设计原则（见本章第二节）。

（二）杀线虫剂田间药效试验设计

1. 试验条件 选择线虫分布较均匀、中等偏重发生的连作田块，试验小区的栽培条件（如土壤、类型、肥力、作物生育期和株行距等）应尽可能一致，农事操作要和当地的农业栽培实践相近或相同，如需灌溉应记录灌溉的方法、时间和水量，试验应在具有不同环境条件的地区和不同季节进行。试验中应从离试验点最近的气象站或最好在试验地获得降水量和温度的资料，以及影响试验结果的恶劣气候因素以及土壤的pH、类型、有机质含量、水分和覆盖物等数据。

2. 试验设计 各试验小区应采用随机区组设计，也可用对比法、拉丁方法和裂区法等。供试药剂一般不少于3个剂量，特殊情况应予说明。小区面积为15~50m^2，成龄果树不少于2株，重复4次。样方的四周及小区之间应设保护行，以避免外来因素的影响。

3. 施药方法 供试药剂应注明通用名、商品名、剂型、含量，对照药剂应是已登记的、实践证明有较好药效的产品。一般要求对照药剂的类型和作用方式接近于供试药剂，但特殊试验可视目的而定。施药的时期、方法、次数要严格按照杀线虫剂的种类、性能、作物以及从线虫危害特点考虑。施药时要严格遵守操作规程，做好防护措施，以保证人畜安全。剂量可以以每公顷用药的质量或体积为单位（kg/hm^2或L/hm^2），也可以用每公顷有效成分的质量（g/hm^2）或百分浓度（%）为单位。在试验过程中，如果要使用其他药剂，应对所有的试验小区进行均一处理，且要与试验药剂和对照药剂分开使用，使这些药剂的干扰因素保持在最低程度，并给出这类施药的准确数据。

4. 测定目的 测定目的包括对靶标线虫的防治效果和对作物影响两方面。

（1）对靶标线虫的防治效果调查 施药前调查土壤或根系中病原线虫的数量，施药后定期调查土壤及根系中病原线虫的消长。调查时间根据药剂的性能及作物生长特点确定，一般生长期较长的作物每隔1~2个月调查一次，生长期较短的作物每隔15~30d调查一次。定期调查作物的发病率及病情指数（计算方法同杀菌剂药效试验），调查时期和次数决定于作物的生长期长短以及病害发展情况，一般调查次数不少于3次。

（2）杀线虫剂对作物影响的调查 杀线虫剂对作物影响的调查内容包括药剂对种子发芽的影响（出苗期和出苗率）、对作物生长发育的影响（植株高、矮、粗、细、色泽、产量等）。作物安全性调查、对其他环境生物的影响调查。

5. 测定方法 测定方法包括采取方法、分离方法和分析方法。

(1) 取样方法 定点、定量、定深度进行取样,每小区取样不少于5点。取样后将土壤或根系混合均匀,土壤取100~200g,根系取10~20g进行分离,计算病原线虫的数量。

(2) 分离方法 根据线虫不同种类,可采用浅盆法、漏斗法、离心法、漂浮法等。每次分离所采用的方法、分离样品的数量以及分离的时间要求一致,分离时的温度条件也尽可能做到一致。

(3) 分析方法 用邓肯氏新复极差(DMRT)法对试验数据进行统计分析,特殊情况用相应的生物统计学方法。撰写正式试验报告并对试验结果加以分析和综合评价。试验报告应列出原始数据。

三、杀鼠剂田间药效试验设计

杀鼠剂田间药效试验(field trial of rodenticide)是在鼠类生活的现场测定杀鼠剂灭鼠效果的农药药效试验,对药剂的潜在应用价值、在实际应用中可能产生的问题及副作用做客观评价。试验现场主要根据靶鼠种类而定,既可是农田、牧场和林区,也可在居民点内。

(一) 杀鼠剂田间药效试验设计原则

1. 试验样方选择及保护带设置要求 药效样方适宜设在计划推广此药和使用方法的地区或条件相同的地区;样方内主要靶标鼠的鼠种相同、密度较高而且分布比较均匀;同时,近期内鼠间无疫病流行,未进行灭鼠。

对家栖鼠类(commensal rodent)的样方设在村落、城市居民区或特殊行业单位进行。但试验条件力求一致或相近,可选择住宅、厂房、仓库等。对照区试验条件应与试验区相同或相近。一般以街道作为样方边界和保护带,以减少甚至防止样方外鼠类的干扰。

农田害鼠主要在隆起处栖息,故样方应设在田埂、渠埂上,亦应有保护带。在草原、荒漠、林区等处,样方可按地形划分,以土堆或小旗等为边界标记,四周为保护带。保护带与样方按相同方法处理,但不进行结果调查。如样方以裸岩、河流、流动沙丘等灭鼠区为边界,则不需保护带。各样方保护带的宽度均应超过主要靶标鼠的日活动半径。

2. 试验前优势鼠种类和鼠密度调查要求 无论是在居民区还是在野外,样方的大小均取决于栖息其中的鼠数。试验前应调查优势鼠种类和鼠密度。通常,用捕鼠法调查,每个样方以能捕到30只以上的靶标鼠为宜。若用查洞法,每个样方应有100个以上的掘开洞口。若用粉迹法,以300块粉块计,阳性率应≥20%(或每个样方阳性粉区数应超过60块)。

3. 对照设置要求 每批试验均应设空白对照,以校正非药剂处理因素致死所引起的误差。有时还需设常用药剂处理对照,以常规方法灭鼠作为评价所用方法的标准。同时,为避免样方的干扰,各样方的操作应同时进行,以减少气象等因素的影响。如果试验分批进行,每批均应设空白对照,而处理对照则酌情确定。

(二) 杀鼠剂田间药效试验设计

1. 试验步骤设计 药效试验步骤通常包括投药前和投药后的两次靶标鼠数量调查和期间的投药。由于很难捕尽试验区内的全部靶标鼠得到真正鼠数,故试验时的"鼠数"常为相对数,如掘开洞数、洞密度、捕获率、粉迹阳性率等。完成投药前的鼠数调查后,投药灭鼠(空白样方投无毒诱饵或不做处理),待鼠药充分发挥作用后,再用相同的方法进行投药后的鼠数调查。通常急性杀鼠剂于投饵后7d、抗凝血杀鼠剂于投饵后21d调查鼠密度,根据试验区和对照区投饵前后鼠密度的变化进行校正,计算校正灭鼠效率。

在野外试验时，若调查鼠数或投药的第一天遇大雨、大雪等，应停工顺延，但连续后延 3d 以上应重新开始。以捕鼠法调查鼠数的试验，重新试验时需更换已捕鼠的样方。

2. 试验效果调查和统计方法　比较同一样方内投药前后的鼠数，即可算出药效。由于不同鼠种的生态特点和栖息环境不同，数量调查方法也应不同。有的调查方法对鼠的活动甚至数量有影响（如捕鼠），需设对照样方进行校正。

（1）查洞法　查洞法适于洞穴明显易认，且鼠数与其栖息洞数的相关性较稳定的鼠种，如达乌尔黄鼠（*Citellus dauricus*）、长爪沙鼠（*Meriones unguiculatus*）等。以堵洞后 24h 内重新被掘开者计入掘开洞数。

（2）毒饵试验法　急性杀鼠剂在投放前，先用对照饵料进行前饵投放，3d 后 1 次性投放毒饵（在防治家栖鼠类药效试验时，毒饵投放为室内每 15m² 投放 3～5 堆，每堆 10～15g，毒饵放入专用容器内；室外每 5～10m 投放 1 堆，每堆 10～15g。毒饵投放在鼠类活动、隐匿场所），标记并计数。抗凝血杀鼠剂直接投放毒饵，连续投放 5d，同时检查毒饵摄食情况并及时补充，吃完加倍补放。投毒期满，待毒饵充分发挥作用后，堵上洞口，并统计新掘开洞口数。设空白样方投药前和投药后的掘开洞数分别为 A 和 B，样方相应为 C 和 D，则样方的校正灭鼠效果 E 为

$$E = \frac{C \times \frac{B}{A} - D}{C \times \frac{B}{A}} \times 100\% = \frac{BC - AD}{BC} \times 100\% \qquad (8-12)$$

同批试验的药效差别，可作百分率比较中的 t 测验，亦可作 χ^2 测验。样品个体数（n）等于 CB/A。

（3）毒气试验法　样方在全面堵洞 24h 后，于掘开洞内投药并堵洞（空白对照只堵洞），再过 24h，统计再次掘开洞数。计算同毒饵试验法，即用式（8-12）计算。

（4）捕鼠法　捕鼠法适用于夜间活动或鼠洞不易找到的鼠类。在居民区内，每间房放鼠夹 1 个；在野外，沿一定生境或地形，按直线、折线以及田埂、堤坝等每 5m 放鼠夹 1 个。若平行布放鼠夹列，列间距离应超过 50m。鼠夹在傍晚布放，清晨收回，每 100 夹次实际捕获的鼠数为捕获率，即鼠密度。夹上诱饵可用花生米、油饼、甘薯干等，但投药前后的诱饵应一致。

①一次捕打法：此法在鼠密度较低时适用。只在投药灭鼠后捕鼠一次，以空白样方的鼠密度代表投药样方的原始密度或投药前密度。试验时分别在划定样方内投药灭鼠，待毒充分发挥作用后，处理和空白对照样方捕鼠方法相同。若空白对照样方布夹 A 个，获鼠 B 只，投药样方布夹 C 个，获鼠 D 只，仍按式（8-12）计算灭鼠效果。

对于达乌尔黄鼠、长爪沙鼠等洞穴明显的鼠类在进行试验时，全面堵洞，根据 24h 后新掘开洞口数的情况划分样方。投药样方灭鼠，空白对照不做处理，灭鼠措施充分生效后，投药和空白处理样方均于清晨堵洞、计数。24h 后，所有样方的掘开洞口均应在清晨布放弓形夹，每 2h 巡视一次，取下捕获鼠并重新支好，至傍晚为止。计算校正灭鼠率。

对于布氏田鼠等洞群明显可分、且每个洞群鼠数比较稳定的鼠类，可在投药灭鼠后，于各样方的掘开洞口挖槽布放板夹。以空白对照样方的洞群鼠密度（捕获鼠数/洞群数）A 作为投药灭鼠前密度，试验样方的洞群鼠密度 B 作为投药灭鼠后密度，计算灭鼠效果。

②两次捕打法：此法在鼠密度较高时适用。灭鼠前后，各样方均用相同方法捕鼠一次。

设投药前和投药后空白样方的捕获率分别为 A 和 B，投药样方为 C 和 D，计算灭鼠率。

(5) **查迹法** 查迹法适用于家栖鼠类，不需设空白对照。调查时，每间房于傍晚用滑石粉紧贴墙根撒 20cm×20cm 的粉区两块（互相离开 1m 以上），翌晨检查，有足印、尾痕等定为阳性。由总数和阳性数计算阳性率，根据投药灭鼠前的阳性率（A）和灭鼠后的阳性率（B）按式（8-13）计算灭鼠效果。

$$灭鼠效果 = \frac{灭鼠前的阳性率（A）- 灭鼠后的阳性率（B）}{灭鼠前的阳性率（A）} \times 100\% \quad (8-13)$$

(6) **食饵消耗法** 食饵消耗法广泛适用于家鼠和野鼠，以食饵消耗率表示鼠密度。食饵可用稻谷、玉米粒、花生米、面块等，每份 1g 左右。室内每间房放 2 堆，野外每 5m 放 1 堆，夜放晨查，布放一晚。使用本法应避免其他动物的干扰。用同一样方投药灭鼠前后的食饵消耗率，计算灭鼠效果。但灭鼠前后所有样方的诱饵应一致。

(7) **直接观察法** 对于白天活动的野鼠，以及在密度很高的特殊环境中的家鼠，在鼠的活动高峰期间，从隐蔽处直接观察，统计在一定范围内同时出现在地面上的最多鼠数，或一段时间里通过某一特定地点（如门缝）的鼠数，比较投药灭鼠前后鼠数来计算药效。在野外，对于白天活动的鼠类（如达乌尔黄鼠、布氏田鼠等），还可按线路直接观察，即在行进中累计线路两侧一定范围内活动的鼠数。投药灭鼠前后按同一线路范围、同一时间内活动的鼠数进行比较，即可算出药效。

3. 药效评价 根据实验室和现场测试结果对药剂进行评价，包括适口性、实验室校正死亡率、现场校正灭鼠率。结果分为 A、B 两级，适口性和灭鼠率任何一项低于 B 级不予登记（表 8-1）。当实验室校正死亡率与现场灭鼠率结果不一致时，以现场校正灭鼠率作为级别划分依据。

表 8-1 药效评价指标

级别	适口性	实验室校正死亡率	现场校正灭鼠率
A	摄食系数≥0.3	校正死亡率≥90%	校正灭鼠率≥90%
B	0.1≤摄食系数<0.3	80%≤校正死亡率<90%	80%≤校正灭鼠率<90%

(三) 杀鼠剂田间药效试验实例（毒饵法）

1. 处理区设置 杀鼠剂药效试验的处理数不宜太多，一般 2~3 个，不宜超过 5 个。每处理的面积应在 6.7hm² （100 亩）以上，并在四周设保护区（面积为 3.35~6.70hm²）。一般不设重复，也可不设空白对照，而直接用处理区的灭鼠效果来评价药效，但如果要增加以农作物的受害情况作为评价药效的指标，则必须设空白对照，并应远离处理区 300m 以上。

2. 投药前害鼠密度及种类调查 害鼠密度调查最常用的是鼠夹法，具体操作为：灭鼠前一天在样区内按 5m×50m 间距棋盘式布置同一型号的鼠夹 100 个，以新鲜花生米作诱饵。一般在傍晚安放鼠夹，第二天清晨检查捕获鼠数，计算鼠密度。

$$鼠密度 = \frac{捕鼠数}{设夹总数} \times 100\% \quad (8-14)$$

并将捕获老鼠鉴定分类，查明优势鼠种类。

3. 毒饵配制和投放 毒饵通常由诱饵、灭鼠剂和添加剂组成。

(1) **诱饵** 诱饵的质量通常是影响灭鼠效果的重要因素。各种鼠类的食性不同，应以优势种鼠喜食的食物为饵料，一般常用小麦、大米、新鲜甘薯粒等。

（2）添加剂　通常加入5％植物油、0.5％～1％食盐或3％～10％糖作引诱剂，植物油还起黏着作用；加少量普鲁士蓝、曙红等作为警戒色。

（3）配制毒饵常用方法

①混拌法：按比例将药物与饵料直接拌匀即可。如配制2％磷化锌毒饵，将磷化锌2份，米饭100份拌匀即可。

②水渍法：一般将谷物浸于药液，使其渗透、吸收，晾干后加入添加剂即可。如配制0.5％毒鼠磷毒饵，具体操作为：取毒鼠磷1份，以少量开水溶解，加入饵料质量的30％水配成毒水，加入200份小麦浸泡24h，经常翻动，使药液被吸干，再加入5％植物油及少量染料即可。

③黏附法：如配1％灭鼠优毒饵，取100份新鲜甘薯，切成小块，并用少量面粉制成稀糊拌匀，再取1份灭鼠优粉剂，加少量滑石粉稀释后投入饵料中拌匀，滴加植物油即成。

此外，还有颗粒毒饵法、蜡块毒饵法、碎草毒饵法（适合于草原灭鼠）等。

投放毒饵一般在晴天下午进行，旱地按5m×10m间方普遍投药，每堆投饵料10g左右。稻田主要投放在田埂上，每5m左右投放一堆。

4. 灭鼠效果调查

（1）以鼠密度为指标　最常用的调查方法是鼠夹法。通常急性杀鼠剂于投饵后7d、抗凝血杀鼠剂于投饵后21d调查鼠密度，用投药前密度调查完全相同的鼠夹（也是100个），在同一位置用相同的饵料调查一次，以捕鼠率表达灭鼠效果。

$$捕鼠率 = \frac{灭鼠前的捕鼠数 - 灭鼠后的捕鼠数}{灭鼠前的捕鼠数} \times 100\% \qquad (8-15)$$

为了考察灭鼠后害鼠密度的回升情况，一般可在投药后2、4、6个月，分别以同样方法调查鼠密度，计算回升率。如投药后7d鼠密度是9只，4个月后是13只，则4个月后的回升率为（13－9）/9＝44.44％。

（2）以农作物被害程度为指标　投药后一定时间调查处理样方区和不投药对照样方区农作物的被害程度。调查时间应根据害鼠对作物的危害特征来确定。如春播玉米前期投药灭鼠可在玉米出苗后调查种苗被害率，玉米雌穗灌浆时调查雌穗被害率，和对照相比即可求出相对防治效果。调查时要注意取样方法，农田鼠害一般不是随机分布而是聚集分布，如稻田鼠害，是奈曼分布，田间调查时应采用平行线取样法或Z字形取样法，各样点的形状应以条状为好。

四、杀软体动物剂田间药效试验设计

杀软体动物剂田间药效试验（field trial of molluscicide）是在农田中评价杀软体动物剂对蜗牛、蛞蝓等软体动物的药效和对作物安全性的农田药效试验。

杀软体动物剂分为杀蜗牛剂和杀蛞蝓剂。杀蜗牛剂的田间施药方法主要包括在作物生长期喷雾（可湿性粉剂和乳油）和撒施（颗粒剂、粉剂）两种方法，其小区排列方式、小区设计及小区面积等基本与杀虫剂相同，但小区面积一般比杀虫剂大，蜗牛生长在5旋前为用药试验适期。

在作物苗期（如小白菜在3～4叶期）用杀软体动物剂颗粒剂、粉剂撒施，或做可湿性粉剂喷雾处理（一般施药时间在傍晚或夜间，可增加药剂与蜗牛接触机会）。调查方法采用定点观察法，每小区内取 $2\sim3m^2$，并用 50cm 高的尼龙纱网罩严实，四周用泥土封住，以防蜗牛逃逸。与杀虫剂相同，试验前调查蜗牛基数，分别于撒施颗粒剂 3d、7d、10d、20d 后调查存活蜗牛数，计算防治效果。最后一次调查时应翻动网内泥土，调查隐藏在土壤中存活的蜗牛数。如果供试蔬菜地内蜗牛发生不重，平均在每个定点观察点内接入 20 头大小一致的蜗牛作为基数，用药剂处理后调查，计算防治效果。

在防治效果调查中，除调查网内叶面蜗牛数外，还可调查植株危害情况，根据植株受害率计算防治效果。

杀蛞蝓剂一般是在作物播种时土壤处理或随种子施入播种沟内。用作物受害率来表示防治效果。

复习思考题

1. 杀虫剂、杀菌剂、除草剂田间药效试验设计的基本原则是什么？
2. 大田药效试验常用的小区排列方法有哪些？
3. 根据田间药效试验的性质和要求，通常将其分为哪三个环节实施？分别简述每个环节的试验特点和试验目的。
4. 设计一个田间小区药效试验方案。
5. 植物生长调节剂田间药效试验设计原则是什么？与杀虫剂、杀菌剂田间药效试验设计相比有什么不同？
6. 植物生长调节剂田间药效试验设计应注意什么问题？
7. 植物生长调节剂田间药效试验确定调查时间和调查次数的应取决于哪些因素？
8. 杀线虫剂田间药效试验中测定目的和测定方法主要有哪些？
9. 杀鼠剂田间药效试验设计有什么要求？
10. 杀鼠剂灭鼠效果调查和统计方法主要采用什么方法？
11. 杀蜗牛剂和杀蛞蝓剂田间药效试验主要采用什么方法？

附　表

附表1　对　数　表

	0	1	2	3	4	5	6	7	8	9	1	2	3	4	5	6	7	8	9
10	0000	0043	0086	0128	0170						5	9	13	17	21	26	30	34	38
						0212	0253	0294	0334	0374	4	8	12	16	20	24	28	32	36
11	0414	0453	0492	0531	0569						4	8	12	16	20	23	27	31	35
						0607	0645	0682	0719	0755	4	7	11	15	18	22	26	29	33
12	0792	0828	0864	0899	0934						3	7	11	14	18	21	25	28	32
						0969	1004	1038	1072	1106	3	7	10	14	17	20	24	27	31
13	1139	1173	1206	1239	1271						3	6	10	13	16	19	23	26	29
						1303	1335	1367	1399	1430	3	7	10	13	16	19	22	25	29
14	1461	1492	1523	1553	1584						3	6	9	12	15	19	22	25	28
						1614	1644	1673	1703	1732	3	6	9	12	14	17	20	23	26
15	1761	1790	1818	1847	1875						3	6	9	11	14	17	20	23	26
						1903	1931	1959	1987	2014	3	6	8	11	14	17	19	22	25
16	2041	2068	2095	2122	2148						3	6	8	11	14	16	19	22	24
						2175	2201	2227	2253	2279	3	5	8	10	13	16	18	21	23
17	2304	2330	2355	2380	2405						3	5	8	10	13	15	18	20	23
						2430	2455	2480	2504	2529	3	5	8	10	12	15	17	20	22
18	2553	2577	2601	2625	2648						2	5	7	9	12	14	17	19	21
						2672	2695	2718	2742	2765	2	4	7	9	11	14	16	18	21
19	2788	2810	2833	2856	2878						2	4	7	9	11	13	16	18	20
						2900	2923	2945	2967	2989	2	4	6	8	11	13	15	17	19
20	3010	3032	3054	3075	3096	3118	3139	3160	3181	3201	2	4	6	8	11	13	15	17	19
21	3222	3243	3263	3284	3304	3324	3345	3365	3385	3404	2	4	6	8	10	12	14	16	18
22	3424	3444	3464	3483	3502	3522	3541	3560	3579	3598	2	4	6	8	10	12	13	15	17
23	3617	3636	3655	3674	3692	3711	3729	3747	3766	3784	2	4	6	7	9	11	13	15	17
24	3802	3820	3838	3856	3874	3892	3909	3927	3945	3962	2	4	5	7	9	11	12	14	16
25	3979	3997	4014	4031	4048	4065	4082	4099	4116	4133	2	3	5	7	9	10	12	14	15
26	4150	4166	4183	4200	4216	4232	4249	4265	4281	4298	2	3	5	7	8	10	11	13	15
27	4314	4330	4346	4362	4378	4393	4409	4425	4440	4456	2	3	5	6	8	9	11	13	14
28	4472	4487	4502	4518	4533	4548	4564	4579	4594	4609	2	3	5	6	8	9	11	12	14
29	4624	4639	4654	4669	4683	4698	4713	4728	4742	4757	1	3	4	6	7	9	10	12	13
30	4771	4786	4800	4814	4829	4843	4857	4871	4886	4900	1	3	4	6	7	9	10	11	13
31	4914	4928	4942	4955	4969	4983	4997	5011	5024	5038	1	3	4	6	7	8	10	11	12
32	5051	5065	5079	5092	5105	5119	5132	5145	5159	5172	1	3	4	5	7	8	9	11	12
33	5185	5198	5211	5224	5237	5250	5263	5276	5289	5302	1	3	4	5	6	8	9	10	12
34	5315	5328	5340	5353	5366	5378	5391	5403	5416	5428	1	3	4	5	6	8	9	10	11
35	5441	5453	5465	5478	5490	5502	5514	5527	5539	5551	1	2	4	5	6	7	9	10	11
36	5563	5575	5587	5599	5611	5623	5635	5647	5658	5670	1	2	4	5	6	7	8	10	11
37	5682	5694	5705	5717	5729	5740	5752	5763	5775	5786	1	2	3	5	6	7	8	9	10
38	5798	5809	5821	5832	5843	5855	5866	5877	5888	5899	1	2	3	5	6	7	8	9	10
39	5911	5922	5933	5944	5955	5966	5977	5988	5999	6010	1	2	3	4	5	7	8	9	10
40	6021	6031	6042	6053	6064	6075	6085	6096	6107	6117	1	2	3	4	5	6	7	9	10
41	6128	6138	6149	6160	6170	6180	6191	6201	6212	6222	1	2	3	4	5	6	7	8	9
42	6232	6243	6253	6263	6274	6284	6294	6304	6314	6325	1	2	3	4	5	6	7	8	9
43	6335	6345	6355	6365	6375	6385	6395	6405	6415	6425	1	2	3	4	5	6	7	8	9
44	6435	6444	6454	6464	6474	6484	6493	6503	6513	6522	1	2	3	4	5	6	7	8	9
45	6532	6542	6551	6561	6571	6580	6590	6599	6609	6618	1	2	3	4	5	6	7	8	9
46	6628	6637	6646	6656	6665	6675	6684	6693	6702	6712	1	2	3	4	5	6	7	7	9
47	6721	6730	6739	6749	6758	6767	6776	6785	6794	6803	1	2	3	4	5	5	6	7	8
48	6812	6821	6830	6839	6848	6857	6866	6875	6884	6893	1	2	3	4	4	5	6	7	8
49	6902	6911	6920	6928	6937	6946	6955	6964	6972	6981	1	2	3	4	4	5	6	7	8

(续)

	0	1	2	3	4	5	6	7	8	9	1	2	3	4	5	6	7	8	9
50	6990	6998	7007	7016	7024	7033	7042	7050	7059	7067	1	2	3	3	4	5	6	7	8
51	7076	7084	7093	7101	7110	7118	7126	7135	7143	7152	1	2	3	3	4	5	6	7	8
52	7160	7168	7177	7185	7193	7202	7210	7218	7226	7235	1	2	2	3	4	5	6	7	7
53	7243	7251	7259	7267	7275	7284	7292	7300	7308	7316	1	2	2	3	4	5	6	6	7
54	7324	7332	7340	7348	7356	7364	7372	7380	7388	7396	1	2	2	3	4	5	6	6	7
55	7404	7412	7419	7427	7435	7443	7451	7459	7466	7474	1	2	2	3	4	5	5	6	7
56	7482	7490	7497	7505	7513	7520	7528	7536	7543	7551	1	2	2	3	4	5	5	6	7
57	7559	7566	7574	7582	7589	7597	7604	7612	7619	7627	1	2	2	3	4	5	5	6	7
58	7634	7642	7649	7657	7664	7672	7679	7686	7694	7701	1	1	2	3	4	4	5	6	7
59	7709	7716	7723	7731	7738	7745	7752	7760	7767	7774	1	1	2	3	4	4	5	6	7
60	7782	7789	7796	7803	7810	7818	7825	7832	7839	7846	1	1	2	3	4	4	5	6	6
61	7853	7860	7868	7875	7882	7889	7896	7903	7910	7917	1	1	2	3	4	4	5	6	6
62	7924	7931	7938	7945	7952	7959	7966	7973	7980	7987	1	1	2	3	3	4	5	6	6
63	7993	8000	8007	8014	8021	8028	8035	8041	8048	8055	1	1	2	3	3	4	5	5	6
64	8062	8069	8075	8082	8089	8096	8102	8109	8116	8122	1	1	2	3	3	4	5	5	6
65	8129	8136	8142	8149	8156	8162	8169	8176	8182	8189	1	1	2	3	3	4	5	5	6
66	8195	8202	8209	8215	8222	8228	8235	8241	8248	8254	1	1	2	3	3	4	5	5	6
67	8261	8267	8274	8280	8287	8293	8299	8306	8312	8319	1	1	2	3	3	4	5	5	6
68	8325	8331	8338	8344	8351	8357	8363	8370	8376	8382	1	1	2	3	3	4	4	5	6
69	8388	8395	8401	8407	8414	8420	8426	8432	8439	8445	1	1	2	2	3	4	4	5	6
70	8451	8457	8463	8470	8476	8482	8488	8494	8500	8506	1	1	2	3	3	4	4	5	6
71	8513	8519	8525	8531	8537	8543	8549	8555	8561	8567	1	1	2	2	3	4	4	5	5
72	8573	8579	8585	8591	8597	8603	8609	8615	8621	8627	1	1	2	2	3	4	4	5	5
73	8633	8639	8645	8651	8657	8663	8669	8675	8681	8686	1	1	2	2	3	4	4	5	5
74	8692	8698	8704	8710	8716	8722	8727	8733	8739	8745	1	1	2	2	3	3	4	5	5
75	8751	8756	8762	8768	8774	8779	8785	8791	8797	8802	1	1	2	2	3	3	4	5	5
76	8808	8814	8820	8825	8831	8837	8842	8848	8854	8859	1	1	2	2	3	3	4	5	5
77	8865	8871	8876	8882	8887	8893	8899	8904	8910	8915	1	1	2	2	3	3	4	4	5
78	8921	8927	8932	8938	8943	8949	8954	8960	8965	8971	1	1	2	2	3	3	4	4	5
79	8976	8982	8987	8993	8998	9004	9009	9015	9020	9025	1	1	2	2	3	3	4	4	5
80	9031	9036	9042	9047	9053	9058	9063	9069	9074	9079	1	1	2	2	3	3	4	4	5
81	9085	9090	9096	9101	9106	9112	9117	9122	9128	9133	1	1	2	2	3	3	4	4	5
82	9138	9143	9149	9154	9159	9165	9170	9175	9180	9186	1	1	2	2	3	3	4	4	5
83	9191	9196	9201	9206	9212	9217	9222	9227	9232	9238	1	1	2	2	3	3	4	4	5
84	9243	9248	9253	9258	9263	9269	9274	9279	9284	9289	1	1	2	2	3	3	4	4	5
85	9294	9299	9304	9309	9315	9320	9325	9330	9335	9340	1	1	2	2	3	3	4	4	5
86	9345	9350	9355	9360	9365	9370	9375	9380	9385	9390	1	1	2	2	3	3	4	4	5
87	9395	9400	9405	9410	9415	9420	9425	9430	9435	9440	0	1	1	2	2	3	3	4	4
88	9445	9450	9455	9460	9465	9469	9474	9479	9484	9489	0	1	1	2	2	3	3	4	4
89	9494	9499	9504	9509	9513	9518	9523	9528	9533	9538	0	1	1	2	2	3	3	4	4
90	9542	9547	9552	9557	9562	9566	9571	9576	9581	9586	0	1	1	2	2	3	3	4	4
91	9590	9595	9600	9605	9609	9614	9619	9624	9628	9633	0	1	1	2	2	3	3	4	4
92	9638	9643	9647	9652	9657	9661	9666	9671	9675	9680	0	1	1	2	2	3	3	4	4
93	9685	9689	9694	9699	9703	9708	9713	9717	9722	9727	0	1	1	2	2	3	3	4	4
94	9731	9736	9741	9745	9750	9754	9759	9763	9768	9773	0	1	1	2	2	3	3	4	4
95	9777	9782	9786	9791	9795	9800	9805	9809	9814	9818	0	1	1	2	2	3	3	4	4
96	9823	9827	9832	9836	9841	9845	9850	9854	9859	9863	0	1	1	2	2	3	3	4	4
97	9868	9872	9877	9881	9886	9890	9894	9899	9903	9908	0	1	1	2	2	3	3	4	4
98	9912	9917	9921	9926	9930	9934	9939	9943	9948	9952	0	1	1	2	2	3	3	4	4
99	9956	9961	9965	9969	9974	9978	9983	9987	9991	9996	0	1	1	2	2	3	3	3	4

附表2 反应率与机率值转换表

%	0.0	0.1	0.2	0.3	0.4	0.5	0.6	0.7	0.8	0.9	1	2	3	4	5
0	—	1.9098	2.1218	2.2522	2.3479	2.4242	2.4879	2.5427	2.5911	2.6344					
1	2.6727	2.7096	2.7429	2.7738	2.8027	2.8299	2.8556	2.8799	2.9031	2.9251					
2	2.9463	2.9665	2.9859	3.0046	3.0226	3.0400	3.0569	3.0732	3.0890	3.1043					
3	3.1192	3.1337	3.1478	3.1616	3.1750	3.1881	3.2009	3.2134	3.2256	3.2376					
4	3.2493	3.2608	3.2721	3.2831	3.2940	3.3046	3.3151	3.3253	3.3354	3.3454					
5	3.3551	3.3648	3.3742	3.3836	3.3928	3.4018	3.4107	3.4195	3.4282	3.4368	9	18	27	36	45
6	3.4452	3.4536	3.4618	3.4699	3.4780	3.4859	3.4937	3.5015	3.5091	3.5167	8	16	24	32	40
7	3.5242	3.5316	3.5389	3.5462	3.5534	3.5605	3.5675	3.5745	3.5813	3.5882	7	14	21	28	36
8	3.5949	3.6016	3.6083	3.6148	3.6213	3.6278	3.6342	3.6405	3.6468	3.6531	6	13	19	26	32
9	3.6592	3.6654	3.6715	3.6775	3.6835	3.6894	3.6953	3.7012	3.7070	3.7127	6	12	18	24	30
10	3.7184	3.7241	3.7298	3.7354	3.7409	3.7464	3.7519	3.7574	3.7628	3.7681	6	11	17	22	23
11	3.7735	3.7788	3.7840	3.7893	3.7945	3.7996	3.8048	3.8099	3.8150	3.8200	5	10	16	21	26
12	3.8250	3.8300	3.8350	3.8399	3.8448	3.8497	3.8545	3.8593	3.8641	3.8689	5	10	15	20	24
13	3.8736	3.8783	3.8830	3.8877	3.8923	3.8969	3.9015	3.9061	3.9107	3.9152	5	9	14	18	23
14	3.9197	3.9242	3.9286	3.9331	3.9375	3.9419	3.9463	3.9506	3.9550	3.9593	4	9	13	18	22
15	3.9636	3.9678	3.9721	3.9763	3.9806	3.9848	3.9890	3.9931	3.9973	4.0014	4	8	13	17	21
16	4.0055	4.0096	4.0137	4.0178	4.0218	4.0259	4.0299	4.0339	4.0379	4.0419	4	8	12	16	20
17	4.0458	4.0498	4.0537	4.0576	4.0615	4.0654	4.0693	4.0731	4.0770	4.0808	4	8	12	16	19
18	4.0846	4.0884	4.0922	4.0960	4.0998	4.1035	4.1073	4.1110	4.1147	4.1184	4	8	11	15	19
19	4.1221	4.1258	4.1295	4.1331	4.1367	4.1404	4.1440	4.1476	4.1512	4.1548	4	7	11	15	18
20	4.1584	4.1619	4.1655	4.1690	4.1726	4.1761	4.1796	4.1831	4.1866	4.1901	4	7	11	14	18
21	4.1936	4.1970	4.2005	4.2039	4.2074	4.2108	4.2142	4.2176	4.2210	4.2244	3	7	10	14	17
22	4.2278	4.2312	4.2345	4.2379	4.2412	4.2446	4.2479	4.2512	4.2546	4.2579	3	7	10	13	17
23	4.2612	4.2644	4.2677	4.2710	4.2743	4.2775	4.2808	4.2840	4.2872	4.2905	3	7	10	13	16
24	4.2937	4.2969	4.3001	4.3033	4.3065	4.3097	4.3129	4.3160	4.3192	4.3224	3	6	10	13	16
25	4.3255	4.3287	4.3318	4.3349	4.3380	4.3412	4.3443	4.3474	4.3505	4.3536	3	6	9	12	16
26	4.3567	4.3597	4.3628	4.3659	4.3689	4.3720	4.3750	4.3781	4.3811	4.3842	3	6	9	12	15
27	4.3872	4.3902	4.3932	4.3962	4.3992	4.4022	4.4052	4.4082	4.4112	4.4142	3	6	9	12	15
28	4.4172	4.4201	4.4231	4.4260	4.4290	4.4319	4.4349	4.4378	4.4408	4.4437	3	6	9	12	15
29	4.4466	4.4495	4.4524	4.4554	4.4583	4.4612	4.4641	4.4670	4.4698	4.4727	3	6	9	12	14
30	4.4756	4.4785	4.4813	4.4842	4.4871	4.4899	4.4928	4.4956	4.4985	4.5013	3	6	9	11	14
31	4.5041	4.5070	4.5098	4.5126	4.5155	4.5183	4.5211	4.5239	4.5267	4.5295	3	6	8	11	14
32	4.5351	4.5351	4.5379	4.5407	4.5435	4.5462	4.5490	4.5518	4.5546	4.5573	3	6	8	11	14
33	4.5601	4.5628	4.5656	4.5684	4.5711	4.5739	4.5766	4.5793	4.5821	4.5848	3	6	8	11	14
34	4.5875	4.5903	4.5930	4.5957	4.5984	4.6011	4.6039	4.6066	4.6093	4.6120	3	6	8	11	14
35	4.6147	4.6174	4.6201	4.6228	4.6255	4.6281	4.6308	4.6335	4.6362	4.6389	3	5	8	11	13
36	4.6415	4.6442	4.6469	4.6495	4.6522	4.6549	4.6575	4.6602	4.6628	4.6655	3	5	8	11	13
37	4.6681	4.6708	4.6734	4.6761	4.6787	4.6814	4.6840	4.6866	4.6893	4.6919	3	5	8	11	13
38	4.6945	4.6971	4.6998	4.7024	4.7050	4.7076	4.7102	4.7129	4.7155	4.7181	3	5	8	10	13
39	4.7207	4.7233	4.7259	4.7285	4.7311	4.7337	4.7363	4.7389	4.7415	4.7441	3	5	8	10	13
40	4.7467	4.7492	4.7518	4.7544	4.7570	4.7596	4.7622	4.7647	4.7623	4.7699	3	5	8	10	13
41	4.7725	4.7750	4.7776	4.7802	4.7827	4.7853	4.7879	4.7904	4.7930	4.7955	3	5	8	10	13
42	4.7981	4.8007	4.8032	4.8058	4.8083	4.8109	4.8134	4.8160	4.8185	4.8211	3	5	8	10	13
43	4.8236	4.8262	4.8287	4.8313	4.8338	4.8363	4.8389	4.8414	4.8440	4.8465	3	5	8	10	13
44	4.8490	4.8516	4.8541	4.8566	4.8592	4.8617	4.8642	4.8668	4.8693	4.8718	3	5	8	10	13
45	4.8743	4.8769	4.8794	4.8819	4.8844	4.8870	4.8895	4.8920	4.8945	4.8970	3	5	8	10	13
46	4.8996	4.9021	4.9046	4.9071	4.9096	4.9122	4.9147	4.9172	4.9197	4.9222	3	5	8	10	13
47	4.9247	4.9272	4.9298	4.9323	4.9348	4.9373	4.9398	4.9423	4.9448	4.9473	3	5	8	10	13
48	4.9498	4.9524	4.9549	4.9574	4.9599	4.9624	4.9649	4.9674	4.9699	4.9724	3	5	8	10	13
49	4.9749	4.9774	4.9799	4.9825	4.9850	4.9875	4.9900	4.9925	4.9950	4.9975	3	5	8	10	13
50	5.0000	5.0025	5.0050	5.0075	5.0100	5.0125	5.0150	5.0175	5.0201	5.0226	3	5	8	10	13
51	5.0251	5.0276	5.0301	5.0326	5.0351	5.0376	5.0401	5.0426	5.0451	5.0476	3	5	8	10	13
52	5.0502	5.0527	5.0552	5.0577	5.0602	5.0627	5.0652	5.0677	5.0702	5.0728	3	5	8	10	13
53	5.0753	5.0778	5.0803	5.0828	5.0853	5.0878	5.0904	5.0929	5.0954	5.0979	3	5	8	10	13
54	5.1004	5.1030	5.1055	5.1080	5.1105	5.1130	5.1156	5.1181	5.1206	5.1231	3	5	8	10	13
55	5.1257	5.1282	5.1307	5.1332	5.1358	5.1383	5.1408	5.1434	5.1459	5.1484	3	5	8	10	13
56	5.1510	5.1535	5.1560	5.1586	5.1611	5.1637	5.1662	5.1687	5.1713	5.1738	3	5	8	10	13
57	5.1764	5.1789	5.1815	5.1840	5.1866	5.1891	5.1917	5.1942	5.1968	5.1993	3	5	8	10	13
58	5.2019	5.2045	5.2070	5.2096	5.2121	5.2147	5.2173	5.2198	5.2224	5.2250	3	5	8	10	13
59	5.2275	5.2301	5.2327	5.2353	5.2378	5.2404	5.2430	5.2456	5.2482	5.2508	3	5	8	10	13

(续)

%	0.0	0.1	0.2	0.3	0.4	0.5	0.6	0.7	0.8	0.9	1	2	3	4	5
60	5.2533	5.2559	5.2585	5.2611	5.2637	5.2663	5.2689	5.2715	5.2741	5.2767	3	5	8	10	13
61	5.2793	5.2819	5.2845	5.2871	5.2898	5.2924	5.2950	5.2976	5.3002	5.3029	3	5	8	10	13
62	5.3055	5.3081	5.3107	5.3134	5.3160	5.3186	5.3213	5.3239	5.3266	5.3292	3	5	8	11	13
63	5.3319	5.3345	5.3372	5.3398	5.3425	5.3451	5.3478	5.3505	5.3531	5.3558	3	5	8	11	13
64	5.3585	5.3611	5.3638	5.3665	5.3692	5.3719	5.3745	5.3772	5.3799	5.3826	3	5	8	11	13
65	5.3853	5.3880	5.3907	5.3934	5.3961	5.3989	5.4016	5.4043	5.4070	5.4097	3	5	8	11	14
66	5.4125	5.4152	5.4179	5.4207	5.4234	5.4261	5.4289	5.4316	5.4344	5.4372	3	5	8	11	14
67	5.4399	5.4427	5.4454	5.4482	5.4510	5.4538	5.4565	5.4593	5.4621	5.4649	3	6	8	11	14
68	5.4677	5.4705	5.4733	5.4761	5.4789	5.4817	5.4845	5.4874	5.4902	5.4930	3	6	8	11	14
69	5.4959	5.4987	5.5015	5.5044	5.5072	5.5101	5.5129	5.5158	5.5187	5.5215	3	6	8	11	14
70	5.5244	5.5273	5.5302	5.5330	5.5359	5.5388	5.5417	5.5446	5.5476	5.5505	3	6	9	12	14
71	5.5534	5.5563	5.5592	5.5622	5.5651	5.5681	5.5710	5.5740	5.5769	5.5799	3	6	9	12	15
72	5.5828	5.5858	5.5888	5.5918	5.5948	5.5978	5.6008	5.6038	5.6068	5.6098	3	6	9	12	15
73	5.6128	5.6158	5.6189	5.6219	5.6250	5.6280	5.6311	5.6341	5.6372	5.6403	3	6	8	12	15
74	5.6433	5.6464	5.6495	5.6526	5.6557	5.6588	5.6620	5.6651	5.6682	5.6713	3	6	9	12	16
75	5.6745	5.6776	5.6808	5.6840	5.6871	5.6903	5.6935	5.6967	5.6999	5.7031	3	6	10	13	16
76	5.7063	5.7095	5.7128	5.7160	5.7192	5.7225	5.7257	5.7290	5.7323	5.7356	3	7	10	13	16
77	5.7388	5.7421	5.7454	5.7488	5.7521	5.7554	5.7588	5.7621	5.7655	5.7688	3	7	10	13	17
78	5.7722	5.7756	5.7790	5.7824	5.7858	5.7892	5.7926	5.7961	5.7995	5.8030	3	7	10	14	17
79	5.8064	5.8099	5.8134	5.8169	5.8204	5.8239	5.8274	5.8310	5.8345	5.8381	4	7	11	14	18
80	5.8416	5.8452	5.8488	5.8524	5.8560	5.8596	5.8633	5.8669	5.8705	5.8742	4	7	11	14	18
81	5.8779	5.8816	5.8853	5.8890	5.8927	5.8965	5.9002	5.9040	5.9078	5.9116	4	7	11	15	19
82	5.9154	5.9192	5.9230	5.9269	5.9307	5.9346	5.9385	5.9424	5.9463	5.9502	4	8	12	15	19
83	5.9542	5.9581	5.9621	5.9661	5.9701	5.9741	5.9782	5.9822	5.9863	5.9904	4	8	12	16	20
84	5.9945	5.9986	6.0027	6.0069	6.0110	6.0152	6.0194	6.0237	6.0279	6.0322	4	8	13	17	21
85	6.0364	6.0407	6.0450	6.0494	6.0537	6.0581	6.0625	6.0669	6.0714	6.0758	4	9	13	18	22
86	6.0803	6.0848	6.0893	6.0939	6.0985	6.1031	6.1077	6.1123	6.1170	6.1217	5	9	14	18	23
87	6.1264	6.1311	6.1359	6.1407	6.1455	6.1503	6.1552	6.1601	6.1650	6.1700	5	10	15	19	24
88	6.1750	6.1800	6.1850	6.1901	6.1952	6.2004	6.2055	6.2107	6.2160	6.2212	5	10	15	21	26
89	6.2265	6.2319	6.2372	6.2426	6.2481	6.2536	6.2591	6.2646	6.2702	6.2759	5	11	16	22	27
90	6.2816	6.2873	6.2930	6.2988	6.3047	6.3106	6.3165	6.3225	6.3285	6.3346	6	12	18	24	29
91	6.3408	6.3469	6.3532	6.3595	6.3658	6.3722	6.3787	6.3852	6.3917	6.3984	6	13	19	26	32
92	6.4051	6.4118	6.4187	6.4255	6.4325	6.4395	6.4466	6.4538	6.4611	6.4684	7	14	21	28	35
93	6.4758	6.4833	6.4909	6.4985	6.5063	6.5141	6.5220	6.5301	6.5382	6.5464	8	16	24	31	39
94	6.5548	6.5632	6.5718	6.5805	6.5893	6.5982	6.6072	6.6164	6.6258	6.6352	9	18	27	36	45
95	6.6449	6.6546	6.6646	6.6747	6.6849	6.6954	6.7060	6.7169	6.7279	6.7392					
	97	100	101	102	105	106	109	110	113	115					
96	6.7507	6.7624	6.7744	6.7866	6.7991	6.8119	6.8250	6.8384	6.8522	6.8663					
	117	120	122	125	128	131	134	138	141	145					
97	6.8808	6.8957	6.9110	6.9268	6.9431	6.9600	6.9774	6.9954	7.0141	7.0335					
	149	153	158	163	169	174	180	187	194	202					
98.0	7.0537	7.0558	7.0579	7.0600	7.0621	7.0642	7.0663	7.0684	7.0706	7.0727	2	4	6	8	11
98.1	7.0749	7.0770	7.0792	7.0814	7.0836	7.0858	7.0880	7.0902	7.0924	7.0947	2	4	7	9	11
98.2	7.0969	7.0992	7.1015	7.1038	7.1061	7.1084	7.1107	7.1130	7.1154	7.1177	2	5	7	9	12
98.3	7.1201	7.1224	7.1248	7.1272	7.1297	7.1321	7.1345	7.1370	7.1394	7.1419	2	5	7	10	12
98.4	7.1444	7.1469	7.1494	7.1520	7.1545	7.1571	7.1596	7.1622	7.1648	7.1675	3	5	8	10	13
98.5	7.1701	7.1727	7.1754	7.1781	7.1808	7.1835	7.1862	7.1890	7.1917	7.1945	3	5	8	11	14
98.6	7.1973	7.2001	7.2029	7.2058	7.2086	7.2115	7.2144	7.2173	7.2203	7.2232	3	6	9	12	14
98.7	7.2262	7.2292	7.2322	7.2353	7.2383	7.2414	7.2445	7.2476	7.2508	7.2539	3	6	9	12	15
98.8	7.2571	7.2603	7.2636	7.2668	7.2701	7.2734	7.2768	7.2801	7.2835	7.2869	3	7	10	13	17
98.9	7.2904	7.2938	7.2973	7.3009	7.3044	7.3080	7.3116	7.3152	7.3189	7.3226	4	7	11	14	18
99.0	7.3263	7.3301	7.3339	7.3378	7.3416	7.3455	7.3495	7.3535	7.3575	7.3615	4	8	12	16	20
99.1	7.3656	7.3698	7.3739	7.3781	7.3824	7.3867	7.3911	7.3954	7.3999	7.4044	4	9	13	17	22
99.2	7.4089	7.4135	7.4181	7.4228	7.4276	7.4324	7.4372	7.4422	7.4471	7.4522	5	10	14	19	24
99.3	7.4573	7.4624	7.4677	7.4730	7.4783	7.4838	7.4893	7.4949	7.5006	7.5063	5	11	16	22	27
99.4	7.5121	7.5181	7.5241	7.5302	7.5364	7.5427	7.5491	7.5556	7.5622	7.5690	6	13	19	25	32
99.5	7.5758	7.5828	7.5899	7.5972	7.6045	7.6121	7.6197	7.6276	7.6356	7.6437					
99.6	7.6521	7.6606	7.6693	7.6783	7.6874	7.6968	7.7065	7.7164	7.7265	7.7370					
99.7	7.7478	7.7589	7.7703	7.7822	7.7944	7.8070	7.8202	7.8338	7.8480	7.8627					
99.8	7.8782	7.8943	7.9112	7.9290	7.9478	7.9677	7.9889	8.0115	8.0357	8.0618					
99.9	8.0902	8.1214	8.1559	8.1947	8.2389	8.2905	8.3528	8.4316	8.5401	8.7190					

附表3 权重系数表

Y	0.0	0.1	0.2	0.3	0.4	0.5	0.6	0.7	0.8	0.9
1	0.001	0.001	0.001	0.002	0.002	0.003	0.005	0.006	0.008	0.011
2	0.015	0.019	0.025	0.031	0.040	0.050	0.062	0.076	0.092	0.110
3	0.131	0.154	0.180	0.208	0.238	0.269	0.302	0.336	0.370	0.405
4	0.439	0.471	0.503	0.532	0.558	0.581	0.601	0.616	0.627	0.634
5	0.637	0.634	0.627	0.616	0.601	0.581	0.558	0.532	0.503	0.471
6	0.439	0.405	0.370	0.336	0.302	0.269	0.238	0.208	0.180	0.154
7	0.131	0.110	0.092	0.076	0.062	0.050	0.040	0.031	0.025	0.019
8	0.015	0.011	0.008	0.006	0.005	0.003	0.002	0.002	0.001	0.001

注：Y 为期望机率值。

附表4 工作机率值表

(期望机率值 $Y=2.0\sim2.9$,校正死亡率=0%~50%)

校正死亡率%	期望机率值 Y									
	2.0	2.1	2.2	2.3	2.4	2.5	2.6	2.7	2.8	2.9
0	1.695	1.787	1.877	1.967	2.057	2.146	2.234	2.321	2.408	2.494
1	3.951	3.467	3.141	2.927	2.793	2.716	2.681	2.674	2.690	2.721
2	6.207	5.147	4.404	3.886	3.529	3.287	3.127	3.027	2.972	2.949
3	8.463	6.827	5.667	4.846	4.265	3.857	3.574	3.380	3.254	3.176
4	—	8.507	6.931	5.806	5.002	4.428	4.020	3.733	3.536	3.403
5	—	—	8.194	6.765	5.738	4.998	4.467	4.086	3.818	3.631
6	—	—	9.458	7.725	6.474	5.569	4.913	4.440	4.099	3.858
7	—	—	—	8.684	7.210	6.139	5.360	4.793	4.381	4.085
8	—	—	—	9.644	7.946	6.710	5.806	5.146	4.663	4.313
9	—	—	—	—	8.683	7.280	6.253	5.499	4.945	4.540
10	—	—	—	—	9.419	7.851	6.699	5.852	5.227	4.767
11	—	—	—	—	—	8.421	7.146	6.205	5.509	4.995
12	—	—	—	—	—	8.992	7.592	6.558	5.791	5.222
13	—	—	—	—	—	9.562	8.039	6.911	6.073	5.449
14	—	—	—	—	—	—	8.486	7.264	6.355	5.677
15	—	—	—	—	—	—	8.932	7.617	6.636	5.904
16	—	—	—	—	—	—	9.379	7.970	6.918	6.132
17	—	—	—	—	—	—	9.825	8.323	7.200	6.359
18	—	—	—	—	—	—	—	8.676	7.482	6.586
19	—	—	—	—	—	—	—	9.029	7.764	6.814
20	—	—	—	—	—	—	—	9.382	8.046	7.041
21	—	—	—	—	—	—	—	9.735	8.328	7.268
22	—	—	—	—	—	—	—	—	8.610	7.496
23	—	—	—	—	—	—	—	—	8.892	7.723
24	—	—	—	—	—	—	—	—	9.173	7.950
25	—	—	—	—	—	—	—	—	9.455	8.178
26	—	—	—	—	—	—	—	—	9.737	8.405
27	—	—	—	—	—	—	—	—	—	8.633
28	—	—	—	—	—	—	—	—	—	8.860
29	—	—	—	—	—	—	—	—	—	9.087
30	—	—	—	—	—	—	—	—	—	9.315
31	—	—	—	—	—	—	—	—	—	9.542
32	—	—	—	—	—	—	—	—	—	9.769
33	—	—	—	—	—	—	—	—	—	9.997
34	—	—	—	—	—	—	—	—	—	—
35	—	—	—	—	—	—	—	—	—	—

附　表

(续)

(期望机率值 Y=3.0～3.9，校对死亡率=0%～5%)

校正死亡率%	期望机率值 Y									
	3.0	3.1	3.2	3.3	3.4	3.5	3.6	3.7	3.8	3.9
0	2.579	2.662	2.745	2.826	2.906	2.984	3.061	3.135	3.207	3.277
1	2.764	2.815	2.872	2.932	2.996	3.061	3.127	3.193	3.259	3.323
2	2.949	2.967	2.998	3.039	3.086	3.139	3.194	3.252	3.310	3.369
3	3.134	3.120	3.125	3.145	3.176	3.216	3.261	3.310	3.362	3.415
4	3.319	3.272	3.252	3.251	3.267	3.293	3.328	3.369	3.413	3.461
5	3.505	3.424	3.378	3.358	3.357	3.370	3.395	3.427	3.465	3.507
6	3.690	3.577	3.505	3.464	3.447	3.447	3.461	3.485	3.516	3.553
7	3.875	3.729	3.632	3.570	3.537	3.525	3.528	3.544	3.568	3.599
8	4.060	3.882	3.758	3.677	3.627	3.602	3.595	3.602	3.619	3.645
9	4.246	4.034	3.885	3.783	3.717	3.679	3.662	3.660	3.671	3.690
10	4.431	4.186	4.012	3.889	3.808	3.756	3.728	3.719	3.722	3.736
11	4.616	4.339	4.138	3.996	3.898	3.834	3.795	3.777	3.774	3.782
12	4.801	4.491	4.265	4.102	3.988	3.911	3.862	3.835	3.825	3.828
13	4.986	4.644	4.391	4.208	4.078	3.988	3.929	3.894	3.877	3.874
14	5.172	4.796	4.518	4.315	4.168	4.065	3.996	3.952	3.928	3.920
15	5.357	4.948	4.645	4.421	4.258	4.142	4.062	4.010	3.980	3.966
16	5.542	5.101	4.771	4.527	4.348	4.220	4.129	4.069	4.031	4.012
17	5.727	5.253	4.898	4.634	4.439	4.297	4.196	4.127	4.083	4.058
18	5.913	5.406	5.025	4.740	4.529	4.374	4.263	4.185	4.134	4.104
19	6.098	5.558	5.151	4.846	4.619	4.451	4.330	4.244	4.186	4.149
20	6.283	5.710	5.278	4.953	4.709	4.528	4.396	4.302	4.237	4.195
21	6.468	5.863	5.405	5.059	4.799	4.606	4.463	4.361	4.289	4.241
22	6.653	6.015	5.531	5.165	4.889	4.683	4.530	4.419	4.340	4.287
23	6.839	6.168	5.658	5.272	4.979	4.760	4.597	4.477	4.392	4.333
24	7.024	6.320	5.785	5.378	5.070	4.837	4.664	4.536	4.443	4.379
25	7.209	6.472	5.911	5.484	5.160	4.914	4.730	4.594	4.495	4.425
26	7.394	6.625	6.038	5.591	5.250	4.992	4.797	4.652	4.546	4.471
27	7.580	6.777	6.165	5.697	5.340	5.069	4.864	4.711	4.598	4.517
28	7.765	6.930	6.291	5.803	5.430	5.146	4.931	4.769	4.649	4.563
29	7.950	7.082	6.418	5.910	5.520	5.223	4.997	4.827	4.701	4.608
30	8.135	7.234	6.545	6.016	5.610	5.300	5.064	4.886	4.752	4.654
31	8.320	7.387	6.671	6.122	5.701	5.378	5.131	4.944	4.804	4.700
32	8.506	7.539	6.798	6.229	5.791	5.455	5.198	5.002	4.855	4.746
33	8.691	7.692	6.925	6.335	5.881	5.532	5.265	5.061	4.907	4.792
34	8.876	7.844	7.051	6.441	5.971	5.609	5.331	5.119	4.958	4.838
35	9.061	7.996	7.178	6.548	6.061	5.687	5.398	5.177	5.010	4.884
36	9.247	8.149	7.305	6.654	6.151	5.764	5.465	5.236	5.061	4.930
37	9.432	8.301	7.431	6.760	6.242	5.841	5.532	5.294	5.113	4.976
38	9.617	8.454	7.558	6.867	6.332	5.918	5.599	5.353	5.164	5.022
39	9.802	8.606	7.685	6.973	6.422	5.995	5.665	5.411	5.216	5.068
40	9.987	8.758	7.811	7.079	6.512	6.073	5.732	5.469	5.267	5.113
41	—	8.911	7.938	7.186	6.602	6.150	5.799	5.528	5.319	5.159
42	—	9.063	8.065	7.292	6.692	6.227	5.866	5.586	5.370	5.205
43	—	9.216	8.191	7.398	6.782	6.304	5.932	5.644	5.422	5.251
44	—	9.368	8.318	7.505	6.873	6.381	5.999	5.703	5.473	5.297
45	—	9.520	8.445	7.611	6.963	6.459	6.066	5.761	5.525	5.343
46	—	9.673	8.571	7.717	7.053	6.536	6.133	5.819	5.576	5.389
47	—	9.825	8.698	7.824	7.143	6.613	6.200	5.878	5.628	5.435
48	—	9.978	8.825	7.930	7.233	6.690	6.266	5.936	5.679	5.481
49	—	—	8.951	8.036	7.323	6.767	6.333	5.994	5.731	5.527
50	—	—	9.078	8.143	7.414	6.845	6.400	6.053	5.782	5.572

(续)

(期望机率值 $Y=4.0\sim4.9$,校正死亡率 $=0\%\sim50\%$)

校正死亡率%	期望机率值 Y									
	4.0	4.1	4.2	4.3	4.4	4.5	4.6	4.7	4.8	4.9
0	3.344	3.408	3.469	3.525	3.577	3.624	3.664	3.698	3.724	3.741
1	3.386	3.446	3.503	3.557	3.607	3.652	3.691	3.424	3.750	3.766
2	3.427	3.487	3.538	3.589	3.637	3.680	3.719	3.751	3.775	3.791
3	3.468	3.521	3.572	3.621	3.667	3.709	3.746	3.777	3.801	3.816
4	3.510	3.559	3.607	3.653	3.697	3.737	3.773	3.803	3.826	3.841
5	3.551	3.596	3.641	3.685	3.727	3.766	3.800	3.829	3.852	3.867
6	3.592	3.634	3.676	3.717	3.757	3.794	3.827	3.856	3.878	3.892
7	3.634	3.671	3.710	3.749	3.787	3.822	3.854	3.882	3.903	3.917
8	3.675	3.709	3.745	3.781	3.817	3.851	3.882	3.908	3.929	3.942
9	3.716	3.747	3.779	3.813	3.847	3.879	3.909	3.934	3.954	3.967
10	3.758	3.784	3.814	3.845	3.877	3.908	3.936	3.960	3.980	3.993
11	3.799	3.822	3.848	3.877	3.907	3.936	3.963	3.987	4.005	4.018
12	3.840	3.859	3.883	3.909	3.937	3.964	3.990	4.013	4.031	4.043
13	3.882	3.897	3.917	3.941	3.967	3.993	4.017	4.039	4.057	4.068
14	3.923	3.934	3.952	3.973	3.997	4.021	4.044	4.065	4.082	4.093
15	3.964	3.972	3.986	4.005	4.027	0.050	4.072	4.092	4.108	4.119
16	4.006	4.010	4.021	4.038	4.057	4.078	4.099	4.118	4.133	4.144
17	4.047	4.047	4.056	4.070	4.087	4.106	4.126	4.144	4.159	4.169
18	4.088	4.085	4.090	4.102	4.117	4.135	4.153	4.170	4.184	4.194
19	4.130	4.122	4.125	4.134	4.147	4.163	4.180	4.196	4.210	4.219
20	4.171	1.160	4.159	4.166	4.177	4.192	4.207	4.223	4.236	4.245
21	4.212	4.198	4.194	4.198	4.207	4.220	4.235	4.249	4.261	4.270
22	4.253	4.235	4.228	4.230	4.237	4.248	4.262	4.275	4.287	4.295
23	4.295	4.273	4.263	4.262	4.267	4.277	4.289	4.301	4.312	4.320
24	4.336	4.310	4.297	4.294	4.297	4.305	4.316	4.327	4.338	4.345
25	4.377	4.348	4.332	4.326	4.327	4.334	4.343	4.354	4.363	4.370
26	4.419	4.385	4.366	4.358	4.357	4.362	4.370	4.380	4.389	4.396
27	4.460	4.423	4.401	4.390	4.387	4.391	4.397	4.406	4.415	4.421
28	4.501	4.461	4.435	4.422	4.417	4.419	4.425	4.432	4.440	4.446
29	4.543	4.498	4.470	4.454	4.447	4.447	4.452	4.459	4.466	4.471
30	4.584	4.536	4.504	4.486	4.477	4.476	4.479	4.485	4.491	4.496
31	4.025	4.573	4.539	4.518	4.507	4.504	4.506	4.511	4.517	4.522
32	4.667	4.611	4.573	4.550	4.537	4.538	4.533	4.537	4.542	4.547
33	4.708	4.649	4.608	4.582	4.567	4.561	4.560	4.563	4.568	4.572
34	4.749	4.868	4.642	4.614	4.597	4.589	4.588	4.590	4.594	4.597
35	4.791	4.724	4.677	4.646	4.627	4.618	4.615	4.616	4.619	4.622
36	4.832	4.761	4.711	4.678	4.657	4.646	4.642	4.642	4.645	4.648
37	4.873	4.799	4.746	4.710	4.687	4.675	4.669	4.668	4.670	4.673
38	4.915	4.836	4.780	4.742	4.717	4.703	4.696	4.695	4.696	4.698
39	4.956	4.874	4.815	4.774	4.747	4.731	4.723	4.721	4.721	4.723
40	4.997	4.912	4.849	4.806	4.777	4.760	7.750	4.747	4.747	4.748
41	5.039	4.949	4.884	4.868	4.807	4.788	4.778	4.773	4.773	4.774
42	5.080	4.987	4.918	4.870	4.837	4.817	4.805	4.799	4.798	4.799
43	5.121	5.024	4.953	4.902	4.867	4.845	4.832	4.826	4.824	4.824
44	5.163	5.062	4.988	4.934	4.897	4.873	4.859	4.852	4.849	4.849
45	5.204	5.099	5.022	4.966	4.927	4.902	4.886	4.878	4.875	4.874
46	5.245	5.137	5.057	4.998	4.957	4.930	4.913	4.004	4.900	4.900
47	5.287	5.175	5.091	5.030	4.987	4.959	4.941	4.931	4.926	4.925
48	5.328	5.212	5.126	5.062	5.017	4.987	4.968	4.957	4.952	4.950
49	5.369	5.250	5.160	5.094	5.047	5.015	4.995	4.983	4.977	4.975
50	5.411	5.287	5.195	5.126	5.078	5.044	5.022	5.009	5.003	5.000

附　表

(续)

(期望机率值 $Y=5.0\sim5.9$，校正死亡率 $=0\%\sim50\%$)

校正死亡率%	期望机率值 Y									
	5.0	5.1	5.2	5.3	5.4	5.5	5.6	5.7	5.8	5.9
0	3.747	3.740	3.719	3.680	3.620	3.536	3.422	3.272	3.079	2.834
1	3.772	3.765	3.744	3.706	3.647	3.564	3.452	3.304	3.114	2.871
2	3.797	3.790	3.770	3.732	3.675	3.593	3.482	3.336	3.148	2.909
3	3.822	3.816	3.795	3.758	3.702	3.621	3.512	3.368	3.183	2.946
4	3.847	3.841	3.821	3.785	3.729	3.650	3.542	3.400	3.217	2.984
5	3.872	3.866	3.846	3.811	3.756	3.678	3.572	3.433	3.252	3.021
6	3.897	3.891	3.872	3.837	3.783	3.706	3.602	3.465	3.287	3.059
7	3.922	3.916	3.898	3.863	3.810	3.735	3.632	3.497	3.321	3.097
8	3.947	3.942	3.923	3.890	3.838	3.763	3.662	3.529	3.356	3.134
9	3.972	3.967	3.949	3.916	3.865	3.792	3.692	3.561	3.390	3.172
10	3.997	3.992	3.974	3.942	3.892	3.820	3.722	3.593	3.425	3.209
11	4.022	4.017	4.000	3.968	3.919	3.848	3.752	3.625	3.459	3.247
12	4.047	4.042	4.025	3.994	3.946	3.877	3.782	3.657	3.494	3.284
13	4.073	4.068	4.051	4.021	3.973	3.905	3.812	3.689	3.528	3.322
14	4.098	4.093	4.077	4.047	4.000	3.934	3.842	3.721	3.563	3.360
15	4.123	4.118	0.102	4.073	4.028	3.962	3.872	3.753	3.597	3.397
16	4.148	4.143	4.128	4.099	4.055	3.990	3.902	3.785	3.632	3.435
17	4.173	4.168	4.153	4.126	4.082	4.019	3.932	3.817	3.666	3.472
18	4.198	4.194	4.179	4.152	4.109	4.047	3.962	3.849	3.701	3.510
19	4.223	4.219	4.204	4.178	4.136	4.076	3.992	3.881	3.735	3.548
20	4.248	4.244	4.230	4.204	4.163	4.104	4.022	3.913	3.770	3.585
21	4.273	4.269	4.256	4.230	4.191	4.132	4.052	3.945	3.804	3.623
22	4.298	4.294	4.281	4.257	4.218	4.161	4.082	3.977	3.839	3.660
23	4.323	4.320	4.307	4.283	4.245	4.189	4.112	4.009	3.873	3.698
24	4.348	4.345	4.332	4.309	4.272	4.218	4.142	4.041	3.908	3.735
25	4.373	4.370	4.358	4.335	4.299	4.246	4.172	4.073	3.942	3.773
26	4.698	4.395	4.383	4.362	4.326	4.275	4.202	4.105	3.977	3.811
27	4.423	4.420	4.409	4.388	4.353	4.303	4.232	4.137	4.011	3.848
28	4.449	4.445	4.435	4.414	4.381	4.331	4.262	4.169	4.046	3.886
29	4.474	4.471	4.460	4.440	4.408	4.360	4.292	4.201	4.080	3.923
30	4.499	4.496	4.486	4.466	4.435	4.388	4.322	4.233	4.115	3.961
31	4.524	4.521	4.511	4.493	4.462	4.417	4.352	4.265	4.149	3.999
32	4.549	4.546	4.537	4.519	4.489	4.445	4.382	4.297	4.184	4.036
33	4.574	4.571	4.563	4.545	4.516	4.473	4.412	4.329	4.219	4.074
34	4.599	4.597	4.588	4.571	4.544	4.502	4.442	4.361	4.253	4.111
35	4.624	4.622	4.614	4.598	4.571	4.530	4.472	4.393	4.288	4.149
36	4.649	4.647	4.639	4.624	4.598	4.559	4.502	4.425	4.322	4.186
37	4.674	4.672	4.665	4.650	4.625	4.587	4.532	4.457	4.357	4.224
38	4.699	4.697	4.690	4.676	4.652	4.615	4.562	4.489	4.391	4.262
39	4.724	4.723	4.716	4.702	4.679	4.644	4.592	4.521	4.426	4.299
40	4.749	4.748	4.742	4.729	4.706	4.672	4.622	4.553	4.460	4.337
41	4.774	4.773	4.767	4.755	4.734	4.701	4.652	4.585	4.495	4.374
42	4.799	4.798	4.793	4.781	4.761	4.729	4.682	4.617	4.529	4.412
43	4.825	4.823	4.818	4.807	4.788	4.757	4.712	4.649	4.564	4.450
44	4.850	4.849	4.844	4.833	4.815	4.786	4.742	4.682	4.598	4.487
45	4.875	4.874	4.869	4.860	4.842	4.814	4.772	4.714	4.633	4.525
46	4.900	4.899	4.895	4.886	4.869	4.843	4.802	4.746	4.667	4.562
47	4.925	4.924	4.921	4.912	4.897	4.871	4.832	4.778	4.702	4.600
48	4.950	4.949	4.946	4.938	4.924	4.899	4.862	4.810	4.736	4.637
49	4.975	4.975	4.972	4.965	4.951	4.928	4.892	4.842	4.771	4.675
50	5.000	5.000	4.997	4.991	4.978	4.956	4.922	4.874	4.805	4.713

农药生物测定

(续)

(期望机率值 $Y=6.0\sim6.9$，校正死亡率$=0\sim50\%$)

校正死亡率%	期望机率值 Y									
	6.0	6.1	6.2	6.3	6.4	6.5	6.6	6.7	6.8	6.9
0	2.523	2.132	1.643	1.030	0.261	—	—	—	—	—
1	2.564	2.178	1.694	1.088	0.327	—	—	—	—	—
2	2.606	2.224	1.746	1.146	0.394	—	—	—	—	—
3	2.647	2.270	1.797	1.205	0.461	—	—	—	—	—
4	2.688	2.316	1.849	1.263	0.528	—	—	—	—	—
5	2.730	2.362	1.900	1.321	0.595	—	—	—	—	—
6	2.771	2.408	1.952	1.380	0.661	—	—	—	—	—
7	2.812	2.454	2.003	1.438	0.728	—	—	—	—	—
8	2.854	2.500	2.055	1.496	0.795	—	—	—	—	—
9	2.895	2.546	2.106	1.555	0.862	—	—	—	—	—
10	2.936	2.591	2.158	1.613	0.928	0.067	—	—	—	—
11	2.978	2.637	2.209	1.671	0.995	0.144	—	—	—	—
12	3.019	2.683	2.261	1.730	1.062	0.221	—	—	—	—
13	3.060	2.729	3.312	1.788	1.129	0.299	—	—	—	—
14	3.102	2.775	2.364	1.846	0.196	0.376	—	—	—	—
15	3.143	2.821	2.415	1.905	1.262	0.453	—	—	—	—
16	3.184	2.867	2.467	1.963	1.329	0.530	—	—	—	—
17	3.226	2.913	2.518	2.022	1.396	0.607	—	—	—	—
18	3.267	2.959	2.570	2.080	1.463	0.685	—	—	—	—
19	3.308	3.005	2.621	2.138	1.530	0.762	—	—	—	—
20	3.350	3.050	2.673	2.197	1.596	0.839	—	—	—	—
21	3.391	3.096	2.724	2.255	1.663	0.916	—	—	—	—
22	3.432	3.142	2.776	2.313	1.730	0.993	0.062	—	—	—
23	3.474	3.188	2.827	2.372	1.797	1.071	0.152	—	—	—
24	3.515	3.234	2.879	2.430	1.864	1.148	0.243	—	—	—
25	3.556	3.280	2.930	2.488	1.930	0.225	0.333	—	—	—
26	3.598	3.326	2.982	2.547	1.997	1.302	0.423	—	—	—
27	3.639	3.372	3.033	2.605	2.064	1.379	0.513	—	—	—
28	3.680	3.418	3.085	2.663	2.131	1.457	0.603	—	—	—
29	3.721	3.464	3.136	2.722	2.197	1.534	0.693	—	—	—
30	3.763	3.509	3.188	2.780	2.264	1.611	0.784	—	—	—
31	3.804	3.555	3.239	2.838	2.331	1.688	0.874	—	—	—
32	3.845	3.601	3.291	2.897	2.398	1.766	0.964	—	—	—
33	3.887	3.647	3.342	2.955	2.465	1.843	1.054	0.050	—	—
34	3.928	3.693	3.394	3.014	2.531	1.920	1.144	0.156	—	—
35	3.969	3.739	3.445	3.072	2.598	1.997	1.234	0.262	—	—
36	4.011	3.785	3.497	3.130	2.665	2.074	1.324	0.369	—	—
37	4.052	3.831	3.548	3.189	2.732	2.152	1.415	0.475	—	—
38	4.093	3.877	3.600	3.247	2.799	2.229	1.505	0.581	—	—
39	4.135	3.923	3.651	3.305	2.865	2.306	1.595	0.688	—	—
40	4.176	3.969	3.703	3.364	2.932	2.383	1.685	0.794	—	—
41	4.217	4.014	3.754	3.422	2.999	2.460	1.775	0.900	—	—
42	4.259	4.060	3.806	3.480	3.066	2.538	1.865	1.007	—	—
43	4.300	4.106	3.857	3.539	3.132	2.615	1.955	1.113	0.035	—
44	4.341	4.152	3.909	3.597	3.199	2.692	2.046	1.219	0.162	—
45	4.383	4.198	3.960	3.655	3.266	2.769	2.136	1.326	0.289	—
46	4.424	4.214	4.012	3.714	3.333	2.846	2.226	1.432	0.415	—
47	4.465	4.290	4.063	3.772	3.400	2.924	2.316	1.538	0.542	—
48	4.507	4.336	4.115	3.830	3.466	3.001	2.406	1.645	0.669	—
49	4.548	4.382	4.166	3.889	3.533	3.078	2.496	1.751	0.795	—
50	4.589	4.428	4.218	3.947	3.600	3.155	2.586	1.857	0.922	—

附　表

（续）

（期望机率值 $Y=3.0\sim3.9$，校正死亡率 $=51\%\sim100\%$）

校正死亡率%	期望机率值 Y									
	3.0	3.1	3.2	3.3	3.4	3.5	3.6	3.7	3.8	3.9
51	—	—	9.205	8.249	7.504	6.922	6.467	6.111	5.834	5.618
52	—	—	9.331	8.355	7.594	6.999	6.534	6.170	5.885	5.664
53	—	—	9.458	8.462	7.684	7.076	6.600	6.228	5.937	5.710
54	—	—	9.585	8.568	7.774	7.154	6.667	6.286	5.988	5.756
55	—	—	9.711	8.674	7.864	7.231	6.734	6.345	6.040	5.802
56	—	—	9.838	8.781	7.954	7.308	6.801	6.403	6.091	5.848
57	—	—	9.965	8.887	8.045	7.385	6.868	6.461	6.143	5.894
58	—	—	—	8.993	8.135	7.462	6.934	6.520	6.194	5.940
59	—	—	—	9.100	8.225	7.540	7.001	6.578	6.246	5.986
60	—	—	—	9.206	8.315	7.617	7.068	6.636	6.297	6.031
61	—	—	—	9.312	8.405	7.694	7.135	6.695	6.349	6.077
62	—	—	—	9.419	8.495	7.771	7.201	6.753	6.400	6.123
63	—	—	—	9.525	8.585	7.848	7.268	6.811	6.452	6.169
64	—	—	—	9.631	8.676	7.926	7.335	6.870	6.503	6.215
65	—	—	—	9.738	8.766	8.003	7.402	6.928	6.555	6.261
66	—	—	—	9.844	8.856	8.080	7.469	6.986	6.606	6.307
67	—	—	—	9.950	8.946	8.157	7.535	7.045	6.658	6.353
68	—	—	—	—	9.036	8.234	7.602	7.103	6.709	6.399
69	—	—	—	—	9.126	8.312	7.669	7.162	6.761	6.445
70	—	—	—	—	9.216	8.389	7.736	7.220	6.812	6.491
71	—	—	—	—	9.307	8.466	7.803	7.278	6.864	6.536
72	—	—	—	—	9.397	8.543	7.869	7.337	6.915	6.582
73	—	—	—	—	9.487	8.621	7.936	7.395	6.967	6.628
74	—	—	—	—	9.577	8.698	8.003	7.453	7.018	6.674
75	—	—	—	—	9.667	8.775	8.070	7.512	7.070	6.720
76	—	—	—	—	9.757	8.852	8.136	7.570	7.121	6.766
77	—	—	—	—	9.848	8.929	8.203	7.628	7.173	6.812
78	—	—	—	—	9.938	9.007	8.270	7.687	7.224	6.858
79	—	—	—	—	—	9.084	8.337	7.745	7.276	6.904
80	—	—	—	—	—	9.161	8.404	7.803	7.327	6.950
81	—	—	—	—	—	9.238	8.470	7.862	7.370	6.995
82	—	—	—	—	—	9.315	8.537	7.920	7.430	7.041
83	—	—	—	—	—	9.393	8.604	7.978	7.482	7.087
84	—	—	—	—	—	9.470	8.671	8.037	7.533	7.133
85	—	—	—	—	—	9.547	8.738	8.095	7.585	7.179
86	—	—	—	—	—	9.624	8.804	8.154	7.636	7.225
87	—	—	—	—	—	9.701	8.871	8.212	7.688	7.271
88	—	—	—	—	—	9.779	8.938	8.270	7.739	7.371
89	—	—	—	—	—	9.856	9.005	8.329	7.791	7.363
90	—	—	—	—	—	9.933	9.072	8.387	7.842	7.409
91	—	—	—	—	—	—	9.138	8.445	7.894	7.454
92	—	—	—	—	—	—	9.205	8.504	7.945	7.500
93	—	—	—	—	—	—	9.272	8.562	7.997	7.546
94	—	—	—	—	—	—	9.339	8.620	8.048	7.592
95	—	—	—	—	—	—	9.405	8.679	8.100	7.638
96	—	—	—	—	—	—	9.472	8.737	8.151	7.684
97	—	—	—	—	—	—	9.539	8.795	8.203	7.730
98	—	—	—	—	—	—	9.606	8.854	8.254	7.776
99	—	—	—	—	—	—	9.673	8.912	8.306	7.822
100	—	—	—	—	—	—	9.739	8.970	8.357	7.868

(续)

(期望机率值 Y=4.0～4.9，校正死亡率=51%～100%)

校正死亡率%	期望机率值 Y									
	4.0	4.1	4.2	4.3	4.4	4.5	4.6	4.7	4.8	4.9
51	5.452	5.325	5.229	5.158	5.108	5.072	5.049	5.035	5.028	5.025
52	5.493	5.363	5.264	5.190	5.138	5.101	5.076	5.062	5.054	5.051
53	5.535	5.400	5.298	5.222	5.168	5.129	5.103	5.088	5.079	5.076
54	5.576	5.438	5.333	5.254	5.198	5.157	5.131	5.114	5.105	5.101
55	5.617	5.475	5.367	5.286	5.228	5.186	5.158	5.140	5.131	5.126
56	5.659	5.513	5.402	5.318	5.258	5.214	5.185	5.167	5.156	5.151
57	5.700	5.550	5.436	5.351	5.288	5.243	5.212	5.193	5.182	5.177
58	5.741	5.588	5.471	5.383	5.318	5.271	5.239	5.219	5.207	5.202
59	5.783	5.626	5.505	5.415	5.348	5.299	5.266	5.245	5.233	5.227
60	5.824	5.663	5.540	5.447	5.378	5.328	5.294	5.271	5.258	5.252
61	5.865	5.701	5.574	5.479	5.408	5.356	5.321	5.298	5.284	5.277
62	5.907	5.738	5.609	5.511	5.438	5.385	5.348	5.324	5.310	5.303
63	5.948	5.776	5.643	5.543	5.468	5.413	5.375	5.350	5.335	5.328
64	5.989	5.814	5.678	5.575	5.498	5.441	5.402	5.376	5.361	5.353
65	6.031	5.851	5.712	5.607	5.528	5.470	5.429	5.402	5.386	5.378
66	6.072	5.889	5.747	5.639	5.558	5.498	5.458	5.429	5.412	5.403
67	6.113	5.926	5.781	5.671	5.588	5.527	5.484	5.455	5.437	5.429
68	6.155	5.964	5.816	5.703	5.618	5.555	5.511	5.481	5.463	5.454
69	6.196	6.001	5.851	5.735	5.648	5.583	5.538	5.507	5.489	5.479
70	6.237	6.039	5.885	5.767	5.678	5.612	5.565	5.534	5.514	5.504
71	6.279	6.077	5.920	5.799	5.708	5.640	5.592	5.560	5.540	5.529
72	6.320	6.114	5.954	5.831	5.738	5.669	5.619	5.586	5.565	5.555
73	6.361	6.152	5.989	5.863	5.768	5.697	5.647	5.612	5.591	5.580
74	6.402	6.189	6.023	5.895	5.798	5.725	5.674	5.638	5.617	5.605
75	6.444	6.227	6.058	5.927	5.828	5.754	5.701	5.665	5.642	5.630
76	6.485	6.265	6.092	5.959	5.858	5.782	5.782	5.691	5.668	5.655
77	6.526	6.302	6.127	5.991	5.888	5.811	5.755	5.717	5.693	5.680
78	6.568	6.340	6.161	6.023	5.918	5.839	5.782	5.743	5.719	5.706
79	6.609	6.377	6.196	6.055	5.948	5.868	5.809	5.770	5.774	5.731
80	6.650	6.415	6.230	6.087	5.978	5.896	5.837	5.796	5.770	5.756
81	6.692	6.452	6.265	6.119	6.008	5.924	5.804	5.822	5.796	5.781
82	6.733	6.490	6.299	6.151	6.038	5.953	5.891	5.484	5.821	5.806
83	6.774	6.528	6.334	6.183	6.068	5.981	5.918	5.874	5.847	5.832
84	6.816	6.565	6.368	6.215	6.098	6.010	5.945	5.901	5.872	5.857
85	6.857	6.603	6.403	6.247	6.128	6.038	5.972	5.927	5.898	5.882
86	6.898	6.640	6.437	6.279	6.158	6.066	6.000	5.953	5.923	5.907
87	6.940	6.678	6.472	6.311	6.188	6.095	6.027	5.979	5.949	5.932
88	6.981	6.716	6.506	6.343	6.218	6.123	6.054	6.006	5.975	5.958
89	7.022	6.753	6.541	6.375	6.248	6.152	6.081	6.032	6.000	5.983
90	7.064	6.791	6.575	6.407	6.278	6.180	6.108	6.058	6.026	6.008
91	7.105	6.828	6.610	6.439	6.308	6.208	6.135	6.084	6.051	6.033
92	7.146	6.866	6.644	6.471	6.338	6.237	6.162	6.110	6.077	6.058
93	7.188	6.903	6.679	6.503	6.368	6.265	6.190	6.137	6.102	6.084
94	7.229	6.941	6.713	6.535	6.398	6.294	6.217	6.163	6.128	6.109
95	7.270	6.979	6.748	6.567	6.428	6.322	6.244	6.189	6.154	6.134
96	7.312	7.016	6.783	6.600	6.458	6.350	6.271	6.215	6.179	6.159
97	7.353	7.054	6.817	6.632	6.488	6.379	6.298	6.242	6.205	6.184
98	7.394	7.091	6.852	6.664	6.518	6.407	6.325	6.268	6.230	6.210
99	7.436	7.129	6.886	6.696	6.548	6.436	6.353	6.294	6.256	6.235
100	7.477	7.166	6.921	6.728	6.578	6.464	6.380	6.320	6.281	6.260

附 表

(续)

(期望概机值 $Y=5.0\sim5.9$,校正死亡率=51%~100%)

校正死亡率%	期望机率值 Y									
	5.0	5.1	5.2	5.3	5.4	5.5	5.6	5.7	5.8	5.9
51	5.025	5.025	5.023	5.017	5.005	4.985	4.953	4.906	4.840	4.750
52	5.050	5.050	5.048	5.043	5.032	5.013	4.983	4.938	4.874	4.788
53	5.075	5.075	5.074	5.069	5.059	5.041	5.013	4.970	4.909	4.825
54	5.100	5.100	5.100	5.096	5.087	5.070	5.043	5.002	4.943	4.863
55	5.125	5.126	5.125	5.122	5.114	5.098	5.073	5.034	4.978	4.901
56	5.150	5.151	5.151	5.148	5.141	5.127	5.102	5.066	4.012	4.938
57	5.175	5.176	5.176	5.174	5.168	5.155	5.133	5.098	5.047	4.976
58	5.201	5.201	5.202	5.201	5.195	5.183	5.163	5.130	5.082	5.013
59	5.226	5.226	5.227	5.227	5.222	5.212	5.193	5.162	5.116	5.051
60	5.251	5.252	5.253	5.253	5.250	5.240	5.223	5.194	5.151	5.088
61	5.276	5.277	5.279	5.279	5.277	5.269	5.253	5.226	5.185	5.126
62	5.301	5.302	5.304	5.305	5.304	5.297	5.283	5.258	5.220	5.164
63	5.326	5.327	5.330	5.332	5.331	5.325	5.313	5.290	5.254	5.201
64	5.351	5.352	5.355	5.358	5.358	5.354	5.343	5.322	5.289	5.239
65	5.376	5.378	5.381	5.384	5.385	5.382	5.373	5.354	5.323	5.276
66	5.401	5.403	5.406	5.410	5.412	5.411	5.403	5.386	5.358	5.314
67	5.426	5.428	5.432	5.437	5.440	5.439	5.433	5.418	5.392	5.351
68	5.451	5.453	5.458	5.463	5.467	5.467	5.463	5.450	5.427	5.389
69	5.476	5.478	5.483	5.489	5.494	5.496	5.493	5.482	5.461	5.427
70	5.501	5.504	5.509	5.515	5.521	5.524	5.523	5.514	5.496	5.464
71	5.526	5.529	5.534	5.541	5.548	5.553	5.553	5.546	5.530	5.502
72	5.551	5.554	5.560	5.568	5.575	5.581	5.583	5.578	5.565	5.539
73	5.577	5.579	5.585	5.594	5.603	5.609	5.613	5.610	5.599	5.577
74	5.602	5.604	5.611	5.620	5.630	5.638	5.643	5.642	5.643	5.615
75	5.627	5.630	5.637	5.646	5.657	5.666	5.673	5.674	5.666	5.652
76	5.652	5.655	5.662	5.673	5.684	5.695	5.703	5.706	5.703	5.690
77	5.677	5.680	5.688	5.699	5.711	5.723	5.733	5.738	5.737	5.727
78	5.702	5.705	5.713	5.725	5.738	5.752	5.763	5.770	5.772	5.765
79	5.727	5.730	5.739	5.751	5.765	5.780	5.793	5.802	5.806	5.802
80	5.752	5.755	5.764	5.777	5.793	5.808	5.823	5.834	5.841	5.840
81	5.777	5.781	5.790	5.804	5.820	5.837	5.853	5.866	5.875	5.878
82	5.802	5.806	5.816	5.830	5.847	5.865	5.883	5.898	5.910	5.915
83	5.827	5.831	5.841	5.856	5.874	5.894	5.913	5.930	5.944	5.953
84	5.852	5.856	5.867	5.882	5.901	5.922	5.943	5.962	5.979	5.990
85	5.877	5.881	5.892	5.908	5.928	5.950	5.973	5.995	6.014	6.028
86	5.902	5.907	5.918	5.935	5.956	5.979	6.003	6.027	6.048	6.066
87	5.927	5.932	5.943	5.961	5.983	6.007	6.033	6.059	6.083	6.103
88	5.953	5.957	5.969	5.987	6.010	6.036	6.063	6.091	6.117	6.141
89	5.978	5.982	5.995	6.013	6.037	6.064	6.093	6.123	6.152	6.178
90	6.003	6.007	6.020	6.040	6.064	6.092	6.123	6.155	6.186	6.216
91	6.028	6.033	6.046	6.066	6.091	6.121	6.153	6.187	6.221	6.253
92	6.053	6.058	6.071	6.092	6.118	6.149	6.183	6.219	6.255	6.291
93	6.078	6.083	6.097	6.118	6.146	6.178	6.213	6.251	6.290	6.329
94	6.103	6.108	6.122	6.144	6.173	6.206	6.243	6.283	6.324	6.366
95	6.128	6.133	6.148	6.171	6.200	6.234	6.273	6.315	6.359	6.404
96	6.153	6.159	6.174	6.197	6.227	6.263	6.303	6.347	6.393	6.441
97	6.178	6.184	6.199	6.223	6.254	6.291	6.333	6.379	6.428	6.479
98	6.203	6.209	6.225	6.249	6.281	6.320	6.363	6.411	6.462	6.517
99	6.228	6.234	6.250	6.276	6.309	6.348	6.393	6.443	6.497	6.554
100	6.253	6.259	6.276	6.302	6.336	6.376	6.423	6.475	6.531	6.592

(续)

(期望机率值 Y=6.0~6.9,校正死亡率=51%~100%)

校正死亡率%	期望机率值 Y									
	6.0	6.1	6.2	6.3	6.4	6.5	6.6	6.7	6.8	6.9
51	4.631	4.473	4.269	4.006	3.667	3.233	2.677	1.964	1.094	—
52	4.675	4.519	4.321	4.064	3.734	3.310	2.767	2.070	1.175	0.022
53	4.713	4.565	4.372	4.122	3.800	3.317	2.857	2.176	1.302	0.175
54	4.755	4.611	4.424	4.181	3.867	3.464	2.947	2.283	1.429	0.327
55	4.796	4.657	4.475	4.239	3.934	3.541	3.037	2.389	1.555	0.480
56	4.837	4.703	4.527	4.297	4.001	3.619	3.127	2.495	1.682	0.632
57	4.879	4.749	4.578	4.356	4.068	3.696	3.218	2.602	1.809	0.784
58	4.920	4.795	4.630	4.414	4.134	3.773	3.308	2.708	1.935	0.937
59	4.961	4.841	4.681	4.472	4.201	4.850	3.398	2.814	2.062	1.089
60	5.003	4.887	4.733	4.531	4.268	4.927	3.488	2.921	2.189	1.242
61	5.044	4.932	4.784	4.589	4.335	4.005	3.578	3.027	2.315	1.394
62	5.085	4.978	4.836	4.647	4.401	4.082	3.668	3.133	2.442	1.546
63	5.127	5.024	4.887	4.706	4.468	4.159	4.758	3.240	2.569	1.699
64	5.168	5.070	4.939	4.764	4.535	4.236	4.849	3.346	2.6951	1.851
65	5.209	5.116	4.990	4.823	4.602	4.313	4.939	3.452	2.822	2.004
66	5.251	5.162	5.042	4.881	4.669	4.391	4.029	3.559	2.949	2.156
67	5.292	5.208	5.093	4.939	4.735	4.468	4.119	3.665	3.075	2.308
68	5.333	5.254	5.145	4.998	4.802	4.545	4.209	3.711	3.202	2.461
69	5.375	5.300	5.196	5.056	4.869	4.622	4.299	3.878	3.329	2.613
70	5.416	5.346	5.248	5.114	4.936	4.700	4.390	3.984	3.455	2.766
71	5.457	5.392	5.299	5.173	5.003	4.777	4.480	4.090	3.582	2.918
72	5.499	5.437	5.351	5.231	5.069	4.854	4.570	4.197	3.709	3.070
73	5.540	5.483	5.402	5.289	5.136	4.931	4.660	4.303	3.835	3.223
74	5.581	5.529	5.454	5.348	5.203	5.008	4.750	4.409	3.962	3.375
75	5.623	5.575	5.505	5.406	5.270	5.086	4.840	4.516	4.089	3.528
76	5.664	5.621	5.557	5.464	5.336	5.163	4.930	4.622	4.215	3.680
77	5.705	5.667	5.608	5.523	5.403	5.240	5.021	4.728	4.342	3.832
78	5.747	5.713	5.660	5.581	5.470	5.317	5.111	4.835	4.469	3.985
79	5.788	5.759	5.711	5.639	5.537	5.394	5.201	4.941	4.505	4.137
80	5.829	5.805	5.763	5.608	5.004	5.472	5.291	5.047	4.722	4.290
81	5.870	5.851	5.814	5.756	5.670	5.519	5.381	5.154	4.849	4.442
82	5.912	5.896	5.866	5.815	5.737	5.626	5.471	5.260	4.975	4.594
83	5.953	5.942	5.917	5.873	5.804	5.703	5.561	5.366	5.102	4.747
84	5.994	5.988	5.969	5.931	5.871	5.780	5.652	5.473	5.229	4.899
85	6.036	6.034	6.020	5.990	5.938	5.858	5.742	5.579	5.355	5.052
86	6.077	6.080	6.072	6.048	6.004	5.935	5.832	5.685	5.482	5.204
87	6.118	6.126	6.123	6.106	6.071	6.012	5.922	5.792	5.609	5.356
88	6.160	6.172	6.175	6.165	6.138	6.089	6.012	5.898	5.735	5.509
89	6.201	6.218	6.226	6.223	6.205	6.166	6.102	6.004	5.862	5.661
90	6.242	6.264	6.278	6.281	6.272	6.244	6.192	6.111	5.988	5.814
91	6.284	6.310	6.329	6.340	6.338	6.321	6.283	6.217	6.115	5.966
92	6.325	6.355	6.381	6.398	6.405	6.398	6.373	6.323	6.242	6.118
93	6.366	6.401	6.432	6.456	6.472	6.475	6.463	6.430	6.368	6.271
94	6.408	6.447	6.484	6.515	6.539	6.553	6.553	6.536	6.495	6.423
95	6.449	6.593	6.535	6.573	6.605	6.630	6.643	6.642	6.622	6.576
96	6.490	6.539	6.587	6.631	6.672	6.707	6.733	6.749	6.748	6.728
97	6.532	6.585	6.638	6.690	6.739	6.784	6.824	6.855	6.875	6.880
98	6.573	6.631	6.690	6.748	6.806	6.861	6.914	6.961	7.002	7.033
99	6.614	6.677	6.741	6.807	6.873	6.939	7.004	7.068	7.128	7.185
100	6.656	6.723	6.793	6.865	6.939	7.016	7.094	7.174	7.255	7.338

附 表

(续)

(期望机率值 $Y=7.0\sim7.9$,校正死亡率$=51\%\sim100\%$)

校正死亡率%	期望机率值 Y									
	7.0	7.1	7.2	7.3	7.4	7.5	7.6	7.7	7.8	7.9
51	—	—	—	—	—	—	—	—	—	—
52	—	—	—	—	—	—	—	—	—	—
53	—	—	—	—	—	—	—	—	—	—
54	—	—	—	—	—	—	—	—	—	—
55	—	—	—	—	—	—	—	—	—	—
56	—	—	—	—	—	—	—	—	—	—
57	—	—	—	—	—	—	—	—	—	—
58	—	—	—	—	—	—	—	—	—	—
59	—	—	—	—	—	—	—	—	—	—
60	0.013	—	—	—	—	—	—	—	—	—
61	0.198	—	—	—	—	—	—	—	—	—
62	0.383	—	—	—	—	—	—	—	—	—
63	0.568	—	—	—	—	—	—	—	—	—
64	0.753	—	—	—	—	—	—	—	—	—
65	0.939	—	—	—	—	—	—	—	—	—
66	1.124	—	—	—	—	—	—	—	—	—
67	1.309	0.003	—	—	—	—	—	—	—	—
68	1.494	0.231	—	—	—	—	—	—	—	—
69	1.680	0.458	—	—	—	—	—	—	—	—
70	1.865	0.685	—	—	—	—	—	—	—	—
71	2.050	0.913	—	—	—	—	—	—	—	—
72	2.235	1.140	—	—	—	—	—	—	—	—
73	2.420	1.367	—	—	—	—	—	—	—	—
74	2.606	1.595	0.263	—	—	—	—	—	—	—
75	2.791	1.822	0.545	—	—	—	—	—	—	—
76	2.976	2.050	0.827	—	—	—	—	—	—	—
77	3.161	2.277	1.108	—	—	—	—	—	—	—
78	3.347	2.504	1.390	—	—	—	—	—	—	—
79	3.532	2.732	1.672	0.265	—	—	—	—	—	—
80	3.717	2.959	1.954	0.018	—	—	—	—	—	—
81	3.902	3.186	2.236	0.971	—	—	—	—	—	—
82	4.087	3.414	2.518	1.324	—	—	—	—	—	—
83	4.273	3.641	2.800	1.677	0.175	—	—	—	—	—
84	4.458	3.868	3.082	2.030	0.621	—	—	—	—	—
85	4.643	4.096	3.364	2.383	1.068	—	—	—	—	—
86	4.828	4.323	3.645	2.736	1.514	—	—	—	—	—
87	5.014	4.551	3.927	3.089	1.961	0.438	—	—	—	—
88	5.199	4.778	4.209	3.442	2.408	1.008	—	—	—	—
89	5.384	5.005	4.491	3.795	2.854	1.579	—	—	—	—
90	5.569	5.233	4.773	4.148	3.301	2.149	0.581	—	—	—
91	5.754	5.460	5.055	4.501	3.747	2.720	1.317	—	—	—
92	5.940	5.687	5.337	4.854	4.194	3.290	2.054	0.356	—	—
93	6.125	5.915	5.619	5.207	4.640	3.861	2.790	1.316	—	—
94	6.310	6.142	5.901	5.560	5.087	4.431	3.526	2.275	0.542	—
95	6.495	6.369	6.182	5.914	5.533	5.002	4.262	3.235	1.806	—
96	6.681	6.597	6.464	6.267	5.980	5.572	4.998	4.194	3.069	1.493
97	6.866	6.824	6.746	6.620	6.426	6.143	5.735	5.154	4.333	3.173
98	7.051	7.051	7.028	6.973	6.873	6.713	6.471	6.114	5.596	4.853
99	7.236	7.279	7.310	7.326	7.319	7.284	7.207	7.073	6.859	6.533
100	7.421	7.506	7.592	7.679	7.766	7.854	7.943	8.033	8.123	8.213

附表5 最小工作机率值和最大工作机率值差距表

最小工作机率值		差距 $1/Z$	最大工作机率值	
期望机率值	$Y_0 = Y - P/Z$		$Y_{100} Y + Q/Z$	期望机率值 Y
1.1	0.8579	5034	9.1421	8.9
1.2	0.9522	3425	9.0478	8.8
1.3	1.0462	2354	8.9538	8.7
1.4	1.1400	1634	8.8600	8.6
1.5	1.2334	1146	8.7666	8.5
1.6	1.3266	811.5	8.6734	8.4
1.7	1.4194	580.5	8.5806	8.3
1.8	1.5118	419.4	8.4882	8.2
1.9	1.6038	306.1	8.3962	8.1
2.0	1.6954	225.6	8.3046	8.0
2.1	1.7866	168.00	8.2134	7.9
2.2	1.8772	126.34	8.1228	7.8
2.3	1.9673	95.96	8.0327	7.7
2.4	2.0568	73.62	7.9432	7.6
2.5	2.1457	57.05	7.8543	7.5
2.6	2.2339	44.654	7.7661	7.4
2.7	2.3214	35.302	7.6786	7.3
2.8	2.4081	28.189	7.5919	7.2
2.9	2.4938	22.736	7.5062	7.1
3.0	2.5786	18.5216	7.4214	7.0
3.1	2.6624	15.2402	7.3376	6.9
3.2	2.7449	12.6662	7.2551	6.8
3.3	2.8261	10.6327	7.1739	6.7
3.4	2.9060	9.0154	7.0940	6.6
3.5	2.9842	7.7210	7.0158	6.5
3.6	3.0606	6.6788	6.9394	6.4
3.7	3.1351	5.8354	6.8649	6.3
3.8	3.2074	5.1497	6.7926	6.2
3.9	3.2773	4.5903	6.7227	6.1
4.0	3.3443	4.1327	6.6557	6.0
4.1	3.4083	3.7582	6.5917	5.9
4.2	3.4687	3.4519	6.5313	5.8

附　表

(续)

最小工作机率值		差距 $1/Z$	最大工作机率值	
期望机率值	$Y_0=Y-P/Z$		$Y_{100}Y+Q/Z$	期望机率值 Y
4.3	3.5251	3.2025	6.4749	5.7
4.4	3.5770	3.0010	6.4230	5.6
4.5	3.6236	2.8404	6.3764	5.5
4.6	3.6643	2.7154	6.3357	5.4
4.7	3.6982	2.6220	6.3018	5.3
4.8	3.7241	2.5573	6.2759	5.2
4.9	3.7407	2.5192	6.2593	5.1
5.0	3.7241	2.5066	6.2533	5.0
5.1	3.7401	2.5192	6.2599	4.9
5.2	3.7186	2.5573	6.2814	4.8
5.3	3.6798	2.6220	6.3202	4.7
5.4	3.6203	2.7154	6.3797	4.6
5.5	3.5360	2.8404	6.4640	4.5
5.6	3.4220	3.0010	6.5780	4.4
5.7	3.2724	3.2025	6.7276	4.3
5.8	3.0794	3.4519	6.9206	4.2
5.9	2.8335	3.7582	7.1665	4.1
6.0	2.5230	4.1327	7.4770	4.0
6.1	2.1324	4.5903	7.8676	3.9
6.2	1.6429	5.1497	8.3571	3.8
6.3	1.0295	5.8354	8.9705	3.7
6.4	0.2606	6.6788	9.7394	3.6
6.5	−0.7052	7.7210	10.7052	3.5

从以下公式能得到工作机率值（y）：

$$y=\left[期望机率值（Y）-\frac{观察死亡率（P）}{Z}\right]+\frac{观察死亡率（P）}{Z}$$

$$y=\left[期望机率值（Y）+\frac{观察活虫率（Q）}{Z}\right]-\frac{观察活虫率（Q）}{Z}$$

观察死亡率（P）＝1－观察活虫率（Q）

附表6 χ^2 分布表

df	显著概率 x^2				
	0.100	0.050	0.025	0.010	0.005
1	2.71	3.84	5.02	6.63	7.88
2	4.61	5.99	7.38	9.21	10.6
3	6.25	7.81	9.35	11.3	12.8
4	7.78	9.49	11.1	13.3	14.9
5	9.24	11.1	12.8	15.1	16.7
6	10.6	12.6	14.4	16.8	18.5
7	12.0	14.1	16.0	18.5	20.3
8	13.4	15.5	17.5	20.1	22.0
9	14.7	16.9	19.0	21.7	23.6
10	16.0	18.3	20.5	23.2	25.2
11	17.3	19.7	21.9	24.7	26.8
12	18.5	21.0	23.3	26.2	28.3
13	19.8	22.4	24.7	27.7	29.8
14	21.1	23.7	26.1	29.1	31.3
15	22.3	25.0	27.5	30.6	32.8
16	23.5	26.3	28.8	32.0	34.3
17	24.8	27.6	30.2	33.4	35.7
18	26.0	28.9	31.5	34.8	37.2
19	27.2	30.1	32.9	36.2	38.6
20	28.4	31.4	34.2	37.6	40.0
21	29.6	32.7	35.5	38.9	41.4
22	30.8	33.9	36.8	40.3	42.8
23	32.0	35.2	38.1	41.6	44.2
24	33.2	36.4	39.4	43.0	45.6
25	34.4	37.7	40.6	44.3	46.9
26	35.6	38.9	41.9	45.6	48.3
27	36.7	40.1	43.2	47.0	49.6
28	37.9	41.3	44.5	48.3	51.0
29	39.1	42.6	45.7	49.6	52.3
30	40.3	43.8	47.0	50.9	53.7
40	51.8	55.8	59.3	63.7	68.8
50	63.2	67.5	71.4	76.2	79.5
60	74.4	79.1	83.3	88.4	92.0

附表7 反对数表

	0	1	2	3	4	5	6	7	8	9	1	2	3	4	5	6	7	8	9
0.00	1000	1002	1005	1007	1009	1012	1014	1016	1019	1021	0	0	1	1	1	1	2	2	2
0.01	1023	1026	1028	1030	1033	1035	1038	1040	1042	1045	0	0	1	1	1	1	2	2	2
0.02	1047	1050	1052	1054	1057	1059	1062	1064	1067	1069	0	0	1	1	1	1	2	2	2
0.03	1072	1074	1076	1079	1081	1084	1086	1089	1091	1094	0	0	1	1	1	1	2	2	2
0.04	1096	1099	1102	1104	1107	1109	1112	1114	1117	1119	0	1	1	1	1	2	2	2	2
0.05	1122	1125	1127	1130	1132	1135	1138	1140	1143	1146	0	1	1	1	1	2	2	2	2
0.06	1148	1151	1153	1156	1159	1161	1164	1167	1169	1172	0	1	1	1	1	2	2	2	2
0.07	1175	1178	1180	1183	1186	1189	1191	1194	1197	1199	0	1	1	1	1	2	2	2	2
0.08	1202	1205	1208	1211	1213	1216	1219	1222	1225	1227	0	1	1	1	1	2	2	2	3
0.09	1230	1233	1236	1239	1242	1245	1247	1250	1253	1256	0	1	1	1	1	2	2	2	3
0.10	1259	1262	1265	1268	1271	1274	1276	1279	1282	1285	0	1	1	1	1	2	2	2	3
0.11	1288	1291	1294	1297	1300	1303	1306	1309	1312	1315	0	1	1	1	2	2	2	2	3
0.12	1318	1321	1324	1327	1330	1334	1337	1340	1343	1346	0	1	1	1	2	2	2	2	3
0.13	1349	1352	1355	1358	1361	1365	1368	1371	1374	1377	0	1	1	1	2	2	2	3	3
0.14	1380	1384	1387	1390	1393	1396	1400	1403	1406	1409	0	1	1	1	2	2	2	3	3
0.15	1413	1416	1419	1422	1426	1429	1432	1435	1439	1442	0	1	1	1	2	2	2	3	3
0.16	1445	1449	1452	1455	1459	1462	1466	1469	1472	1476	0	1	1	1	2	2	2	3	3
0.17	1479	1483	1486	1489	1493	1496	1500	1503	1507	1510	0	1	1	1	2	2	2	3	3
0.18	1514	1517	1521	1524	1528	1531	1535	1538	1542	1545	0	1	1	1	2	2	2	3	3
0.19	1549	1552	1556	1560	1563	1567	1570	1574	1578	1581	0	1	1	1	2	2	3	3	3
0.20	1585	1589	1592	1596	1600	1603	1607	1611	1614	1618	0	1	1	1	2	2	3	3	3
0.21	1622	1626	1629	1633	1637	1641	1644	1648	1652	1656	0	1	1	2	2	2	3	3	3
0.22	1660	1663	1667	1671	1675	1679	1683	1687	1690	1694	0	1	1	2	2	2	3	3	3
0.23	1698	1702	1706	1710	1714	1718	1722	1726	1730	1734	0	1	1	2	2	2	3	3	4
0.24	1738	1742	1746	1750	1754	1758	1762	1766	1770	1774	0	1	1	2	2	2	3	3	4
0.25	1778	1782	1786	1791	1795	1799	1803	1807	1811	1816	0	1	1	2	2	2	3	3	4
0.26	1820	1824	1828	1832	1837	1841	1845	1849	1854	1858	0	1			2	3	3	3	4
0.27	1862	1866	1871	1875	1879	1884	1888	1892	1897	1901	0	1	1	2	2	3	3	3	4
0.28	1905	1910	1914	1919	1923	1928	1932	1936	1941	1945	0	1	1	2	2	3	3	4	4
0.29	1950	1954	1959	1963	1968	1972	1977	1982	1986	1991	0	1	1	2	2	3	3	4	4
0.30	1995	2000	2004	2009	2014	2018	2023	2028	2032	2037	0	1	1	2	2	3	3	4	4
0.31	2042	2046	2051	2056	2061	2065	2070	2075	2080	2084	0	1	1	2	2	3	3	4	4
0.32	2089	2094	2099	2104	2109	2113	2118	2123	2128	2133	0	1	1	2	2	3	3	4	4
0.33	2138	2143	2148	2153	2158	2163	2168	2173	2178	2183	0	1	1	2	2	3	3	4	4
0.34	2188	2193	2198	2203	2208	2213	2218	2223	2228	2234	1	1	2	2	3	3	4	4	5
0.35	2239	2244	2249	2254	2259	2265	2270	2275	2280	2286	1	1	2	2	3	3	4	4	5
0.36	2291	2296	2301	2307	2312	2317	2323	2328	2333	2339	1	1	2	2	3	3	4	4	5
0.37	2344	2350	2355	2360	2366	2371	2377	2382	2388	2393	1	1	2	2	3	3	4	4	5
0.38	2399	2404	2410	2415	2421	2427	2432	2438	2443	2449	1	1	2	2	3	3	4	4	5
0.39	2455	2460	2466	2472	2477	2483	2489	2495	2500	2506	1	1	2	2	3	3	4	5	5
0.40	2512	2518	2523	2529	2535	2541	2547	2553	2559	2564	1	1	2	2	3	4	4	5	5
0.41	2570	2576	2582	2588	2594	2600	2606	2612	2618	2624	1	1	2	2	3	4	4	5	5
0.42	2630	2636	2642	2649	2655	2661	2667	2673	2679	2685	1	1	2	3	4	4	5	6	
0.43	2692	2698	2704	2710	2716	2723	2729	2735	2742	2748	1	1	3	3	4	4	5	6	
0.44	2754	2761	2767	2773	2780	2786	2793	2799	2805	2812	1	1	3	3	4	4	5	6	
0.45	2818	2825	2531	2838	2844	2851	2858	2864	2871	2877	1	1	3	3	4	5	5	6	
0.46	2884	2891	2897	2904	2911	2917	2924	2931	2938	2944	1	1	3	3	4	5	5	6	
0.47	2951	2958	2965	2972	2979	2985	2992	2999	3006	3013	1	1	3	3	4	5	5	6	
0.48	3020	3027	3034	3041	3048	3055	3062	3069	3076	3083	1	1	3	4	4	5	6	6	
0.49	3090	3097	3105	3112	3119	3126	3133	3141	3148	3155	1	1	3	4	4	5	6	6	

(续)

	0	1	2	3	4	5	6	7	8	9	1	2	3	4	5	6	7	8	9
0.50	3162	3170	3177	3184	3192	3199	3206	3214	3221	3228	1	1	2	3	3	4	5	6	7
0.51	3236	3243	3251	3258	3266	3273	3281	3289	3296	3304	1	2	2	3	4	5	5	6	7
0.52	3311	3319	3327	3334	3342	3350	3357	3365	3373	3381	1	2	2	3	4	5	5	6	7
0.53	3388	3396	3404	3412	3420	3428	3436	3443	3451	3459	1	2	2	3	4	5	6	6	7
0.54	3467	3475	3483	3491	3499	3508	3516	3524	3532	3540	1	2	2	3	4	5	6	6	7
0.55	3548	3556	3565	3573	3581	3589	3597	3606	3614	3622	1	2	2	3	4	5	6	7	7
0.56	3631	3639	3648	3656	3664	3673	3681	3690	3698	3707	1	2	3	3	4	5	6	7	8
0.57	3715	3724	3733	3741	3750	3758	3767	3776	3784	3793	1	2	3	3	4	5	6	7	8
0.58	3802	3811	3819	3828	3837	3846	3855	3864	3873	3882	1	2	3	4	4	5	6	7	8
0.59	3890	3899	3908	3917	3926	3936	3945	3954	3963	3972	1	2	3	4	5	5	6	7	8
0.60	3981	3990	3999	4009	4018	4027	4036	4046	4055	4064	1	2	3	4	5	6	6	7	8
0.61	4074	4083	4093	4102	4111	4121	4130	4140	4150	4159	1	2	3	4	5	6	7	8	9
0.62	4169	4178	4188	4198	4207	4217	4227	4236	4246	4256	1	2	3	4	5	6	7	8	9
0.63	4266	4276	4285	4295	4305	4315	4325	4335	4345	4355	1	2	3	4	5	6	7	8	9
0.64	4365	4375	4385	4395	4406	4416	4426	4436	4446	4457	1	2	3	4	5	6	7	8	9
0.65	4467	4477	4487	4498	4508	4519	4529	4539	4550	4560	1	2	3	4	5	6	7	8	9
0.66	4571	4581	4592	4603	4613	4624	4634	4645	4656	4667	1	2	3	4	5	6	7	9	10
0.67	4677	4688	4699	4710	4721	4732	4742	4753	4764	4775	1	2	3	4	5	7	8	9	10
0.68	4786	4797	4808	4819	4831	4842	4853	4864	4875	4887	1	2	3	4	6	7	8	9	10
0.69	4899	4909	4920	4932	4943	4955	4966	4977	4989	5000	1	2	3	5	6	7	8	9	10
0.70	5012	5023	5035	5047	5058	5070	5082	5093	5105	5117	1	2	4	5	6	7	8	9	11
0.71	5129	5140	5152	5164	5176	5188	5200	5212	5224	5236	1	2	4	5	6	7	8	10	11
0.72	5248	5260	5272	5284	5297	5309	5321	5333	5346	5358	1	2	4	5	6	7	9	10	11
0.73	5370	5383	5395	5408	5420	5433	5445	5458	5470	5483	1	3	4	5	6	8	9	10	11
0.74	5495	5508	5521	5534	5546	5559	5572	5585	5598	5610	1	3	4	5	6	8	9	10	12
0.75	5623	5636	5649	5662	5675	5689	5702	5715	5728	5741	1	3	4	5	7	8	9	10	12
0.76	5754	5768	5781	5794	5808	5821	5834	5848	5861	5875	1	3	4	5	7	8	9	11	12
0.77	5888	5902	5916	5929	5943	5957	5970	5984	5998	6012	1	3	4	5	7	8	10	11	12
0.78	6026	6039	6053	6067	6081	6095	6109	6124	6138	6152	1	3	4	6	7	8	10	11	13
0.79	6166	6180	6194	6209	6223	6237	6252	6266	6281	6295	1	3	4	6	7	9	10	11	13
0.80	6310	6324	6339	6353	6368	6383	6397	6412	6427	6442	1	3	4	6	7	8	10	12	13
0.81	6457	6471	6486	6501	6516	6531	6546	6561	6577	6592	2	3	5	6	8	9	11	12	14
0.82	6607	6622	6637	6653	6668	6683	6699	6714	6730	6745	2	3	5	6	8	9	11	12	14
0.83	6761	6776	6792	6808	6823	6839	6855	6871	6887	6902	2	3	5	6	8	9	11	13	14
0.84	6918	6934	6950	6966	6982	6998	7015	7031	7047	7063	2	3	5	6	8	10	11	13	15
0.85	7079	7096	7112	7129	7145	7161	7178	7194	7211	7228	2	3	5	7	8	10	12	13	15
0.86	7244	7261	7278	7295	7311	7328	7345	7362	7379	7396	2	3	5	7	8	10	12	13	15
0.87	7413	7430	7447	7464	7482	7499	7516	7534	7551	7568	2	3	5	7	9	10	12	14	16
0.88	7586	7603	7621	7638	7656	7674	7691	7709	7727	7745	2	4	5	7	9	11	12	14	16
0.89	7762	7780	7798	7916	7834	7852	7870	7889	7907	7925	2	4	5	7	9	11	13	14	16
0.90	7943	7962	7980	7998	8017	8035	8054	8072	8091	8110	2	4	6	7	9	11	13	15	17
0.91	8128	8147	8166	8185	8204	8222	8241	8266	8279	8299	2	4	6	8	9	11	13	15	17
0.92	8318	8337	8356	8375	8395	8414	8433	8453	8472	8492	2	4	6	8	10	12	14	15	17
0.93	8511	8531	8551	8570	8590	8610	8630	8670	8670	8690	2	4	6	8	10	12	14	16	18
0.94	8710	8730	8750	8770	8790	8810	8831	8851	8872	8892	2	4	6	8	10	12	14	16	18
0.95	8913	8933	8954	8974	8995	9016	9036	9057	9078	9099	2	4	6	8	10	12	15	17	19
0.96	9120	9141	9162	9183	9204	9226	9247	9268	9290	9311	2	4	6	8	11	13	15	17	19
0.97	9333	9354	9376	9397	9419	9441	9462	9484	9506	9528	2	4	7	9	11	13	15	17	20
0.98	9550	9572	9594	9616	9638	9661	9683	9705	9727	9750	2	4	7	9	11	13	16	18	20
0.99	9772	9795	9817	9840	9863	9886	9908	9931	9954	9977	2	5	7	9	11	14	16	18	20

附表8 t 分布表

df	显著概率								
	0.5	0.4	0.3	0.2	0.1	0.05	0.02	0.01	0.001
1	1.000	1.376	1.963	3.078	6.314	12.706	31.821	63.657	636.619
2	1.816	1.061	1.386	1.886	2.920	4.303	6.965	9.925	31.598
3	1.765	9.978	1.250	1.638	2.353	3.182	4.541	5.841	12.941
4	1.741	1.941	1.190	1.533	2.132	2.776	3.747	4.604	8.610
5	1.727	1.920	1.156	1.476	2.015	2.571	3.365	4.032	6.859
6	1.718	1.906	1.134	1.440	1.943	2.447	3.143	3.707	5.959
7	1.711	1.896	1.119	1.415	1.895	2.365	2.998	3.499	5.405
8	1.706	1.889	1.108	1.397	1.860	2.306	2.896	3.355	5.041
9	1.703	1.883	1.100	1.383	1.833	2.262	2.821	3.250	4.781
10	1.700	1.879	1.093	1.372	1.812	2.228	2.764	3.169	4.587
11	1.697	1.876	1.088	1.363	1.796	2.201	2.718	3.106	4.437
12	1.695	1.873	1.083	1.356	1.782	2.179	2.681	3.055	4.318
13	1.694	1.870	1.079	1.350	1.771	2.160	2.650	3.012	4.221
14	1.692	1.868	1.076	1.345	1.761	2.145	2.624	2.977	4.140
15	1.691	1.866	1.074	1.341	1.753	2.131	2.602	2.947	4.073
16	1.690	1.865	1.071	1.337	1.746	2.120	2.583	2.921	4.015
17	1.689	1.863	1.069	1.333	1.740	2.110	2.567	2.898	3.965
18	1.688	1.862	1.067	1.330	1.734	2.101	2.522	2.878	3.922
19	1.688	1.861	1.066	1.328	1.729	2.093	2.539	2.861	3.883
20	1.687	1.860	1.064	1.325	1.725	2.086	2.528	2.845	3.850
21	1.686	1.859	1.063	1.323	1.721	2.080	2.518	2.831	3.819
22	1.686	1.858	1.061	1.321	1.717	2.074	2.528	2.819	3.792
23	1.685	1.858	1.060	1.319	1.714	2.069	2.500	2.807	3.767
24	1.685	1.857	1.059	1.318	1.711	2.064	2.492	2.797	3.745
25	0.684	0.856	1.058	1.316	1.708	2.060	2.485	2.787	3.725
26	1.684	1.856	1.058	1.315	1.706	2.056	2.479	2.779	3.707
27	1.684	1.855	1.057	1.314	1.703	2.052	2.473	2.771	3.690
28	1.683	1.855	1.056	1.313	1.701	2.048	2.467	2.763	3.674
29	1.683	1.854	1.055	1.311	1.699	2.045	2.462	2.756	3.659
30	1.683	1.854	1.055	1.310	1.697	2.042	2.457	2.750	3.646
40	1.681	1.851	1.050	1.303	1.684	2.021	2.423	2.704	3.551
60	1.679	1.848	1.046	1.296	1.671	2.000	2.390	2.660	3.460
120	1.677	1.845	1.041	1.289	1.658	1.980	2.358	2.617	3.373
∞	1.674	1.842	1.036	1.282	1.645	1.960	2.326	2.576	3.291

附录 名词术语的汉英对照

5-烯醇丙酮酰莽草酸-3-磷酸合酶（EPSP 活性测定） assay of 5-enolpyruxylshikimate-3-phosphate synthase activities

95％置信限 95％fiducial limits

矮生玉米叶鞘法 dwarf corn sheath method

八氢番茄红素去饱和酶（PDS）活性测定 assay of phytoene desaturase activities

稗草胚轴法 barnyard grass hypocotyl method

孢子萌发测定法 spore germination method

玻片浸渍法 slide-dip immersion method

初筛 primary screening

除草剂生物测定 bioassay of herbicide

除草剂田间药效试验 field trial of herbicide

触角电位 electroantennogram，EAG

触杀毒力测定 evaluation of contact toxicity

触杀作用 action of contact poisoning

大麦去胚乳法 method of removing barley endosperm

代谢物质测定法 metabolite assay

点滴法 topical application

毒力回归线 toxicity regression line

对羟基苯基丙酮酸双氧化酶（HPPD）活性测定 assay of 4-hydroxyphenylpyruvate dioxygenase activities

番茄水培法 tomato aquaculture method

反转录聚合酶链式反应 reverse transcription-polymerase chain reaction，RT-PCR

分析纯 analytical regent，AR

浮萍法 duckweed method

附着法 adsorption technique

复筛 secondary screening

高粱幼苗法 sorghum seedling method

高通量筛选体系 high throughput screening，HTS

共毒系数 co-toxicity coefficient，CTC

谷氨酰胺合成酶（GS）活性测定 assay of glutamine synthetase activities

核酸杂交技术 technique of nucleic acid hybridization

黄瓜幼苗形态法 method of cucumber seedling form

回归系数 regression coefficient

击倒中时 median knockdown time

基因产物测定法　gene assay
机率值分析法　probit analysis
几丁质合成酶　chitin synthase
几丁质合成抑制剂或抗几丁质合成剂的生物测定　bioassay of chitin synthesis inhibitors or bioassay of antichitinin synthesis agents
几丁质酶　chitinase
浸渍法　immersion method
局部病斑计数法　local lesion method
局部坏死斑　local lesion
拒食效力测定　evaluation of antifeeding effect
菌体生长速率测定法　mycelium growth rate test
抗保幼激素的生物测定　bioassay of antijuvenile hormone
抗病毒剂生物测定　bioassay of antivirus agents
口腔注射法　mouth injection
昆虫生长调节剂的生物测定　bioassay of insect growth regulators
量子型反应　quantal response
萝卜子叶法　radish cotyledon method
绿豆生根法　method of mung bean radication
酶活性测定法　enzymes assay
棉花外植体脱落法　bioassay of cotton explant abscission
母液　stock solution
内吸毒力测定　evaluation of systemic toxicity
内吸作用　systemic action
农药生物测定　bioassay of pesticide
农药田间药效试验　field trial of pesticide
喷雾和喷粉法　spray and dusting method
品系　strain
普筛　general screening
驱避剂的效力测定　evaluation of repelling effect
权重系数　weight coefficient
全或无的反应　all-or-nothing
忍受力　tolerance
杀虫剂抗性行动委员会　The insecticide resistance action committee，IRAC
杀虫剂生物测定　bioassay of insecticide
杀虫剂田间药效试验　field trial of insecticide
杀菌剂生物测定　bioassay of fungicide
杀菌剂田间药效试验　field trial of fungicide
杀卵效力测定　evaluation of ovicidal effect
杀卵作用　ovicidal action
杀螨剂的生物测定　bioassay of acaricide

杀软体动物剂生物测定　bioassay of molluscicide
杀软体动物剂田间药效试验　field trial of molluscicide
杀鼠剂生物测定　bioassay of rodenticide
杀鼠剂现场药效试验　field trial of rodenticide
杀线虫剂生物测定　bioassay of nematocide
杀线虫剂田间药效试验　field trial of nematocide
深入筛选　advanced screening
生物测定　bioassay
生物源农药　biopesticide
生长调节剂田间药效试验　field trial of plant growth regulator
受体结合测定法　receptor binding assay
数量型反应　quantitative response
双链 RNA　double-stranded RNA，dsRNA
水稻叶片倾角法　method of rice leaf oblique angle
水稻幼苗叶鞘伸长点滴法　topical application of rice seedling leaf sheath elongation
统计功效　statistical power
豌豆幼苗下胚轴法　pea seedling hypocotyl method
微生物源农药　microbial pesticide
胃毒毒力测定　evaluation of stomach toxicity
胃毒作用　action of stomach poisoning
细胞毒性测定法　cytotoxicity assay
细胞因子测定法　cell factor assay
苋红素合成法　method of amaranthin synthesis
限阈　threshold
向顶性内吸输导作用　acropetal translocation
向基性内吸输导作用　basipetal translocation
小杯法　small glass method
小麦根长法　method of wheat root elongation
小麦胚芽鞘伸长法　method of wheat coleoptile elongation
小麦胚芽鞘伸长法　method of wheat coleoptile elongation
小麦去胚乳法　method of removing wheat endosperm
小麦叶片保绿法　bioassay of wheat leaf chlorophyll
小球藻法　chlorella method
斜率　slope
溴化噻唑蓝四氮唑　methylthiazoltetrazolium，MTT
熏蒸毒力测定　evaluation of fumigation toxicity
熏蒸作用　action of fumigant poisoning
烟草叶片法　tobacco leaf method
燕麦弯曲法　method of oat bend
燕麦叶鞘滴注法　oat leaf sheath topical application

燕麦幼苗法　oat seedling method
药膜法　residual film
叶片夹毒法　leaf sandwich method
叶圆片漂浮法　floating round-leaf method
液点饲喂法　feeding of measured drops
乙酰辅酶 A 羧化酶（ACCase 活性测定）　assay of acetyl coenzyme A carboxylase activities
乙酰乳酸合成酶（ALS）活性测定　assay of acetolactate synthase activities
抑菌圈测定法　detection of inhibition zone
引诱剂生物测定　bioassay of attractants
有效中量　median effective dose
有效中浓度　median effective concentration
玉米根长法　method of corn root elongation
预备试验　preliminary test
原卟啉原氧化酶（PPO）活性测定　assay of protoporphyrinogen oxidase activities
再生苗法　regenerated seedling method
正式试验　final test
正态等差　normal equivalent deviation，NED
植物—农药　plant-pesticide
植物生长调节剂的生物测定　bioassay of plant growth regulator
植物源农药　botanical pesticide
植物源农药的生物测定　bioassay of botanical pesticide
植物源杀虫剂　botanical insecticide
植物源杀虫剂的生物测定　bioassay of botanical insecticide
植物源杀菌剂的生物测定　bioassay of botanical fungicide
致死剂量比率　ratio of LD
致死中量　median lethal dose
致死中浓度　median lethal concentration
致死中时　median lethal time
种群　population
紫萍法　giant duckweed method
组织培养法　tissue culture method
最低抑制浓度　minimum inhibitive concentration，MIC
最低抑制浓度测定法　determination of minimum inhibitory concentration
最高容许浓度　maximum accepted concentration，MAC

主要参考文献

曾坤玉,胡飞,陈玉芬,等.2008.四种与福寿螺(Ampullaria gigas)同源地入侵植物的杀螺效果[J].生态学报,28(1):260-266.

曾庆钱,严振,等.2006.广藿香精油对斜纹夜蛾拒食活性[J].农药,45(6):420-421.

陈根强,冯俊涛,马志卿,等.2004.松油烯-4-醇对几种昆虫的熏蒸毒力及其致毒症状[J].西北农林科技大学学报(自然科学版),32(7):50-52.

陈年春.1991.农药生物测定技术[M].北京:北京农业大学出版社.

陈万义.2007.新农药的研发——方法、进展[M].北京:化学工业出版社.

戴建荣,梁幼生,张燕萍,等.2003.杀螺剂室内筛选实验方法标准化的研究Ⅲ.实验钉螺饲养时间对杀螺效果的影响[J].中国血吸虫病防治杂志,15(5):346-348.

戴建荣,奚伟萍,梁幼生,等.2002.杀螺剂室内筛选实验方法标准化的研究Ⅱ.不同钉螺数对杀螺实验的影响[J].中国血吸虫病防治杂志,14(4):263-265.

戴建荣,张燕萍,姜玉骥,等.2002.杀螺剂室内筛选实验方法标准化的研究Ⅰ.药液体积对杀螺效果的影响[J].中国血吸虫病防治杂志,14(2):122-124.

杜冠华.2002.高通量药物筛选[M].北京:化学工业出版社.

郭敦成.1987.农药毒理及其应用[M].武汉:湖北科学技术出版社.

国家质量技术监督局.2000.农药田间药效试验准则(一)[M].北京:中国标准出版社.

国家质量监督检疫总局,国家标准化管理委员会.2004.农药田间药效试验准则(二)[M].北京:中国标准出版社.

韩莱熹,钱传范,陈馥衡,屠予钦,等.1993.中国农业百科全书·农药卷[M].北京:农业出版社.

胡飞,曾坤玉,张俊彦,等.2009.五爪金龙乙醇提取物对福寿螺毒杀和水稻苗生长的影响[J].生态学报,29(10):5471-5477.

黄国洋.2000.农药试验技术与评价方法[M].北京:中国农业出版社.

黄彰欣,黄瑞平.1993.植物化学保护实验指导[M].北京:农业出版社.

邝灼彬,吕利华,冯夏,等.2005.球孢白僵菌对四种十字花科蔬菜害虫的监控潜力评价[J].昆虫知识,42(6):673-676.

刘琴,徐健,殷向东,等.2006.甜菜夜蛾核型多角体病毒对甜菜夜蛾幼虫的毒力测定[J].江苏农业科学(1):60-61.

毛景英,闫振领.2004.植物生长调节剂调控原理与实用技术[M].北京:中国农业出版社.

慕立义.1994.植物化学保护研究法[M].北京:中国农业出版社.

慕立义.1991.植物化学保护研究方法[M].北京:农业出版社.

深见顺一,上杉康彦,等.1994.农药实验法-杀虫剂篇[M].章元寿,译.北京:农业出版社.

宋小玲,马波,黄甫超河,等.2004.除草剂生物测定方法[J].杂草科学(3):1-6.

宋漳,卢凤美,陈辉.2003.绿僵菌和白僵菌对刚竹毒蛾的毒力比较[J].西北林学院学报,18(3):43-46.

宋哲和.1975.农药药效试验的设计与分析[M].北京:科学出版社.

吴文君,等.2006.从天然产物到新农药创制——原理、方法[M].北京:化学工业出版社.

吴文君,等.1995.天然产物杀虫剂——原理、方法、实践[M].西安:陕西科学技术出版社.

主要参考文献

吴文君. 1988. 植物化学保护技术导论 [M]. 西安：陕西科学技术出版社.

臧威, 孙剑秋, 2006. 八字地老虎核型多角体病毒毒力的测定 [J]. 齐齐哈尔大学学报, 22 (1)：89-91.

张光美. 1997. 苏云金杆菌对小菜蛾卵的生物活性 [J]. 中国生物防治, 13 (2)：53-56.

张庆贺, 王斌, 蒋凌雪, 等. 2010. 抗草甘膦转基因大豆生物测定方法的研究 [J]. 作物杂志 (3)：19-22.

张泽溥. 1984. 生物测定统计 [M]. 天津：天津农药工业研究所（铅印本）.

张宗炳. 1959. 杀虫药剂的毒力测定 [M]. 上海：上海科学技术出版社.

张宗炳. 1964. 昆虫毒理学（上册）[M]. 北京：科学出版社.

张宗炳. 1988. 杀虫药剂的毒力测定——原理、方法、应用 [M]. 北京：科学出版社.

赵福永, 谢龙旭, 田颖川, 等. 2005. 抗草甘膦基因 aroAM12 及抗虫基因 Btslm 的转基因棉株 [J]. 作物学报, 31 (1)：108-113.

赵建周, 赵奎军, 范贤林, 等. 2000. Bt 棉不同品系对棉铃虫杀虫效果的比较 [J]. 中国农业科学, 33 (5)：100-102.

赵善欢, 慕立义, 谭福杰, 等. 1988. 植物化学保护 [M]. 2 版. 北京：农业出版社.

钟国华, 胡美英, 翁群芳. 2000. 黄杜鹃花提取物对甜菜夜蛾的生物活性 [J]. 西北农业大学学报, 28 (2)：98-102.

左一鸣. 2004. 4 种抗生素类杀虫剂对小菜蛾不同龄期幼虫的毒力和杀卵作用 [J]. 农药, 43 (1)：25-27.

BLISS C I, CATTELL MCK. 1943. Biological assay [J]. Annual Review of Physiology, 5：479-539.

BQUER E L. 1960. A statistical manual for chemists [M]. London：Academic Press.

BUSVINE J R. 1972. A critical review of the techniques for testing insecticides [D]. 2nd ed. London：Commonwealth Institute of Entomology.

DALE H. 1939. Biological standardization [M]. Analyst (64)：554-567.

EMMERS C W. 1948. Principles of biological assay [M]. London：Chapmen & Hall.

FINNEY D J. 1947. The principles of biological assay [J]. Journal of the Royal Statistical Society, Supplement, 9：46-91.

FINNEY D J. 1952. Probit analysis：a statistical treatment of sigmoid response curve [M]. 2nd ed. London：Cambridge University Press.

FINNEY D J. 1964. Statistical method in biological assay [M]. 2nd ed. London：Charles Griffin & Company.

GAUTIER R. 1945. The health organization and biological standardization [J]. Bulletin of the Health Organization of the League of Nations, 12：1-75.

HARTLEY P. 1935. International biological standards [J]. Pharmaceutical Journal (81)：625-627.

HARTLEY P. 1945. International biological standards：prospect and retrospect [C] //Proceedings of the Royal Society of Medicine：39, 45-58.

IRWIN J O. 1937. Statistical method applied to biological assays [J]. Journal of the Royal Statistical Society, Supplement (4)：1-60.

J L ROBERTSON, et al. 2007. Bioassays with Arthropods [M]. 2nd ed. Boca Raton：CRC Press.

JERNE N K, WOOD E C. 1949. The validity and meaning of the results of biological assays [J]. Biometrics (5)：273-299.

JURGEN BREITENBACH, PETER BOGER, GERHARD SANDMANN. 2002. Interaction of bleaching herbicides with the target enzyme ζ-carotene desaturase [J]. Pesticide Biochemistry and Physiology, 73 (2)：104-109.

MILES A A. 1948. Some observations on biological standards [J]. Analyst (73)：530-538.

STREIBIG, JENS CARL, KUDSK PER. 1993. Herbicide bioassays [M]. Florida: CRC Press, Inc.
WHEELER M W, PARKR M, BAILEY A J. 2006. Comparing median lethal concentration values using confidence interval overlap or ratio tests [J]. Environ. Toxic. Chem. (25): 1441.

图书在版编目（CIP）数据

农药生物测定/沈晋良主编.—北京：中国农业出版社，2013.8（2024.12重印）

普通高等教育农业部"十二五"规划教材　全国高等农林院校"十二五"规划教材　"十二五"江苏省高等学校重点教材

ISBN 978-7-109-18045-1

Ⅰ.①农… Ⅱ.①沈… Ⅲ.①农药测定-生物测定-高等学校-教材　Ⅳ.①TQ450.2

中国版本图书馆CIP数据核字（2013）第137637号

中国农业出版社出版
（北京市朝阳区农展馆北路2号）
（邮政编码100125）
责任编辑　李国忠　田艳丽

北京中兴印刷有限公司印刷　新华书店北京发行所发行
2013年12月第1版　2024年12月北京第3次印刷

开本：787mm×1092mm　1/16　印张：15
字数：355千字
定价：36.50元

（凡本版图书出现印刷、装订错误，请向出版社发行部调换）